"十二五"江苏省高等学校重点教材
（编号：2013-2-024）

21世纪高等院校信息与通信工程规划教材
21st Century University Planned Textbooks of Information and Communication Engineering

移动多媒体广播与测量技术

卢官明 主编

Mobile Multimedia Broadcasting and Measurement Technology

人民邮电出版社
北京

图书在版编目（CIP）数据

移动多媒体广播与测量技术 / 卢官明主编. -- 北京：人民邮电出版社，2014.7
21世纪高等院校信息与通信工程规划教材
ISBN 978-7-115-35924-7

Ⅰ. ①移… Ⅱ. ①卢… Ⅲ. ①移动通信－应用－多媒体－数字广播系统－测量技术－高等学校－教材 Ⅳ. ①TN934.3

中国版本图书馆CIP数据核字(2014)第143625号

内容提要

本书注重理论与实际相结合，从实用性的角度介绍了移动多媒体广播系统的组成、基本原理、业务运营、技术要求和技术指标的测量方法，描述了各个技术参数和指标的物理含义，为广播电视运营商和相关工程技术人员开展CMMB网络设计、建设、优化以及进行网络维护提供必要的基础知识和测量方法。全书共分11章。第1章概述了移动多媒体广播系统；第2章介绍了信源压缩编码技术与标准；第3章介绍了移动多媒体广播信道传输技术；第4～9章分别介绍了移动多媒体广播业务复用、电子业务指南、紧急广播、数据广播、条件接收、业务运营支撑系统；第10章介绍了移动多媒体广播信号覆盖；第11章介绍了移动多媒体广播系统技术要求和测量方法。为了加深理解，每章最后都附有小结与练习题。

本书可作为高等院校广播电视工程、电子信息工程、通信工程等专业高年级本科生的教材或参考书，也可供相关领域的工技术人员和技术管理人员阅读参考。

◆ 主　　编　卢官明
　责任编辑　武恩玉
　责任印制　彭志环　焦志炜
◆ 人民邮电出版社出版发行　　北京市丰台区成寿寺路11号
　邮编　100164　　电子邮件　315@ptpress.com.cn
　网址　http://www.ptpress.com.cn
　北京鑫正大印刷有限公司印刷
◆ 开本：787×1092　1/16
　印张：22　　　　2014年7月第1版
　字数：535千字　　2014年7月北京第1次印刷

定价：54.00元

读者服务热线：(010)81055256　印装质量热线：(010)81055316
反盗版热线：(010)81055315

前言

随着社会的发展和进步，人们对随时随地获取广播电视节目和信息的需求越来越迫切。中国移动多媒体广播（China Mobile Multimedia Broadcasting，CMMB）是利用无线数字广播网向手机、MP4、笔记本电脑等便携、移动终端用户提供广播电视节目的新手段、新媒体。在信号覆盖范围内，移动多媒体广播支持多种类型的移动便携手持式终端随时随地接收新闻、资讯、娱乐等广播电视节目，以满足现代信息社会“信息无处不在”的需求。开展移动多媒体广播业务，必将拉动相关产业发展，提供新的经济增长点。

为了推动中国移动多媒体广播（CMMB）事业的快速发展，进一步规范移动多媒体广播（CMMB）市场，国家广播电影电视总局自2006年10月24日起先后颁布了一系列移动多媒体广播行业标准，从2007年10月开始在全国范围内建设CMMB覆盖网。迄今为止，CMMB信号已经覆盖全国337个地市级以上城市以及香港地区。此外，部分非洲和南美国家也开通了CMMB系统。广播电视行业的设备制造商及运营商迫切需要具备CMMB技术知识的高级专业人才。

针对当前国内高校在开设“移动多媒体广播”课程时缺乏相应教材的现状，作者在参考国家广播电影电视总局发布的有关移动多媒体广播的行业标准、指导性技术文件、暂行技术文件的基础上，根据课程教学大纲的要求及多年的教学经验编写了本教材，以解决教学中急需的问题。

本教材以移动多媒体广播系统概述→信源编码→信道传输→业务复用→条件接收→业务运营→信号覆盖网络→系统技术要求和测量方法为主线，介绍了移动多媒体广播系统的组成、基本原理、关键技术和技术指标的测量方法，突出定性分析和系统原理框图流程分析。在介绍相关标准之前，首先阐述了各种技术参数和指标的物理含义，为读者提供必要的基础知识。本教材取材先进，内容新颖，充分吸收了相关领域的新技术、新标准和新成果。教材在每章开头的导读部分列出了“本章学习要点”，便于读者一目了然地了解本章的重点内容，该围绕哪些主要问题深入思考；每章之后的“本章小结”归纳了全章的主要内容，与“本章学习要点”相互印证，以帮助读者加深理解本章的知识点。

在本教材的编写过程中，北京蓝拓扑电子技术有限公司的朱琳琳、王冬经理提供了大量的相关资料，作者也参考和引用了前人的一些研究成果和著作，具体出处见参考文献。在此作者向他们表示崇高的敬意和衷心的感谢！鉴于作者水平所限，相关技术发展迅速，书中难免存在疏漏和不足之处，敬请同行专家和广大读者批评指正。

作　者

2013年10月

目 录

第 1 章 移动多媒体广播概论

本章学习要点

- 了解中国移动多媒体广播（CMMB）的基本特点和系统要求。
- 熟悉 CMMB 的系统架构及体系结构。
- 熟悉 CMMB 系统的技术路线。
- 熟悉 CMMB 系统从发端到收端广播通道信号流程。
- 了解 CMMB 系统协议栈的接入及应用。
- 了解国家广电总局已颁布的移动多媒体广播电视行业标准。
- 熟悉 CMMB 系统的技术特点。

1.1 移动多媒体广播系统要求

CMMB 是 China Mobile Multimedia Broadcasting（中国移动多媒体广播）的简称。它是我国自主研发的第一套面向手机、PDA（Personal Digital Assistant，个人数字助理）、MP4、笔记本电脑等小屏幕便携手持终端以及车载电视等终端，为用户提供数字广播电视节目、综合信息和紧急广播服务的移动多媒体广播系统，是广播电视数字化发展带来的新手段、新媒体。

根据移动多媒体广播系统的基本特点，移动多媒体广播的系统要求如下。

（1）可提供数字广播电视节目、综合信息和紧急广播服务，实现卫星传输与地面网络相结合的无缝协同覆盖，支持公共服务。

（2）支持手机、PDA、MP3、MP4、数码相机、笔记本电脑以及在汽车、火车、轮船、飞机上的小型接收终端，接收视频、音频、数据等多媒体业务。

（3）采用具有自主知识产权的移动多媒体广播技术，系统可运营、可维护、可管理，可根据运营要求逐步扩展。

（4）支持中央和地方相结合的运营体系，具备加密授权控制管理体系，支持统一标准和统一运营，支持用户全国漫游。

（5）系统安全可靠，具有良好的可扩展性，能够适应移动多媒体广播技术和业务的发展要求。

1.2 移动多媒体广播总体架构

CMMB 系统采用卫星和地面网络相结合的“天地一体、星网结合、统一标准、全国漫游”的技术体系，实现全国范围移动多媒体广播信号的有效覆盖。即：利用大功率 S 频段卫星覆盖全国 100%国土、利用 S 频段地面增补网络覆盖卫星信号盲区、利用 UHF（Ultra High Frequency，特高频）频段地面覆盖网络覆盖城市人口密集区域、利用无线移动通信网络构建回传通道实现交互，形成单向广播和双向互动相结合、中央和地方相结合的全程全网、无缝覆盖的系统。CMMB 系统主要由节目集成与播出、卫星传输、地面覆盖网络、业务运营支撑系统、双向交互网络及移动多媒体终端等部分组成，系统的总体架构如图 1-1 所示。

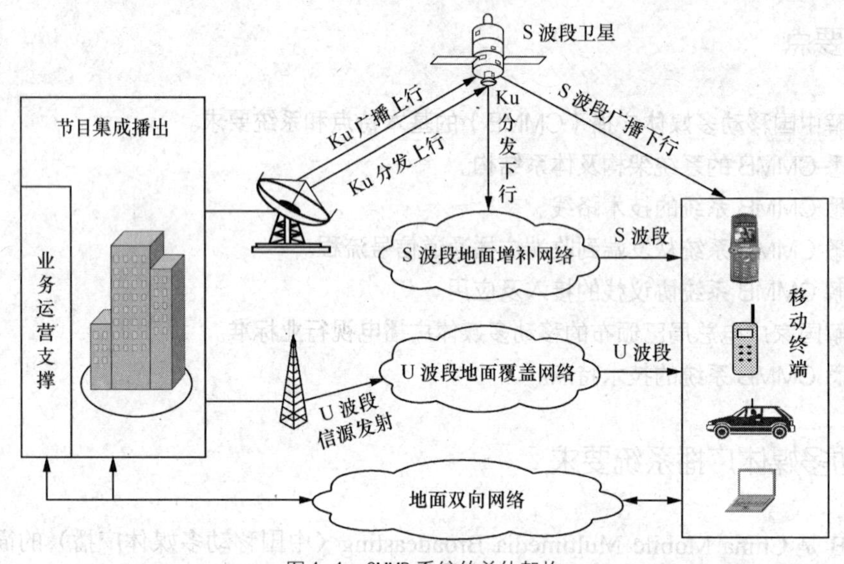

图 1-1 CMMB 系统的总体架构

根据图 1-1 所示的总体架构，CMMB 系统主要由 S 频段卫星覆盖网络和 UHF 频段地面覆盖网络实现移动多媒体广播信号覆盖。S 频段卫星网络广播信道用于直接接收 Ku 频段上行、S 频段下行，分发信道用于地面增补转发接收 Ku 频段上行、Ku 频段下行，由地面增补网络转发器转为 S 频段发送到移动终端。为实现城市人口密集区域移动多媒体广播信号的有效覆盖，采用 UHF 频段地面无线发射构建城市 UHF 频段地面覆盖网络。

移动终端在信号接收中，根据所处位置的信号情况及用户操作情况，可实现如下四种信号接收：一是直接接收 S 频段卫星信号；二是接收 S 频段地面增补信号；三是接收 UHF 频段地面覆盖信号；四是接收 UHF 频段地面覆盖同频转发信号。

1.3 移动多媒体广播系统体系结构

CMMB 系统体系结构是构成 CMMB 系统的基本技术框架，该框架描述了 CMMB 系统的基本构成及系统逻辑。CMMB 系统体系结构如图 1-2 所示。

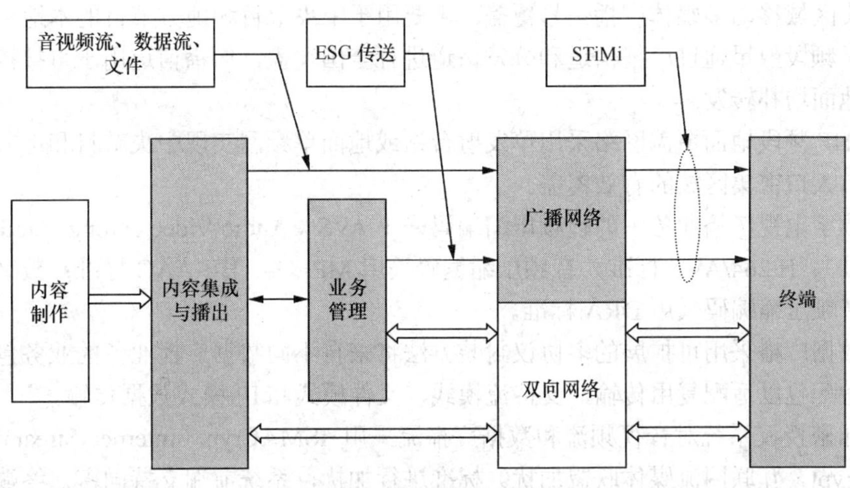

图 1-2　CMMB 系统体系结构

CMMB 系统体系结构说明如表 1-1 所示。

表 1-1　CMMB 系统体系结构说明

名　称	描　述
内容集成与播出	1．集成节目内容和关联业务数据，提供具体的业务应用 2．提供数据广播业务 3．提供前端应用逻辑 4．提供终端能识别的数据流或文件的内容编码格式 5．生成用于 ESG 的业务描述信息 6．终端与业务应用的交互 7．内容版权保护
业务管理	1．业务应用配置和带宽资源分配 2．提供业务指南应用，整合业务应用的 ESG 信息 3．提供紧急广播信息 4．提供加密授权及用户接入管理
广播网络	1．进行业务应用的复用 2．基于 STiMi 的传输
终端	1．用户手持设备 2．接收移动多媒体服务 3．网络和业务资源客户端

1.4　移动多媒体广播系统技术路线

根据 CMMB 系统的技术体制、总体架构及体系结构，CMMB 系统采取下述技术路线。

（1）采用 S 频段卫星和 UHF 频段地面网络实现协同覆盖，信道传输采用 STiMi（Satellite-Terrestrial Interactive Multi-service Infrastructure，卫星地面交互式多业务体系）技术。S 频段卫星覆盖全国 100%国土，主要用于中央节目的全国覆盖；UHF 频段地面网络用于城市人口密集区域移动多媒体广播信号覆盖，主要用于中央节目和地方节目的本地覆盖。

（2）S 频段卫星通过广播信道和分发信道进行全国覆盖，广播信道用于直接接收，分发信道用于地面增补转发。

（3）UHF 频段地面覆盖网络采用单发射台站或地面单频网实现中央节目和地方节目集成信号在城市人口密集区域的有效覆盖。

（4）数字电视广播业务中的视频压缩编码采用 AVS（Audio Video coding Standard，音视频编码标准）、H.264/AVC 标准，音频压缩编码采用 MPEG-4 HE-AAC 标准；数字音频广播业务中的音频压缩编码采用 DRA 标准。

（5）数据广播采用可扩展的多协议封装方法将来自不同数据广播业务的业务包，统一封装成链路适配包以适配复用传输，支持流模式、文件模式和 IP 模式数据传输。

（6）加密授权系统对音视频流和数据广播流采用 ISMACryp（Internet Streaming Media Alliance Crypt，互联网流媒体联盟加扰）标准进行加扰，系统前端支持同密，终端可采用通用接口方式实现多密，系统支持单向、双向和基于电子钱包的授权管理方式。

（7）运营支撑系统原则上采用两级架构体系，支持中央和地方业务相结合的运营体系，对内容统一加密，统一管理，支持公共服务、基本服务和扩展服务，支持第三方合作业务管理，实现各类终端用户的合法注册。

1.5 移动多媒体广播系统信号流程

CMMB 系统从发端到收端广播通道信号流程如图 1-3 所示。

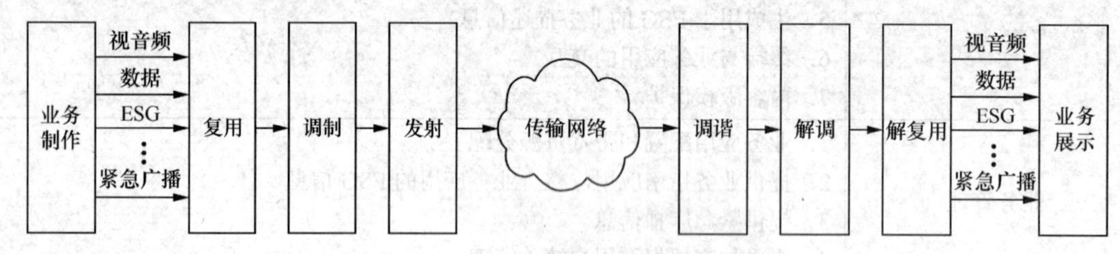

图 1-3 移动多媒体广播信号流程

发端信号流程如下。

（1）业务制作单元对视音频、数据、电子业务指南（Electronic Service Guide，ESG）、紧急广播等业务数据进行压缩和封装，输出给复用单元。

（2）复用单元将多路业务数据合成一路数据，输出给调制单元。

（3）调制单元对复用数据进行信道编码和调制，输出给发射单元。

（4）发射单元对调制器输出的信号进行频率变换和功率放大，经馈线、发射天线将信号以电磁波的形式发射出去。

收端信号流程如下。

（1）调谐单元对接收到的射频信号进行调谐，并下变频到中频信号，输出给解调单元。

（2）解调单元对调制的中频信号进行信道解码，得到复用数据，输出给解复用单元。

（3）解复用单元对数据进行分离，得到多路业务数据，并将用户选择的业务数据输出给相应的业务展示单元。

（4）业务展示单元实现对业务数据的解析，呈现给用户。

1.6　移动多媒体广播系统协议栈

CMMB 系统协议栈描述了 CMMB 系统构成中应遵循的各类协议及接入点，其构成如图 1-4 所示。

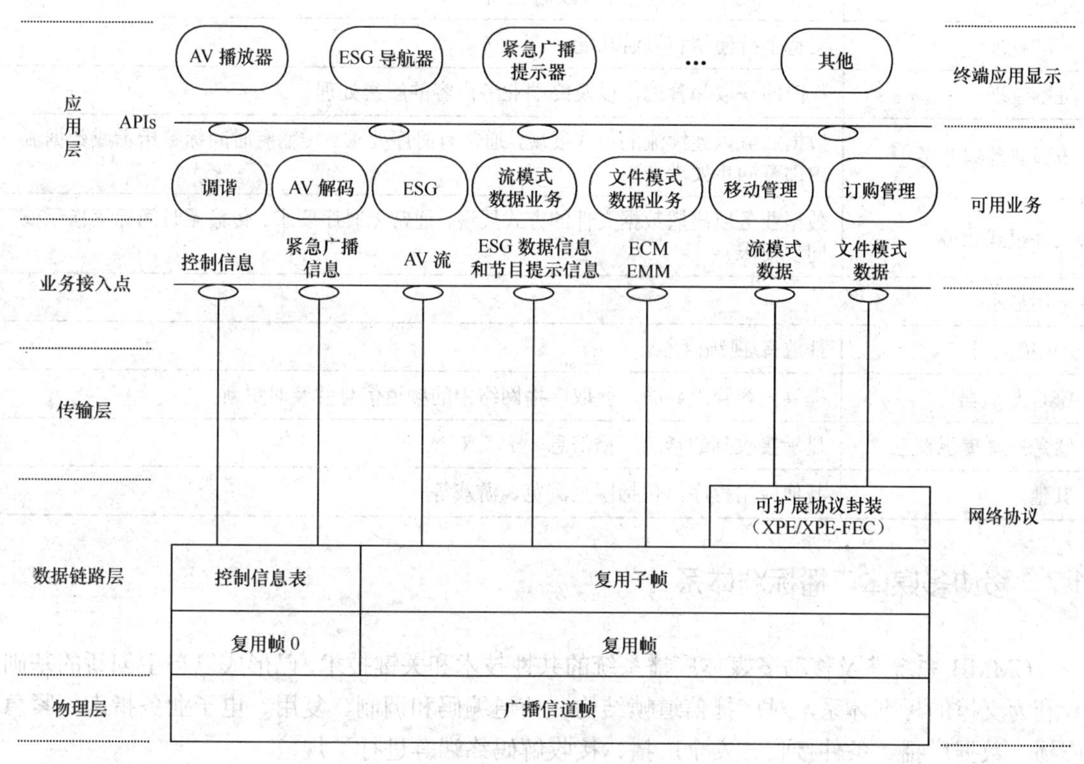

图 1-4　CMMB 系统协议栈

CMMB 系统协议栈通过业务接入点实现应用。表 1-2 描述了 CMMB 系统协议栈的接入及应用。

表 1-2　　移动多媒体广播系统协议栈接入及应用

名　　称	描　　述
业务接入点	
控制信息	移动多媒体广播控制信息接入接口，包括 ESG 基本描述信息、加密授权描述信息等
紧急广播信息	紧急广播信息接入点接口
AV 流	提供通过广播网络传送的 A/V 流接入点接口
ESG 数据信息和节目提示信息	ESG 数据信息和节目提示信息接入点接口
流模式数据	提供广播网络传送的流模式数据广播业务的数据
文件模式数据	提供广播网络传送的文件模式数据广播业务的数据

续表

名　称	描　述
可用业务	
调谐	频率调谐和扫描，调谐到终端所选择的业务
AV 编解码	发端进行音/视频编码，授权终端解码
ESG	接收 ESG 信息以及 ESG 及时更新
移动管理	支持手持便携和漫游功能
订购管理	权限的获取和管理，以及终端业务内容的解密处理
流模式数据业务	数据业务以连续流的方式展现，通常有时序要求、传输有时间标签指示或数据流内部有同步要求
文件模式业务	数据业务以离散数据文件的方式展现，通常无时序要求、传输无时间标签指示或同步要求
应用显示	
AV 播放器	播放音/视频内容
ESG 导航器	提供内容管理界面，获取广播网络中的频道信息并及时更新
紧急广播提示器	显示接收到的紧急广播信息
其他	其他应用程序，包括网页浏览、游戏等

1.7 移动多媒体广播标准体系

CMMB 系统涉及移动多媒体广播系统的共性技术和关键技术，已形成以自主创新的基础专利为支撑的标准体系，对广播信道帧结构、信道编码和调制、复用、电子业务指南、紧急广播、数据广播、条件接收、安全广播、接收解码终端等进行了规范。

（1）国家广播电影电视总局发布的广播电影电视行业标准包括：

- GY/T 220.1—2006 移动多媒体广播 第 1 部分：广播信道帧结构、信道编码和调制
- GY/T 220.2—2006 移动多媒体广播 第 2 部分：复用
- GY/T 220.3—2007 移动多媒体广播 第 3 部分：电子业务指南
- GY/T 220.4—2007 移动多媒体广播 第 4 部分：紧急广播
- GY/T 220.5—2008 移动多媒体广播 第 5 部分：数据广播
- GY/T 220.6—2008 移动多媒体广播 第 6 部分：条件接收
- GY/T 220.7—2008 移动多媒体广播 第 7 部分：接收解码终端技术要求
- GY/T 220.8—2008 移动多媒体广播 第 8 部分：复用器技术要求和测量方法
- GY/T 220.9—2008 移动多媒体广播 第 9 部分：卫星分发信道帧结构、信道编码和调制
- GY/T 220.10—2008 移动多媒体广播 第 10 部分：安全广播
- GY/T 235—2008 移动多媒体广播室内覆盖系统无源器件技术要求和测量方法

（2）国家广播电影电视总局发布的广播电影电视行业标准化指导性技术文件包括：

- GY/Z 233—2008 移动多媒体广播室内覆盖系统实施指南

- GY/Z 234—2008 移动多媒体广播复用实施指南

（3）国家广播电影电视总局发布的广播电影电视行业暂行技术文件包括：

- GD/J019—2008 移动多媒体广播接收解码终端测量方法
- GD/J020—2008 移动多媒体广播 UHF 频段发射机技术要求和测量方法
- GD/J021—2008 移动多媒体广播 UHF 频段直放站放大器技术要求和测量方法
- GD/J022—2008 移动多媒体广播音视频编码器技术要求和测量方法
- GD/J023—2008 移动多媒体广播紧急广播发生器技术要求和测量方法
- GD/J024—2008 移动多媒体广播数据广播文件发生器与 XPE 封装机技术要求和测量方法
- GD/J025—2008 移动多媒体广播电子业务指南发生器技术要求和测量方法

下面对其中几个主要的标准文件作简单的介绍。

1. GY/T 220.1—2006《移动多媒体广播　第 1 部分：广播信道帧结构、信道编码和调制》

2006 年 10 月 24 日，原国家广播电影电视总局正式发布了广播电影电视行业标准 GY/T 220.1—2006。该标准规定了在 30MHz～3000MHz 的频率范围内，移动多媒体广播系统广播信道传输信号的帧结构、信道编码和调制，适用于通过卫星和/或地面无线发射电视、广播、数据信息等多媒体信号的广播系统。

CMMB 广播信道物理层采用了基于时隙的帧结构和逻辑信道技术。基于时隙的帧结构可使传送业务与时间片对应，在业务传送时间片内该业务将单独占有全部数据带宽。这样手持终端能够在指定的时隙接收选定的业务，在业务空闲时间做节能处理，从而降低总的平均功耗，达到节电目的。广播信道物理层以物理层逻辑信道的形式向上层业务提供传输速率可配置的传输通道，同时提供一路或多路独立的广播信道。物理层逻辑信道支持多种编码和调制方式用以满足不同业务、不同传输环境对信号质量的不同要求。标准定义的广播信道物理层支持单频网和多频网两种组网模式，可根据应用业务的特性和组网环境选择不同的传输模式和参数。物理层采用 STiMi 传输技术，支持多业务的混合模式，达到业务特性与传输模式的匹配，实现业务运营的灵活性和经济性。CMMB 系统的物理层信号处理流程如图 1-5 所示，对于输入的数据流，系统的外编码和外交织采用 RS（Reed-Solomon，里德－所罗门）编码和字节交织，内码采用 1/2、3/4 码率的 LDPC（Low Density Parity Check，低密度奇偶校验）编码，内交织采用比特交织，经星座映射、符号成形后，采用复伪随机序列进行扰码，针对使用的不同信道带宽，信号调制可选取 4K-OFDM（8MHz 带宽模式）、1K-OFDM（2 MHz 带宽模式）两种方式进行。STiMi 技术采用了创新的 LDPC 构造方法和低复杂度的译码方法，不仅提高了接收灵敏度，而且极大地降低了整个编译码器硬件执行的复杂性，利于芯片实现。星座映射模式可以采用 BPSK（Binary Phase Shift Keying，二进制相移键控）、QPSK（Quadrature Phase Shift Keying，正交相移键控）或 16-QAM（Quadrature Amplitude Modulation，正交幅度调制），以适合传输不同服务质量要求的业务。另外，STiMi 技术创造性地使用了时间域扩频信标用于同步捕获，具有同步捕获时间短、抗载波频偏能力强、抗信道多径时延扩展能力强的特点。这种方式大大减小用户开机到正常接收所需要的同步时间，尤其在紧急广播环境下，可以保证用户的快速、可靠接收。

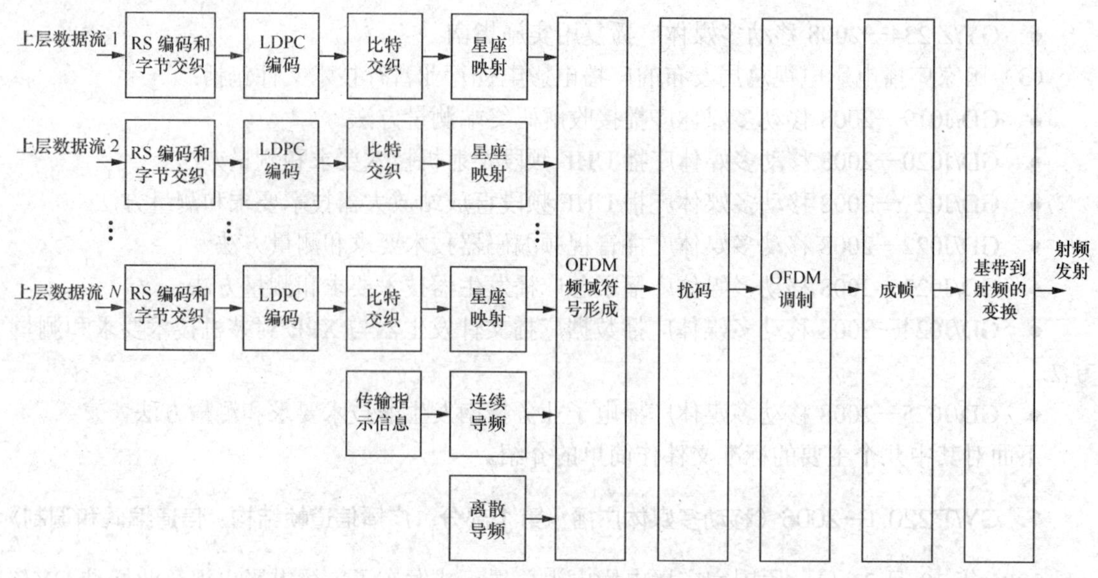

图 1-5 CMMB 系统的物理层信号处理流程

2. GY/T 220.2—2006《移动多媒体广播 第 2 部分：复用》

2006 年 11 月 29 日，原国家广播电影电视总局正式发布了广播电影电视行业标准 GY/T 220.2—2006。该标准规定了移动多媒体广播系统中视频、音频、数据与控制信息的复用帧结构，适用于通过卫星和/或地面无线发射视频、音频、数据信息等多媒体信号的广播系统。

在移动多媒体广播的前端系统中，复用的功能是完成音频、视频、数据、电子业务指南等信息的封装和排列，使其能够在移动多媒体广播信道上传送。同一业务的音频基本流、视频基本流和数据流封装在同一复用子帧中。电子业务指南、用户管理等辅助信息分别封装在不同的复用子帧中，控制信息封装在专用的复用帧中。多个复用帧构成一个广播信道帧。

该标准定义的复用帧结构与 GY/T 220.1—2006 标准定义的广播信道帧结构完全适配，利用传输时隙结构实现对终端省电的支持，在设计上充分考虑了多业务应用的灵活性和可扩展性，并通过将关键的业务辅助信息和信道调度控制信息放置在专用的高保护率时隙中传输，能够很好的适应无线传输的恶劣环境，具有很强的容错特性。

3. GY/T 220.3—2007《移动多媒体广播 第 3 部分：电子业务指南》

2007 年 8 月 10 日，原国家广播电影电视总局正式发布了广播电影电视行业标准 GY/T 220.3—2007。该标准规定了移动多媒体广播系统中电子业务指南的数据结构、封装和传输方式，适用于通过卫星和/或地面无线发射视频、音频、数据信息等多媒体信号的广播系统。

电子业务指南（Electric Service Guide，ESG）是移动多媒体广播的业务导航系统，其功能是为终端用户提供移动多媒体广播业务的相关信息，如业务名称、播放时间、内容梗概等，便于用户对业务的快速检索和访问。

在移动多媒体广播系统中，ESG 由基本描述信息、数据信息和节目提示信息构成。基本描述信息描述了数据信息在 ESG 业务的分配情况、更新状态等，在控制逻辑信道中传输。数据信息描述了与移动多媒体广播业务相关的业务信息、业务扩展信息、编排信息、内容信息和业务参数信息，作为一个特殊的移动多媒体广播业务传输。节目提示信息描述了业务当前时间段和下一时间段播放节目的概要信息，随移动多媒体广播视频、音频业务一起传输。

4．GY/T 220.4—2007《移动多媒体广播　第4部分：紧急广播》

2007年11月14日，原国家广播电影电视总局正式发布了广播电影电视行业标准GY/T 220.4—2007。该标准规定了移动多媒体广播系统中的紧急广播技术要求，适用于通过卫星和/或地面无线发射视频、音频、数据信息等信号的移动多媒体广播系统。

紧急广播是一种利用广播通信系统向公众通告紧急事件的方式。当发生自然灾害、事故灾难、公共卫生和社会安全等突发事件时，造成或者可能造成重大人员伤亡、财产损失、生态环境破坏和严重社会危害，危及公共安全时，紧急广播提供了一种迅速快捷的通告方式。该标准以国务院颁发的《国家突发公共事件总体应急预案》为指导，紧密结合CMMB的技术体系，规定了紧急广播数据段和紧急广播消息的语法结构及紧急广播消息的复用传输方法。

5．GY/T 220.5—2008《移动多媒体广播　第5部分：数据广播》

2008年1月21日，原国家广播电影电视总局正式发布了广播电影电视行业标准GY/T 220.5—2008。该标准规定了移动多媒体广播系统中数据广播业务的数据封装协议和传输方式，适用于通过卫星和/或地面无线发射视频、音频、数据信息等信号的移动多媒体广播系统。

应用该标准能够支持视频、音频、文本、图片、软件程序等多媒体信息传输，为终端用户提供股票资讯、交通导航、气象服务、网站广播等各类信息服务，有效地扩展并丰富移动多媒体广播的业务内容。

6．GY/T 220.6—2008《移动多媒体广播　第6部分：条件接收》

2008年5月13日，原国家广播电影电视总局正式发布了广播电影电视行业标准GY/T 220.6—2008。该标准规定了移动多媒体广播条件接收系统（Mobile Multimedia Broadcasting – Conditional Access System，MMB-CAS）的系统构成、总体要求、技术体系、逻辑架构和功能、分系统间接口、电子钱包模块、移动多媒体广播系统复用传输的适配等，适用于通过卫星和/或地面无线发射的视频、音频、数据信息等移动多媒体广播系统。

MMB-CAS可为移动多媒体广播业务提供传输过程中的保护，即针对业务的广播通道保护。移动多媒体广播运营商通常在播出时针对移动多媒体业务加入MMB-CAS条件接收控制机制。采用MMB-CAS，移动多媒体广播运营商可针对业务或业务包向指定用户或用户组授权，使得只有授权用户或用户组才能接收相关业务。

7．GY/T 220.7—2008《移动多媒体广播　第7部分：接收解码终端技术要求》

2008年5月13日，原国家广播电影电视总局正式发布了广播电影电视行业标准GY/T 220.7—2008。该标准规定了移动多媒体广播接收解码终端（简称移动多媒体广播终端）可实现的业务、功能要求、性能要求（如接收灵敏度、载噪比门限、抗干扰能力）、用户界面要求等，适用于通过卫星和/或地面无线发射视频、音频、数据信息等多媒体信号的广播系统。

移动多媒体广播终端是指具备接收、处理和/或显示移动多媒体广播信号的设备。移动多媒体广播终端可实现不同的业务，如电视广播、声音广播、电子业务指南、紧急广播、数据广播、条件接收等业务。GY/T 220.7—2008 标准对于规范终端产品的生产制造具有重要指导意义。

8. GY/T 220.8—2008《移动多媒体广播　第 8 部分：复用器技术要求和测量方法》

2008 年 8 月 15 日，原国家广播电影电视总局正式发布了广播电影电视行业标准 GY/T 220.8—2008。该标准规定了移动多媒体广播复用器的主要技术要求与测量方法，适用于移动多媒体广播复用器的开发、生产、应用、测量和运行维护。

9. GY/T 220.9—2008《移动多媒体广播　第 9 部分：卫星分发信道帧结构、信道编码和调制》

2008 年 12 月 2 日，原国家广播电影电视总局正式发布了广播电影电视行业标准 GY/T 220.9—2008。该标准规定了移动多媒体广播卫星分发信道帧结构、信道编码和调制，适用于通过分发信道向地面转发系统分发移动多媒体广播信道数据，使地面转发系统与卫星广播信道同步分发移动多媒体广播视频、音频和数据信号。

移动多媒体广播系统可通过卫星进行大面积广播覆盖。对于卫星覆盖的阴影区，需要采用地面转发系统对信号进行增补。为了提高转发信号的质量，采用独立的分发信道向地面转发系统分发广播信道数据，供地面转发系统与卫星广播信道同步广播。

移动多媒体广播前端由两部分组成：广播信道调制和分发信道调制。广播信道调制，采用 GY/T 220.1—2006 标准，输出的信号通过卫星转发后直接供用户终端接收。分发信道调制对广播信道调制部分完成比特交织后的数据和控制信息进行适配、数据封装、能量扩散、分发信道编码，与同步信号复合后再进行调制，形成分发信道上行信号，由卫星发往地面转发系统。地面转发系统对分发信道下行信号进行解调及同步信号提取，经数据解包与延迟控制后重新进行 OFDM（Orthogonal Frequency Division Multiplexing，正交频分复用）调制，生成与卫星广播信号同步的转发信号，供用户终端接收。

10. GY/T 220.10—2008《移动多媒体广播　第 10 部分：安全广播》

2009 年 1 月 4 日，原国家广播电影电视总局正式发布了广播电影电视行业标准 GY/T 220.10—2008。该标准规定了安全广播系统构成、安全广播信息的生成和数据定义、复用传输方式以及终端处理安全广播信息的方法。

安全广播技术通过在移动多媒体广播信号中插入安全广播信息，使得移动多媒体终端具有鉴别业务合法性的能力。即安全广播终端模块在终端接收移动多媒体广播业务时，根据业务标识号从传输帧中解复用获得安全广播信息，并对安全广播信息进行验证，根据验证结果确认业务内容的合法性，进而允许或禁止该业务。当移动多媒体广播业务在传输过程中被替换、篡改时，终端可以及时发现从而停止非法业务展现。

1.8 移动多媒体广播系统技术特点

众所周知，无线传输环境复杂，各种干扰信号众多，特别是在无线移动的情况下更是对移动接收设备的各种性能有着严格的要求。CMMB 系统的设计正是针对上述特点，采用了多种自主知识产权的先进传输技术，有效地适配无线传输复杂环境和面向便携移动特性地应用，并通过先进的实现算法和时间分片技术满足终端的省电需求，系统参数也针对移动接收环境进行了优化设计，其主要技术特点可以概括如下。

（1）适用于30MHz～3000 MHz的频率范围，支持8 MHz和2 MHz两种带宽，应用灵活。

（2）采用卫星和地面网络相结合的“天地一体、星网结合、统一标准、全国漫游”的技术体系，实现全国范围移动多媒体广播信号的有效覆盖。组网方便灵活、建网成本低。首先，在全网范围内使用统一的标准体系，利用S频段卫星的覆盖优势很容易实现全国漫游，因此用户在进行跨区域移动时将突破空间的限制，业务能够保证连续的接收，甚至在飞机上也能够正常观看CMMB业务，实现全程全网的无缝覆盖；其次，对于远郊区、沙漠和海洋等采用卫星进行覆盖是非常容易的事情，完全不需要再重新建设本地网络；再次，当发生水灾、地震等自然灾害时，地面通信网络遭受破坏或者因电力系统损坏而无法正常工作，CMMB系统能够通过卫星传送紧急广播消息给灾区人民，避免不必要的恐慌，并向安全地区转移，尽快脱离危险。

（3）采用了高度结构化、实现复杂度低的LDPC信道编码，使信号接收门限大大降低。

（4）采用基于时隙的帧结构和OFDM调制技术，为便携移动终端省电提供了良好的机制，并能适应宽带无线传输的恶劣环境。充分考虑了便携移动终端对实现复杂度和功耗的要求，采用时隙技术大幅降低终端接收功耗，可以保证便携移动终端长时间连续接收广播电视节目（4小时～5小时以上），时隙的片长参数选择充分考虑到了省电有效性和实现复杂度的平衡。

（5）采用逻辑信道技术，可以灵活配置，适用于实时广播电视、数据广播等多种业务。

（6）采用控制参数和业务数据分离传输的方式，将关键的业务辅助信息和信道调度控制信息放置在专用的高保护率信道中传输，能够很好的适应无线传输恶劣环境。

（7）采用信标技术，实现复杂多变的无线信道的快速同步。

1.9 本章小结

CMMB是我国自主研发的第一套面向手机、PDA、MP4、笔记本电脑等多种移动终端，通过卫星和地面无线广播方式，随时随地接收广播电视节目和信息服务等业务的系统。针对我国幅员辽阔及东部地区城市密集、用户众多、业务需求多样化的国情，CMMB充分吸收国内外成熟技术和先进经验，采用“天地一体、星网结合”的技术体系，实现了全程全网的无缝覆盖。CMMB系统主要由CMMB卫星、S频段网络和地面协同覆盖网络实现移动多媒体广播信号覆盖。其中S频段广播信道用于多媒体信号的直接广播，上行采用Ku频段，下行采用S频段。增补分发信道采用S频段地面增补网，对卫星覆盖阴影区信号转发覆盖，上行、下行均采用Ku频段。为使城市人口密集区域有效覆盖移动多媒体广播信号，CMMB系统采用UHF频段地面无线发射点构建城市UHF频段地面覆盖网络。同时，在实现广播方式开展移动多媒体业务的基础上，利用地面双向网络逐步开展双向交互业务。

1.10 习题

1．什么是CMMB？什么是STiMi？CMMB和STiMi是什么关系？

2．请简述CMMB的系统架构及体系结构。

3．CMMB 系统采取什么样的技术路线？

4．CMMB 可以提供什么服务？

5．CMMB 终端可接收哪四种类型的信号？

6．请简述 CMMB 系统从发端到收端广播通道信号流程。

7．CMMB 与手机电视有什么区别？

8．CMMB 的技术特点是什么？

9．国家广播电影电视总局已颁布多少项移动多媒体广播电视行业标准？

第2章 信源压缩编码技术与标准

本章学习要点

- 了解数字音视频编码标准及其发展历程。
- 掌握 MPEG-4 AAC 的音频编解码原理。
- 了解 DRA 多声道数字音频编解码算法原理及关键技术。
- 熟悉 H.264/AVC 视频编码标准的主要特点及性能。
- 了解我国具备自主知识产权的音视频编码标准（AVS）的性能及应用。

2.1 数字音视频编码标准概述

国际上数字音视频编码标准主要有两大系列。一个系列是由国际标准化组织(International Standardization Organization，ISO)和国际电工委员会(International Electrotechnic Commission，IEC）制定，另一个系列是由国际电信联盟电信标准部（International Telecommunication Union – Telecommunication sector，ITU-T）制定。制定这些标准的背景有所不同，面向的主要应用也有所区别。ITU-T 推出的 H.26x 系列视频编码标准，包括 H.261、H.262、H.263、H.263+、H.263++和 H.264，主要应用于实时视频通信领域，如会议电视、可视电话等。ISO/IEC 推出的 MPEG 系列音视频压缩编码标准，包括 MPEG-1、MPEG-2 和 MPEG-4 等，主要应用于音视频存储（如 VCD、DVD）、数字音视频广播、因特网或无线网上的流媒体等。但有的标准或标准的某些部分为不同国际标准化组织及其标准共用，有的由不同国际标准化组织联合制定，它们采用的技术有很多共同点，应用领域有所重叠。ITU-T 和 ISO/IEC 制定视频编码标准的历史如图 2-1 所示。

H.26x 和 MPEG 两个系列视频编码标准所涉及的信息对象同为数字视频信源，其原理性技术基础基本相同，但由于 ITU 和 ISO/IEC 两大标准化组织的组织背景、发展目标等方面的不同，使得两个组织的技术专家组基于不同的目的相对独立地进行标准制定工作。虽然两大组织的专家在标准制定过程中也曾经有过多次联合（例如，在 MPEG-2 标准发展过程中，ITU-T 将其 H.262 标准合并到 MPEG-2 标准中；在 2002 年，ITU-T 又将其 H.264 标准并入到 MPEG-4 标准中成为其第 10 部分，即 ISO/IEC 14496－10)，但无论是在相关标准的体系结构构成，还是应用系统目标以及具体技术发展环节上，都存在一定的差异。

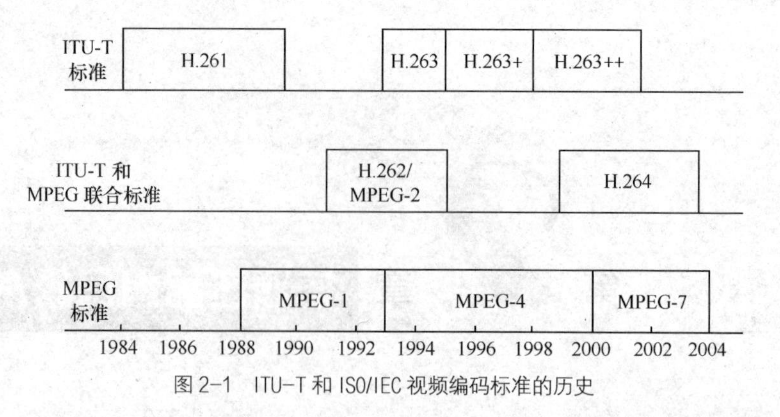

图 2-1 ITU-T 和 ISO/IEC 视频编码标准的历史

在标准体系构造上，H.26x 系列标准更具有针对性。它仅仅涉及数字视频压缩编码环节，而将系统层、音频层等问题放在其他标准之中，例如 PSTN 系统层标准 H.324，音频压缩编码标准 G.723。所以 H.26x 标准仅是多媒体通信系统中的一个功能模块，而 ISO/IEC 的 MPEG 系列则更具系统化，其 MPEG 系列标准体系涵盖整个多媒体系统的系统层、视频、音频等各个子系统，更便于形成完整的应用体系。因此，H.26x 系列标准往往只相当于 MPEG 系列编码标准中的视频部分。

在具体应用系统模式上，H.26x 系列标准主要围绕各种电信网络所构成的信道而设计，力图在有限的信道资源条件下，实现数字视频信息的高效传输。而 MPEG 系列标准则针对更为广泛的多媒体信息处理，侧重通用多媒体产业未来发展的需要，因此，MPEG 系列标准在应用模式上更具有开放性和延展性，注重和其他各种信息处理系统相结合，努力将其构造成面向多种应用的多媒体信息处理的综合性平台。

在整体编码技术发展上，二者发展目标的不同直接导致整体技术追求上的不同。H.26x 系列标准发展目的是充分利用信道资源实现数字视频信息的高效传输，充分挖掘数字视频系统中的技术潜力，从而进一步提高视频系统的压缩编码性能。以 H.26x 系列标准中预测编码技术的演变为例，其系统运动预测精度从 H.261 标准中的整像素精确到 H.264 标准中的 1/4 像素；运动估值范围从 H.261 中的 ±16 像素不断扩大，预测空间甚至可以超出参考图像；运动预测图像选取从 H.261 中仅能进行单帧预测到 H.264 的多帧预测。这些算法上的变化是为了进一步提高预测编码的预测性能，降低预测误差信号的传递从而实现系统压缩比的提高。

音频压缩编码标准主要包括了 MPEG-1、MPEG-2、MPEG-4 标准，以及美国 Dolby 公司的 AC-3 等。MPEG-1 音频编码（ISO/IEC 11172-3）是世界上第一个高保真音频数据压缩标准。为了保证其普遍适用性，MPEG-1 音频压缩标准提供三个独立的算法层次：Layer Ⅰ、Layer Ⅱ和 Layer Ⅲ。Layer Ⅰ的编码器最为简单，应用于数字小型盒式磁带（Digital Compact Cassette，DCC）记录系统；Layer Ⅱ的编码器复杂程度属中等，应用于数字音频广播（Digital Audio Broadcasting，DAB）、CD-ROM、CD-I（CD-interactive）和 VCD 等；Layer Ⅲ的编码器最为复杂，应用于 Internet 网上广播、MP3 光盘存储等。

MPEG-2 标准定义了两种音频编码格式，一种称为 MPEG-2 音频（ISO/IEC 13818-3），或者称为 MPEG-2 多通道音频，因为它与 MPEG-1 音频编码格式（ISO/IEC 1117-3）是兼容的，所以又称为 MPEG-2 BC（Backward Compatible，后向兼容）；另一种称为 MPEG-2 AAC（Advanced Audio Coding，先进音频编码），因为它与 MPEG-1 音频编码格式是不兼容的，所以也称为 MPEG-2 NBC（Non Backward Compatible，非后向兼容）标准。由于 MPEG-2 BC 强调与MPEG-1的后向兼容性，不能以更低的数码率实现高音质，没有得到普及应用。MPEG-2 AAC 支持的采样频率为 8kHz～96kHz，编码器的音源可以是单声道、立体声和多声道的声音，多声道扬声器的数目、位置及前方、侧面和后方的声道数都可以设定，因此能支持更灵活的多声道构成。MPEG-2 AAC 可支持 48 个主声道、16 个低频音效增强（Low Frequency Enhancement，LFE）声道、16 个配音声道（overdub channel）或者称为多语言声道（multilingual channel）和 16 个数据流。MPEG-2 AAC 在压缩比为 11：1，即每个声道的数码率为（44.1 × 16）/11＝64kbit/s，5 个声道的总数码率为 320 kbit/s 的情况下，很难区分解码还原后的声音与原始声音之间的差别。

MPEG-4 音频压缩标准（ISO/IEC 14496-3）支持自然声音（如语音、音乐）、合成声音以及自然和合成声音混合在一起的合成/自然混合编码（Synthetic/Natural Hybrid Coding，SNHC）。对于采样频率高于 8kHz、数码率在 16 kbit/s～64 kbit/s 甚至更高的音频信号，MPEG-4 采用 AAC 算法，提供通用的音频压缩方法。MPEG-4 AAC 以 MPEG-2 AAC 为核心，在此基础上增加了感知噪声替代（Perceptual Noise Substitution，PNS）和长时预测（Long Term Prediction，LTP）功能模块。在 MPEG-4 AAC 的基础上引入谱带复制（Spectral Band Replication，SBR）技术，从而提高了压缩效率，发展成为 HE-AAC（High Efficiency AAC，高效 AAC），通常也称为 AAC+。后来，在 HE-AAC 的基础上又引入了参数立体声（Parametric Stereo，PS）编码技术，进一步提高立体声的压缩效率，发展成为 HE-AAC V2，或称 AAC++。

我国于 2002 年 6 月成立了数字音视频编解码技术标准（Audio Video coding Standard，AVS）工作组，其任务是面向我国的信息产业需求，组织制（修）订数字音视频的压缩、解压缩、处理和表示等共性技术标准，为数字音视频设备与系统提供高效经济的编解码技术，服务于高分辨率数字广播、高密度激光数字存储媒体、无线宽带多媒体通信、Internet 宽带流媒体等重大信息产业应用。AVS 是我国具备自主知识产权的信源编码标准，是信息技术——先进音视频编码系列标准的简称。AVS 标准包括系统、视频、音频、数字版权管理等 9 个部分。其中，AVS 的第 2 部分于 2006 年 2 月 16 日被国家质量监督检验检疫总局和国家标准化管理委员会正式批准为国家标准，标准号为 GB/T 20090.2—2006。

在音频压缩编码方面，200812 月 22 日，国家质量监督检验检疫总局和国家标准化管理委员会发布了 GB/T 22726—2008《多声道数字音频编解码技术规范》标准（简称 DRA 音频标准），于 2009 年 6 月 1 日起实施。

2.2 MPEG-4 AAC 音频编码标准

2.2.1 MPEG-4 AAC 编码算法

MPEG-4 AAC 编码器的原理框图如图 2-2 所示。在实际应用中不是所有的模块都是必需的，图 2-2 中凡有阴影的方块是可选的，根据不同应用要求和成本限制对可选模块进行取舍。

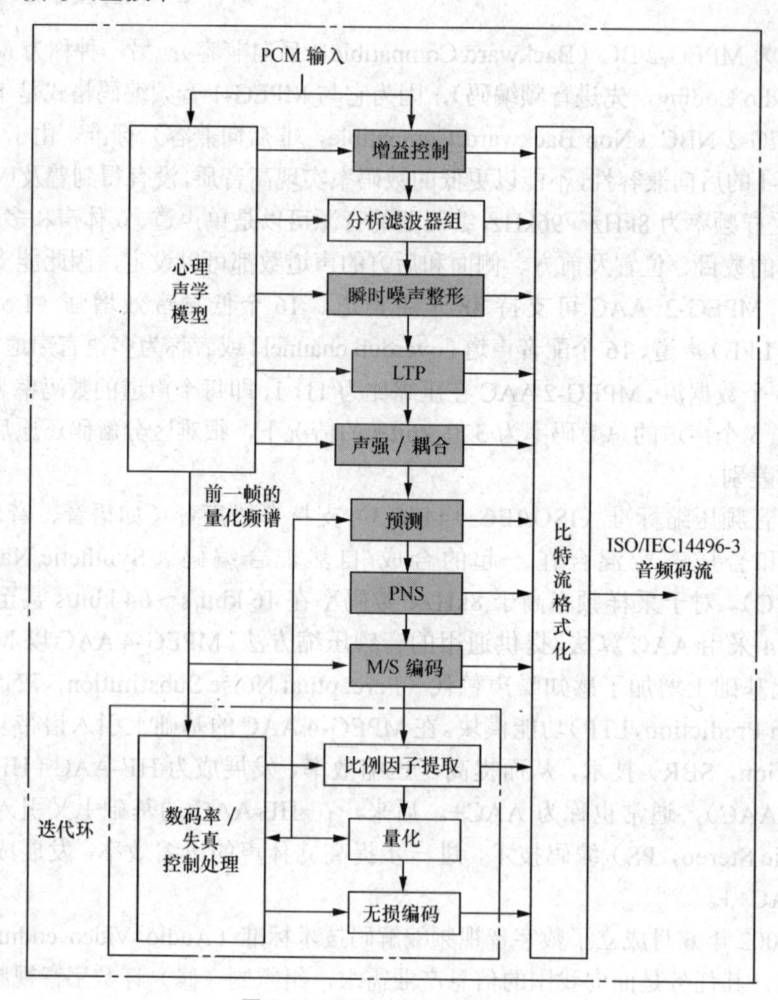

图 2-2 MPEG-4 AAC 编码器框图

1. 增益控制

增益控制为 AAC 编码的可选模块，用在可分级采样率档次中。它由多相正交滤波器（Polyphase Quadrature Filter，PQF）、增益检测器（Gain Detector）和增益修正器（Gain Modifier）组成。多相正交滤波器把输入信号划分到 4 个等带宽的子带中，增益检测器输出满足比特流信息限制的增益控制数据，增益修正器控制划分后的 4 个等带宽子带信号的增益信息，而整个增益控制模块的功能是对不同频带的信号使用不同的增益达到控制信号频谱幅度，从而减少信号的编码比特数。

在解码器中也有增益控制模块，通过忽略多相正交滤波器的高子带信号获得低采样率输出信号。

2. 分析滤波器组

分析滤波器组是 AAC 编码的基本模块，其任务是将音频数据划分为一定长度的帧，然后将这些音频帧数据从时间域变换到频率域。AAC 采用了改进的离散余弦变换（Modified Discrete Cosine Transform，MDCT），它是一种线性正交叠加变换，使用了一种称为时间域混叠抵消（Time Domain Aliasing Cancellation，TDAC）技术，在理论上能完全消除混叠。AAC 提供了两种窗函数：正弦窗和凯塞-贝塞尔（Kaiser-Bessel derived）窗（简称 KBD 窗）。正弦窗使滤波器组能较好地分离出相邻的频谱分量，适合于具有密集谐波分量（频谱间隔<140Hz 的信号）。对于频谱成分间隔较宽（>220Hz）时采用 KBD 窗。AAC 系统允许正弦窗和 KBD 窗之间连续无缝切换。

AAC 的 MDCT 采用了长块（2048 时域样本）和短块（256 个时域样本）两种变换块。长块的频率域分辨率高、编码效率高，对于时间域变化快的信号则使用短块，切换的标准根据心理声学模型的计算结果确定。为了平滑过渡，长、短块之间的过渡不是突变的，中间引入了过渡块。

3．心理声学模型

心理声学模型即听觉系统感知模型，它是包括 AAC 在内的所有感知音频编码的核心。心理声学模型把整个信号频带按人耳的听觉特性划分出临界频带，首先计算出各临界子带掩蔽阈值，得到信掩比，然后计算出各临界子带的最小掩蔽阈值。在量化时利用声学模型计算结果对量化噪声的频谱进行适当整形，使每个临界子带内的量化噪声功率小于临界子带的最小掩蔽阈值，从而能够被音频信号所掩蔽，满足听觉系统的掩蔽效应，达到感知失真最小。

心理声学模型的输入是一段有限长窗（256 个时域样本或是 2048 个时域样本）内的声音信号的采样值以及该信号的采样率，输出是各比例因子带（Scalefactor Band）的量化噪声掩蔽阈值、MDCT 的变换块类型（长块、短块、起始块、结束块）以及对这些数据编码所需要的比特数估计值。

4．瞬时噪声整形

假设时域上一段安静的信号后面紧接着一个瞬态冲击信号，频域编码后量化噪声在解码后扩展到整个时域内，在上述的安静信号内产生所谓的“预回声”。当然，预回声现象可以通过长、短块切换来将其控制在比较短的范围内，这也是 AAC 采用长、短块机制的原因之一。瞬时噪声整形（Temporal Noise Shaping，TNS）是增加预测增益的一种方法，能够根据输入信号自适应地降低预回声效应，使噪声频谱随信号频谱包络变化。该方法是对频域信号进行线性预测滤波，再将预测残差进行编码并且发送相关系数。这种方法主要是根据时域和频域的对偶性，在频域上进行预测编码可以提高信号时域的分辨率，可以在解码端调节量化误差的时域形状，使之适应输入信号的时域形状，这样就能有效地抑制预回声现象。噪声整形的作用是把量化的噪声转移到输入频谱数据幅度较大的部分去，利用听觉的掩蔽阈值使得噪声的感觉下降。在预测编码中，利用了帧与帧之间的冗余进行编码；而在 TNS 模块中，利用一帧之内的冗余进行编码，即采用帧内线性预测的方法。这样减少了信号的冗余度，而残差编码引起量化误差，让它形成在信号频谱幅度大的部分，因此称为噪音整形编码。在编码时是否采用噪声整形取决于一个数据帧的预测增益。在进行编码时，若预测增益大于预定值则使用噪声整形编码。在噪声整形中，不同的档次对线性预测的阶数有不同的要求，而且一般要求在大于 1.5kHz 的频谱范围内进行。

5．长时预测

长时预测（Long Term Prediction，LTP）模块是 MPEG-4 引入的新模块，也是一个可选模块，它是用来减少连续编码帧之间信号的冗余，这个模块对于信号有明显基音的情况下特别有效，是一个前向自适应预测器。

6．声强/耦合和 M/S 编码

联合立体声编码（Joint Stereo Coding）是一种空间编码技术，其目的是去掉空间的冗余。AAC 包含两种空间编码技术：声强/耦合（Intensity/Coupling）编码和 M/S 编码（Mid/Side Encoding）。声强/耦合编码的称呼有多种，有的叫做声强立体声编码（Intensity Stereo Coding），有的叫做声道耦合编码（Channel Coupling Coding）。

声强/耦合编码和 M/S 编码都是 AAC 编码器的可选项。人耳听觉系统在听 4 kHz 以上的高频信号时，双耳的定位对左右声道的强度差比较敏感，而对相位差不敏感。声强/耦合就利用这一原理，在某个频带以上的各子带使用左声道代表两个声道的联合强度，右声道谱线置为 0，不再参与量化和编码。平均而言，大于 6 kHz 的频段用声强/耦合编码较合适。

在立体声编码中，左右声道具有相关性，利用"和"及"差"方法产生中间（Middle）和边（Side）声道替代原来的 L、R 声道，其变换关系式如下：

$$M = \frac{L+R}{2} \tag{2-1}$$

$$S = \frac{L-R}{2} \tag{2-2}$$

在解码端，将 M、S 声道再恢复回 L、R 声道。在编码时不是每个频带都需要用 M/S 联合立体声替代的，只有 L、R 声道相关性较强的子带才用 M/S 转换。对于 M/S 开关的判决，ISO/IEC 13818－7 中建议对每个子带分别使用 M/S 和 L/R 两种方法进行量化和编码，再选择两者中比特数较少的方法。对于长块编码，需对 49 个量化子带分别进行两种方法的量化和编码，所以运算量很大。

7．预测

在信号较平稳的情况下，利用时间域预测可进一步减小信号的冗余度。在 AAC 编码器中预测是利用前面两帧的频谱来预测当前帧的频谱，再求预测的残差，然后对残差进行编码。解码时，则利用预测残差和预测值重建频谱信号。预测使用经过量化后重建的频谱信号，具体步骤如下：

（1）使用前两帧的重建频谱信号预测当前帧的频谱；

（2）将当前频谱与预测频谱相减得到残差信号；

（3）对残差信号量化；

（4）对残差信号反量化，利用预测残差和预测值重建当前帧频谱信号；

（5）更新预测器。

8．感知噪声替代

感知噪声替代（Perceptual Noise Substitution，PNS）模块是 MPEG-4 引入的新模块，也是一个可选模块，应用于具有类似噪音频谱的音频信号，当编码器发现类似噪音的音频信号时，并不对其进行量化，而是作个标记就忽略过去。而在解码器中产生一个功率相同的噪声信号代替，这样就提高了编码效率。

9．量化和编码

音频编码的原则是：在给定的编码率下，要达到心理声学模型下听觉心理感觉到的失真最小。

因此，心理声学模型输出的心理声学参数被送到比特分配模块进行比特分配操作，决定对每个比例因子带采用多大的子带比例因子和对整个音频帧采用多大的全局比例因子进行编码。具体的计算过程如下：输入的数据为每个比例因子带的掩蔽阈值，进行比特分配时，采用双迭代循环结构。内迭代循环计算编码所需的比特数，当内迭代循环输出的向量不能达到所要的比特数进行编码时，在内迭代循环中增加全局量化因子直到可以用要求的比特数进行编码为止。外迭代循环计算每个子带的量化噪声并将每个子带的量化噪声控制在心理声学模型计算出的允许掩蔽阈值范围之内，当某个子带的量化噪声超出允许的掩蔽阈值范围时，则增加该子带的子带比例因子以减少该子带的量化噪声，使得该子带的量化噪声在允许的子带掩蔽阈值范围之内。因此比特分配模块输出全局比例因子和每个子带的子带比例因子到量化和编码模块中。

量化和编码模块对时域/频率分析模块输出的频率系数进行量化操作，即根据比特分配模块输出的全局量化因子和每个子带的量化因子对每个子带分别进行量化，在进行量化时，同一子带内的频率系数量化时使用相同的子带量化因子，而对各子带所在的同一音频块的频率系数量化时使用相同的全局量化因子进行量化。量化时采用非线性量化，即将频率系数使用非线性曲线映射到量化域中。

无损编码（熵编码）通常采用霍夫曼（Huffmna）编码，使用对需编码信号的统计概率来安排 Huffman 码字，即将出现概率较大的输入编码组合用较短的 Huffman 码字来表示，而将出现概率较小的输入编码组合用较长的 Huffman 码字表示，从而在统计平均上实现对输入编码组合的最优码字表示。AAC 标准提供了 12 张可供选择的 Huffman 码表，在进行 Huffman 编码时，选用其中某一码表对频率系数的组合进行编码，从而实现已量化好的音频系数的无损压缩。无损编码的输出是在当前比例因子下进行编码所需要的最少比特数。

10. 比特流格式化

编码后的码流参数和边信息参数通过复用器组合成最终的音频码流，边信息参数指示该音频数据的量化因子或采样率等音频辅助信息，而码流参数包含编码后的音频实际数据。最后，要把各种必须传输的信息按 AAC 标准给出的帧格式组成 AAC 码流。AAC 的帧结构非常灵活，除支持单声道、双声道、5.1 声道外，可支持多达 48 个声道，具有 16 种语言兼容能力。

2.2.2 MPEG-4 HE-AAC 编码算法

MPEG-4 HE-AAC 编码技术起源于 MPEG-4 AAC 技术。2003 年，在 MPEG-4 AAC 技术的基础上引入谱带复制（Spectral Band Replication，SBR）技术，发展成为 HE-AAC（High Efficiency AAC，高效 AAC），也称 AAC +。

1. 谱带复制技术简介

对人类听觉系统的研究表明，人耳对于低频信号比较敏感，所能容忍的量化误差较小，而对于高频信号的敏感度则较低。该特性被广泛地应用于音频压缩编码技术中。为了避免信号频谱的混叠，在对模拟信号采样量化得到数字信号的过程中，只能保留原信号中低于采样频率一半的低频成分。根据人耳对不同频率信号的感知特点，现代音频压缩编码技术通常在比特有限的情况下舍弃一定的高频信号，而将可用比特分配给人耳较为敏感的低频信号，以使低频信号的量化误差小于掩蔽阈值。随着数码率的下降而损失大量高频成分，会使声音变的沉闷、不明亮、失真度大，所以为了保证重构音频质量必须发展高频重建技术。

1997年，Coding Technologies公司开始寻找一种新方法来提高数字音频编码算法的效率，由Lars Liljeryd带领的一组瑞士研究人员，想到了用一种适当的方法来重建（复制）解码后的音频信号的高频分量，主要是重新使用从解码后的基带信号中获得的信号信息来重建高频分量。因此发展成了一种在频域上进行冗余编码的新概念，这种概念引出了今天众所周知的谱带复制（SBR）技术。

2. 谱带复制技术原理

谱带复制（SBR）只是一种可选的音频编码增强技术（工具），用于展宽音频带宽。它不能替代核心编解码器，只能连同核心编解码器一起工作。SBR的理论基础是音频信号低频和高频部分之间具有很大的相关性，用AAC核心编码器对音频信号的低频部分进行编码，用SBR技术在编码端提取少量参数，在解码端重建高频部分。

SBR编码器的作用就是编码一些用于重建高频带信号的定向信息，以便在解码器端重建高频带信号。SBR编码器由分析正交镜像滤波器（Quadrature Mirror Filter，QMF）组构成，利用该滤波器组可得到原始输入信号的频谱包络。然后利用其相关模块，分析在高频带中噪声成分和音调成分的关系，采集一些定向信息（如原始输入信号的频谱包络或是补偿潜在性丢失的高频分量的附加信息），来实现对高频带的重构。这种关于输入信号特征的采集信息，加上频谱包络数据就形成了SBR数据。在解码端SBR先利用AAC解出的低频信号复制出高频信号，然后根据提取的控制参数对高频频谱包络进行调整，如图2-3所示。这样，由于不需要对高频信号进行编码传输，只需在AAC编码后的比特流中加入少量的SBR控制信息来保证高频部分的重构，从而可以在较低的数码率下实现高音质的压缩传输。SBR与核心编码器AAC在处理过程上是并行的处理单元，可以保证结合后的前后向兼容。在功能上，SBR对AAC核心编码器相当于预处理过程，而对AAC核心解码器相当于后处理过程。

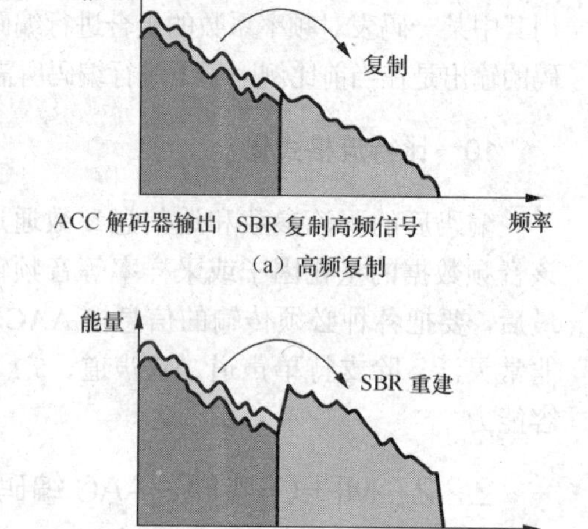

图2-3 SBR高频重建过程图

3. SBR编码原理

SBR编码部分最重要的工作是SBR控制参数的提取。首先，利用分析QMF组对输入PCM音频信号进行时/频变换，其目的是得到能反映低频与高频相关性且便于分析的子带信号。SBR所使用的分析滤波器组是64通道QMF滤波器组，其特点是：可以用复数变换消除混叠失真；可以根据通道个数对原型滤波器输出进行采样，使得变换样点在时隙上保留原始信号的音频特性。因此，SBR 在谱带复制时直接使用低频信号复制高频信号，而不需进行复杂的音调和基频检测。SBR 在分析 QMF 滤波器组之前使用了较长的输入缓存器，使输入到分析滤波器组的时域样点包含了更长的时域特性，进而使变换样点表现出更加平稳的特性，便于对子带包络的特性分析。其次，为了进行能量包络的计算，必须由 SBR 相关模块选择适当的时间/频率解析度（Time/Frequency Grid），以适应每一子带音频信号的特性。通常对平稳信号使用较高的频率解析度和较低的时间解析度，而对冲击或突变信号使用较高的时间解析度和较低的频率解析度。能量包络由包络比例因子（Envelope Scalefactor）组成。包络比例因子是指在选定的时间和频率解析度下的子带采样值的平方均值。再次，SBR 将在时域或频域对计算出的能量包络比例因子进行数据量化和编码。同时，由 SBR 相关模块产生相关控制参数，其中最重要的是高频部分的噪声能量。由于高频信号常伴有白噪声，所以必须记录高频重构所需的噪声能量以指引解码端在重构的高频信号中加入适当能量的白噪声，从而使重构信号更接近原信号。最后将以上提取的参数与由核心编码器所输出的比特流通过比特流格式器以一定的格式合并送出。SBR 编码原理框图如图 2-4 所示。

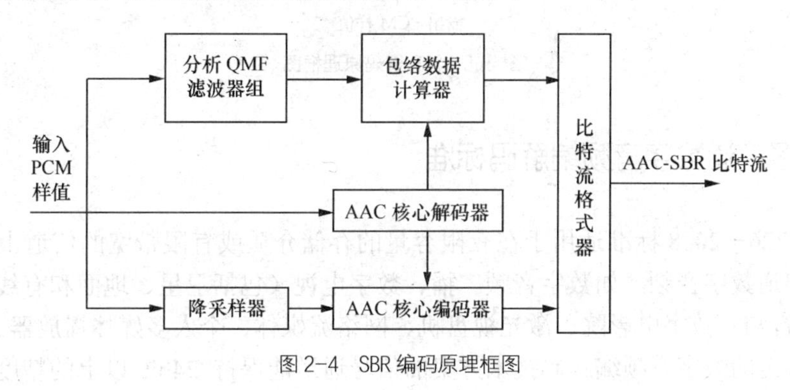

图 2-4　SBR 编码原理框图

4．SBR 解码原理

SBR 解码部分首先通过比特流剖析器（Bitstream Parser）从 SBR 比特流中提取出各种控制参数，包括时间/频率解析度、能量包络数据、噪声能量等，并进行必要的错误校验和修正。分解出的低频部分信号由 AAC 核心编码器进行解码，而各种控制参数再经由比特流分离器分类，并进行 Huffman 译码和反量化得到后续高频重构所需的控制信息。然后，根据时域和频域参数和由分析 QMF 滤波器组输出的低频部分频谱，在高频重建器中将低频部分频谱根据控制参数复制到高频，并对每一个子频带进行自适应滤波，以适应各帧音频信号的特性。接着，将分解出的高频控制参数（噪声能量等）加入到由高频重建器输出频谱的高频部分，并在包络调整器中根据包络参数对高频频带进行调整，使频带能量与原信号相同。最后将包络调整器输出的调整后的高频部分与核心解码器经由分析 QMF 滤波器组输出的低频部分通过综合正交镜像滤波器组（Synthesis QMF Filterbank）合并输出，得到完整的频谱。SBR 解码原理框图如图 2-5 所示。

由于 SBR 数据是放置在 AAC 码流格式的附加字段中，所以，Enhanced aacPlus 解码器能后向兼容原有的 AAC 解码器。如果码流发送到 AAC 解码器，则只识别出低频的音频流进行解码。如果码流发送到 Enhanced aacPlus 解码器，则对 SBR 数据以及来自 AAC 编码器的低频信号码流进行解码，产生一个完整带宽的音频信号。

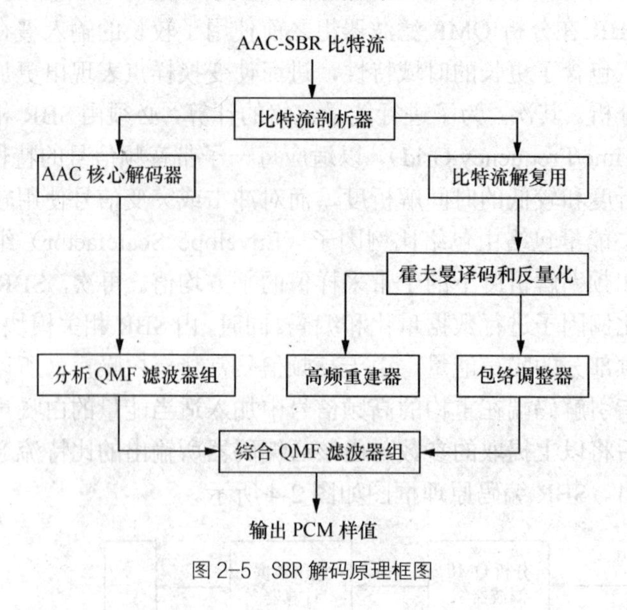

图 2-5 SBR 解码原理框图

2.3 DRA 多声道数字音频编解码标准

GB/T 22726—2008 标准适用于在有限容量的存储介质或有限带宽的信道上保存或传送高质量的多声道数字音频，如数字音频广播、数字电视（包括卫星、地面和有线等不同传输方式）、家庭音响、数字电影院、激光视盘机、网络流媒体、个人多媒体播放器。

该标准规定的数字音频编解码技术方案的信号通道能保持 24bit 以上的精度（除了因量化而有意舍弃的精度外）；可支持从 8kHz 到 192kHz 间的标准采样频率，例如 44.1kHz、48kHz 及 96kHz；可支持的声道设置除了常见的立体声、5.1 环绕声、6.1 环绕声和 7.1 环绕声之外，还为未来的音频技术发展预留了空间（最多可支持 64.3 环绕声）。该标准对编码比特率（码率）没有明确限制，在具体应用时可根据信道带宽和音质要求等因素来设定。

2007 年 1 月 4 日，DRA 数字音频编解码技术被信息产业部正式批准为电子行业标准《多声道数字音频编解码技术规范》（标准号 SJ/T11368—2006）。根据广播电影电视行业标准 GY/T 220.7—2008《移动多媒体广播第 7 部分：接收解码终端技术要求》第 6.5.2.1 条规定，所有 CMMB 终端均应支持 SJ/T 11368—2006 音频压缩编码规范。2009 年 3 月 18 日，DRA 多声道数字音频编解码技术又被蓝光光盘协会（Blu-ray Disc Association，BDA）正式批准成为蓝光光盘格式的一部分，被写入 BD-ROM 格式的 2.3 版本，成为中国拥有的第一个进入国际领域的音频技术标准。

2.3.1 术语和定义

音频数据（audio data）：用于表示原始音频信号的比特序列（数据）。

音频样本（audio sample）：输入编码器或输出解码器的 PCM 音频样本。

辅助数据（auxiliary data）：包括诸如时间码之类的不属于音频信号本身，但又与其有关系的数据。

暂窗口函数（brief window function）：总长度为 256 个样本，但却只用其中 160 个样本的

MDCT 的窗口函数。

码流或比特流（bit stream）：由符合本标准的编码器产生的表示原始音频信号的比特序列。

正常声道（normal channel）：除低频音效增强（LFE）声道以外的全频谱声道。

帧（frame）：由符合本标准的编码器产生的表示一帧音频信号的音频数据。它是构成本标准的码流的基本单位。本标准的一个帧可涵盖 128、256、512 或 1024 音频样本。

帧头（frame header）：本标准的一个帧的开头部分的音频数据，包括同步字和描述音频信号的特性的字，比如采样率、正常声道的数目、LFE 声道数目等。

长窗口函数（long window function）：长度为 2048 个样本的 MDCT 的窗口函数。

MDCT 块：应用一次 MDCT 所产生的一组频域系数或子带样本。或相应地，输入 MDCT 的一组新音频样本。本标准用到的 MDCT 块分别包含 128 个和 1024 个音频样本或子带样本。

量化因子（quantization index）：量化子带样本所生成的指数。

量化步长（quantization step size）：量化子带样本用的步长。

量化单元（quantization unit）：由临界频带在频域和瞬态段在时域联合界定的一个矩形，所有在此矩形内的子带样本都属于同一个量化单元。

准稳态帧或稳态帧（quasistationary frame）：一帧没有瞬态的音频样本。

短窗口函数（short window function）：长度为 256 个样本的 MDCT 的窗口函数。

子带样本（subband sample）：应用 MDCT 所产生的一组频域系数。

子带段（subband segment）：由时间界定的一段子带样本。

同步字（synchronization word）：指示音频帧的开始的字。

瞬态帧（transient frame）：一帧有瞬态的音频或子带样本。

瞬态位置（transient location）：对瞬态帧，指示瞬态发生的位置。

瞬态段（transient segment）：统计特性类似的子带段。在瞬态帧内，瞬态段的起始位置通常为瞬态发生的位置。在平稳帧内，整帧音频样本或子带为一个瞬态段。

窗口函数（window function）：MDCT 用的窗口函数。

字（word）：本标准的编码器产生的音频数据的最小语义单元。

2.3.2 DRA 多声道数字音频编码算法

DRA 音频编码算法基于人耳的听觉特性对音频信号进行量化和比特分配，属于感知音频编码，其编码算法流程如图 2-6 所示。

首先通过对音频信号进行瞬态检测，采用自适应时频分块（Adaptive Time-Frequency Tiling）技术从 13 个窗口长度中选择一个最适合当前音频信号特征的窗口，来实现对音频信号的最优时频分解。其次，如果当前音频帧含有瞬态信号，还需要对多个短块变换的谱系数进行交织处理，以便于后面的统一量化处理。同时要根据输入的音频信号进行心理声学模型分析，获得一组准确的掩蔽门限。并根据比特率和音频内容等选择联合立体声编码，进一步降低声道间的冗余度。再次，根据掩蔽门限和比特率进行最佳比特分配，并对谱系数进行标量量化，以使量化噪声低于掩蔽门限，从而实现感觉无失真编码，达到音频不相关信息压缩的目的，然后对量化因子进行 Huffman 编码，进一步去除信号中的冗余度。最后将各种辅助信息和熵编码的谱系数按照 DRA 帧结构打包成 DRA 码流。

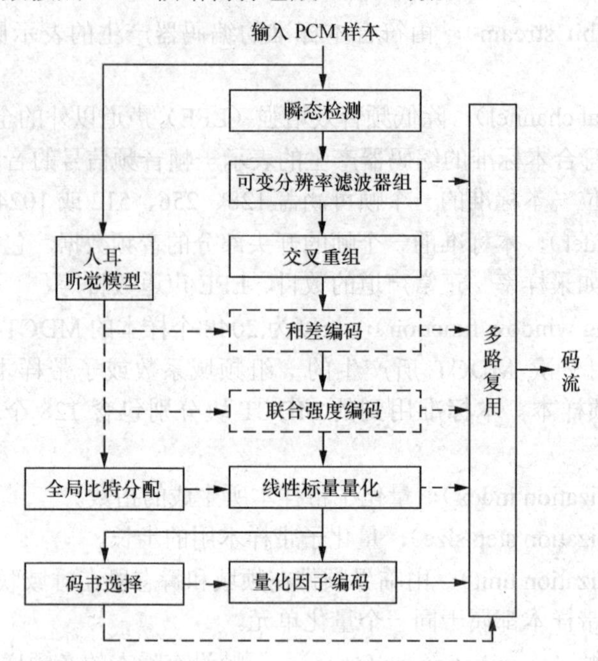

注：实线代表音频数据，虚线代表控制/辅助信息。

图 2-6　DRA 多声道数字音频编码算法

DRA 音频编码器的主要功能模块及作用如下。

（1）瞬态检测：检测输入的 PCM 样本是否含有瞬态响应，其主要作用是检测当前输入帧中是否有瞬态并将该信息传递给多分辨率分析滤波器组，以确定使用长或短的 MDCT 以及需要使用的窗口函数等。

（2）可变分辨率分析滤波器组：把每个声道的音频信号的 PCM 样本分解成子带信号，该滤波器组的时频分辨率由瞬态检测的结果而定。

（3）交叉重组：当该帧中存在瞬态时，用来交叉重组子带样本以便于降低传输它们所需的总比特数。

（4）人耳听觉模型：计算人耳的噪声掩蔽门限。

（5）和/差编码（可选）：把左右声道对的子带样本转换成和/差声道对。

（6）联合强度编码（可选）：利用人耳在高频的声像定位特性，对联合声道的高频分量进行强度编码。

（7）全局比特分配：把比特资源分配给各个量化单元，以使它们的量化噪声功率低于耳的掩蔽门限。

（8）线性标量量化：利用全局比特分配器提供的量化步长来量化各个量化单元内的子带样本。

（9）码书选择：基于量化因子的局部统计特征对量化因子分组，并把最佳的码书从码书库中选择出来分配给各组量化因子。

（10）量化因子编码：利用码书选择模块选定的码书及其应用范围来对所有的量化因子进行 Huffman 编码。

（11）多路复用：把所有量化因子的 Huffman 编码和辅助信息打包成一个完整的比特流。

2.3.3 DRA 多声道数字音频编码的关键技术

1. 可变分辨率的分析滤波器组

音频信号通常由准稳态的声音片断组成，这些声音片断包含一系列声音频率分量，并被突变的瞬态信号间插分隔。因此，音频编解码算法需要使用一个可根据音频信号的分段平稳特性来调整时频分辨率的滤波器组，该滤波器组对于准稳态的声音片断具有高的频域分辨率，而对瞬态信号具有高的时域分辨率。传统的音频编解码算法在处理这个问题时往往采取一种折中的方法，但是折中的效果对于稳态信号和瞬态信号都不是最优的。

DRA 算法在处理这个问题时进行了改进，使用了可变分辨率的分析滤波器组，在高、低分辨率模式之间进行切换。在当前帧中不存在暂态时，它切换到高频率分辨率模式以确保稳态段的高压缩性能；在当前帧中存在暂态时，它切换到低频率分辨率/高时间分辨率模式以避免预回声（pre-echo）效应。

该方法对音频帧中瞬态信号的发生及其准确位置进行分析，针对音频信号的动态特征对稳态信号和瞬态信号分别进行处理，并通过引入新的“短/暂窗口函数”进一步提高对瞬态信号的时域分辨率。该方法对于稳态信号采用了高的频域分辨率滤波器组，使变换后的子带样本能量更加集中，有利于量化和熵编码。而对于瞬态信号则提供了精细的时域分辨率，从而保留了足够的对听觉有效的信息。

DRA 编码器端应用修正离散余弦变换（MDCT）技术实现的多分辨率分析滤波器组把每个声道的音频信号的 PCM 样本分解成子带信号。在解码端再由修正离散余弦反变换（IMDCT）实现从子带样本重建 PCM 音频样本。

2. 熵编码的码书选择

在常见的音频编码算法中，熵码书的应用范围与量化单元相同，所以熵码书由量化单元内的量化因子来确定，因此没有进一步优化的空间。

DRA 算法采用心理声学模型输出的每个量化单元掩蔽阈值在给定的比特率下分配量化噪音，使量化噪声尽可能地被遮蔽住而不被感知。量化器的输出包括两个部分：量化步长和量化因子。在对量化因子的熵编码中，DRA 采用了创新的码书选择方案，它在进行码书选择时忽略了量化单元的存在，把最佳码书分配给每个量化因子，因而在本质上把量化因子转换成了码书指数，同时把这些码书指数按其局部统计特性分成段，段边界即定义了码书应用的范围。显然，这些码书应用范围与由量化单元确定的范围不同，它们完全是由量化因子的局部统计特性决定的，因而可使所选择的码书与量化因子的局部统计特性更匹配，从而可用较少的比特把量化因子传送到解码器。

然而，DRA 采用的码书选择方案是有代价的。其他技术只需把码书指数作为辅助信息传送到解码器，因为它们的应用范围与预定的量化单元相同。而 DRA 算法除了需要传送这些辅助信息之外，还需要把各个码书的应用范围作为辅助信息传输到解码器，因为它们独立于量化单元。如果处理不当，则这个额外成本可能导致传输这些辅助信息和量化因子所需的比特数的总和会更大。处理好这个问题的关键是在统计特性容许的条件下尽量把码书指数分成大的段，因为大段意味着需要传送到解码器的码书指数及其应用范围会更少。在处理这一问题上，DRA 算法把量化因子分成多个区块，每个区块包含同样多的量化因子。通过把那些量化因子比其近邻小的孤立的小区块的码书指数提升到其近邻的码书指数的最小值的方法，消除了这些孤立的区域，进而把最小码书分配到那个可容纳最大码书需求的区块，降低了需要被传送到解码器的码书指数数量与表达其应用范围的数据，进而减少了 DRA 码流的数据量。

2.3.4 DRA 多声道数字音频解码算法

DRA 多声道数字音频解码算法流程如图 2-7 所示，基本上是编码处理的反过程。

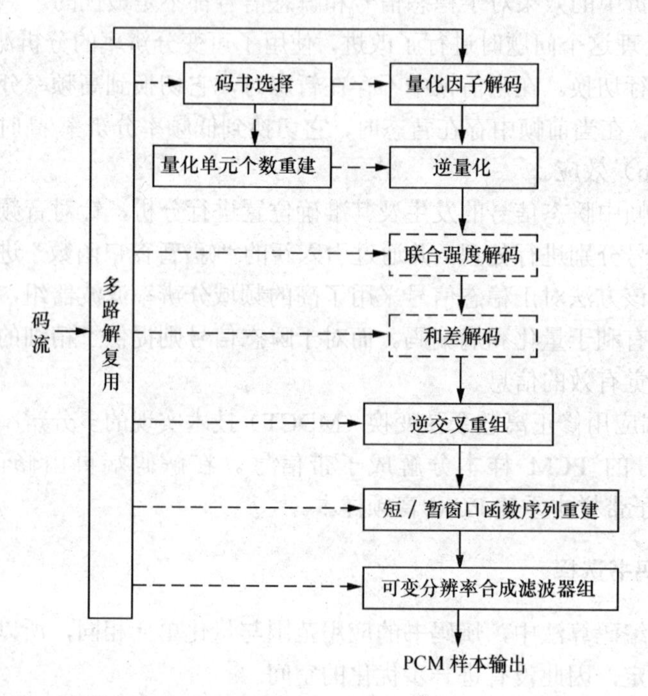

注：实线代表音频数据，虚线代表控制/辅助信息。

图 2-7 DRA 音频解码器原理框图

DRA 音频解码器的主要功能模块及作用如下。

（1）多路解复用：从比特流解码出各个码字。由于 Huffman 码属于前缀码，其解码和多路解复用是在同一个步骤中完成的。

（2）码书选择：从比特流中解码出用于解码量化因子用的各个 Huffman 码书及其应用范围（Application Range）。

（3）量化因子解码：用于从比特流中解码出量化因子。

（4）量化单元个数重建：由码书应用范围重建各个瞬态段的量化单元的个数。

（5）逆量化器：从码流中解码出所有量化单元的量化步长，并用它由量化因子重建子带样本。

（6）联合强度解码（可选）：利用联合强度比例因子由源声道的子带样本重建联合声道的

子带样本。

（7）和/差解码（可选）：由和/差声道的子带样本重建左右声道的子带样本。

（8）逆交叉重组：当帧中存在瞬态时，逆转编码器对量化因子的交叉重组。

（9）短/暂窗口函数序列重建：对瞬态帧，根据瞬态的位置及 MDCT 的完美重建（Perfect Reconstruction）条件来重建该帧须用的短/暂窗口函数序列。

（10）可变分辨率合成滤波器组：由子带样本重建 PCM 音频样本。

2.3.5 DRA 多声道数字音频编解码技术特点

DRA 音频标准同时支持立体声和多声道环绕声的数字音频编解码，其最大特点是在很低的解码复杂度条件下实现了具有国际先进水平的压缩效率。由于 DRA 技术编解码过程的所有信号通道均有 24 bit 的量化精度，故在数码率充足时能提供超出人耳听觉能力的音质。

（1）采样频率范围：32 kHz～192 kHz。

（2）量化精度：24 bit。

（3）数码率范围：32 kbit/s～9216 kbit/s。

（4）可支持的最大声道数：64.3，即 64 个正常声道，3 个低频音效增强声道（LFE）。

（5）音频帧长：1024 个采样点。

（6）支持编码模式：固定比特率（Constant Bit Rate，CBR）、可变比特率（Variable Bit Rate，VBR）、平均比特率（Average Bit Rate，ABR）。

（7）主要参数指标：根据 ITU-R BS.1116 小损伤声音主观测试标准，原国家广播电影电视总局规划院对 DRA 进行了多次测试，测试表明：DRA 音频在每声道 64 kbit/s 的码率时即达到了欧洲广播联盟（European Broadcast Union，EBU）定义的“不能识别损伤”的音频质量；又根据 ITU-R BS.1534-1 标准，在国家广播电视产品质量监督检验中心数字电视产品质量检测实验室对 DRA 音频在每声道 32kbit/s 码率下的立体声进行了主观评价测试，结果表明：评价对象的每个节目评价结果均为优，音质总平均分达到 88.2 分。

除了能提供出色的音质外，对于移动多媒体广播来说，DRA 最大的技术优势还在于较低的解码复杂度。DRA 的纯解码复杂度与 WMA 技术相当，低于 MP3，并远低于 AAC+。理论上讲，解码复杂度越低，所占用的运算资源就越少。在同等音质的条件下，选择较低复杂度的音频编码标准一方面可以降低终端的硬件成本，另一方面可以延长终端电池的播放时间。

2.4 H.264/AVC 视频编码标准

1995 年，在完成 H.263 标准基本版本后，ITU-T 下属的视频编码专家组（Video Coding Expert Group，VCEG）就开始针对极低数码率视频编码标准的长期目标进行研究，希望能够形成一个在性能方面与现有标准有较大区别的高压缩比视频编码标准，主要针对“会话”服务（视频会议、可视电话）和“非会话”服务（视频的存储、广播以及流媒体）提供更加适合网络传输的解决方案。在标准制定的初期，VCEG 形成的相关标准草案被定名为 H.26L。1999 年 8 月，VCEG 完成了第一个草案文档和第一个测试模型 TML-1，测试结果显示其软件编码的质量远优于当时基于 MPEG-4 标准的软件编码的视频流质量。这时，MPEG 也启动了在 AVC（Advance Video Coding）方面的研究。在充分意识到 H.26L 的良好发展前景之后，ISO/IEC 的 MPEG 和 ITU-T 的 VCEG 再次合作，组建了联合视频专家组（Joint Video Team，JVT），其目的就是在 H.26L 技术体系上进一步完善，共同研究并推动新的视频编码国际标准。2002 年 5 月 JVT 形成委员会草案，并于同年 12 月完成最终国际标准草案。2003 年 3 月，这个草案正式被批准，官方名字分别为 ITU-T H.264 和 ISO/IEC MPEG-4 AVC，标准号为 ISO/IEC 14496-10。

H.264/AVC 标准仍采用基于块的运动补偿预测编码、变换编码以及熵编码相结合的混合编码框架，并在帧内预测、块大小可变的运动补偿、4 × 4 整数变换、1/8 精度运动估值、基于上下文的自适应二进制算术编码（Context-based Adaptive Binary Arithmetic Coding，CABAC）等诸多环节中引入新技术，使其编码效率与以前标准相比有了很大提高。此外，它采用分层结构的设计思想将编码与传输特性进行分离，增强了码流对网络的适应性及抗误码能力。本节将主要就这些新的特性进行介绍和讨论。

2.4.1 H.264/AVC 视频编码器的分层结构

随着市场对视频网络传输需求的增加，如何适应不同信道传输特性的问题也日益显现出来。H.264 为了解决这个问题，提供了很多灵活性和客户定制化特性。H.264 视频编码结构从功能和算法上分为两层设计，即视频编码层（Video Coding Layer，VCL）和网络抽象层（Network Abstraction Layer，NAL），如图 2-8 所示。

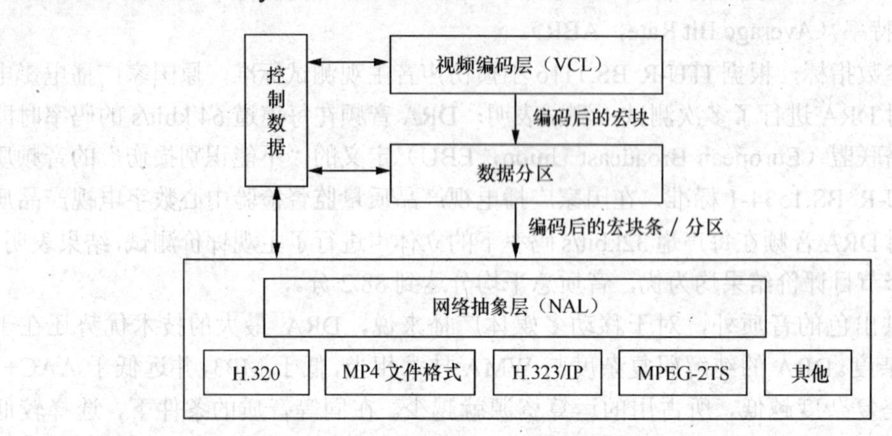

图 2-8 H.264 中的分层结构

（1）VCL 负责高效的视频编码压缩，采用基于块的运动补偿预测、变换编码以及熵编码相结合的混合编码框架，处理对象是块、宏块的数据，编码器的原理框图如图 2-9 所示。VCL 是视频编码的核心，其中包含许多实现差错恢复的工具，并采用了大量先进的视频编码技术以提高编码效率。

（2）NAL 将经过 VCL 层编码的视频流进行进一步分割和打包封装，提供对不同网络性能匹配的自适应处理能力，负责网络的适配，提供“网络友好性”。NAL 层以 NAL 单元作为基本数据格式，它不仅包含所有视频信息，其头部信息也提供传输层或存储媒体的信息，所以 NAL 单元的格式适合基于包传输的网络（如 RTP/UDP/IP 网络）或者是基于比特流传输的系统（如 MPEG-2 系统）。NAL 的任务是提供适当的映射方法将头部信息和数据映射到传输协议上，这样在分组交换传输中可以消除组帧和重同步开销。为了提高 H.264 标准的 NAL 在不同特性的网络上定制 VCL 数据格式的能力，在 VCL 和 NAL 之间定义的基于分组的接口、打包和相应的信令也属于 NAL 的一部分。

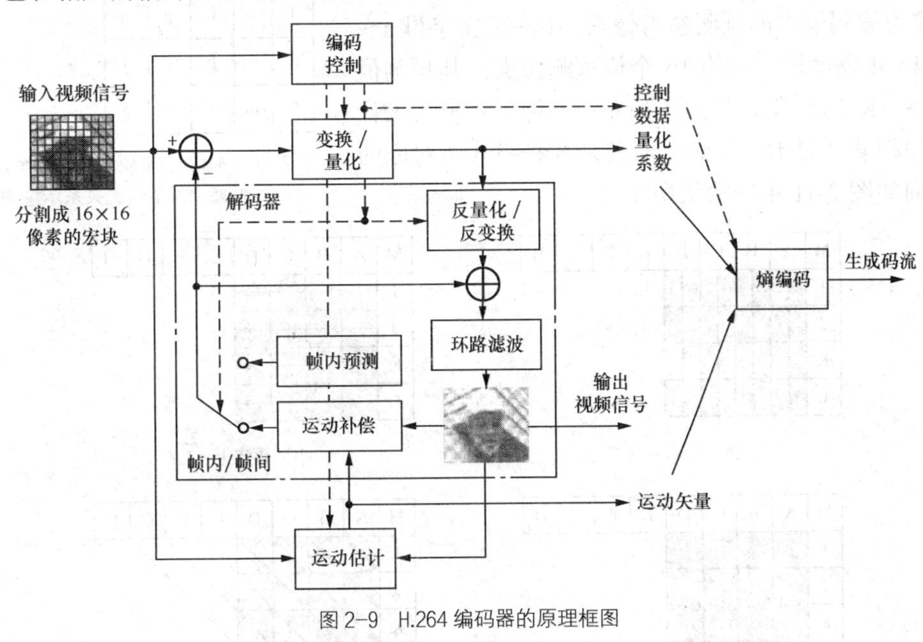

图 2-9　H.264 编码器的原理框图

这种分层结构扩展了 H.264 的应用范围，几乎涵盖了目前大部分的视频业务，如数字电视、视频会议、视频电话、视频点播、流媒体业务等。

2.4.2　H.264/AVC 中的预测编码

1．基于空间域的帧内预测编码

视频编码是通过去除图像的空间与时间相关性来达到压缩的目的。空间相关性通过有效的变换来去除，如 DCT、H.264 的整数变换。时间相关性则通过帧间预测来去除。这里所说的变换去除空间相关性，仅仅局限在所变换的块内，如 8 × 8 或者 4 × 4，并没有块与块之间的处理。H.263+ 与 MPEG-4 引入了帧内预测技术，在变换域中根据相邻块对当前块的某些系数做预测。H.264 则是在空间域中，将相邻块边沿的已编码重建的像素值直接进行外推，作为对当前块帧内编码图像的预测值，更有效地去除相邻块之间的相关性，极大地提高了帧内编码的效率。

对亮度像素而言，预测块 P 用于 4 × 4 亮度子块或者 16 × 16 亮度宏块的相关操作。4 × 4 亮度子块有 9 种可选预测的模式，独立预测每一个 4 × 4 亮度子块，适用于带有大量细节的图像编码；16 × 16 亮度宏块有 4 种预测模式，预测整个 16 × 16 亮度宏块，适用于平坦区域图像编码；色度块也有 4 种预测模式，对 8 × 8 块进行操作。编码器通常选择使 P 块和编码块之间差异最小的预测模式。

此外，还有一种帧内编码模式称为 I_PCM 编码模式。在该模式下，编码器直接传输图像的像素值，而不经过预测和变换。在一些特殊的情况下，特别是图像内容不规则或者量化参数非常低时，该模式比起“常规操作”（帧内预测-变换-量化-熵编码）效率更高。

（1）4 × 4 亮度块帧内预测模式。

4×4 亮度块内待编码像素和参考像素之间的位置关系如图 2-10 所示，其中大写字母 A～M 表示 4×4 亮度块的上方和左方像素，这些像素为先于本块已重建的像素，作为编码器中的预测参考像素；小写英文字母 a～p 表示 4×4 亮度块内部的 16 个待预测像素，其预测值将利用 A～M 的值和如图 2-11 所示的 9 种预测模式来计算。其中模式 2 是 DC 预测，而其余 8 种模式所对应的预测方向如图 2-11 中的箭头所示。

M	A	B	C	D	E	F	G	H
I	a	b	c	d				
J	e	f	g	h				
K	i	j	k	l				
L	m	n	o	p				

图 2-10　4×4 亮度块内待编码像素和参考像素之间的位置关系示意图

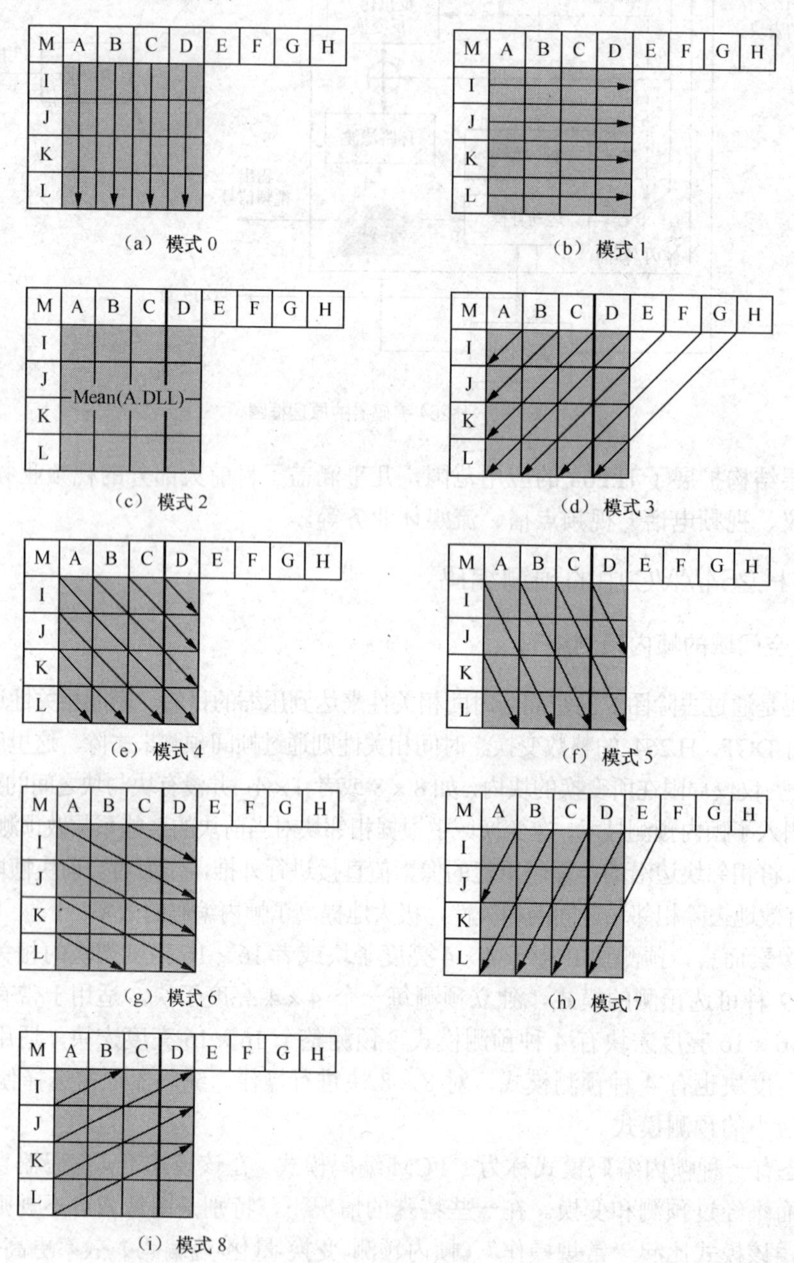

(a) 模式 0　(b) 模式 1　(c) 模式 2　(d) 模式 3　(e) 模式 4　(f) 模式 5　(g) 模式 6　(h) 模式 7　(i) 模式 8

图 2-11　4×4 亮度块帧内预测模式示意图

例如，当选择模式 0（垂直预测）进行预测时，如果像素 A、B、C、D 存在，那么像素 a、e、i、m 由 A 预测得到；像素 b、f、j、n 由 B 预测得到；像素 c、g、k、o 由 C 预测得到；像素 d、h、l、p 由 D 预测得到。

当选择模式 2 进行 DC 预测时，如果所有的参考像素均在图像内，那么 DC＝（A+B+C+D+I+J+K+L+4）/8；如果像素 A、B、C、D 在图像外，而像素 I、J、K 和 L 在图像中，那么 DC＝（I+J+K+L+2）/4；如果像素 I、J、K 和 L 在图像外，而像素 A、B、C、D 在图像中，那么 DC＝（A+B+C+D+2）/4；如果所有的参考像素均在图像外，那么 DC＝128。

当选择模式 3 进行预测时，如果像素 A、B、C、D、E、F、G、H 存在，那么：

$$a=\frac{1}{4}(A+2B+C+2)$$

$$e=b=\frac{1}{4}(B+2C+D+2)$$

$$i=f=c=\frac{1}{4}(C+2D+E+2)$$

$$m=j=g=d=\frac{1}{4}(D+2E+F+2)$$

$$n=k=h=\frac{1}{4}(E+2F+G+2)$$

$$o=l=\frac{1}{4}(F+2G+H+2)$$

$$p=\frac{1}{4}(G+3H+2)$$

由于篇幅所限，这里不再对其余预测模式作介绍。

（2）16 × 16 亮度块帧内预测模式。

对于大面积平坦区域，H.264 也支持 16 × 16 的亮度帧内预测，此时可在如图 2-12 所示的 4 种预测模式中选用一种来对整个 16 × 16 亮度块进行预测。这 4 种预测模式分别为模式 0（垂直预测）、模式 1（水平预测）、模式 2（DC 预测）、模式 3（平面预测）。

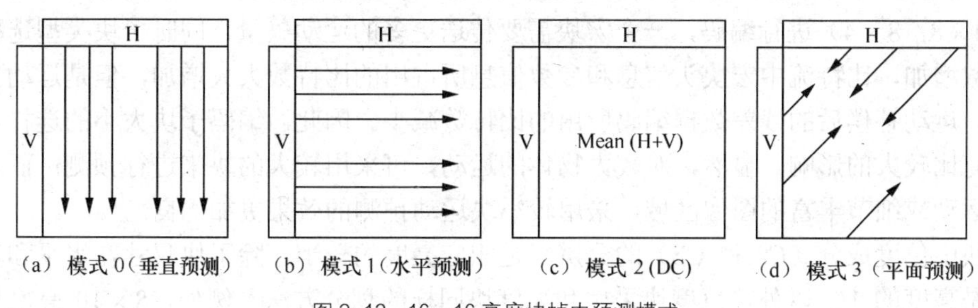

图 2-12 16 × 16 亮度块帧内预测模式

（3）8 × 8 色度预测模式。

每个帧内编码宏块的 8 × 8 色度成分由已编码左上方色度像素的预测而得，两种色度成分常用同一种预测模式。4 种预测模式类似于帧内 16 × 16 亮度块预测的 4 种预测模式，只是模式编号有所不同，其中 DC 预测为模式 0，水平预测为模式 1，垂直预测为模式 2，平面预测为模式 3。

2. 帧间预测编码

H.264/AVC 标准中的帧间预测是利用已编码视频帧/场和基于块的运动补偿的预测模式。与以往标准中的帧间预测的区别在于块尺寸范围更广（从 16×16 亮度块到 4×4 亮度块），且具有亚像素运动矢量的使用（亮度采用 1/4 像素精度的运动矢量）及多参考帧的使用等。

（1）块大小可变的运动补偿。

在帧间预测编码时，块大小对运动估计及运动补偿的效果是有影响的。在 H.263 中最小的运动补偿块是 8×8 像素。H.264 编码器支持多模式运动补偿技术，亮度块的尺寸从 16×16 到 4×4，采用二级树状结构的运动补偿块划分方法，如图 2-13 所示。每个宏块（16×16 像素）可以按 4 种方式进行分割：1 个 16×16 亮度块，或 2 个 16×8 亮度块，或 2 个 8×16 亮度块，或 4 个 8×8 亮度块。其运动补偿也相应有 4 种。而对于每个 8×8 亮度块还可以进一步以 4 种方式进行分割：即 1 个 8×8 亮度块，或 2 个 4×8 亮度块，或 2 个 8×4 亮度块，或 4 个 4×4 亮度块。

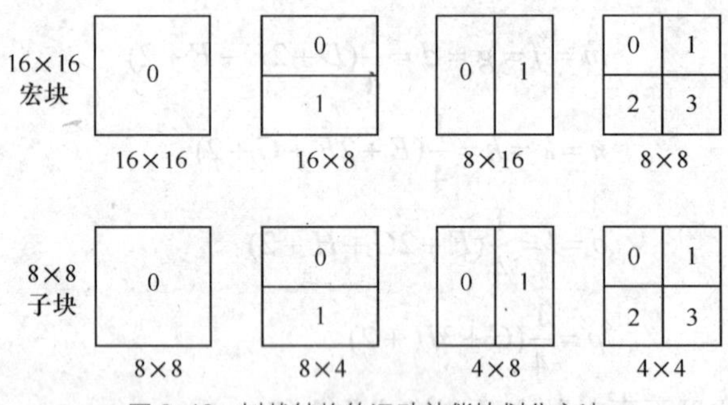

图 2-13 树状结构的运动补偿块划分方法

也就是说，一个宏块可以划分为多个不同尺寸的子块，每个子块都可以有单独的运动矢量。分块模式信息、运动矢量、预测误差都需要编码和传输。当选择比较大的块（如 16×16，16×8，8×16）进行编码时，意味着块类型选择所用的比特数减少以及需要发送的运动矢量较少，但相应的运动补偿误差较大，因而需要编码的块残差数据较多；当采用较小的子块（如 4×4，4×8，8×4）进行编码，一个宏块需要传送更多的运动矢量，同时子块类型选择所用的比特数增加，比特流中宏块头信息和参数信息所占用的比特数大大增加，但是运动预测更加精确，运动补偿后的残差数据编码所用的比特数减少。因此，编码子块大小的选择对于压缩性能有比较大的影响。显然，对较大物体的运动，可采用较大的块来进行预测；而对较小物体的运动或细节丰富的图像区域，采用较小块运动预测的效果更加优良。

宏块中色度成分（Cr 和 Cb）的分辨率是相应亮度的一半，除了块尺寸在水平和垂直方向上都是亮度的 1/2 以外，色度块采用和亮度块同样的划分方法。例如，8×16 亮度块所对应的色度块尺寸为 4×8，8×4 亮度块所对应的色度块尺寸为 4×2 等。色度块的运动矢量也是通过相应的亮度运动矢量的水平和垂直分量减半而得。

在 H.264 建议的不同大小的块选择中，1 个宏块可包含有 1、2、4、8 或 16 个运动矢量。这种灵活、细微的宏块划分，更切合图像中的实际运动物体的形状，精确地划分运动物体能够大大减小运动物体边缘处的衔接误差，提高了运动估计的精度和数据压缩效果，同时图像回放的效果也更好。

（2）高精度的亚像素运动估计。

H.264 较之 H.263 增强了运动估计的搜索精度。在 H.263 中采用的是半像素精度的运动估计，而在 H.264 中可以采用 1/4 甚至 1/8 像素精度的运动估计。即真正的运动矢量的位移可能是以 1/4 甚至 1/8 像素为基本单位的。显然，运动矢量位移的精度越高，则帧间预测误差越小，数码率越低，即压缩比越高。

在 H.264 中，对于亮度分量，采用 1/4 像素精度的运动估计；对于色度分量，采用 1/8 像素精度的运动估计。即首先以整像素精度进行运动匹配，得到最佳匹配位置，再在此最佳位置周围的 1/2 像素位置进行搜索，更新最佳匹配位置，最后在更新的最佳匹配位置周围的 1/4 像素位置进行搜索，得到最终的最佳匹配位置。图 2-14 给出了 1/4 像素运动估计过程，其中，方块 A～I 代表了整数像素位置，a～h 代表了半像素位置，1～8 代表了 1/4 像素位置。运动估计器首先以整像素精度进行搜索，得到了最佳匹配位置为 E，然后搜索 E 周围的 8 个 1/2 像素点，得到更新的最佳匹配位置为 g，最后搜索 g 周围的 8 个 1/4 像素点决定最后的最佳匹配点，从而得到运动矢量。显然，要进行 1/4 像素精度滤波，需要对图像进行插值以产生 1/2、1/4 像素位置处的样点值。在 H.264 中采用了 6 阶有限冲激响应滤波器的内插获得 1/2 像素位置的值。当 1/2 像素值获得后，1/4 像素值可通过线性内插获得。对于 4:2:0 的视频采样格式，亮度信号的 1/4 像素精度对应于色度部分的 1/8 像素的运动矢量，因此需要对色度信号进行 1/8 像素的内插运算。

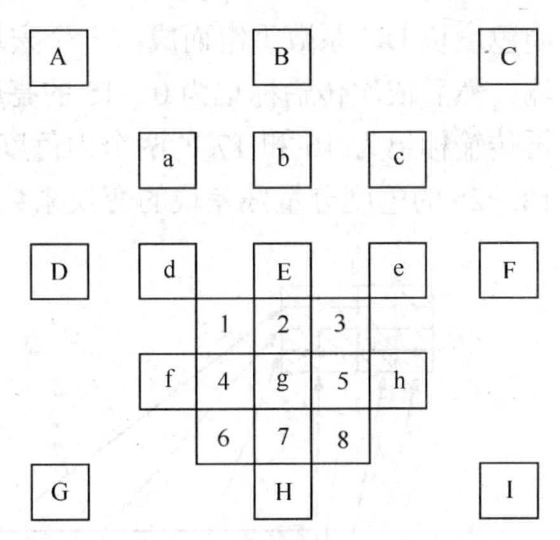

图 2-14 1/4 像素精度的运动估计

（3）多参考帧的运动补偿预测。

在 MPEG-2、H.263 等标准中，P 帧只采用前一帧进行预测，B 帧只采用相邻的两帧进行预测。而 H.264 采用更为有效的多帧运动估计，即在编码器的缓存中存有多个刚刚编码好的参考帧（最多 5 帧），编码器从其中选择一个预测效果最好的参考帧，并指出是哪一帧被用于预测的，这样就可获得比只用上一个刚刚编码好的帧作为预测帧有更好的编码效果。多参考帧预测对周期性运动和背景切换能够提供更好的预测效果，而且有助于比特流的恢复。

2.4.3 整数变换与量化

与前几种视频编码标准相比，H.264 标准在变换编码上作了较大的改进，它摒弃了在多个标准中普遍采用的 8 × 8 DCT，而采用一种 4 × 4 整数变换来对帧内预测和帧间预测的差值数据进行变换编码。选择 4 × 4 整数编码，一方面是为了配合帧间预测中所采用的变尺寸块匹配算法，以及帧内预测编码算法中的最小预测单元的大小，而尺寸的减小也能相应减少块效应和振铃效应等不良影响；另一方面，这种变换是基于整数运算的变换，其算法中只需要加法和移位运算，因此运算速度快，并且在反变换过程中不会出现失配问题。同时，H.264 标准根据这种整数变换运算上的特点，将更为精细的量化过程与变换过程相结合，可以进一步减少运算复杂度，从而提高该编码环节的整体性能。

H.264 标准中的变换编码中根据差值数据类型的不同引入了 3 种不同的变换。第一种用于 16×16 的帧内编码模式中亮度块的 DC 系数重组的 4×4 矩阵；第二种用于 16×16 帧内编码模式中色度块的 DC 系数重组的 2×2 矩阵；第三种是针对其他所有类型 4×4 差值矩阵。当采用自适应编码模式时，系统可以根据运动补偿采用不同的基本块尺寸进行变换。

当系统采用 16×16 的帧内编码模式时，先需要对 16×16 块内每个 4×4 差值系数矩阵进行整数变换。由于经变换所得到的相邻变换系数矩阵之间仍存在一定的相关性，尤其在 DC 系数之间，因此 H.264 标准引入了一种 DC 系数重组矩阵算法，并对重组 DC 系数矩阵采用第一种或第二种变换进行二次变换处理，来消除其间的相关性。如图 2-15 所示，标记为“−1”的块就是由 16 个 4×4 亮度块的 DC 系数重组而成；而标记为“16”和“17”的两个块则是由色度块 DC 系数重组而成。一个宏块中的数据按顺序被传输，标记为“−1”的块首先被传输，然后依次传输标记为 0～15 的亮度分量残差块的变换系数（其中直流系数被设置为零），再传输标记为 16 和 17 的两个由色度块 DC 系数构成的 2×2 矩阵，最后传输剩余的标记为 18～25 的色度分量残差块的变换系数（其中直流系数同样被设置为零）。

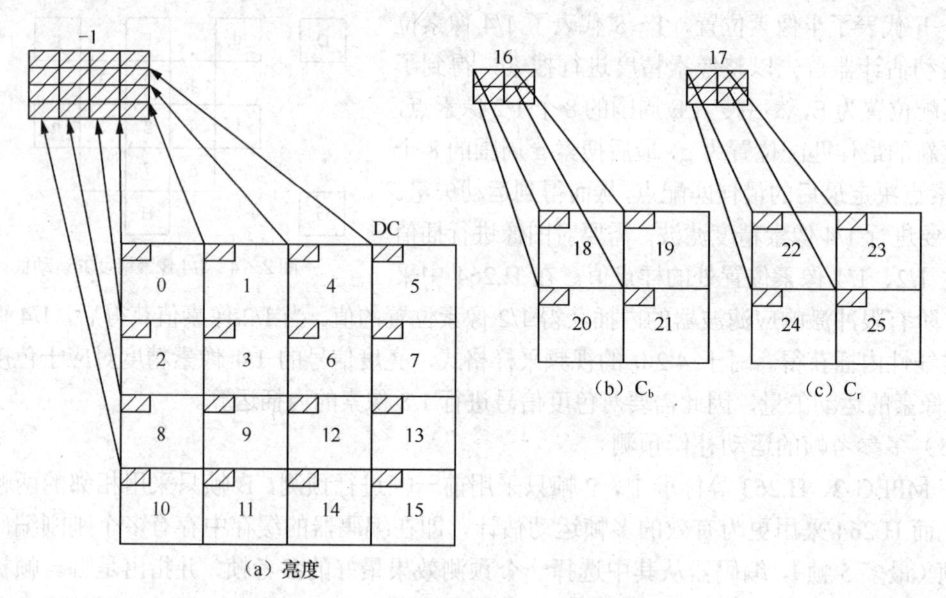

图 2-15 16×16 帧内编码模式下 DC 系数重组示意图

1. 4×4 整数变换

无论是空间域帧内预测还是帧间运动补偿预测，对于所得到的每个 4×4 像素差值矩阵，H.264 标准均首先采用近似 DCT 变换的的整数变换进行变换编码。

设 A 为 4×4 变换矩阵，则 DCT 变换可以表示为

$$\boldsymbol{Y}=\boldsymbol{AXA}^{\mathrm{T}}=\begin{bmatrix} a & a & a & a \\ b & c & -c & -b \\ a & -a & -a & a \\ c & -b & b & -c \end{bmatrix}\boldsymbol{X}\begin{bmatrix} a & b & a & c \\ a & c & -a & -b \\ a & -c & -a & b \\ a & -b & a & -c \end{bmatrix} \tag{2-3}$$

式中：$a=\dfrac{1}{2}$；$b=\sqrt{\dfrac{1}{2}}\cos\left(\dfrac{\pi}{8}\right)$；$c=\sqrt{\dfrac{1}{2}}\cos\left(\dfrac{3\pi}{8}\right)$。

式（2-3）还可以等效表示为

$$Y=\left(CXC^{\mathrm{T}}\right)\otimes E$$

$$=\left(\begin{bmatrix}1&1&1&1\\1&d&-d&-1\\1&-1&-1&1\\d&-1&1&-d\end{bmatrix}X\begin{bmatrix}1&1&1&d\\1&d&-1&-1\\1&-d&-1&1\\1&-1&1&-d\end{bmatrix}\right)\otimes\begin{bmatrix}a^2&ab&a^2&ab\\ab&b^2&ab&b^2\\a^2&ab&a^2&ab\\ab&b^2&ab&b^2\end{bmatrix}\tag{2-4}$$

式中：a 和 b 含义与式（2-3）相同；$d=c/b$；E 为系数缩放矩阵；运算符⊗表示 CXC^{T} 变换后的每一个系数分别与矩阵 E 中相同的缩放因子相乘。

DCT 的缺点在于变换矩阵中部分系数为无理数，在采用数值计算时，以迭代方法进行变换和反变换浮点运算后，不能得到一致的初始值。为此，整数变换在此基础上进行了简化，将 d 近似为 1/2，从而 $a=1/2$，$b=\sqrt{2/5}$。再对矩阵 C 的第 2 行和第 4 行分别乘以 2，得到矩阵 C_f，以避免在矩阵运算中用 1/2 进行乘法而降低整数运算精度。并在矩阵 E 上加以补偿，变换成矩阵 E_f，从而保证变换结果不变。

于是，一个 4×4 矩阵的整数变换最终可写为

$$Y=AXA^{\mathrm{T}}=\left(C_fXC_f^{\mathrm{T}}\right)\otimes E_f$$

$$=\left(\begin{bmatrix}1&1&1&1\\2&1&-1&-2\\1&-1&-1&1\\1&-2&2&-1\end{bmatrix}X\begin{bmatrix}1&2&1&1\\1&1&-1&-2\\1&-1&-1&2\\1&-2&1&-1\end{bmatrix}\right)\otimes\begin{bmatrix}a^2&\frac{ab}{2}&a^2&\frac{ab}{2}\\\frac{ab}{2}&\frac{b^2}{4}&\frac{ab}{2}&\frac{b^2}{4}\\a^2&\frac{ab}{2}&a^2&\frac{ab}{2}\\\frac{ab}{2}&\frac{b^2}{4}&\frac{ab}{2}&\frac{b^2}{4}\end{bmatrix}\tag{2-5}$$

式(2-5)中 E_f 为正向缩放系数矩阵。由于该矩阵数值固定，所以可以将其与核心变换 $C_fXC_f^{\mathrm{T}}$ 分离，实际算法设计时可将其与量化过程相结合，置于核心变换之后进行。

由上述过程可以看出，整数变换仅对 DCT 中的变换系数进行相应的变换，其整体基本保持了 DCT 具有的特性，因此具有与 DCT 相类似的频率分解特性。同时，整数变换中的变换系数均为整数，这样在反变换时能得到与原有数据完全相同的结果，避免了浮点运算带来的失配现象。正反变换中系数乘以 2 或乘以 1/2 均可以通过移位操作来实现，从而大大降低了变换运算的复杂度。针对一个 4×4 矩阵进行一次整数变换或反变换，仅需要 64 次加法和 16 次移位运算。

2．量化

对于整数变换后的量化过程，H.264 标准采用了分级量化模式，其正向量化公式为

$$Z_{i,j}=\mathrm{round}\left(\frac{Y_{i,j}}{Q_{step}}\right)\tag{2-6}$$

式中：$Y_{i,j}$——变换后的系数；

Q_{step}——量化步长的大小；

$Z_{i,j}$——量化后的系数。

量化步长共分 52 个等级，由量化参数 QP 控制，见表 2-1。量化参数和量化步长基本符合指数关系，QP 每增加 1，Q_{step} 大约增加 12.5%。对于色度分量，为了避免视觉上明显的变化，算法一般将其 QP 限定为亮度的 80%。这种精细的量化步长的选择方式，在保证重建图像质量平稳的同时，使得编码系统中基于量化步长调整的码流控制机制更为灵活。

表 2-1　H.264 量化参数与量化步长对照表

QP	0	1	2	3	4	5	…	10	…	24	…	36	…	51
Q_{step}	0.625	0.6875	0.8125	0.875	1	1.125		2		10		40		224

在 H.264 标准测试模型的实际量化实现过程中，是将 $\boldsymbol{C}_f\boldsymbol{X}\boldsymbol{C}_f^{\mathrm{T}}$ 核心变换之后所需的缩放过程与量化过程结合在一起，经过相应的推导，将运算中的除法运算替换为简单的移位运算，以此来减少整体算法的运算复杂度。二者结合后，量化公式变为

$$Z_{i,j}=\mathrm{round}\left(W_{i,j}\frac{PF}{Q_{step}}\right) \tag{2-7}$$

式中：$W_{i,j}$——经 $\boldsymbol{C}_f\boldsymbol{X}\boldsymbol{C}_f^{\mathrm{T}}$ 变换后未缩放的矩阵系数；

PF——根据缩放系数矩阵得到的，其按照系数位置（i，j）不同，可根据表 2-2 选取不同系数。

表 2-2　PF 取值对应表

系数位置（i，j）	PF
（0，0），（2，0），（0，2），（2，2）	a^2
（1，1），（1，3），（3，1），（3，3）	$b^2/4$
其他	$ab/2$

实际算法进一步进行简化，将量化过程中的除法转化为右移运算，即

$$Z_{i,j}=\mathrm{round}\left(W_{i,j}\frac{MF}{2^q}\right) \tag{2-8}$$

式中：$MF=PF\times 2^q/Q_{step}$，$q=15+\mathrm{floor}(QP/6)$；

floor（）函数——向下取整函数。

由此可以将整个量化过程完全转化为整数运算，推导出最终的量化公式为

$$Z_{i,j}=\left|W_{i,j}MF+f\right|\gg q \tag{2-9}$$

$$\mathrm{sgn}(Z_{i,j})=\mathrm{sgn}(W_{i,j}) \tag{2-10}$$

式中：$\gg$——右移运算符；

帧内编码模式下，$f=2^q/3$；帧间预测编码模式下，$f=2^q/6$；sgn( )为符号函数。

对于反变换和反量化过程，与上述过程相似，可参考相关文献。

3．直流系数重组矩阵的变换和量化

对于一个 16 × 16 帧内编码模式下的编码块，其 16 个 4 × 4 亮度块和 8 个 4 × 4 色度块经核心整数变换后，抽取每块的 DC 系数组成一个 4 × 4 亮度块 DC 系数矩阵和两个 2 × 2 色度块 DC 系数矩阵，H.264 标准再利用离散哈达玛变换对其进行二次变换处理，消除其间的冗余度。4 × 4 亮度块 DC 系数矩阵正变换公式如式（2-11）所示，反变换公式如式（2-12）所示。2 × 2 色度块 DC 系数矩阵正、反变换公式分别如式（2-13）和式（2-14）所示。

$$\boldsymbol{Y}_D = \frac{1}{2}\left[\begin{bmatrix} 1 & 1 & 1 & 1 \\ 1 & 1 & -1 & -1 \\ 1 & -1 & -1 & 1 \\ 1 & -1 & 1 & -1 \end{bmatrix} \boldsymbol{W}_D \begin{bmatrix} 1 & 1 & 1 & 1 \\ 1 & 1 & -1 & -1 \\ 1 & -1 & -1 & 1 \\ 1 & -1 & 1 & -1 \end{bmatrix}\right] \tag{2-11}$$

$$\boldsymbol{X}_{QD} = \left[\begin{bmatrix} 1 & 1 & 1 & 1 \\ 1 & 1 & -1 & -1 \\ 1 & -1 & -1 & 1 \\ 1 & -1 & 1 & -1 \end{bmatrix} \boldsymbol{Z}_{QD} \begin{bmatrix} 1 & 1 & 1 & 1 \\ 1 & 1 & -1 & -1 \\ 1 & -1 & -1 & 1 \\ 1 & -1 & 1 & -1 \end{bmatrix}\right] \tag{2-12}$$

$$\boldsymbol{Y}_D = \frac{1}{2}\left[\begin{bmatrix} 1 & 1 \\ 1 & -1 \end{bmatrix} \boldsymbol{W}_D \begin{bmatrix} 1 & 1 \\ 1 & -1 \end{bmatrix}\right] \tag{2-13}$$

$$\boldsymbol{X}_{QD} = \left[\begin{bmatrix} 1 & 1 \\ 1 & -1 \end{bmatrix} \boldsymbol{Z}_{QD} \begin{bmatrix} 1 & 1 \\ 1 & -1 \end{bmatrix}\right] \tag{2-14}$$

2.4.4 基于上下文的自适应熵编码

H.264 提供两种熵编码方案：基于上下文的自适应变长编码（Context-based Adaptive Variable Length Coding，CAVLC）和基于上下文的自适应二进制算术编码（Context-based Adaptive Binary Arithmetic Coding，CABAC）。

1．基于上下文的自适应变长编码

由于 H.264 标准在系统设计上发生较大的改变，如基于 4 × 4 亮度块的运动补偿、整数变换等，导致量化后的变换系数大小与分布的统计特性也随之变化，因此必须设计新的变长编码算法对其进行处理。深入分析量化后的整数变换系数，可以发现其基本特性如下：

（1）在预测、变换和量化后，4 × 4 系数块中的数据十分稀疏，存在大量零值；

（2）经 Zig-zag 扫描成一维后，高频系数往往呈现由 ± 1 组成的序列；

（3）相邻块中非零系数的个数具有相关性；

（4）非零系数靠近直流（DC）系数的数值较大，高频系数较小。

根据这种变换系数的统计分布规律，H.264 设计了基于上下文的自适应变长编码（CAVLC）算法，其特点在于变长编码器能够根据已经传输的变换系数的统计规律，在几个不同的既定码表之间实行自适应切换，使其能够更好地适应其后传输变换系数的统计规律，以此提升变长编码的压缩效率。

CAVLC 的编码过程如下。

（1）对非零系数的数目（Total Coeffs）以及拖尾系数的数目（Trailing Ones）进行编码。

非零系数数目的范围是 0~16，拖尾系数数目的范围为 0~3（拖尾系数指的是变换系数中从最后一个非零系数开始逆向扫描、一直相连且绝对值为 1 的系数的个数）。如果拖尾系数个数大于 3，则只有最后 3 个系数被视为拖尾系数，其余的被视为普通的非零系数。对于 Total Coeffs 和 Tailing Ones 的编码是通过查表的方式来进行，且表格可以根据数值的不同自适应地进行选择。

表格的选择是根据变量 *NC*（Number Current）的值来选择的，在求变量 *NC* 的过程中，体现了基于上下文的思想。当前块 *NC* 的值是根据当前块左边 4 × 4 亮度块的非零系数数目（*NL*）和当前块上面 4 × 4 亮度块的非零系数数目（*NU*）来确定。当 *NL* 和 *NU* 都可用时（可用指的是与当前块处于同一宏块条中），*NC*=（*NU*+*NL*）/2；当只有其一可用时，*NC* 则等于可用的 *NU* 或 *NL*；当两者都不可用时，*NC* = 0。得到 *NC* 的值后，根据表 2-3 来选用合适的码表。

表 2-3　　*NC* 与码表的选择关系

NC	码　表
0，1	VLC0
2，3	VLC1
4，5，6，7	VLC2
≥8	FLC（定长码）

（2）对每个拖尾系数的符号进行编码。

对于每个拖尾系数（±1）只需要指明其符号，其符号用一个比特表示（0 表示＋1，1 表示－1）。编码的顺序是按照逆向扫描的顺序，从高频数据开始。

（3）对除了拖尾系数之外的非零系数进行编码。

编码同样采用从最高频逆向扫描进行，CAVLC 提供了 7 个变长码表，见表 2-4，算法根据已编码非零系数来自适应地选择当前编码码表。初始码表采用 Level_VLC0，每编码一个非零系数之后，如果该系数大于当前码表的门限值，则需要提升切换到下一级 VLC 码表。这一方法主要根据变换系数块内非零系数越接近 DC，数值越大的特点设计的。

表 2-4　　非零系数 VLC 码表选择

当前 VLC 码表	VLC0	VLC1	VLC2	VLC3	VLC4	VLC5	VLC6
门　限　值	0	3	6	12	24	48	N/A

（4）对最后一个非零系数前零的数目（Total Zeros）进行编码。

Total Zeros 指的是在最后一个非零系数前零的数目，此非零系数指的是按照正向扫描的最后一个非零系数。因为非零系数的数目是已知的，这就决定了 Total Zeros 可能的最大值，根据这一特性，CAVLC 在编排 Total Zeros 的码表时做了进一步的优化。

（5）对每个非零系数前零的个数（Run Before）进行编码。

每个非零系数前零的个数（Run Before）是按照逆序来进行编码的，从最高频的非零系数开始，Run Before 在以下两种情况下是不需要编码的：

① 最后一个非零系数（在低频位置上）前零的个数；

② 如果没有剩余的零需要编码时，就没必要再进行 Run Before 编码。

2．基于上下文的自适应二进制算术编码

为了更高效的传输变换系数，H.264 标准还提供了一种基于上下文的自适应二进制算术编码（CABAC）算法，它是由 H.263 标准中基于语法的算术编码改进而来，与经典算术编码原理相同，其不同之处在于需要对编码元素中的非二进制数值进行转换，然后进行算术编码。

CABAC 的编码过程如下。

（1）二值化：一个非二值数在算术编码之前首先必须二值化，这个过程类似于对一个符号进行变长编码，不同的是，编码后的“0”、“1”要再次进行算术编码。

（2）选择上下文模型：“上下文”模型实际上就是二值符号的概率模型。它可以根据最近已编码符号的统计结果来确定。在 CABAC 中，“上下文模型”只存放了“0”、“1"的概率。

（3）算术编码：使用已选择的概率模型对当前二值符号进行算术编码。

（4）概率更新：根据已编码的符号对选择的模型进行更新，即如果编码符号为“1”，则“1”的频率要有所增加。

试验表明，在相同的重建图像质量前提下，采用 CABAC 算法能够比 CAVLC 算法节省10%～15%的数码率。

2.4.5 H.264/AVC 的类和级

类（Profile，也称为“档次”）定义一组编码工具和算法，用于产生一致性的比特流；级（Level）限定比特流的部分关键参数。

符合某个指定类的 H.264 解码器必须支持该类定义的所有特性；而编码器则不必要求支持这个类所定义的所有特性，但必须提供符合标准规定的一致性的码流，使支持该类的解码器能够实现解码。

最初的 H.264 定义了 3 个类：基本类（Baseline Profile）、主类（Main Profile）和扩展类（Extension Profile），以适用于不同的应用。

基本类降低了计算复杂度及系统内存需求，而且针对低时延进行了优化。由于 B 的内在时延以及 CABAC 计算复杂性，因此基本类不包括这两者。基本类非常适合可视电话、视频会议等交互式通信领域以及其他需要低成本实时编码的应用。

主类采用了多项提高图像质量和增加压缩比的技术措施，但其要求的处理能力也比基本类高许多，因此使其难以用于低成本实时编码和低时延应用。主类主要面向高画质应用，如 SDTV、HDTV 和 DVD 等广播电视领域。

扩展类适用于对容错（Error Resilient）性能有较高要求的流媒体应用场合，可用于各种网络的视频流传输。

2.5 AVS 视频编码标准

AVS（Audio Video coding Standard）是我国具备自主知识产权的信源编码标准，是《信息技术——先进音视频编码》系列标准的简称。

AVS 包括系统、视频、音频、数字版权管理等 9 个部分。其中，AVS 第 2 部分（AVS-P2）于 2006 年 3 月 1 日被国家标准化管理委员会正式批准为国家标准，标准号为 GB/T 20090.2－2006。

2.5.1 系统结构

AVS-P2 采用了与 H.264 类似的技术框架，包括帧内预测、帧间预测、环路滤波、变换、量化、熵编码等技术模块。AVS 视频编码器的原理框图如图 2-16 所示。

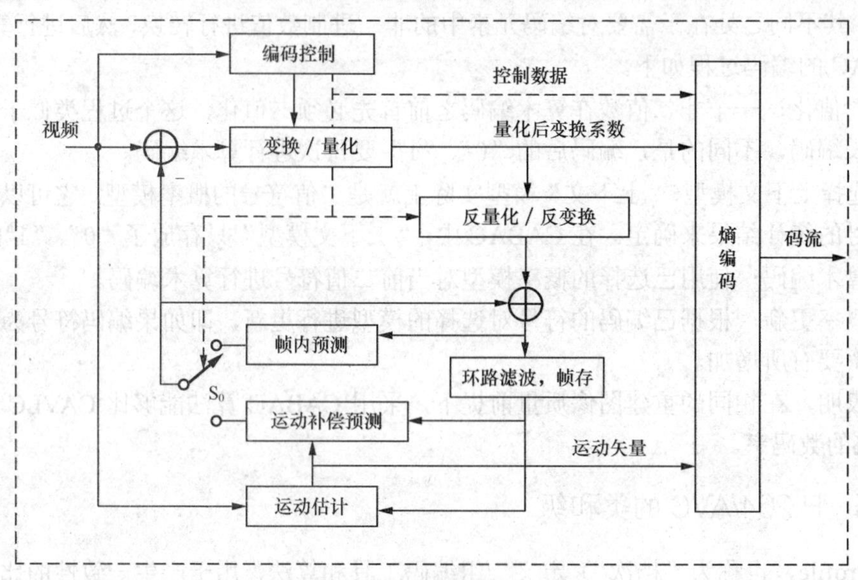

图 2-16 AVS 视频编码器框图

码流结构语法层次从高到低依次为：序列、图像、宏块条、宏块、块。图像编码类型有 I 帧、P 帧、B 帧三种。宏块有帧内预测和帧间预测两大类。图 2-16 中的 S_0 是预测模式选择开关。块是空间预测补偿、时间预测补偿和空间变换的基本单元。在 AVS-P2 中，块大小为 8×8 像素。

在 MPEG-1、MPEG-2、H.261、H.263 等视频编码标准中，变换的基本单元均为 8×8 像素块，而运动补偿预测的基本单元为 16×16、16×8 或 8×8 像素块。而在 H.264 标准中，运动补偿预测和变换的最小单元都是 4×4 像素块。显然，块的尺寸越小，帧内和帧间的预测越准确，预测的残差越小，便于提高压缩效率。但同时更多的运动矢量和帧内预测模式等附加信息的传递将花费更多的比特。实验表明，在高分辨率情况下，8×8 块的性能比 4×4 块更优，因此 AVS-P2 的块尺寸固定为 8×8。

目前，AVS-P2 定义了一个类（profile），即基本类。基本类又分为 4 个级（level），分别对应高清晰度与标准清晰度应用。与 H.264 的基本类相比，AVS 视频编码标准增加了 B 帧、隔行扫描等技术，因此其压缩效率明显提高。与 H.264 的主类相比，去掉了 CABAC 等实现难度大的技术，从而增强了可实现性。

2.5.2 主要技术

1. 整数变换和量化

AVS-P2 采用 8×8 二维整数余弦变换（Integer Cosine Transform，ICT），其性能接近

8×8DCT，但精确定义到每一位的运算避免了不同反变换之间的失配。ICT 可用加法和移位直接实现。实验结果表明 AVS-P2 的变换相对于 H.264 主类的 8×8 ICT 有 0.05dB 的 PSNR 增益。8×8 ICT 的变换矩阵为：

$$T=\begin{bmatrix} 8 & 10 & 10 & 9 & 8 & 6 & 4 & 2 \\ 8 & 9 & 4 & -2 & -8 & -10 & -10 & -6 \\ 8 & 6 & -4 & -10 & -8 & 2 & 10 & 9 \\ 8 & 2 & -10 & -6 & 8 & 9 & -4 & -10 \\ 8 & -2 & -10 & 6 & 8 & -9 & -4 & 10 \\ 8 & -6 & -4 & 10 & -8 & -2 & 10 & -9 \\ 8 & -9 & 4 & 2 & -8 & 10 & -10 & 6 \\ 8 & -10 & 10 & -9 & 8 & -6 & 4 & -2 \end{bmatrix}$$

由于采用整数余弦变换（ICT），各变换基矢量的模大小不一，因此必须对变换系数进行不同程度的缩放以达到归一化。为了减少乘法的次数，H.264 中将正向缩放和量化结合在一起操作，反向缩放和反量化结合在一起操作。H.264 中 ICT 和量化实现的框图如图 2-17 所示。在 AVS 中，采用预缩放的整数变换（Pre-scaled Integer Transform，PIT）技术，如图 2-18 所示，即正向缩放、量化、反向缩放结合在一起，而解码端只进行反量化，不再需要反缩放。由于 AVS-P2 中采用总共 64 级近似 8 阶非完全周期性的量化，PIT 的使用可以使编解码端节省存储与运算开销，而性能上又不会受影响。

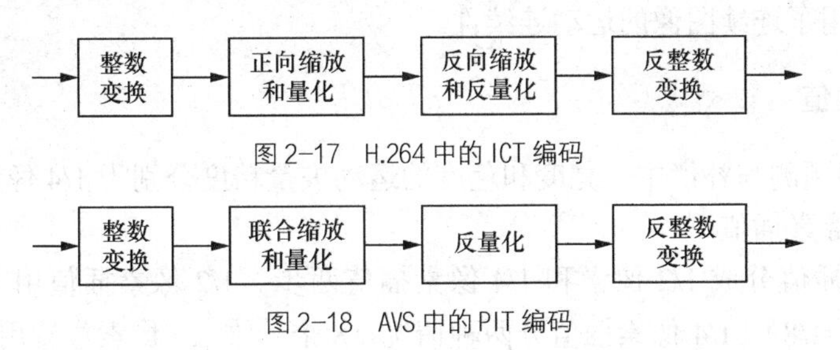

图 2-17 H.264 中的 ICT 编码

图 2-18 AVS 中的 PIT 编码

2. 帧内预测

AVS-P2 采用基于 8×8 块的帧内预测。亮度和色度帧内预测分别有 5 种和 4 种模式，见表 2-5。相邻已解码块在环路滤波前的重建像素值用来给当前块作参考。

表 2-5　　帧内预测模式

亮 度 块		色 度 块	
模　式	名　称	模　式	名　称
0	Intra_8×8_Vertical	0	Intra_Chroma_DC
1	Intra_8×8_Horizontal	1	Intra_Chroma_Horizontal
2	Intra_8×8_DC	2	Intra_Chroma_Vertical
3	Intra_8×8_Down_Left	3	Intra_Chroma_Plane
4	Intra_8×8_Down_Right	—	—

与 H.264 标准中的 4×4 块的帧内预测相比，大的预测块将增加待预测样本和参考样本

间的距离，从而减弱相关性，降低预测精确度。因此，在 AVS-P2 的 DC 模式中先用 3 抽头低通滤波器（1，2，1）对参考样本滤波。另外，在 AVS-P2 的 DC 模式中，每个像素值由水平和垂直位置的相应参考像素值来预测，所以每个像素的预测值都可能不同。这种 DC 预测较之 H.264 中的 DC 预测更精确，这对于较大的 8 × 8 块尺寸来讲更有意义。实验表明，AVS 采用 5 种模式仅比 H.264 采用 9 种模式损失 0.05dB 的 PSNR。

3．帧间预测

AVS-P2 支持 P 帧和 B 帧两种帧间预测图像。P 至多采用 2 个前向参考帧，B 帧采用前、后各一个参考帧。与 H.264 的多参考帧相比，AVS-P2 在不增加存储、数据带宽等资源的情况下，尽可能地发挥现有资源的作用，提高压缩性能。

帧间预测中每个宏块的划分有 4 种类型：16 × 16、16 × 8、8 × 16 和 8 × 8。

P 帧有 5 种预测模式：P_Skip（16 × 16）、P_16 × 16、P_16 × 8、P_8 × 16 和 P_8 × 8。对于后 4 种预测模式的 P 帧，每个宏块由 2 个候选参考帧中的 1 个来预测，候选参考帧为最近解码的 I 帧或 P 帧。对于后 4 种预测模式的 P 帧，每个宏块由最近解码的 4 个帧来预测。

B 帧的双向预测有两种模式：对称模式和直接模式。在对称模式中，每个宏块只需传送一个前向运动矢量，后向运动矢量由前向运动矢量通过一定的对称规则获得，从而节省后向运动矢量的编码开销。在直接模式中，前向和后向运动矢量都是由后向参考图像中的相应位置块的运动矢量获得，无需传输运动矢量，因此也节省了运动矢量的编码开销。这两种双向预测模式充分利用了连续图像的运动连续性。

4．亚像素插值

AVS-P2 帧间预测与补偿中，亮度和色度的运动矢量精度分别为 1/4 像素和 1/8 像素，因此需要相应的亚像素插值。

亮度亚像素插值分成 1/2 像素和 1/4 像素插值两步。1/2 像素插值用 4 抽头滤波器 H1（-1/8，5/8，5/8，-1/8）。1/4 像素插值分两种情况：8 个一维 1/4 像素位置用 4 抽头滤波器 H2（1/16，7/16，7/16，1/16）；另外 4 个二维 1/4 像素位置用双线性滤波器 H3（1/2，1/2）。

与 H.264 的亚像素插值相比，AVS-P2 的数据带宽减小 11%，而计算复杂度没有提高。此插值方法在高清序列上略有增益。

5．环路滤波

基于块的视频编码有一个显著特性就是重建图像存在方块效应，特别是在低数码率的情况下。采用环路滤波去除方块效应，可以改善重建图像的主观质量，同时可提高压缩编码效率。

AVS-P2 采用自适应环路滤波，即根据块边界两侧的块类型先确定块边界强度（Boundary Strength，BS）值，然后对不同的 BS 值采取不同的滤波策略。帧内块滤波最强，非连续运动补偿的帧间块滤波较弱，而连续性较好的块之间不滤波。由于 AVS-P2 变换和最小预测块大小都是 8 × 8，因此环路滤波的块大小也是 8 × 8。与 H.264 的 4 × 4 相比，AVS-P2 边界数量大大减少。另外，BS 值和改变的像素值的数量都有所减少。

环路滤波对亮度块和色度块的边界进行（图像和宏块条边界不滤波）。滤波时首先对块的水平边界滤波，然后再对块的垂直边界滤波。滤波强度由宏块编码模式、量化参数、运动矢量等决定。H.264 的环路滤波器滤波时使用边界左右各 4 个像素（共 8 像素），而 AVS 视频标准只使用左右各 3 像素（共 6 像素），实现复杂度低于 H.264 环路滤波器。AVS 视频标准使用的环路滤波器也更有利于并行实现。

6．熵编码

AVS-P2 语法元素码均基于指数哥伦布码或定长码而构造。定长码用来编码具有均匀分布的语法元素，指数哥伦布码用来编码可变概率分布的语法元素。AVS-P2 中指数哥伦布码编码所有可变分布的语法元素，而 H.264 中指数哥伦布码编码变换系数以外的语法元素。AVS-P2 总共用到 21 张可变长度码（VLC）码表。

AVS-P2 采用基于上下文的 2D_VLC 来编码 8×8 块变换系数。基于上下文的意思是用已编码的系数来确定 VLC 码表的切换。对不同类型的变换块分别用不同的 VLC 表编码，例如有帧内块的码表、帧间块的码表等。AVS-P2 充分利用上下文信息，编码方法总共用到 19 张 2D-VLC 表，需要约 1KB 的存储空间。这种方法较之每种块类型用一张码表的编码方法有 0.23 dB 的 PSNR 增益。

实验结果表明，AVS-P2 与 H.264 主类的性能接近，而明显优于目前在标清和高清视频应用中主流的 MPEG-2。

2.5.3 AVS-P2 与 H.264 的比较

AVS 视频与 H.264 都采用混合编码框架。AVS 的主要创新在于提出了一批具体的优化技术，在较低的复杂度下（大致估算，AVS 解码复杂度相当于 H.264 的 30%，AVS 编码复杂度相当于 H.264 的 70%）实现了与国际标准相当的技术性能，但并未使用国际标准背后的大量复杂的专利。AVS 视频当中具有特征性的核心技术包括：8×8 整数变换、量化、帧内预测、1/4 精度像素插值、特殊的帧间预测运动补偿、二维熵编码、去块效应环路滤波等。AVS 与 H.264 使用的技术对比和性能差异见表 2-6。

表 2-6　AVS 与 H.264 使用的技术对比和性能差异估计

视频编码标准	H.264 视频	AVS 视频	AVS 视频与 H.264 性能差异估计（采用信噪比（dB）估算，括号内的百分比为数码率差异）
帧内预测	基于 4×4 块，9 种亮度预测模式，4 种色度预测模式	基于 8×8 块，5 种亮度预测模式，4 种色度预测模式	基本相当
多参考帧预测	最多 16 帧	最多 2 帧	都采用两帧时相当，帧数增加性能提高不明显
变块大小运动补偿	16×16，16×8，8×16，8×8，8×4，4×8，4×4	16×16，16×8，8×16，8×8	降低约 0.1dB（2%～4%）
B 帧宏块直接编码模式	独立的空间域或时间域预测模式，若后向参考帧中用于导出运动矢量的块为帧内编码时，只是视其运动矢量为 0，依然用于预测	时间域空间域相结合，当时间域内后向参考帧中用于导出运动矢量的块为帧内编码时，使用空间域相邻块的运动矢量进行预测	提高 0.2dB～0.3dB（5%）

续表

B 帧宏块双向预测模式	编码前后两个运动矢量	称为对称预测模式，只编码一个前向运动矢量，后向运动矢量由前向导出	基本相当
1/4 像素运动补偿	1/2 像素位置采用 6 抽头滤波，1/4 像素位置采用线性插值	1/2 像素位置采用 4 抽头滤波，1/4 像素位置采用 4 抽头滤波，线性插值	基本相当
变换与量化	4×4 整数变换，编解码端都需要归一化，量化与变换归一化相结合，通过乘法、移位实现	8×8 整数变换，编码端进行变换归一化，量化与变换归一化相结合，通过乘法、移位实现	提高约 0.1dB（2%）
熵编码	CAVLC：与周围块相关性高，实现较复杂 CABAC：计算较复杂	上下文自适应 2D-VLC，编码块系数过程中进行多码表切换	降低约 0.5dB（10%～15%）
环路滤波	基于 4×4 块边缘进行，滤波强度分类繁杂，计算复杂	基于 8×8 块边缘进行，简单的滤波强度分类，滤波较少的像素，计算复杂度低	——
容错编码	数据分割，复杂的 FMO/ASO 等宏块、片组织机制，强制 Intra 块刷新编码，约束性帧内预测等	简单的片划分机制足以满足广播应用中的错误掩盖、错误恢复需求	——

2.6 本章小结

移动多媒体广播系统涵盖了信源压缩编码、业务复用、信道传输、条件接收、接收终端等各方面的技术。信源压缩编码是移动多媒体广播必不可少的组成部分，主要包括视频压缩编码与音频压缩编码。移动多媒体广播系统的特点决定了其带宽资源非常有限，一路数字电视节目的数码率通常限制在 500 kbit/s 以内，而数字音频广播的数码率通常在 128 kbit/s，这就要求音视频压缩编码选用低码率、高效的压缩技术，配置合适的音视频参数，以满足移动多媒体广播对信源压缩编码的要求。

在 CMMB 系统中，数字电视广播业务中的视频压缩编码采用 GB/T 20090.2—2006 标准《信息技术　先进音视频编码　第 2 部分　视频》或 H.264/AVC（ISO/IEC 14496-10）标准，音频压缩编码采用 MPEG-4 HE-AAC（ISO/IEC 14496-3）标准或 GB/T 22726—2008 标准《多声道数字音频编解码技术规范》。数字音频广播业务中的音频压缩编码采用 GB/T 22726—2008 标准《多声道数字音频编解码技术规范》。

2.7 习题

1. 国际上主要有哪些数字音视频编码标准？
2. 什么是谱带复制（SBR）技术？其工作原理是什么？

3．DRA 多声道数字音频编码的关键技术有哪些？

4．在 CMMB 系统中，数字电视广播业务中的视频压缩编码采用什么标准？音频压缩编码采用什么标准？

5．H.264/AVC 标准有哪些主要特性？

6．AVS 视频编码标准与 H.264/AVC 标准相比，其性能怎样？有何优势？

第 3 章 移动多媒体广播信道传输技术

本章学习要点

- 了解无线电波的频段划分。
- 理解电波传播方式、传播的基本特性及传播损耗。
- 了解多径效应与瑞利衰落、多普勒效应与多普勒频偏、阴影效应与慢衰落、多径时散和相关带宽等地面无线移动信道的特性。
- 熟悉 CMMB 广播信道物理层帧结构。
- 熟悉 CMMB 广播信道传输技术。
- 了解 CMMB 卫星分发信道传输技术。

3.1 无线电波传播特性

无线电波是指频率从几十赫兹到 3000GHz 频谱范围内的电磁波。无线电波传播是指发射天线或自然辐射源所辐射的无线电波在媒介（如地表、地球大气层或宇宙空间等）中的传播过程。

3.1.1 无线电波频段的划分

无线电波频段的划分见表 3-1。从表 3-1 中可以看出，无线电波的波长范围为从极长波的 10^4 km 到亚毫米波的 0.1mm，频率范围为从 30 Hz 以下到 3000GHz。在如此宽的频率范围内，无线电波的传播特性会发生很大的变化，相应地会有不同的传播形式。表 3-1 中的微波是指频率在 300MHz～300GHz 的电磁波，即波长为 1m～1mm 的电磁波，是分米波、厘米波、毫米波的统称。为了使用上的方便，通常把微波频段再分为若干个子频段，见表 3-2，子频段均用英文字母命名。

表 3-1　　无线电波频段的划分

波段名	亚毫米波（Sub-mm）	毫米波	厘米波	分米波	超短波（Metric Wave）	短波（SW）	中波（MW）	长波（LW）	甚长波	特长波	超长波	极长波
		微波（Micro Wave）										
波长λ	0.1mm～1mm	1mm～10mm	1cm～10cm	10cm～100cm	1m～10m	10m～100m	100m～1000m	1km～10km	10km～100km	100km～1000km	10^3km～10^4km	10^4km 以上

续表

波段名	亚毫米波（Sub-mm）	毫米波	厘米波	分米波	超短波（Metric Wave）	短波（SW）	中波（MW）	长波（LW）	甚长波	特长波	超长波	极长波
		微波（Micro Wave）										
频率f	3000GHz～300GHz	300GHz～30GHz	30GHz～3GHz	3000MHz～300MHz	300MHz～30MHz	30MHz～3MHz	3000kHz～300kHz	300kHz～30kHz	30kHz～3kHz	3000Hz～300Hz	300Hz～30Hz	30Hz以下
频段名		EHF极高频	SHF超高频	UHF特高频	VHF甚高频	HF高频	MF中频	LF低频	VLF甚低频	ULF特低频	SLF超低频	ELF极低频

表 3-2　　微波频段的再划分

频段名	频率范围/GHz	波长范围
L	1～2	30.00cm～15.00cm
S	2～4	15.00cm～7.50cm
C	4～8	7.50cm～3.75cm
X	8～12	3.75cm～2.50cm
Ku	12～18	2.50cm～1.67cm
K	18～26	1.67cm～1.15cm
Ka	26～40	1.15cm～0.75cm
U	40～60	7.50mm～5.00mm
E	60～90	5.00mm～3.33mm
F	90～140	3.33mm～2.14mm
G	140～220	2.14mm～1.36mm
R	220～325	1.36mm～0.92mm

3.1.2　无线电波传播方式

发射机天线发出的无线电波，可从不同的路径到达接收机，当频率f>30 MHz时，典型的传播路径如图 3-1 所示。沿路径①从发射天线直接到达接收天线的电波称为直射波，它是 VHF 和 UHF 频段无线电波的主要传播方式；沿路径②的电波经过地面反射到达接收机，称为地面反射波；沿路径③的电波沿地球表面传播，称为地表面波。

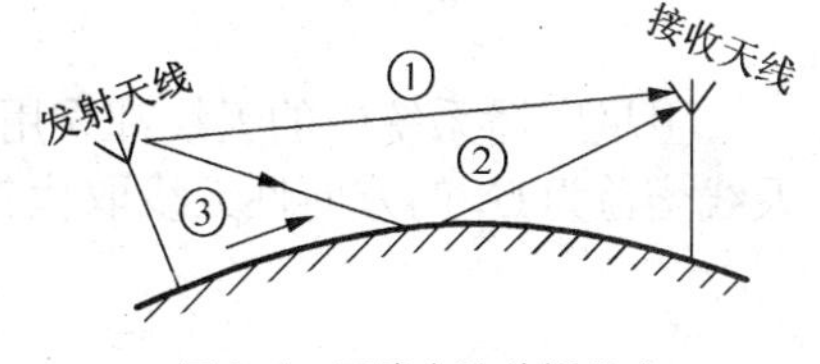

图 3-1　无线电波传播方式

空间波传播是在指发射天线和接收天线能相互“看见”的距离内，电磁波直接从发射天线传播到接收天线的一种传播方式，又称为直接波或视距传播。按收、发天线所处的空间位置不同，视距传播大体可分为三类：第一类是指地面上的视距传播，例如中继通信、电视、广播及地面上的移动通信；第二类是指地面与空中目标之间的视距传播；第三类是指空间飞行体之间的视距传播，如飞机间、宇宙飞行器间的电波传播等。

空间波在大气的底层传播，会受到对流层的影响，此外还可能受到地表面自然的或人为障碍物的影响，将会引起电波的反射、散射或绕射等现象。地面对电波传播的影响，主要体现在以下两个方面：地质的电特性和地球表面的物理结构，如地形起伏、植物覆盖层以及人为建筑等地貌地物的影响。由于空间波（视距）传播中，天线高架（即天线架高远大于波长）完全可以忽略地波成分，因而地质情况主要影响地面反射波的幅值及相位，相对而言，地貌地物对电波传播影响则是主要的。

3.1.3　自由空间的传播损耗

所谓自由空间电波传播，是指天线周围为无限大真空时的电波传播，它是理想的传播条件。电波在自由空间传播时，其能量既不会被障碍物所吸收，也不会产生反射、折射、绕射或散射。实际情况下，只要地面上空的大气层是各向同性的均匀媒介，其相对介电常数 ε 和相对导磁率 μ 都等于 1，传播路径上没有障碍物阻挡，到达接收天线的地面反射信号场强也可以忽略不计，在这样情况下，电波可视作在自由空间传播。直射波传播可按自由空间传播来考虑。

虽然电波在自由空间里传播不受阻挡，不产生反射、折射、绕射、散射和吸收，但是，当电波经过一段路径传播之后，也会发生能量向空间扩散而损耗的现象，这被称为自由空间的传播损耗。由电磁波传播原理可知，电波被天线辐射后，便向周围空间传播，每个辐射出去的平面上的点都可以当做新的信源，继续向四周辐射。传播距离越远，到达接收地点的能量越小，如同一只灯泡所发出的光一样，均匀地向四面八方扩散出去。

对于一个各向同性的辐射源，其能量是向周围均匀扩散的。若各向同性天线（也称全向天线或无方向性天线）的辐射功率为 P_{T} 瓦，则距辐射源 d 米处的电场强度有效值 E_0 为

$$E_0=\frac{\sqrt{30P_{\mathrm{T}}}}{d}\quad(\mathrm{V/m})\tag{3-1}$$

磁场强度有效值 H_0 为

$$H_0=\frac{\sqrt{30P_{\mathrm{T}}}}{120\pi d}\quad(\mathrm{A/m})\tag{3-2}$$

单位面积上的电波功率密度 S 为

$$S=\frac{P_{\mathrm{T}}}{4\pi d^2}\quad(\mathrm{W/m^2})\tag{3-3}$$

卫星广播系统中的天线都采用定向天线，并用“天线增益”来表征其方向性。若用发射天线增益为 G_{T} 的方向性天线取代各向同性天线，则上述公式应改写为

$$E_0=\frac{\sqrt{30P_{\mathrm{T}}G_{\mathrm{T}}}}{d}\quad(\mathrm{V/m})\tag{3-4}$$

$$H_0=\frac{\sqrt{30P_{\mathrm{T}}G_{\mathrm{T}}}}{120\pi d}\quad(\mathrm{A/m})\tag{3-5}$$

$$S=\frac{P_{\mathrm{T}}G_{\mathrm{T}}}{4\pi d^2}\quad(\mathrm{W/m^2})\tag{3-6}$$

接收天线获取的电波功率等于该点的电波功率密度乘以接收天线的有效面积，即

$$P_{\mathrm{R}}=SA_{\mathrm{e}}\tag{3-7}$$

式（3-7）中，A_e 为接收天线的有效面积，它与接收天线增益 G_R 满足下列关系：

$$A_e = \frac{\lambda^2}{4\pi} G_R \tag{3-8}$$

由式（3-6）～式（3-8）可得

$$P_R = P_T G_T G_R \left(\frac{\lambda}{4\pi d} \right)^2 \tag{3-9}$$

当收、发天线增益为 0dB，即当 $G_R = G_T = 1$ 时，接收天线上获得的功率为

$$P_R = P_T \left(\frac{\lambda}{4\pi d} \right)^2 \tag{3-10}$$

由式（3-10）可见，自由空间传播损耗 L_s 可定义为

$$L_s = \frac{P_T}{P_R} = \left(\frac{4\pi d}{\lambda} \right)^2 \tag{3-11}$$

若以 dB 计，则有

$$[L_s](\text{dB}) = 10\lg\left(\frac{4\pi d}{\lambda} \right)^2 (\text{dB}) = 20\lg\frac{4\pi d}{\lambda}(\text{dB}) \tag{3-12}$$

或

$$[L_s](\text{dB}) = 92.44 + 20\lg d(\text{km}) + 20\lg f(\text{GHz}) \tag{3-13}$$

式（3-13）中，d 的单位为 km，频率 f 的单位为 GHz。

由式（3-13）可知，自由空间中无线电波的传播损耗只与工作频率 f 和传播距离 d 有关。当 f 或 d 增大一倍时，L_s 将增加 6dB。

3.1.4 绕射损耗

在实际情况下，电波的直射路径上存在各种障碍物，由障碍物引起的附加传播损耗称为绕射损耗。

设障碍物与发射点和接收点的相对位置如图 3-2 所示。在图 3-2 中，x 表示障碍物顶点 P 至直射线 TR 的距离，称为菲涅尔余隙。规定阻挡时余隙为负，如图 3-2（a）所示；无阻挡时余隙为正，如图 3-2（b）所示。

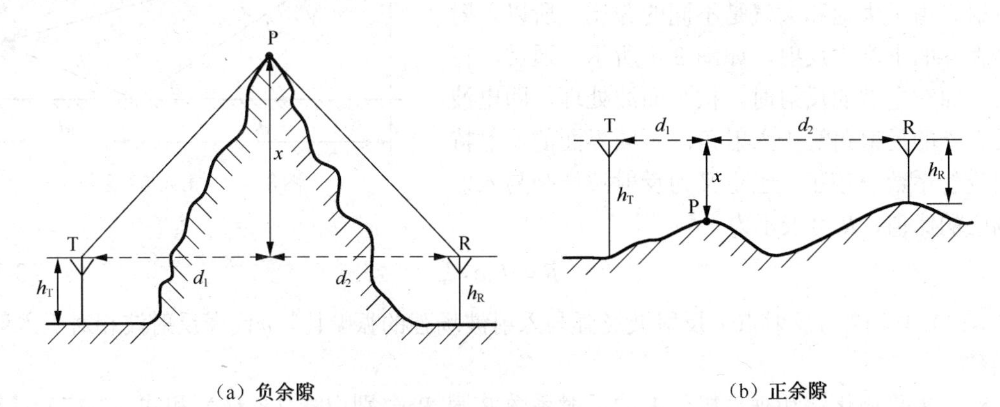

图 3-2 菲涅尔余隙

由障碍物引起的绕射损耗与菲涅尔余隙的关系如图 3-3 所示。图 3-3 中，纵坐标为绕射引起的附加损耗，即相对于自由空间传播损耗的分贝数。横坐标为 x/x_1，其中 x_1 是第一菲涅尔区在 P 点横截面的半径，它由下列关系式可求得：

$$x_1 = \sqrt{\frac{\lambda d_1 d_2}{d_1 + d_2}} \tag{3-14}$$

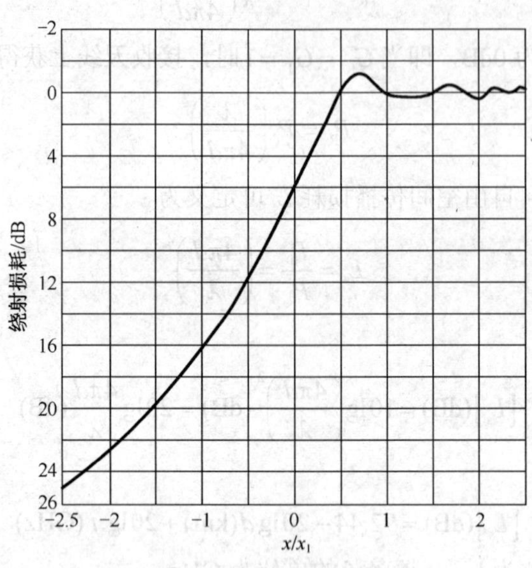

图 3-3 绕射损耗与余隙关系

由图 3-3 可见，当 $x/x_1>0.5$ 时，附加损耗约为 0dB，即障碍物对直射波传播基本上没有影响。为此，在选择天线高度时，根据地形尽可能使服务区内各处的菲涅尔余隙 $x>0.5x_1$；当 $x<0$，即直射线低于障碍物顶点时，损耗急剧增加；当 $x=0$ 时，即 TR 直射线从障碍物顶点擦过时，附加损耗约为 6dB。

3.1.5 反射波

当电波传播中遇到两种不同介质的光滑界面时，如果界面尺寸比电波波长大得多，就会产生镜面反射。由于大地和大气是不同的介质，所以入射波会在界面上产生反射，如图 3-4 所示。通常，在考虑地面对电波的反射时，按平面波处理，即电波在反射点的反射角等于入射角。不同界面的反射特性用反射系数 R 表征，它定义为反射波场强与入射波场强的比值，R 可表示为

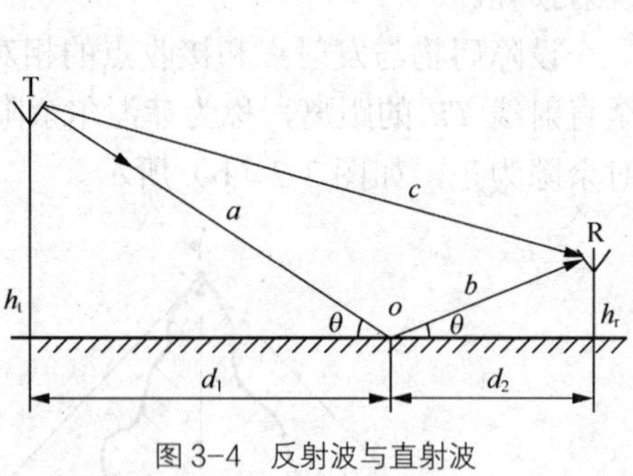

图 3-4 反射波与直射波

$$R = |R| e^{-j\varphi} \tag{3-15}$$

式（3-15）中，$|R|$为反射点上反射波场强与入射波场强的振幅比，φ代表反射波相对于入射波的相移。

对于水平极化波和垂直极化波的反射系数 R_h 和 R_v 分别由式（3-16）和式（3-17）计算。

$$R_h = |R_h|e^{-j\varphi} = \frac{\sin\theta - (\varepsilon_c - \cos^2\theta)^{1/2}}{\sin\theta + (\varepsilon_c - \cos^2\theta)^{1/2}} \tag{3-16}$$

$$R_v = \frac{\varepsilon_c \sin\theta - (\varepsilon_c - \cos^2\theta)^{1/2}}{\varepsilon_c \sin\theta + (\varepsilon_c - \cos^2\theta)^{1/2}} \tag{3-17}$$

式（3-16）和式（3-17）中，ε_c是反射媒介的等效复介电常数，它与反射媒介的相对介电常数ε_r、电导率δ和工作波长λ有关，即

$$\varepsilon_c = \varepsilon_r - \mathrm{j}60\lambda\delta \tag{3-18}$$

对于地面反射，当工作频率高于150MHz（λ＜2m＝时，θ＜1°，由式（3-16）和式（3-17）可得

$$R_v = R_h = -1 \tag{3-19}$$

即反射波场强的幅度等于入射波场强的幅度，而相差为180°。

在图3-4中，由发射点T发出的电波分别经过直射线（TR）与地面反射路径（ToR）到达接收点R，由于两者的路径不同，从而会产生附加相移。由图3-4可知，反射波与直射波的路径差为

$$\begin{aligned}\Delta d &= a+b-c = \sqrt{(d_1+d_2)^2+(h_t+h_r)^2} - \sqrt{(d_1+d_2)^2+(h_t-h_r)^2} \\ &= d\left[\sqrt{1+\left(\frac{h_t+h_r}{d}\right)^2} - \sqrt{1+\left(\frac{h_t-h_r}{d}\right)^2}\right]\end{aligned} \tag{3-20}$$

式（3-20）中，$d = d_1 + d_2$。

通常$h_t + h_r \ll d$，故式（3-20）中每个根号均可用二项式定理展开，并且只取展开式中的前两项。例如：

$$\sqrt{1+\left(\frac{h_t+h_r}{d}\right)^2} \approx 1 + \frac{1}{2}\left(\frac{h_t+h_r}{d}\right)^2$$

由此可得到

$$\Delta d = \frac{2h_t h_r}{d} \tag{3-21}$$

由路径差Δd引起的附加相移$\Delta\varphi$为

$$\Delta\varphi = \frac{2\pi}{\lambda}\Delta d \tag{3-22}$$

式（3-22）中，$2\pi/\lambda$称为传播相移常数。

这时接收场强E可表示为

$$E = E_0(1 + R\mathrm{e}^{-\mathrm{j}\Delta\varphi}) = E_0(1 + |R|\mathrm{e}^{-\mathrm{j}(\varphi+\Delta\varphi)}) \tag{3-23}$$

由式（3-23）可见，反射波与直射波的合成场强随反射系数R和路径差Δd变化，有时会同相相加，有时会反相抵消，这就造成了合成波的衰落现象。故在固定选址中，应尽量减弱地面反射。

3.2 地面无线移动信道的特性

按传输媒介的不同，信道可分为有线信道和无线信道。在有线信道通信中，信号的传输

媒介一般为双绞线、电缆、光纤等，这些媒介的传输特性在相当长的时间内是十分稳定的，可以认为这种信道为恒参信道。而在无线信道中，信号在空间中自由传播，受外界信道条件的影响很大。由于天气的变化、建筑物和移动物体的遮挡、反射和散射作用以及移动台的运动等原因，造成信道特性随时改变，可以认为这种信道是随参信道。因此，移动信道就是随参无线信道，下面将简要介绍地面无线移动信道的一些特性。

CMMB 系统的地面覆盖网所采用的频段为 UHF，对于该频段，地表面波的衰减很快，可忽略不计，其传播方式主要是空间波传播，即直接波与地面反射波的合成。但地面移动多媒体广播的电波传播环境十分复杂，地貌、人工建筑、气候特征、电磁干扰、用户接收终端的移动等必然会对电波传播产生影响。例如大气的不均匀性会使电波产生折射，从而使电波传播路径发生改变，影响有效菲涅尔区的确定。人工建筑物会使电波产生反射、散射和绕射，从而使电波产生多径传播效应，造成多径衰落，导致移动终端接收信号产生严重的快衰落。同时，由于接收终端的移动，移动接收终端与具有不同地形特征障碍物之间的相对位置发生变化，这些障碍物产生的阴影效应使得接收信号强度和相位随时间和地点不断变化，导致中等速率的衰落。另外，移动中产生的多普勒效应，也将使接收信号产生极大的起伏。若考虑到气象条件的变化，接收信号还会随时间慢变化，即慢衰落。

在工程应用中，通常用衰落率、衰落深度、电平通过率、衰落待续时间等特征量表示信道的衰落特性。

衰落率是指信号包络在单位时间内以正斜率通过中值电平的次数。简单地说，衰落率就是信号包络衰落的速率。衰落率与发射频率、移动台行进速度和方向，以及多径传播的路径数有关。测试结果表明，当移动台行进方向朝着或背着电波传播方向时，衰落最快。

衰落深度指信号的有效值与该次衰落的信号最小值的差值。

由衰落信道的实测结果表明，衰落率与衰落深度有关。深度衰落发生的次数较少，而浅度衰落发生的相当频繁。定量地描述这一特征的参量就是电平通过率（Level Cross Rate，LCR）。电平通过率定义为信号包络在单位时间内以正斜率通过某一规定电平的平均次数。衰落率只是电平通过率的一个特例，即规定电平为信号包络的中值。

电平通过率描述了衰落次数的统计规律，那么，信号包络衰落到某一电平之下的持续时间是多少，也是一个很有意义的问题。当接收信号电平低于接收机门限电平时，就可能造成误比特率突然增大。了解接收信号包络低于某个门限的持续时间的统计规律，就可以判定在数字传输中是否会发生突发性错误和突发性错误的长度。由于衰落是随机发生的，所以只能给出平均衰落持续时间。平均衰落持续时间定义为信号包络低于某个给定电平值的概率与该电平所对应的电平通过率之比。

快衰落产生的原因主要是多径效应和多普勒效应，慢衰落产生的原因主要是阴影效应，下面将分别对其进行讨论。

3.2.1 多径效应与瑞利衰落

在实际的无线电波传播信道中（包括所有频段），从发射天线发出的无线电信号通常经过多个时延不同的路径抵达接收天线。大气层对电波的散射，电离层对电波的反射和折射，以及山峦、建筑等地表物体对电波的反射都会造成多径传播。无线移动信道的多径传播如图 3-5 所示。

图 3-5　移动信道的多径传播示意图

在多径传播中，到达接收终端的信号是来自不同传播路径的信号的叠加，而由于电波通过各个路径的距离不同，因而从不同路径到达接收终端的时间不同，相位也就不同。不同相位的多个信号到达接收端后叠加，有时同相叠加而加强，有时反相叠加而减弱。这样，接收信号的幅度将急剧变化，即产生了衰落。这种衰落是由于多径效应引起的，故称为多径衰落。多径衰落的信号包络服从瑞利分布，相位服从均匀分布，所以多径衰落也称为瑞利衰落。

在典型的移动信道中，多径衰落的衰落深度可达 30dB，衰落率约为 30 次/秒～40 次/秒。所以，多径衰落是快衰落。

多径衰落的基本特性表现为信号幅度的衰落和时延扩展。具体地说，从空间角度考虑多径衰落时，接收信号的幅度随移动终端移动距离的变动而衰落，其中本地反射物所引起的多径效应表现为较快的幅度变化，而其局部均值是随距离增加而起伏的，反映了地形变化所引起的衰落及空间扩散损耗。从时间角度考虑，由于信号的传播路径不同，因此到达接收端的时间也就不同，当基站发出一个脉冲信号时，接收信号不仅包含脉冲，还包括该脉冲的各个时延信号，这种由于多径效应引起的接收信号中脉冲的宽度扩展，即时延扩展（也称多径时散）。

3.2.2　多普勒效应与多普勒频偏

在日常生活中，我们都有这样的体验。当持续鸣笛的火车迎面开过来时，我们所听到的笛声音调由低到高；而当火车从身边疾驰而过奔向远方时，我们听到的笛声音调由高到低。火车行驶的速度越快，我们听到的笛声音调高低变化现象也就越明显。显然，音调的高低是由声源振动的频率所决定的，可见在上述情况下，声源与听者之间的相对运动引起了音调（即频率）的变化。这种现象首先被澳大利亚物理学家多普勒（Doppler）在 1842 年发现，所以将这种现象称作多普勒效应。1938 年人们证明了在电磁波领域内也有多普勒效应。

如图 3-6 所示，当接收终端以速度 v 移动时，多普勒效应引起的多普勒频偏可表示为

$$f_D = \frac{v}{\lambda}\cos\alpha = f_m \cos\alpha \tag{3-24}$$

式（3-24）中，λ 为接收信号载频的波长，α 为入射电波与移动终端运动方向之间的夹角，f_m 为 $\alpha=0°$ 时的最大多普勒频偏。

由式（3-24）可见，多普勒频偏与接收终端的运动方向、速度以及无线电波入射方向之间的夹角有关。若接收终端朝向入射波方向运动，则多普勒频偏为正，接收信号频率上升；反之若接收终端背向入射波方向运动，则多普勒频偏为负，接收信号频率下降。

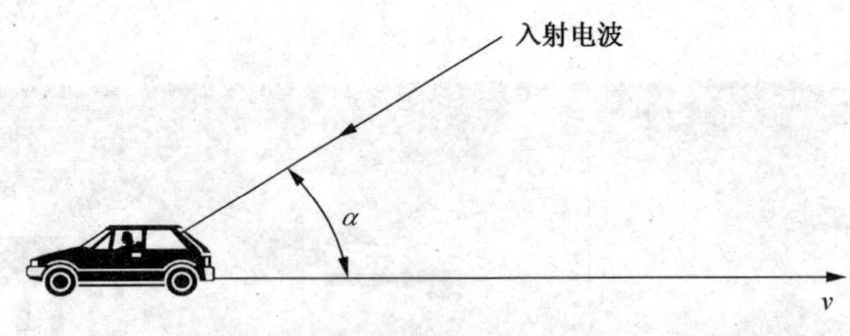

图 3-6　多普勒频偏示意图

信号经过不同方向传播，其多径分量造成接收机信号的多普勒扩散，因而增加了信号带宽。多普勒效应对衰落的影响主要体现在衰落率上。

在卫星广播中，移动站和卫星都可能是运动的。因此，卫星和移动站在接收信号时都会产生多普勒频偏。卫星上转发器的发信载波频率 f_1 是已知的，但地球站接收的载频因为有多普勒效应的存在，变为 f_1+f_D。由于相对运动的径向速度在发生变化，所以 f_D 也在变化，那么到达接收机的载频也随之变化，因此地球站的接收机必须采用锁相技术才能稳定地接收卫星发来的信息。

3.2.3　阴影效应与慢衰落

当无线电波在传播路径上遇到起伏的地形、建筑物及其他障碍物的阻挡时，在阻挡物的后面会形成电波的阴影区。阴影区的信号场强较弱，移动接收终端在通过不同障碍物的阴影区时，就造成接收天线处场强中值的变化，从而引起衰落。这种现象称为阴影效应，由此引起的衰落就称为阴影衰落。阴影衰落的信号电平起伏相对缓慢，属于慢衰落，与无线电波传播所遇到的地形和地物的分布、高度有关。

大量统计数据表明：当信号电平发生快衰落的同时，其局部中值电平还随时间、地点以及终端的移动作比较平缓的变化，其衰落周期以秒计，故称这种衰落为慢衰落或地形阴影衰落。如图 3-7 所示，横坐标是时间或距离，纵坐标是相对信号电平（以 dB 计），信号电平的变动范围为 30dB～40dB。图 3-7 中，虚线表示的是信号的局部中值，其含义是在局部时间中，信号电平大于或小于它的时间各为 50%。由于移动终端的不断运动，电波传播路径上的地形、地物是不断变化的，因而局部中值也是变化的。这种变化所造成的衰落比多径效应所引起的快衰落要慢得多，所以称作慢衰落。对局部中值取平均，可得全局中值。

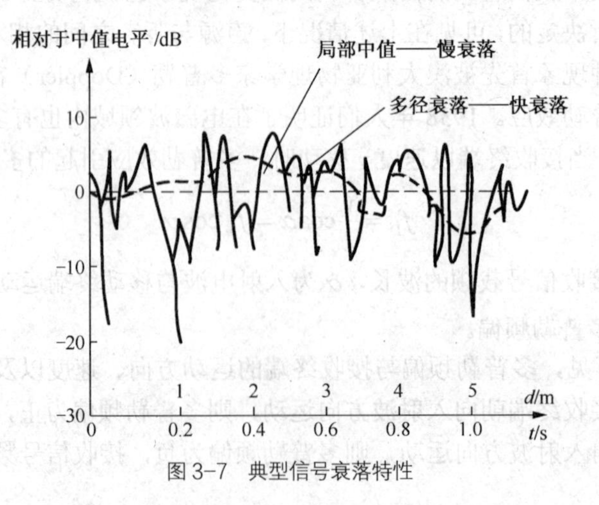

图 3-7　典型信号衰落特性

阴影衰落的规律服从对数正态分布，即以分贝数表示的信号电平为正态分布。分布的标准偏差随地形波动的高度和电波频率的变化而变化。

此外，还有一种随时间变化的慢衰落，即由于大气折射状况的平缓变化，使得同一地点处所收到的信号中值电平随时间而缓慢地变化。这种因气象条件造成的慢衰落其变化速度更缓慢（其衰落周期常以小时甚至天为量级计），因此常可以忽略不计。

3.2.4 多径时散和相关带宽

1. 多径时散

多径效应在时域上将造成数字信号波形的展宽。由于多径效应使移动终端接收到的信号实际上为一串到达时间不等的脉冲叠加，结果数字脉冲信号波形被展宽，这称为多径时散现象。时延扩展随环境、地形和地物的状况而不同，一般与频率无关。

时延扩展的大小可以直观地理解为在一串接收脉冲中，最大传输时延和最小传输时延的差值，记为Δ。如果发送的窄脉冲宽度为T，则接收信号宽度为$T+\Delta$。

时延扩展将引起码间串扰（Inter Symbol Interference，ISI），严重影响数字信号的传输质量。Δ值越小，时延扩展就越轻微；反之，Δ值越大，时延扩展就越严重。

2. 相关带宽

根据衰落与频率的关系，可将衰落分为两种：非频率选择性衰落（又称为平坦衰落）与频率选择性衰落。

非频率选择性衰落是指信号中各分量的衰落状况与频率无关，即信号经过传输后，各频率分量所遭受的衰落具有一致性，即相关性，因而衰落信号的波形不失真。非频率选择性衰落主要体现为接收电平的降低。

频率选择性衰落是指信号中各分量的衰落状况与频率有关，即传输信道对信号中不同频率分量有不同的随机响应。由于信号中不同频率分量衰落不一致，所以衰落信号波形将产生失真。频率选择性衰落主要是由多径效应引起的。

从频域的观点上看，多径时散现象将导致信道对不同频率成分有不同的响应，即频率选择性衰落。若信号带宽过大，就会引起严重的失真。这是因为，频率相邻的两个衰落信号，由于存在不同的时间延迟，将导致这两个信号相关。允许这一条件成立的频率间隔取决于时延扩展，这种频率间隔就称为“相干”或“相关”带宽。

相关带宽是移动信道的一个特性，表征的是信号两个频率分量基本相关的频率间隔，实际上是移动信道对具有一定带宽信号传输能力统计的度量。

当码元速率较低，信号带宽远小于信道带宽时，信号通过信道后各频率分量的变化具有一致性，则信号波形不失真，无码间串扰，此时出现的衰落为非选择性衰落；当码元速率较高，信号带宽大于相关带宽时，信号通过信道后各频率分量的变化不一致的，将引起波形失真，造成码间串扰，此时出现的衰落为频率选择性衰落。

3.3 广播信道物理层帧结构

2006年10月24日，国家广播电影电视总局正式发布了广播电影电视行业标准GY/T

220.1—2006《移动多媒体广播 第1部分：广播信道帧结构、信道编码和调制》。该标准定义了在 30Hz～3000MHz 频率范围内，移动多媒体广播系统广播信道物理层各功能模块，给出了移动多媒体广播信道物理层传输信号的帧结构、信道编码、调制技术以及传输指示信息。标准定义的广播信道物理层带宽包括 8MHz 和 2MHz 两种选项。广播信道物理层以物理层逻辑信道的形式向上层业务提供传输速率可配置的传输通道，同时提供一路或多路独立的广播信道。物理层逻辑信道支持多种编码和调制方式用以满足不同业务、不同传输环境对信号质量的不同要求。该标准定义的广播信道物理层支持单频网和多频网两种组网模式，可根据应用业务的特性和组网环境选择不同的传输模式和参数。物理层支持多业务的混合模式，达到业务特性与传输模式的匹配，实现业务运营的灵活性和经济性。

3.3.1 物理层逻辑信道与功能

CMMB 系统广播信道物理层通过物理层逻辑信道（Physical Logical Channel，PLCH）为上层业务提供广播通道。物理层逻辑信道分为控制逻辑信道（Control Logical Channel，CLCH）和业务逻辑信道（Service Logical Channel，SLCH）。控制逻辑信道用于承载广播系统控制信息，业务逻辑信道用于承载广播业务。物理层只有一个固定的控制逻辑信道，占用系统的第 0 时隙发送。业务逻辑信道由系统配置，每个物理层带宽内业务逻辑信道的数目可以为 1 个～39 个，每个业务逻辑信道占用整数个时隙。CMMB 系统广播信道物理层逻辑信道（PLCH）的结构如图 3-8 所示。

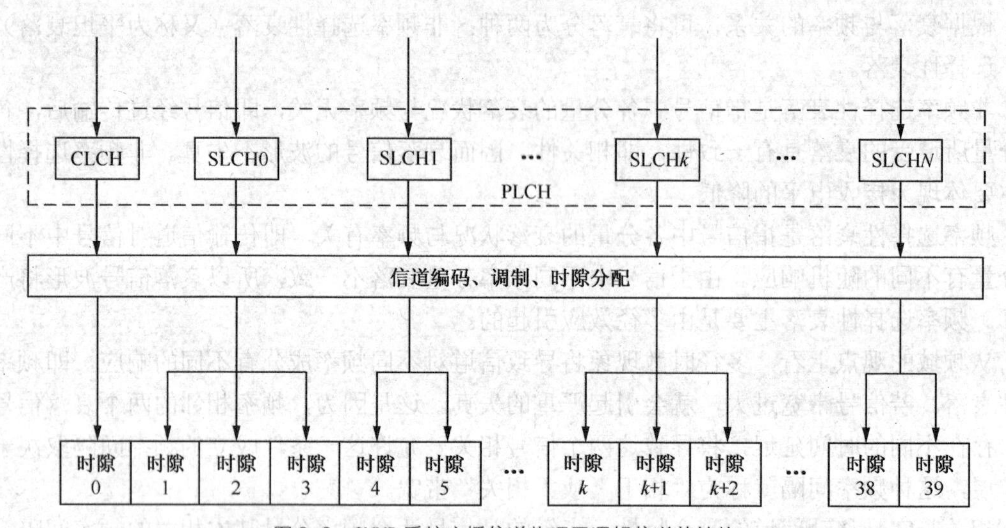

图 3-8 CMMB 系统广播信道物理层逻辑信道的结构

物理层逻辑信道的编码和调制功能框图如图 3-9 所示，各子模块的详细内容将在第 3.4 节中介绍。来自上层的输入数据流经过前向纠错编码、交织和星座映射后，与离散导频和连续导频复接在一起进行 OFDM 调制。调制后的信号插入帧头后形成物理层信号帧，再经过基带至射频变换后发射。

物理层对每个物理层逻辑信道进行单独的编码和调制，其中控制逻辑信道采用固定的信道编码和调制模式：RS 编码采用 RS（240，240），LDPC 编码采用 1/2 码率，星座映射采用 BPSK 映射，扰码初始值为选项 0。业务逻辑信道的编码和调制模式根据系统需求可灵活配置，配置模式通过系统控制信息向终端广播。根据编码和调制参数不同，物理层可提供不同的系统净荷数据率，见表 3-3。

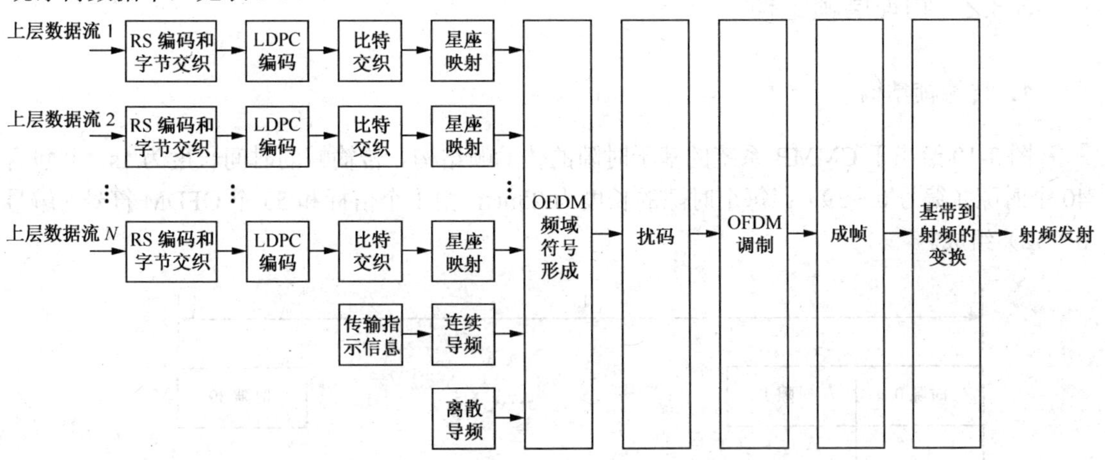

图 3-9 CMMB 系统的物理层功能框图

表 3-3 系统净荷数据率

带宽	信道配置			每时隙净荷/kbit/s	系统净荷/Mbit/s
	星座映射	LDPC 编码	RS 编码		
$B_f = 8\text{MHz}$	BPSK	1/2	(240,176)	50.688	2.046
	BPSK	1/2	(240,224)	64.512	2.585
	BPSK	3/4	(240,176)	76.032	3.034
	BPSK	3/4	(240,224)	96.768	3.843
	QPSK	1/2	(240,176)	101.376	4.023
	QPSK	1/2	(240,224)	129.024	5.101
	QPSK	3/4	(240,176)	152.064	6.000
	QPSK	3/4	(240,224)	193.536	7.617
	16QAM	1/2	(240,176)	202.752	7.976
	16QAM	1/2	(240,224)	258.048	10.133
	16QAM	3/4	(240,176)	304.128	11.930
	16QAM	3/4	(240,224)	387.072	15.165
	16QAM	3/4	(240,240)	414.720	16.243
$B_f = 2\text{MHz}$	BPSK	1/2	(240,176)	10.14	0.409
	BPSK	1/2	(240,224)	12.90	0.517
	BPSK	3/4	(240,176)	15.21	0.607
	BPSK	3/4	(240,224)	19.35	0.768
	QPSK	1/2	(240,176)	20.28	0.805
	QPSK	1/2	(240,224)	25.80	1.020
	QPSK	3/4	(240,176)	30.41	1.200
	QPSK	3/4	(240,224)	38.71	1.524
	16QAM	1/2	(240,176)	40.55	1.595
	16QAM	1/2	(240,224)	51.61	2.027
	16QAM	3/4	(240,176)	60.83	2.386
	16QAM	3/4	(240,224)	77.41	3.033
	16QAM	3/4	(240,240)	82.94	3.248

3.3.2 物理层帧结构

1．传输帧结构

图 3-10 给出了 CMMB 系统的基于时隙的传输帧结构。传输帧的时间长度为 1s，共包含 40 个时隙（编号 0～39）。每个时隙的长度为 25ms，由 1 个信标和 53 个 OFDM 符号（编号 0～52）组成。

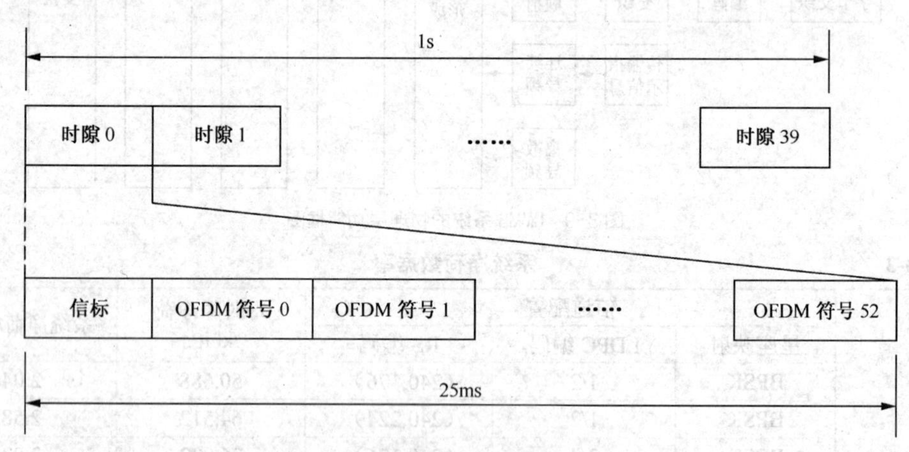

图 3-10 基于时隙划分的传输帧结构

2．信标

为了实现系统的快速捕获，CMMB 系统采用了信标技术。信标结构如图 3-11 所示，包括发射机标识信号（TxID）以及 2 个相同的同步信号。其中，发射机标识信号专为系统测量设备而设计，不用于普通的接收终端。

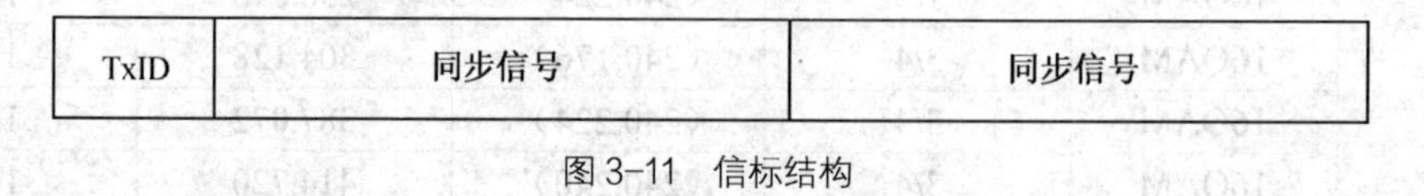

图 3-11 信标结构

（1）发射机标识信号。

发射机标识信号 $S_{ID}(t)$ 为频带受限的伪随机信号，用于标识不同发射机。$S_{ID}(t)$ 长度记为 T_{ID}，取值为 36.0μs。发射机标识信号表达式为

$$S_{ID}(t)=\frac{1}{N_{ID}}\sum_{i=0}^{N_{ID}-1}X_{ID}(i)e^{j2\pi i(\Delta f)_{ID}(t-T_{IDCP})},\quad 0\leqslant t\leqslant T_{ID} \tag{3-25}$$

式中：

N_{ID}——发射机标识信号的子载波数；

$X_{ID}(i)$——承载发射机标识序列的 BPSK 调制信号；

$(\Delta f)_{ID}$——发射机标识信号的子载波间隔，取值为 39.0625kHz；

T_{IDCP}——发射机标识信号的循环前缀长度，取值为 10.4μs。

发射机标识信号的子载波数 N_{ID} 根据不同物理层射频带宽（B_f）取不同的值。当射频带

宽为 8MHz 时，N_{ID} 取 256，当射频带宽为 2MHz 时，N_{ID} 取 64。

承载发射机标识序列的 BPSK 调制信号 $X_{ID}(i)$ 由发射机标识序列 $TxID(k)$ 映射产生，映射方式见式（3-26）和式（3-27）。

当 $B_f = 8\text{MHz}$ 时：

$$X_{ID}(i)=\begin{cases}1-2\times TxID(i-1), & 1\leqslant i\leqslant 95\\ 0, & i=0 \text{ 或 } 96\leqslant i\leqslant 159\\ 1-2\times TxID(i-65), & 160\leqslant i\leqslant 255\end{cases} \tag{3-26}$$

当 $B_f = 2\text{MHz}$ 时：

$$X_{ID}(i)=\begin{cases}1-2\times TxID(i-1), & 1\leqslant i\leqslant 18\\ 0, & i=0 \text{ 或 } 19\leqslant i\leqslant 44\\ 1-2\times TxID(i-27), & 45\leqslant i\leqslant 63\end{cases} \tag{3-27}$$

发射机标识序列 $TxID(k)$ 为长度为 191 比特（$B_f = 8\text{MHz}$）或 37 比特（$B_f = 2\text{MHz}$）的伪随机序列，其定义请见 GY/T 220.1—2006 标准附录 A 中的表 A1。

（2）同步信号。

同步信号 $S_b(t)$ 为频带受限的伪随机信号，长度记为 T_b，取值为 $204.8\mu s$。同步信号的表达式由式（3-28）定义。

$$S_b(t)=\frac{1}{N_b}\sum_{i=0}^{N_b-1}X_b(i)e^{j2\pi i(\Delta f)_b t},\quad 0\leqslant t\leqslant T_b \tag{3-28}$$

式中：

N_b——同步信号的子载波数；

$X_b(i)$——承载二进制伪随机序列 $PN_b(k)$ 的 BPSK 调制信号；

$(\Delta f)_b$——同步信号的子载波间隔，取值为 4.8828125kHz。

同步信号的子载波数 N_b 根据物理层带宽（B_f）的不同，分别取 2048（$B_f = 8\text{MHz}$）或 512（$B_f = 2\text{MHz}$）。

承载二进制伪随机序列 $PN_b(k)$ 的 BPSK 调制信号 $X_b(i)$ 由 $PN_b(k)$ 映射产生，映射方式见式（3-29）和式（3-30）。

当 $B_f = 8\text{MHz}$ 时：

$$X_b(i)=\begin{cases}1-2\times PN_b(i-1), & 1\leqslant i\leqslant 768\\ 0, & i=0 \text{ 或 } 769\leqslant i\leqslant 1279\\ 1-2\times PN_b(i-512), & 1280\leqslant i\leqslant 2047\end{cases} \tag{3-29}$$

当 $B_f = 2\text{MHz}$ 时：

$$X_b(i)=\begin{cases}1-2\times PN_b(i-1), & 1\leqslant i\leqslant 157\\ 0, & i=0 \text{ 或 } 158\leqslant i\leqslant 354\\ 1-2\times PN_b(i-198), & 355\leqslant i\leqslant 511\end{cases} \tag{3-30}$$

二进制伪随机序列 $PN_b(k)$ 由图 3-12 所示的线性反馈移位寄存器产生，生成多项式为 $x^{11}+x^9+1$。移位寄存器初始值对每个同步信号均相同，为 01110101101。

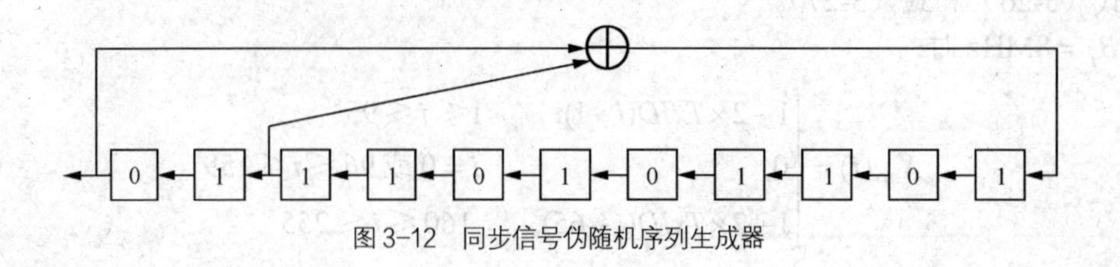

图 3-12　同步信号伪随机序列生成器

3．OFDM 符号

OFDM 符号由循环前缀（CP）和 OFDM 数据体构成，如图 3-13 所示。OFDM 数据体长度（T_U）为 409.6μs，循环前缀长度（T_{CP}）为 51.2μs，是由 51.2μs 时间内尾部的 OFDM 数据体复制的。整个 OFDM 符号长度 $T_S = T_{CP} + T_U = 460.8\mu s$。

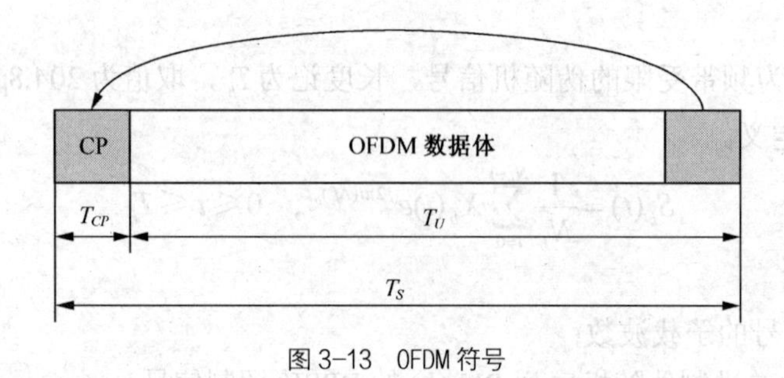

图 3-13　OFDM 符号

4．保护间隔

发射机标识信号、同步信号和相邻 OFDM 符号之间，通过保护间隔（GI）相互交叠，保护间隔的长度（T_{GI}）为 2.4μs。相邻符号经过窗函数 $w(t)$ 加权后，前一个符号的尾部 GI 与后一个符号的头部 GI 相互叠加，叠加方式如图 3-14 所示。窗函数 $w(t)$ 定义见式（3-31）。

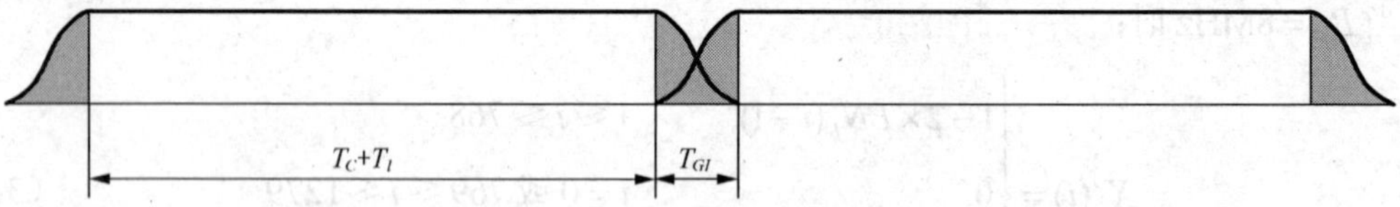

T_C+T_1　T_{GI}

图 3-14　保护间隔的交叠

$$w(t)=\begin{cases}0.5+0.5\cos(\pi+\pi t/T_{GI}), & 0\leqslant t\leqslant T_{GI}\\ 1, & T_{GI}<t<(T_0+T_1)+T_{GI}\\ 0.5+0.5\cos(\pi+\pi(T_0+T-t)/T_{GI}), & (T_0+T_1)+T_{GI}\leqslant t\leqslant (T_0+T_1)+2T_{GI}\end{cases} \tag{3-31}$$

式中：T_0 为数据体长度；T_1 为循环前缀长度，它们的取值见表 3-4。

表 3-4　　T_0 和 T_1 取值

信号	T_0/μs	T_1/μs
发射机标识信号	25.6	10.4
同步信号	409.6	0
OFDM 符号	409.6	51.2

保护间隔信号的选取方式如图 3-15 所示。

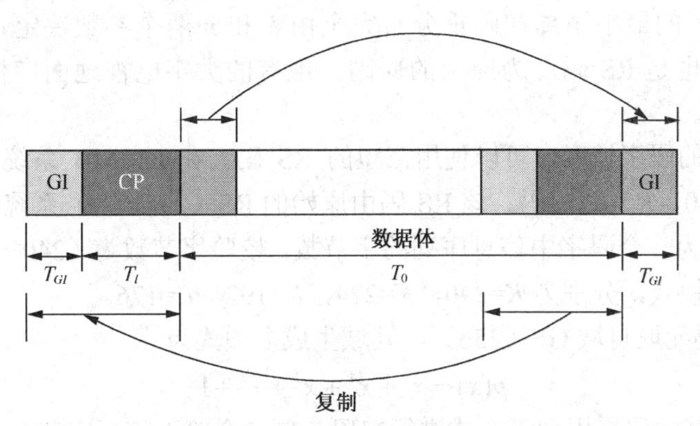

图 3-15　保护间隔信号的选取方式

3.4　广播信道传输技术

3.4.1　RS 编码和字节交织

1. RS 编码

1960 年，美国麻省理工学院的 Reed 和 Solomon 发表了“Polynomial Codes over Certain Finite Fields”一文，构造出一类纠错能力很强的多进制 BCH 码，这就是 RS（Reed-Solomon，里德－所罗门）码。

与二进制 BCH 码相比，RS 码不仅是生成多项式的根取自 $GF(2^m)$ 域，其码元符号也取自 $GF(2^m)$ 域。也就是说，RS 码与二进制 BCH 码的区别是：前者以符号为单位进行处理，后者则是对每个比特进行处理。RS 编码这样做的好处是便于处理大量的数据。一般情况下，在一个 RS（n，k）码中，输入数据分成每 km bit 为一组，每组包括 k 个符号，每个符号由 m bit 组成。

一个纠 t 个符号错误的 RS 码有如下参数。

- 码长：$n=(2^m-1)$ 符号，即 $m(2^m-1)$ bit。
- 信息字段：k 符号，即 mk bit。
- 监督字段：$r=n-k=2t$ 符号，即 m（$n-k$）bit。
- 最小码距：$d_{\min}=(2t+1)$ 符号，即 $m(2t+1)$bit。

例如，设 m =8，则 $n=2^m-1=2^8-1=255$，若使 RS 码纠正 16 个符号（128 bit）的错误，即 t=16，则

$$r=2t=32$$
$$k=n-r=255-32=223$$

编码效率为

$$R_C = \frac{k}{n} = \frac{223}{255} \approx \frac{7}{8}$$

由于分组码的 Singleton 限为：$d_{min} \leqslant n-k+1$，因此从这个意义上说，RS 码是一个极大最小距离码。也即是说，对于给定的（n，k）分组码，没有其他码能比 RS 码的最小距离更大。RS 码是 Singleton 限下的最佳码。这充分说明 RS 码的纠错能力很强。RS 码不仅有很强的纠正随机误码的能力，还非常适合于纠正突发误码。除了纠错能力强的优点外，一个 RS（n，k）码的最小距离和码重分布完全由 k 和 n 两个参数决定，非常便于根据指标设计 RS 码，这也是 RS 码广为应用的原因。现有的数字电视地面广播国际标准也都选用 RS 码作为外码。

为了适应不同的码字长度，可以使用截短的 RS 码。在 CMMB 系统中，采用了码长为 240 字节的 RS（240，K）截短码。该 RS 码由原始的 RS（255，M）系统码通过截短产生，其中 M=K＋15。K 为一个码字中信息序列的字节数，校验字节数为（240－K）。RS（240，K）码提供了 4 种工作模式，分别为 K=240，K=224，K=192，K=176。

RS 码的每个码元取自域 GF（256），其域生成多项式为

$$p(x) = x^8 + x^4 + x^3 + x^2 + 1 \tag{3-32}$$

RS（240，K）截短码采用如下方式进行编码：在 K 个输入信息字节 $(m_0, m_1, \cdots, m_{K-2}, m_{K-1})$ 前添加 15 个全“0”字节，形成 RS（255，M）系统码的输入序列 $(0,0,\cdots,0,m_0,m_1,\cdots,m_{K-2},m_{K-1})$，编码后生成码字 $(0,0,\cdots,0,m_0,m_1,\cdots,m_{K-2},m_{K-1},p_0,p_1,\cdots,p_{255-M-1})$，再从码字中删去添加的 15 个全“0”字节，即得到 RS（240，K）截短码码字 $(m_0,m_1,\cdots,m_{K-2},m_{K-1},p_0,p_1,\cdots,p_{255-M-1})$。

2．交织技术

由于卫星传输信道存在突发误码，因此这种突发的成串误码可能使一个纠错码码字内的误码数目超过其纠错能力。为此，有必要将突发误码随机化分散，尽可能使每一纠错码码字内的误码数目都在能纠错的范围内。这种将突发误码随机化分散的操作称为交织。

数据交织技术是通过改变数据传输顺序的方法，使信道的突发成串误码在接收端去交织后成为分散的随机误码。发送端的交织器和接收端的去交织器都是置于内、外编码器之间的，即交织器置于外编码器之后，而去交织器在外译码器之前。

数据交织可以按比特交织，也可以按字节（符号）交织。在 CMMB 系统中，外编码器采用了 RS 编码器。而 RS 编码是基于信息符号的，也就是说，RS 码字是由信息符号和监督符号构成的，因此 CMMB 系统信道编码中的外交织器是按字节（符号）进行交织的。

RS 编码和字节交织按照按列输入和输出，按行编码的方式进行。字节交织器为块交织器，结构如图 3-16 所示。字节交织器的列数固定为 240，与 RS 码的码长相同，交织深度由行数 M_I 确定。字节交织器按列划分为信息区（图 3-16 左边阴影区）和校验区（图 3-16 右边非阴影区）。字节交织器分区与 RS 码适配。采用 RS（240，K）码时，字节交织器的第 0 列至第（K–1）列存放信息字节，按行进行 RS 编码。字节交织器中的每个字节由其在交织器中的坐标表示，例如位于交织器中第 s 行第 t 列的字节记为 $B_{s,t}$。

上层数据流输入字节交织器的方式是：二进制比特流按照低位优先的方式划分为字节，逐字节按列填充至字节交织器，字节交织器填充的列序号由0至（K−1）升序排列。填充第k列时，首先填充$B_{0,k}$字节，依次填充直至$B_{M_I-1,k}$字节，第k列填充完成，下一字节填充至第$k+1$列的第0字节，直至第（K−1）列的第(M_I-1)个字节。

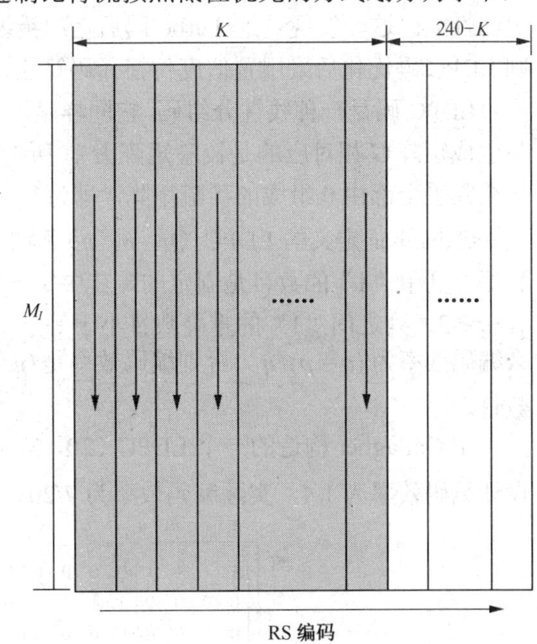

图3-16 字节交织器与RS（240，K）编码

在字节交织器的第r行中$(0\leqslant r\leqslant M_I-1)$，信息区组成一个长度为$K$的信息序列$(B_{r,0},B_{r,1},\cdots,B_{r,K-1})$，作为RS（240，$K$）码的输入。RS（240，$K$）码的输出码字为$(B_{r,0},B_{r,1},\cdots,B_{r,K-1},p_{r,0},p_{r,1},\cdots,p_{r,239-K})$，其中$(p_{r,0},p_{r,1},\cdots,p_{r,239-K})$为（240-$K$）个校验字节。校验字节$p_{r,i}$ $(0\leqslant i\leqslant 239-K)$填充至字节交织器的$B_{r,K}\sim B_{r,239}$。

字节交织器按列顺序输出。首先输出第0列数据，直至输出第239列数据。输出第k列数据时$(0\leqslant k\leqslant 239)$，依次输出$B_{0,k}$，$B_{1,k}$，…，$B_{M_I-1,k}$字节。字节交织器中的全部$(M_I\times 240)$个字节映射在整数个完整时隙上发送，其中字节交织器的$B_{0,0}$字节总是在时隙的起始点发送。

字节交织器包括3种模式，每种模式下M_I取值规则见表3-5。其中，当带宽$B_f=2\text{MHz}$时，交织模式由星座映射和LDPC码率决定：交织模式1仅用于BPSK星座映射；交织模式2仅用于QPSK星座映射；交织模式3仅用于16QAM星座映射。

表3-5　　字节交织器交织深度M_I的取值

带　宽	交织模式	LDPC码的码率为1/2	LDPC码的码率为3/4
8MHz	交织模式1	M_I=72	M_I=108
	交织模式2	M_I=144	M_I=216
	交织模式3	M_I=288	M_I=432
2MHz	交织模式1	M_I=36	M_I=54
	交织模式2	M_I=72	M_I=108
	交织模式3	M_I=144	M_I=216

3.4.2 LDPC编码

低密度校验码（Low Density Parity Check，LDPC）是Gallager早在1962年提出的一种基于稀疏校验矩阵的线性码。Gallager证明了LDPC是一种最小距离次最优的好码，并提出了一种基于概率的译码算法。但在很长的一段时间里，LDPC码并未受到人们的重视。直到1993年Berrou提出了Turbo码后，人们研究发现Turbo码其实就是一种LDPC码，这样LDPC码又重新引起了人们的研究兴趣。1996年，MacKay和Neal的研究表明，在结合基于置信度传播（Belief Propagation）的迭代译码算法的条件下，LDPC 同样具有逼近香农（Shannon）限的性能。这一发现是继 Turbo 码后在纠错编码领域又一重大进展。最近的研究表明，非规则 LDPC 码优化后采用置信度传播译码算法，甚至可以得到比 Turbo 码更好的性能。

LDPC 码是一种线性分组码，它同样是用一个生成矩阵 $\boldsymbol{G}$ 将待传输的信息元转换为码字。与生成矩阵 $\boldsymbol{G}$ 相对应的是校验矩阵 $\boldsymbol{H}$ 。所谓低密度校验的含义是：LDPC 的校验矩阵 $\boldsymbol{H}$ 是一个几乎全部由 0 组成的稀疏矩阵，即每行和每列中“1”的数目都很少。

Gallagher 定义的 LDPC（n，p，q）码是码长为 n 的码字，在其校验矩阵 $\boldsymbol{H}$ 中，每一行和每一列中“1”的数目是固定的，其中每一列中“1”的个数是 p，每一行中“1”的个数是 q，$q\geqslant 3$，列之间“1”的重叠数目小于等于 1。如果校验矩阵 $\boldsymbol{H}$ 的每一行是线性独立的，那么编码效率为 $(q-p)/q$ ，否则编码效率是 $(q-p')/q$ ，其中 p' 是校验矩阵 $\boldsymbol{H}$ 中行线性独立的数目。

由 Gallagher 构造的一个 LDPC（20，3，4）码的校验矩阵如图 3-17 所示，它的 $d_{\min}=6$ ，设计编码效率为 1/4，实际编码效率为 7/20。

$n_1\ n_2\ n_3\ n_4 \cdots\cdots n_{20}$

$$
\begin{matrix} m_1 \\ m_2 \\ m_3 \\ m_4 \\ m_5 \\ \cdots \\ \cdots \\ \cdots \\ \cdots \\ \cdots \\ \cdots \\ \cdots \\ \cdots \\ \cdots \\ m_{15} \end{matrix}
\begin{bmatrix}
1&1&1&1&0&0&0&0&0&0&0&0&0&0&0&0&0&0&0&0\\
0&0&0&0&1&1&1&1&0&0&0&0&0&0&0&0&0&0&0&0\\
0&0&0&0&0&0&0&0&1&1&1&1&0&0&0&0&0&0&0&0\\
0&0&0&0&0&0&0&0&0&0&0&0&1&1&1&1&0&0&0&0\\
0&0&0&0&0&0&0&0&0&0&0&0&0&0&0&0&1&1&1&1\\
1&0&0&0&1&0&0&0&1&0&0&0&1&0&0&0&0&0&0&0\\
0&1&0&0&0&1&0&0&0&1&0&0&0&0&0&0&1&0&0&0\\
0&0&1&0&0&0&1&0&0&0&0&0&0&1&0&0&0&1&0&0\\
0&0&0&1&0&0&0&0&0&0&1&0&0&0&1&0&0&0&1&0\\
0&0&0&0&0&0&0&1&0&0&0&1&0&0&0&1&0&0&0&1\\
1&0&0&0&0&1&0&0&0&0&0&1&0&0&0&0&0&1&0&0\\
0&1&0&0&0&0&1&0&0&0&1&0&0&0&0&1&0&0&0&0\\
0&0&1&0&0&0&0&1&0&0&0&0&1&0&0&0&0&0&1&0\\
0&0&0&1&0&0&0&0&1&0&0&0&0&1&0&0&1&0&0&0\\
0&0&0&0&1&0&0&0&0&1&0&0&0&0&1&0&0&0&0&1
\end{bmatrix}
$$

图 3-17 LDPC（20，3，4）码的校验矩阵

这种校验矩阵每行和每列中“1”的数目固定的 LDPC 码，称为规则 LDPC 码（Regular LDPC code），由规则 LDPC 码的校验矩阵 $\boldsymbol{H}$ 得到如图 3-18 所示的 Tanner 双向图。在 Tanner

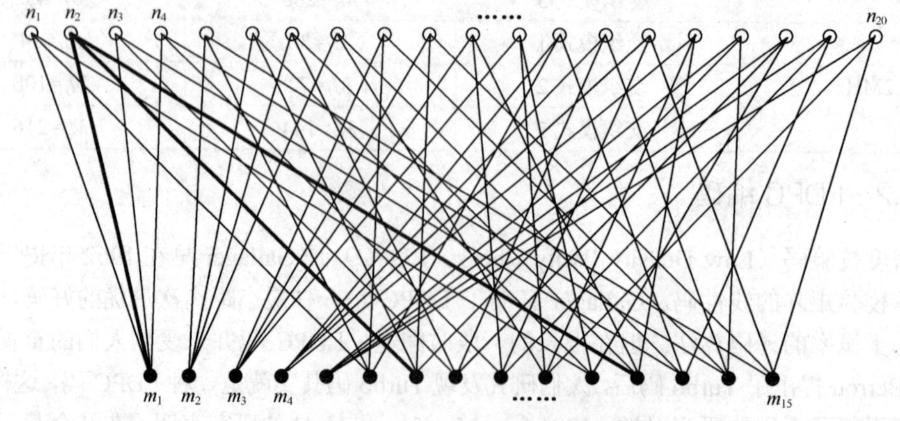

图 3-18 LDPC（20，3，4）码的 Tanner 双向图

双向图的上方每一个节点代表的是信息位，下方代表的是校验约束节点。把某列 n_i 与该列中非零处的 m_j 相连，例如对于 n_2 列，这列中3个“1”分别对应于 m_1、m_7 和 m_{12} 行，这样就把 n_2 与 m_1、m_7 和 m_{12} 连接起来。从行的角度考虑，把某一行 m_j 中非零点处的 n_i 相连，得到同一个双向图。在规则LDPC码中，与每个信息节点相连边的数目是相同的，校验节点也具有相同的特点。与这两种节点相连的线的数目称为该节点的度。在译码端，把与某一个校验节点 m_j 相连的 n_i 求和，结果若为0，则无错误发生。

与规则LDPC码相对应的是非规则LDPC码（Irregular LDPC code），其校验矩阵 $\boldsymbol{H}$ 中每行中“1”的个数不同，每列中“1”的个数也不一样。其编码方法与规则LDPC码基本相同，非规则双向图中信息节点之间、校验节点之间的度有可能不同。因此，对于非规则图构造的LDPC码，它的校验矩阵 $\boldsymbol{H}$ 的列重量不相同，是一个变化的值，这是非规则码与规则码之间的主要区别。研究表明，非规则码的译码性能要好于规则码。

经过RS编码和字节交织的传输数据按照低位优先发送的原则将每字节映射为8位比特流，送入LDPC编码器。字节交织器的 $B_{0,0}$ 字节的最低位映射在LDPC输入比特块的第一个比特。CMMB系统采用了自主研发的LDPC码，支持1/2和3/4两种码率。LDPC码的配置参数见表3-6。

表3-6　LDPC码的配置参数

码率	信息位长度	码字长度
1/2	4608 bit	9216 bit
3/4	6912 bit	9216 bit

LDPC输出码字 $\boldsymbol{C}=\{c_0,c_1,\cdots,c_{9215}\}$ 由输入信息比特 $\boldsymbol{S}=\{s_0,s_1,\cdots,s_{K-1}\}$ 和校验比特 $\boldsymbol{P}=\{p_0,p_1,\cdots,p_{9215-K}\}$ 构成，见式（3-33）。

$$c_{COL\_ORDER(i)}=\begin{cases} p_i & 0\leqslant i\leqslant 9215-K \\ s_{i+K-9216} & 9216-K\leqslant i\leqslant 9215 \end{cases} \tag{3-33}$$

式（3-33）中，$COL\_ORDER(i)$ 为码字比特映射向量，定义详见GY/T 220.1—2006标准附录C；K 为LDPC码信息比特长度，取值见表3-6。

LDPC编码的校验比特 $\boldsymbol{P}=\{p_0,p_1,\cdots,p_{9215-K}\}$ 根据校验矩阵 $\boldsymbol{H}$ 求解如下方程得出：

$$\boldsymbol{H}\times\boldsymbol{C}^{\mathrm{T}}=\boldsymbol{0} \tag{3-34}$$

式中，$\boldsymbol{0}$ 为 $(9216-K)$ 行1列的全0列矢量；$\boldsymbol{H}$ 为LDPC奇偶校验矩阵，定义详见GY/T 220.1—2006标准附录D。

3.4.3　比特交织

CMMB系统采用了比特交织作为内交织。LDPC编码后的比特输入到比特交织器进行交织。比特交织器采用 $M_b\times I_b$ 的块交织器，M_b 和 I_b 的取值见表3-7。

表3-7　比特交织器参数取值

带宽	M_b	I_b
8MHz	384	360
2MHz	192	144

LDPC 编码后的二进制序列按照从上到下的顺序依次写入块交织器的每一行，直至填满整个交织器，再从左到右按列依次读出，如图 3-19 所示。比特交织器的输出与时隙同步，即时隙中传送的第一个比特始终定义为比特交织器输出的第一个比特。

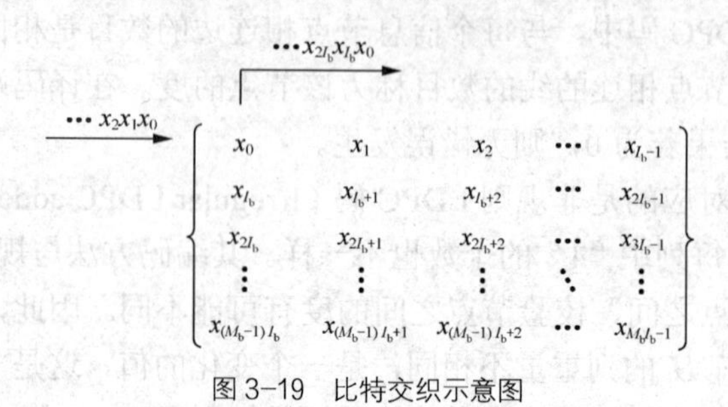

图 3-19　比特交织示意图

3.4.4　星座映射

经过比特交织后的比特流 $b_0\ b_1\ b_2\cdots$ 要映射为符号流发送。各种符号映射加入功率归一化因子，使各种符号映射的平均功率趋向一致。CMMB 系统支持 BPSK、QPSK 和 16QAM 3 种星座映射方案，可灵活地适应不同的传输速率需求。

1. BPSK

BPSK 映射每次将 1 个输入比特 $\left(b_i, i=0,1,2,\cdots\right)$ 映射为 I 值和 Q 值，映射方式如图 3-20 所示，星座图中已经包括了功率归一化因子。

2. QPSK

QPSK 映射每次将 2 个输入比特 $\left(b_{2i}b_{2i+1}, i=0,1,2,\cdots\right)$ 分别映射为 I 值和 Q 值，映射方式如图 3-21 所示，星座图中已经包括了功率归一化因子。

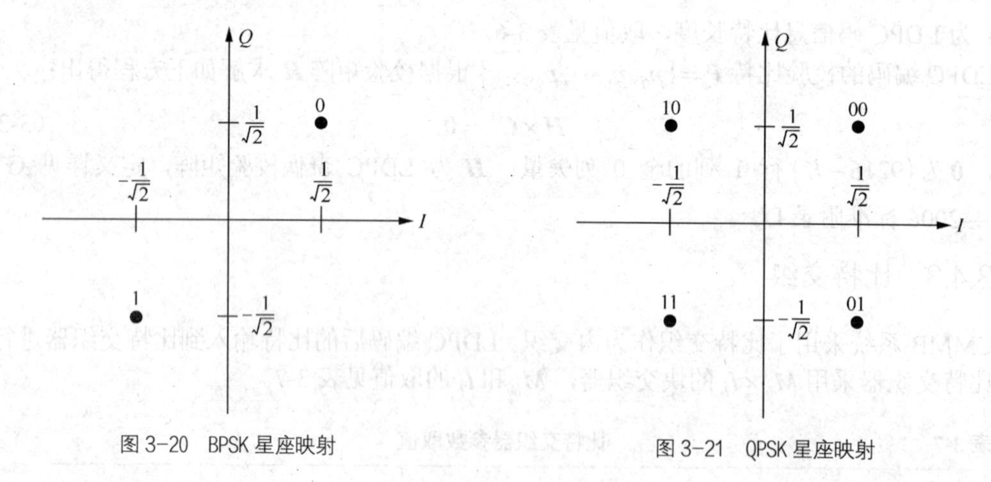

图 3-20　BPSK 星座映射　　图 3-21　QPSK 星座映射

3. 16QAM

16QAM 映射每次将 4 个输入比特 $\left(b_{4i}b_{4i+1}b_{4i+2}b_{4i+3}, i=0,1,2,\cdots\right)$ 映射为 I 值和 Q 值，映射方式如图 3-22 所示，星座图中已经包括了功率归一化因子。

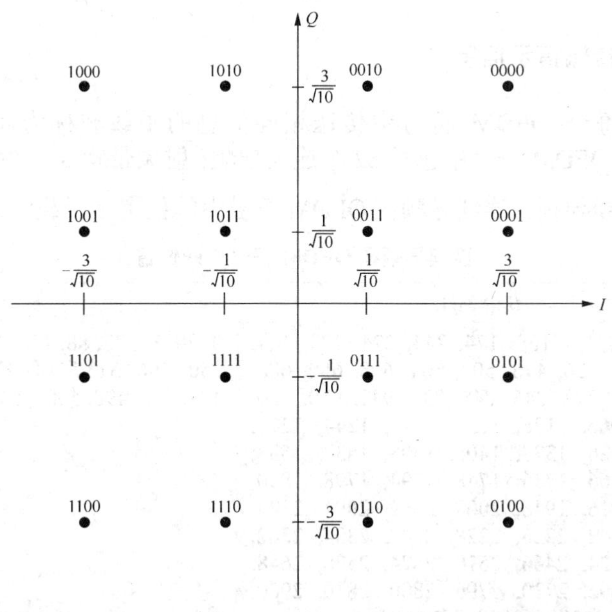

图 3-22 16QAM 星座映射

3.4.5 频域 OFDM 符号形成

CMMB 是多载波系统，其中若干载波用作导频，大量的载波用来传送数据（称为数据子载波）。将数据子载波与离散导频、连续导频复接在一起，组成 OFDM 频域符号。每个 OFDM 符号包括 N_V 个有效子载波，当选取的带宽为 8MHz 时，N_V 取值为 3076；当选取的带宽为 2MHz 时，N_V 取值为 628。

记每个时隙中第 n 个 OFDM 符号上的第 i 个有效子载波为 $\boldsymbol{X}_n(i)$，$i=0,1,\cdots,N_V-1$；$0\leqslant n\leqslant 52$。OFDM 符号的有效子载波分配为数据子载波、离散导频和连续导频，分配方式如图 3-23 所示。

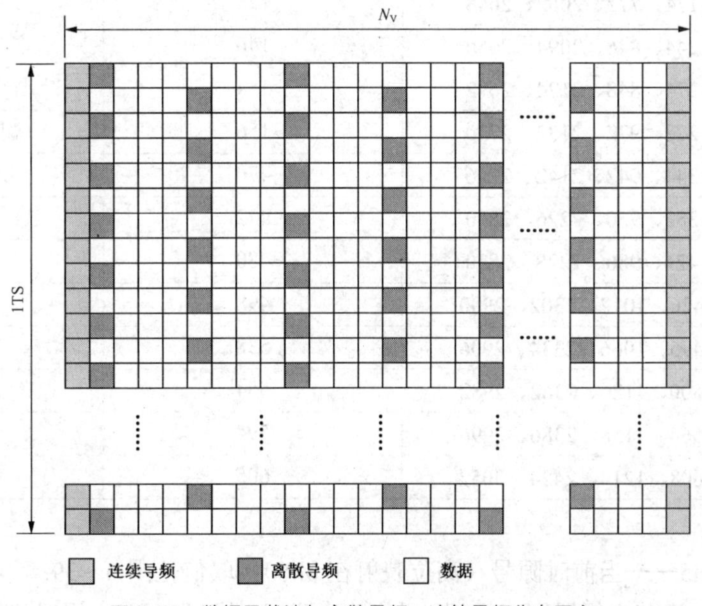

图 3-23 数据子载波与离散导频、连续导频分布图案

1．连续导频和传输指示信息

在同一时隙的每个 OFDM 符号中传送相同信息的子载波称为连续导频。射频带宽 $B_f = 8\text{MHz}$ 时，每个 OFDM 符号中包括 82 个连续导频；射频带宽 $B_f = 2\text{MHz}$ 时，每个 OFDM 符号中包括 28 个连续导频。连续导频在 OFDM 符号中的位置（子载波编号）见表 3-8。

表 3-8　连续导频在 OFDM 符号中的位置

	B_f=8MHz	B_f=2MHz
连续导频	0, 22, 78, 92, 168, 174, 244, 274, 278, 344, 382, 424, 426, 496, 500, 564, 608, 650, 688, 712, 740, 772, 846, 848, 932, 942, 950, 980, 1012, 1066, 1126, 1158, 1214, 1244, 1276, 1280, 1326, 1378, 1408, 1508, 1537, 1538, 1566, 1666, 1736, 1748, 1794, 1798, 1830, 1860, 1916, 1948, 2008, 2062, 2094, 2124, 2132, 2142, 2226, 2228, 2302, 2334, 2362, 2386, 2424, 2466, 2510, 2574, 2578, 2648, 2650, 2692, 2730, 2796, 2800, 2830, 2900, 2906, 2982, 2996, 3052, 3075	0, 20, 32, 72, 88, 128, 146, 154, 156, 216, 220, 250, 296, 313, 314, 330, 388, 406, 410, 470, 472, 480, 498, 538, 554, 594, 606, 627

每个连续导频采用 BPSK 调制方式传送 1bit 信息。其中，部分连续导频（位置见表 3-9）用于传送 16bit 传输指示信息，其余连续导频传送固定比特“0”。

表 3-9　用于传输指示信息的连续导频

比特	B_f=8MHz	B_f=2MHz	指示信息
0	22、650、1860、2466	20	时隙号
1	78、688、1916、2510	32	时隙号
2	92、712、1948、2574	72	时隙号
3	168、740、2008、2578	88	时隙号
4	174、772、2062、2648	128	时隙号
5	244、846、2094、2650	146	时隙号
6	274、848、2124、2692	154	字节交织器同步标识
7	278、932、2132、2730	156	配置变更指示
8	344、942、2142、2796	470	保留
9	382、950、2226、2800	472	保留
10	424、980、2228、2830	480	保留
11	426、1012、2302、2900	498	保留
12	496、1066、2334、2906	538	保留
13	500、1126、2362、2982	554	保留
14	564、1158、2386、2996	594	保留
15	608、1214、2424、3052	605	保留

表 3-9 中：

- bit0～bit5——当前时隙号（高位映射在 bit0），取值范围 0～39；
- bit 6——字节交织器同步标识，为 1 时标识本时隙为字节交织器起始时隙；

- bit 7——配置变更指示，采用差分调制的方式指示终端广播信道物理层配置参数变更。差分方式如下：假设上一帧 bit 7 传送的是 a（0 或者 1），而物理层配置将在下一帧发生变更，则在本帧中传送 a 并保持下去，直到下次变更的前一帧；
- bit 8～bit 15——保留。

2．离散导频

离散导频发送已知符号 $1+0\text{j}$。每个时隙中第 n 个 OFDM 符号中离散导频对应的有效子载波编号 m 取值规则见式（3-35）和式（3-36）。

当 $B_f=8\text{MHz}$ 时：

$$\begin{aligned}&\text{if}\quad \bmod(n,2)=0\\&\qquad m=\begin{cases}8p+1, & p=0,1,2,\cdots,191\\8p+3, & p=192,193,194,\cdots,383\end{cases}\\&\text{if}\quad \bmod(n,2)=1\\&\qquad m=\begin{cases}8p+5, & p=0,1,2,\cdots,191\\8p+7, & p=192,193,194,\cdots,383\end{cases}\end{aligned}\tag{3-35}$$

当 $B_f=2\text{MHz}$ 时：

$$\begin{aligned}&\text{if}\quad \bmod(n,2)=0\\&\qquad m=\begin{cases}8p+1, & p=0,1,2,\cdots,38\\8p+3, & p=39,40,41,\cdots,77\end{cases}\\&\text{if}\quad \bmod(n,2)=1\\&\qquad m=\begin{cases}8p+5, & p=0,1,2,\cdots,38\\8p+7, & p=39,40,41,\cdots,77\end{cases}\end{aligned}\tag{3-36}$$

3．数据子载波

每个 OFDM 符号的有效子载波中除离散导频和连续导频外的子载波为数据子载波。$B_f=8\text{MHz}$ 时，每个时隙中共有 138330 个数据子载波，其中前 138240 个数据子载波用于承载星座映射后的数据符号，最后 90 个数据子载波填充 $0+0\text{j}$。$B_f=2\text{MHz}$ 时，每个时隙中共有 27666 个数据子载波，其中前 27648 个子载波用于承载星座映射后的数据符号，最后 18 个数据子载波填充 $0+0\text{j}$。

3.4.6　扰码

分配到所有有效子载波（包括数据子载波、离散导频和连续导频等）上的数据符号，均由一个复伪随机序列 $P_c(i)$ 进行加扰。复伪随机序列 $P_c(i)$ 生成方式见式（3-37）。

$$P_c(i)=\frac{\sqrt{2}}{2}\left[\left(1-2S_i(i)\right)+j\left(1-2S_q(i)\right)\right]\tag{3-37}$$

式中：$S_i(i)$ 与 $S_q(i)$ 为二进制伪随机序列。$S_i(i)$ 和 $S_q(i)$ 由线性反馈移位寄存器产生，线性反馈移位寄存器结构如图 3-24 所示，对应生成多项式为 $x^{12}+x^{11}+x^{8}+x^{6}+1$。移位寄存器的初始值有 8 种不同选项，见表 3-10。

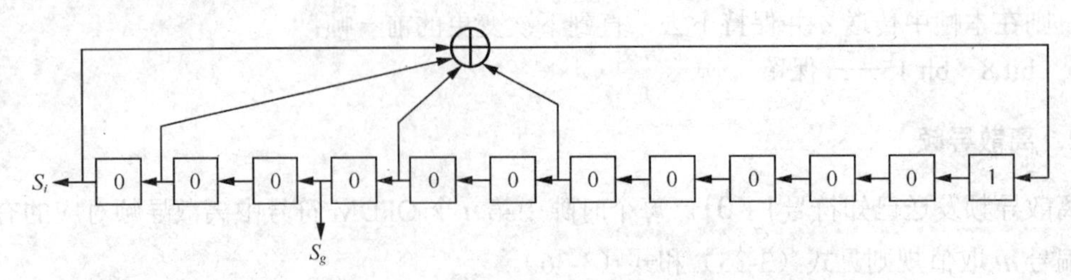

图 3-24 产生扰码的线性反馈移位寄存器

表 3-10 扰码移位寄存器初始值

选　项	初　始　值
0	0000 0000 0001
1	0000 1001 0011
2	0000 0100 1100
3	0010 1011 0011
4	0111 0100 0100
5	0000 0100 1100
6	0001 0110 1101
7	0010 1011 0011

图 3-24 中线性反馈移位寄存器在每个时隙开头重置，加扰通过将分配在所有有效子载波上的复符号和复伪随机序列 $P_c(i)$ 进行复数乘法实现，扰码方式见式（3-38）。

$$Y_n(i)=X_n(i)\times P_c(n\times N_V+i),\quad 0\leqslant i\leqslant N_V-1, 0\leqslant n\leqslant 52 \tag{3-38}$$

式中：$X_n(i)$ 为加扰前第 n 个 OFDM 符号中分配到第 i 个有效子载波上的数据符号；$Y_n(i)$ 为加扰后第 n 个 OFDM 符号中分配到第 i 个有效子载波上的数据符号。

3.4.7 OFDM 调制与成帧

1. OFDM 原理

在高速数据传输系统中，由于无线信道的多径效应所引起的频率选择性衰落是导致传输性能恶化的主要原因。克服频率选择性衰落的传统方法是在接收端采用均衡器或采用扩频调制加 RAKE 接收的方法。随着信息传输速率的进一步提高，以上方法在实现复杂度和性能方面都面临许多困难，加之数字集成电路技术的快速发展，多载波调制技术越来越受到研究者的关注。

正交频分复用（Orthogonal Frequency Division Multiplexing，OFDM）是当前应用最广的多载波调制技术，其基本思想是：首先，将要传输的高速串行基带数据流进行串/并变换，分成 N 路并行的低速数据流，并分别用 N 个子载波进行调制，然后将调制后的各路已调信号叠加在一起构成发送信号。OFDM 的基本原理框图如图 3-25 所示。

值得指出的是，在 OFDM 调制信号的形成过程中，信号不是以比特流的形式变换到每一子载波上的，而是以符号形式变换的。码流通过某种关系映射为符号，这种映射关系如BPSK、QPSK和16QAM等实际上是信号对每一子载波的真正调制方式。

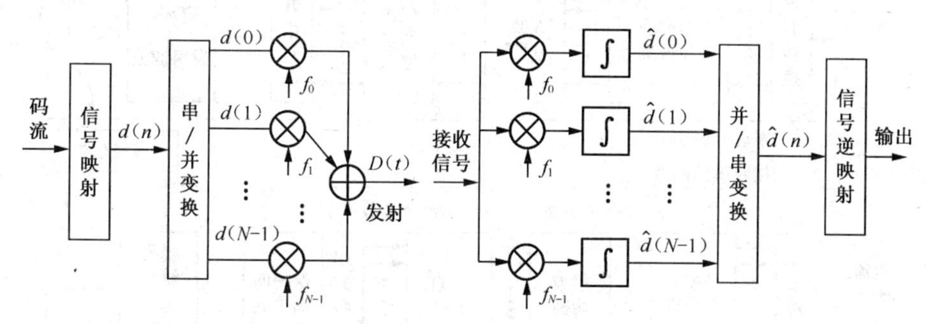

图3-25 OFDM基本原理

由于每路信号的频带都小于信道的相关带宽，这样对每一个子载波来说，信道的频率特性都是平坦的，因此可以有效降低频率选择性衰落对系统性能的影响，从而实现频率分集。值得注意的是，这里的已调信号叠加与传统的频分复用（FDM）不同。在传统的频分复用中，各个子载波上的信号频谱互不重叠，以便接收机能用滤波器将其分离、提取。而OFDM系统中的子载波数N很大，通常可达几百甚至几千，若采用传统的频分复用方法，则复用后信号频谱会很宽，这将降低频带利用率。因此，在OFDM系统中，各个子载波上的已调信号频谱是有部分重叠的，但其所选取的子载波间隔使得多载波调制信号在它们的符号周期内保持相互正交，因此，称为正交频分复用。

为保证接收端能从重叠的信号频谱中正确解调各个不同子载波上的信号，必须保证各个子载波上的调制信号在整个符号周期内相互正交，即任何两个不同子载波上的调制信号的乘积在整个符号周期内的平均值为零。实现正交的条件是各子载波间的最小间隔等于符号周期倒数（$1/T_s$）的整数倍。为了实现最大频谱效率，一般选取最小载波间隔等于符号周期的倒数。

可以证明，在理想信道和理想同步下，利用子载波在符号周期T_s内的正交性，接收端可以正确地恢复出每个子载波的发送信号，不会受到其他载波发送信号的影响。

由于串/并变换后，高速串行数据流变换成了低速数据流，所传输的符号周期增加到大于多径延时时间后，可有效消除多径干扰。

2. OFDM的实现

在OFDM系统中，子载波的数量通常可达几百甚至几千，因此需要几百甚至几千个既存在严格频率关系又有严格同步关系的调制器，图3-25所示的系统在现实中是无法应用的。1971年，Weinstein等人提出了一种用离散傅立叶变换（Discrete Fourier Transform，DFT）实现OFDM的方法，简化了系统实现，才使得OFDM技术得以实用化。

OFDM系统可以用如图3-26所示的等效形式来实现。其核心思想是将通常在载频实现的频分复用过程转化为一个基带的数字预处理，在实际应用中，DFT的实现一般可运用快速傅立叶变换（Fast Fourier Transform，FFT）算法。经过这种转化，OFDM系统在射频部分仍可采用传统的单载波模式，避免了子载波间的交调干扰和多路载波同步等复杂问题，在保持多载波优点的同时，使系统结构大大简化。

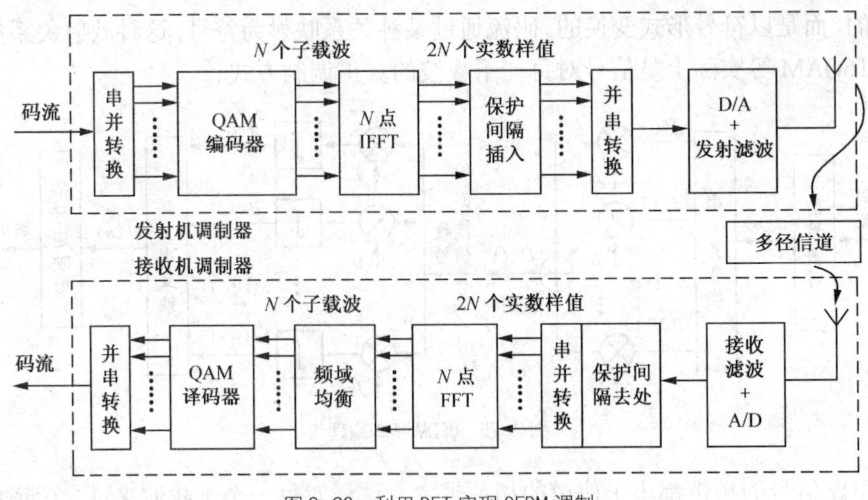

图 3-26 利用 DFT 实现 OFDM 调制

3. 保护间隔和循环前缀

相比于单载波调制系统，OFDM 技术的最大优势在于它可以有效地对抗多径时延扩展造成的频率选择性衰落。通过把输入的串行数据流并行分配到 N 个并行的子信道上，使得每个 OFDM 的符号周期可以扩大为原始数据符号周期的 N 倍，因此时延扩展与符号周期的比值也同样降低到原来的 $1/N$。这样就能在很大程度上减小频率选择性衰落造成的系统性能损失。在 OFDM 系统中，为了进一步消除符号间干扰，在每个 OFDM 符号之间要插入保护间隔（Guard Interval），该保护间隔的时间长度 T_g 一般要大于信道的最大时延扩展，这样，一个符号的多径分量就不会对下一个符号造成干扰。

理论上，在保护间隔内，即使不插入任何信号同样可以取得对抗多径时延扩展的作用。然而在这种情况下，由于多径信道的影响，子载波间的正交性会遭到破坏，产生子载波间串扰（Inter Carrier Interference，ICI），如图 3-27 所示。图 3-27 中给出了第 1 个子载波以及经过延时后的第 2 个子载波信号。可以看出在 FFT 运算周期内第 1 个子载波与经延时后的第 2 个子载波之间的周期数之差不再是整数，因此它们乘积的积分不再为零，从而不再满足正交性。此时如果接收端不采用特殊的算法，对第 1 个子载波进行解调时，第 2 个子载波就会对解调造成干扰，反之亦然。ICI 对于 OFDM 系统的性能有严重影响。

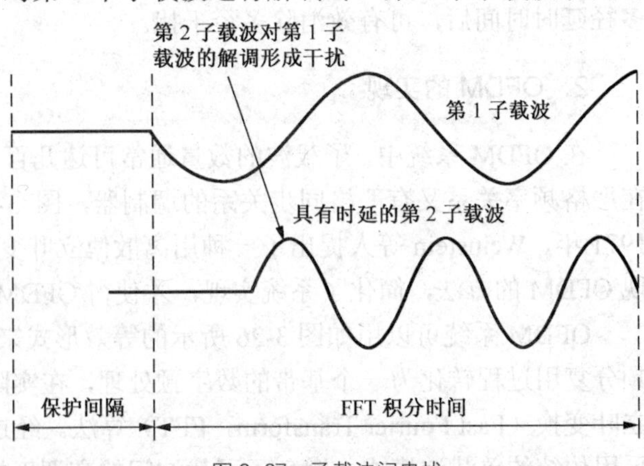

图 3-27 子载波间串扰

为了消除多径传播引起的符号间串扰（Inter Symbol Interference，ISI）并克服零保护间隔导致 ICI 的问题，一种有效的方法是将原来时间长度为 T_s 的 OFDM 符号进行周期扩展，用扩展信号来填充保护间隔。保护间隔内的持续时间为 T_g，其中的信号与 OFDM 符号尾部长度为 T_g 的部分相同，称为循环前缀（Cyclic Prefix，CP），如图 3-28 所示。

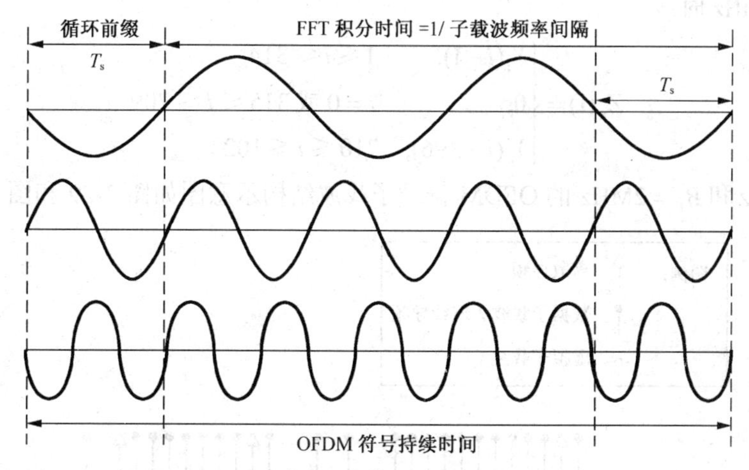

图 3-28　在保护间隔内填充循环前缀的 OFDM 信号

在实际系统中，OFDM 符号在送入信道之前要在保护间隔内填充循环前缀（CP），然后送入信道进行传输。在接收端，首先将接收符号头部长度为T_g的部分丢弃，然后将剩余的部分进行傅立叶变换，然后进行解调。由于循环前缀的引入，在多径时延小于保护间隔T_g的情况下，可以保证在一个 FFT 运算周期内子载波间信号的周期数之差仍然为整数，从而保证了子载波之间的正交性，这样，就不会产生 ICI。

4．CMMB 系统中的 OFDM 调制与成帧

插入导频并加扰后 OFDM 有效子载波$Y_n(i)$，$0 \leqslant i \leqslant (N_s-1)$通过逆傅立叶变换（Inverse Fourier Transform，IFT）映射为 OFDM 符号，映射方式见式（3-39）。

$$S_n(t)=\frac{1}{N_s}\sum_{i=0}^{N_s-1}Z_n(i)e^{j2\pi i(\Delta f)_s(t-T_{CP})},\quad 0 \leqslant t \leqslant T_s, 0 \leqslant n \leqslant 52 \tag{3-39}$$

式中：

$S_n(t)$——每个时隙中第n个 OFDM 符号；

N_s——OFDM 符号子载波数，在物理层带宽$B_f=8\text{MHz}$时，N_s取值为 4096，在$B_f=2\text{MHz}$时，N_s取值为 1024；

$Z_n(i)$——第n个 OFDM 符号的 IFT 输入信号；

$(\Delta f)_s$——OFDM 符号的子载波间隔，取值为 2.44140625kHz；

T_{CP}——OFDM 符号循环前缀长度，取值为 51.2μs；

T_s——OFDM 符号长度，取值为 460.8μs。

IFT 输入信号$Z_n(i)$与 OFDM 频域有效子载波$Y_n(i)$的映射关系见式（3-40）和式（3-41）。

当$B_f=8\text{MHz}$时：

$$Z_n(i)=\begin{cases}Y_n(i-1), & 1 \leqslant i \leqslant 1538\\ 0, & i=0 \text{ 或 } 1539 \leqslant i \leqslant 2557\\ Y_n(i-1020), & 2558 \leqslant i \leqslant 4095\end{cases} \tag{3-40}$$

当 $B_f = 2\text{MHz}$ 时：

$$Z_n(i) = \begin{cases} Y_n(i-1), & 1 \leqslant i \leqslant 314 \\ 0, & i = 0 \text{ 或 } 315 \leqslant i \leqslant 709 \\ Y_n(i-396), & 710 \leqslant i \leqslant 1023 \end{cases} \tag{3-41}$$

$B_f = 8\text{MHz}$ 和 $B_f = 2\text{MHz}$ 的 OFDM 符号子载波结构示意图如图 3-29 和图 3-30 所示。

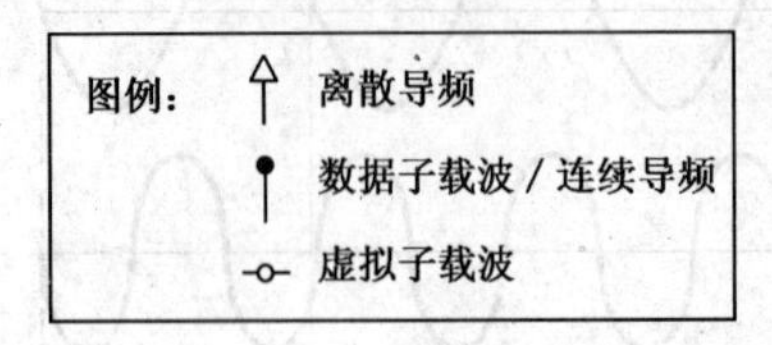

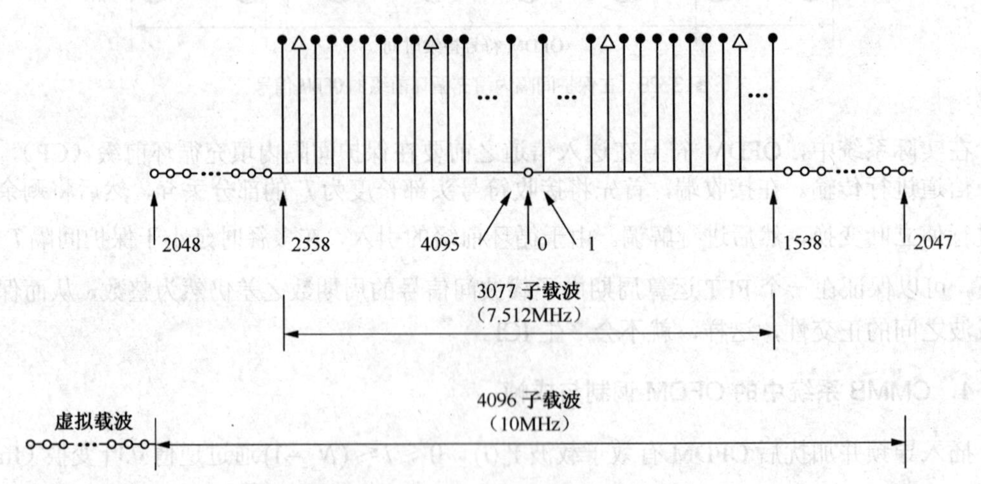

图 3-29　OFDM 符号子载波结构示意图（B_f=8MHz）

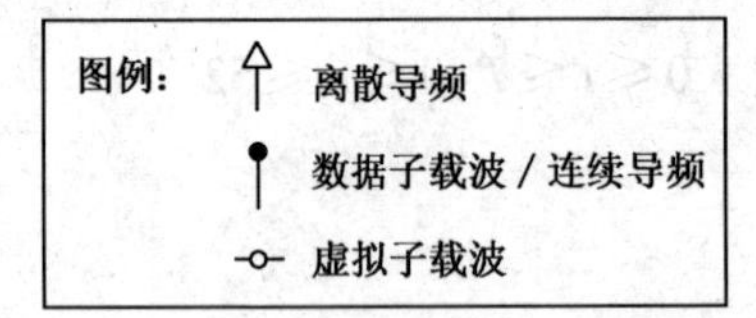

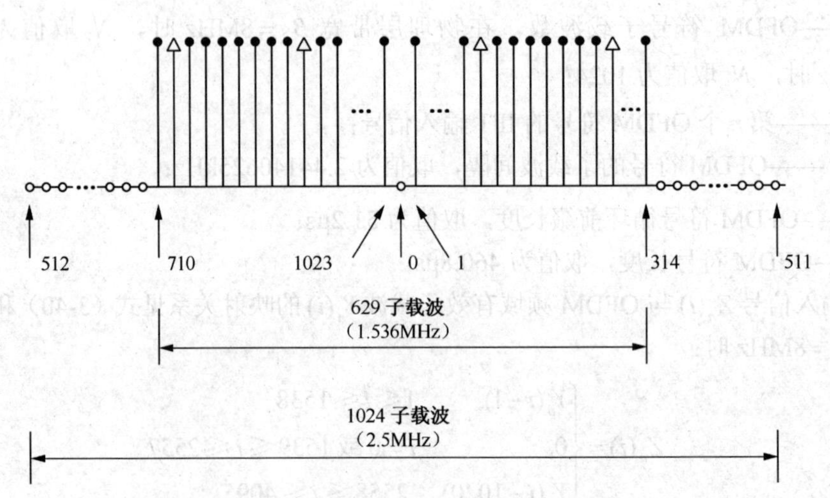

图 3-30　OFDM 符号子载波结构示意图（B_f=2MHz）

每 53 个 OFDM、2 个同步信号和 1 个发射机标识信号按照第 3.3.2 节介绍的方式组成时隙，每 40 个时隙连接组成物理层信号帧。

3.4.8 调制后的射频信号及其频谱

1. 射频信号

成帧的基带信号经过正交调制上变频后产生射频信号，射频信号表达式为

$$S(t)=\mathrm{Re}\left\{\exp(j\times 2\pi f_c t)\times\left[Frame(t)\otimes F(t)\right]\right\} \tag{3-42}$$

式中，$S(t)$ 为射频信号；f_c 为载波频率；$Frame(t)$ 为成帧后的基带信号；$F(t)$ 为发射滤波器冲激响应。

2. 频谱特性

调制后信号由相互正交的子载波构成，每个子载波的功率谱可表示为

$$P_k(f)=\left\{\frac{\sin\left[\pi\times(f-f_k)\times T_U\right]}{\pi\times(f-f_k)\times T_U}\right\}^2 \tag{3-43}$$

式中：f_k 为第 k 个子载波的中心频率。

将所有子载波功率谱叠加后，可以得到调制信号的理论功率谱，如图 3-31 和图 3-32 所示。

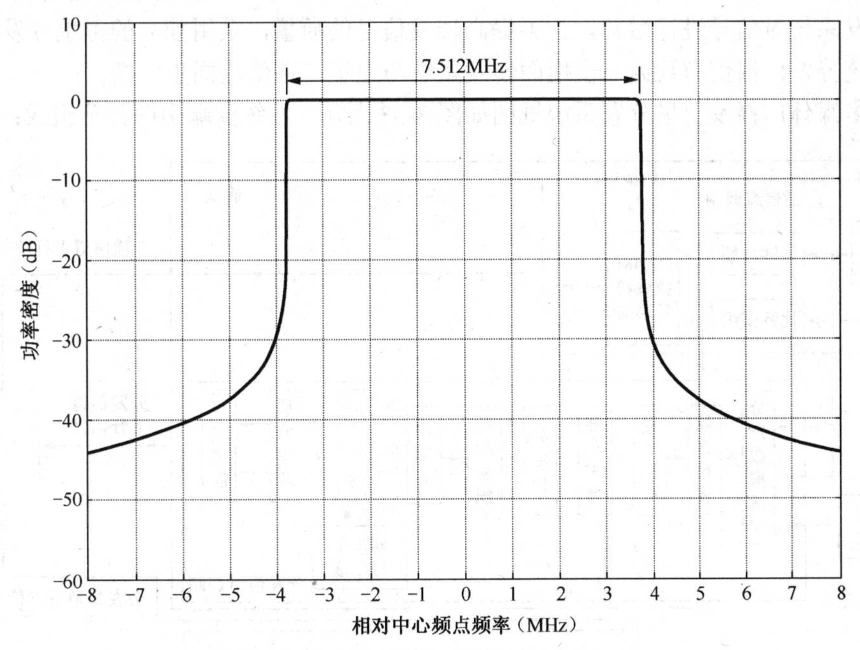

图 3-31 广播信道调制信号理论功率谱（B_f=8MHz）

为了减小射频信号的带外功率，可以采用滤波器对射频信号进行滤波。

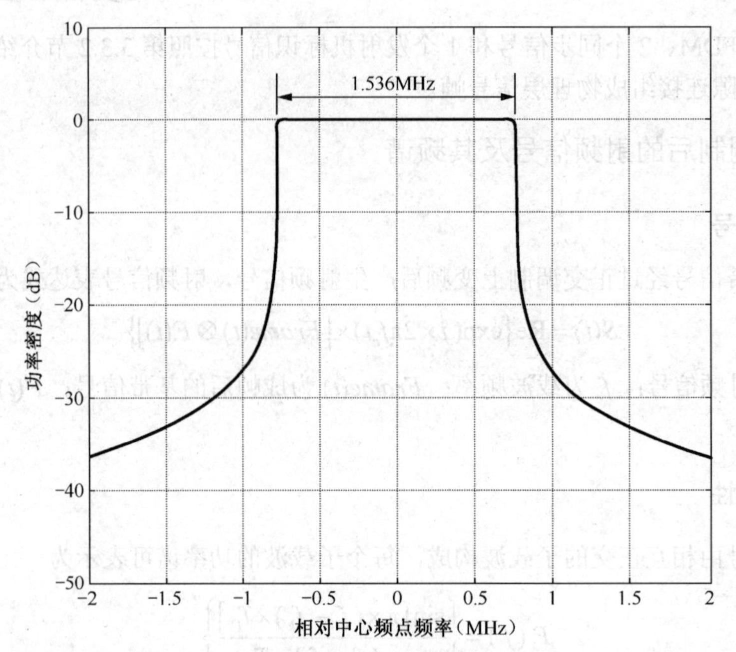

图 3-32　广播信道调制信号理论功率谱（B_f=2MHz）

3.5　卫星分发信道传输技术

移动多媒体广播系统可通过卫星进行大面积广播覆盖。对于卫星覆盖的阴影区，需要采用地面转发系统对信号进行增补。为了提高转发信号的质量，采用独立的卫星分发信道向地面转发系统分发广播信道数据，供地面转发系统与卫星广播信道同步广播。

移动多媒体广播及卫星分发系统框图如图 3-33 所示。系统前端由两部分组成：广播信道

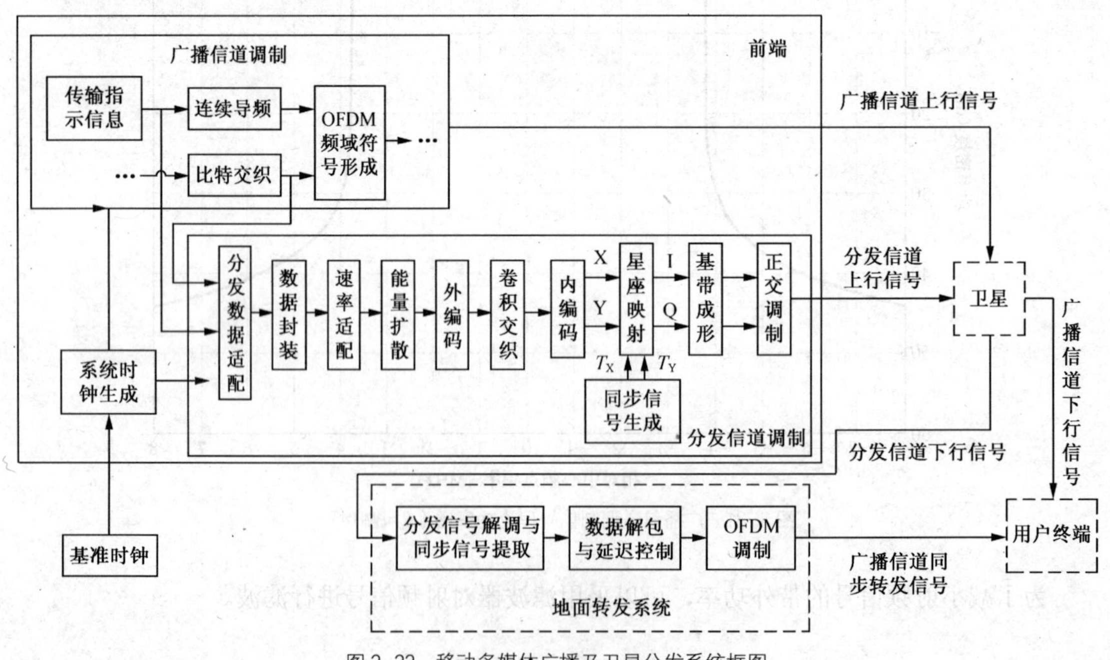

图 3-33　移动多媒体广播及卫星分发系统框图

调制模块和分发信道调制模块。广播信道调制模块采用 GY/T 220.1—2006 标准，输出的信号通过卫星转发后直接供用户终端接收。分发信道调制模块对广播信道调制模块完成比特交织后的数据和控制信息进行适配、数据封装、能量扩散、分发信道编码，与同步信号复合后再进行调制，形成分发信道上行信号，由卫星发往地面转发系统。地面转发系统对分发信道下行信号进行解调及同步信号提取，经数据解包与延迟控制后重新进行 OFDM 调制，生成与卫星广播信号同步的转发信号，供用户终端接收。

3.5.1　分发数据适配

分发信道的输入是广播信道调制部分完成比特交织后的数据和控制信息，分发数据按照逐时隙、逐频点的顺序输入，即先传同一时隙不同频点的数据，再传下一时隙不同频点的数据，并且同一时隙中同一频点的数据传输完毕后再按图 3-34 规定的频点次序传输同一时隙下个频点的数据。分发信道的分发数据结构如图 3-34 所示。

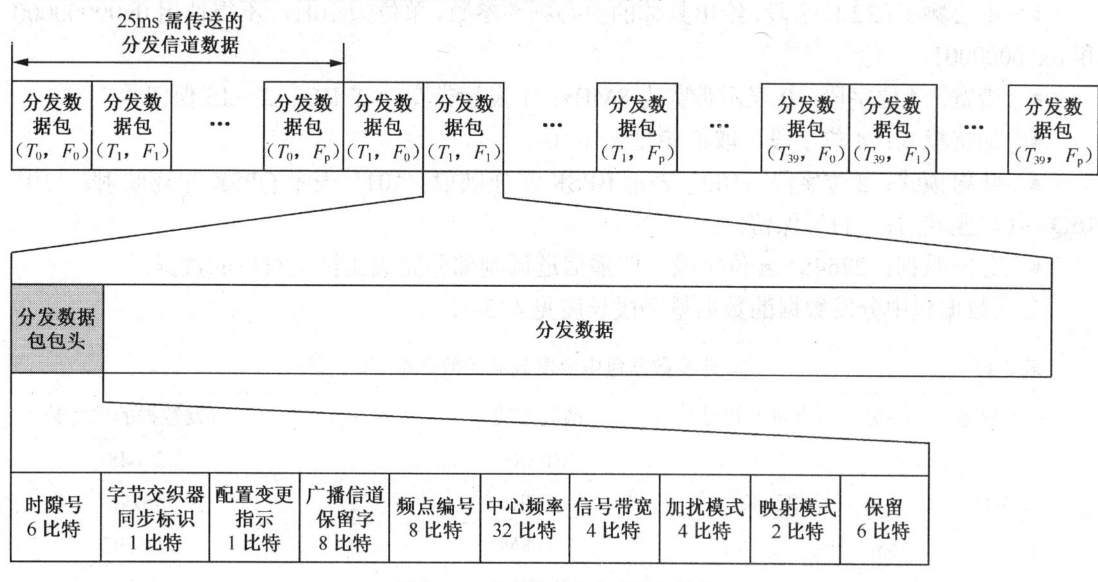

图 3-34　分发信道的分发数据结构

图 3-34 中的分发数据包 (T_m, F_p) 表示第 m 个时隙、第 p 个频点上所需传输的分发信道数据。分发数据包的结构见表 3-11。

表 3-11　　分发数据包的语法定义

语　法	位　数	标 识 符
分发数据包（）		
{		
时隙号	6	uimsbf
字节交织器同步标识	1	bslbf
配置变更指示	1	bslbf
广播信道保留字	8	bslbf
频点编号	8	uimsbf
中心频率	32	uimsbf
信号带宽	4	bslbf

续表

语　法	位　数	标 识 符
加扰模式	4	uimsbf
映射模式	2	bslbf
保留	6	
分发数据	27648×*n*	bslbf
}		

- 时隙号：6 位字段，参见表 3-9。
- 字节交织器同步标识：1 位字段，参见表 3-9。
- 配置变更指示：1 位字段，参见表 3-9。
- 广播信道保留字：8 位字段，参见表 3-9。
- 频点编号：8 位字段，参见表 4-5。
- 中心频率：32 位字段，给出具体的中心频率参数，单位为 10Hz，不得使用 0x00000000 和 0x00000001。
- 带宽：4 位字段，0 表示带宽为 8MHz；1 表示带宽为 2MHz；2～15 保留。
- 加扰模式：4 位字段，取值参见表 3-10。
- 映射模式：2 位字段，'00' 表示 BPSK 星座映射；'01' 表示 QPSK 星座映射；'10' 16QAM 星座映射；'11' 保留。
- 分发数据：27648×*n* 位字段，广播信道调制部分完成比特交织后的数据。

分发数据包中分发数据的数据量字段长度见表 3-12。

表 3-12　　分发数据包中分发数据的数据量

信号带宽	分发数据包的符号数量	调制方式	*n*	分发数据的比特数
2MHz	27648	BPSK	1	27648
		QPSK	2	55296
		16QAM	4	110592
8MHz	138240	BPSK	5	138240
		QPSK	10	276480
		16QAM	20	552960

3.5.2　分发数据帧结构

将一个分发数据包的分发数据拆分成 *n* 个分发数据帧。分发数据帧由分发数据帧头和净荷组成。分发数据帧头长度为 21 字节，净荷的长度为 3456 个字节。一个分发数据帧拆分到 19 个分发传输包中，每个分发传输包长度为 188 字节，分发数据帧的生成如图 3-35 所示。其中，第 1 个分发传输包由 5 字节包头、21 字节分发数据帧头和 162 字节分发数据组成，其余 18 个分发传输包均由 5 字节包头和 183 字节分发数据组成。

1. 分发数据帧头

分发数据帧头见表 3-13。

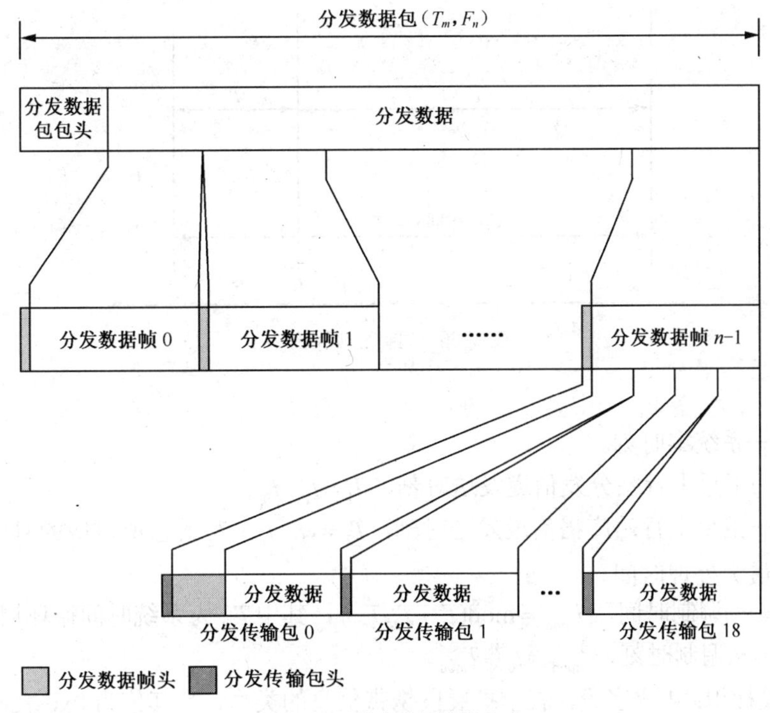

图 3-35 分发数据帧的生成

表 3-13 **分发数据帧头的语法定义**

语 法	位 数	标 识 符
分发数据帧头()		
{		
时隙号	6	uimsbf
字节交织器同步标识	1	bslbf
配置变更指示	1	bslbf
广播信道保留字	8	bslbf
频点编号	8	uimsbf
中心频率	32	uimsbf
信号带宽	4	bslbf
加扰模式	4	uimsbf
映射模式	2	bslbf
保留	6	
调制时刻	32	uimsbf
保留	4	
扩展段标识	4	bslbf
扩展段	40	bslbf
CRC_16	16	rpchof
}		

● 调制时刻：32 位字段，表示当前分发数据包对应的时隙起始点在地面转发系统中发射的系统时间。调制时刻示意图如图 3-36 所示。

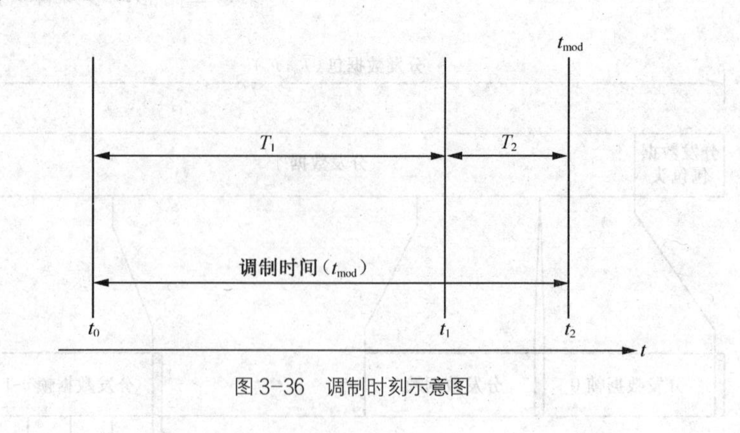

图 3-36　调制时刻示意图

其中：

t_0——系统零时刻。

t_1——卫星上行站分发信道发送时刻，$T_1 = t_1 - t_0$。

t_2——卫星上行站广播信道发送时刻，$T_2 = t_2 - t_1$，T_2 的值所对应的时间应不小于地面转发设备的最大处理时间。

T_{mod}——调制时间，$T_{mod} = \mathrm{mod}(T_1 + T_2, T_{sit})$，其中 T_{sit} 为系统时间循环周期的时间值。

t_{mod}——调制时刻，$t_{mod} = t_0 + T_{mod}$。

- 扩展段标识：4 位字段，表示扩展段携带信息的类型，当其值为 0x0 表示数据包所对应的时隙起始点在广播信道调制器上的调制输出时刻，0x1～0xF 保留。
- 扩展段：40 位字段，用以传输扩展段标识所定义的系统信息位字段。当扩展段标识值为 0x0 时，表示数据包所对应的时隙起始点在广播信道调制器上的广播信道调制输出时刻。该字段在每个 0 时隙所对应的分发数据包的第一个分发数据帧头内定义。数据格式见 GY/T 220.9—2008 标准附录 B。当扩展段标识值为 0x1～0xF 时，该字段保留。
- CRC_16：16 位字段。包含了 CRC 值，用于本帧分发信息帧头的循环冗余校验。在处理完不含 CRC_16 本身的帧分发信息帧头信息后，GY/T 220.9—2008 标准附录 C 定义的 CRC 解码器的寄存器输出为 0。

其他字段参见表 3-11。

2．分发传输包头

分发传输包头见表 3-14。

表 3-14　　分发传输包头的语法定义

语　法	位　数	标 识 符
分发传输包头()		
{		
起始码字	28	bslbf
包计数值	12	uimsbf
}		

- 起始码字：28 位字段，取值见表 3-15。

表 3-15 **起始码字取值**

取　值	应用场合
0x4760581	分发数据包的第一个分发传输包
0x4720581	分发数据包的其他分发传输包
0x4760585	保留
0x4720585	保留
0x471FFFF	适配包

- 包计数值：12 位字段，在一个分发数据包内每个分发传输包该字段逐包递增，增量为 1。分发数据包内第一个分发传输包的该字段置为 0x000。

3.5.3 传输速率适配和信道编码

分发系统在给定卫星传输带宽的情况下，根据 GB/T 17700—1999 传输速率与卫星带宽的关系，可确定系统最大传输符号率 $R_{S\max}$，参照 GY/T 220.9—2008 标准附录 E 定义系统传输符号率为

$$R_S = 2.5\times10^6 \times N \leqslant R_{S\max} \tag{3-44}$$

式中 N 为整数。

当系统分发传输能力大于需要传输的数据时，必须采用插入适配包的形式进行传输速率适配，适配方法为：当分发信道尚未完成对分发传输包数据封装时，分发信道自动插入适配包发送，至完成对分发传输包数据封装时为止。

适配包长度为 188 字节，适配包包头的起始码字取值见表 3-15，包计数值为 0xFFF，包内容由 183 字节 0xFF 组成。

能量扩散、外编码、卷积交织和内编码遵照 GB/T 17700—1999 第 4.4 条的规定。

3.5.4 分发同步信号生成

分发同步信号为两路扩频信号 T_x、T_y，这两路扩频信号所使用的扩频序列分别为二进制伪随机序列 PNS_1 和 PNS_2。其中 T_x 上调制有同步信息编码数据，T_y 上的调制信息保留。

1. PNS_1、PNS_2 信号生成

PNS_1、PNS_2 信号生成器的移位时钟与系统时钟同步，且频率相同。系统时钟的产生参见 GY/T 220.9—2008 标准附录 E。

PNS_1 由图 3-37 所示的 PNS_1 伪随机序列生成器产生，生成多项式为 $x^{13}+x^4+x^3+x+1$，移位寄存器初始值为 0110101010010。

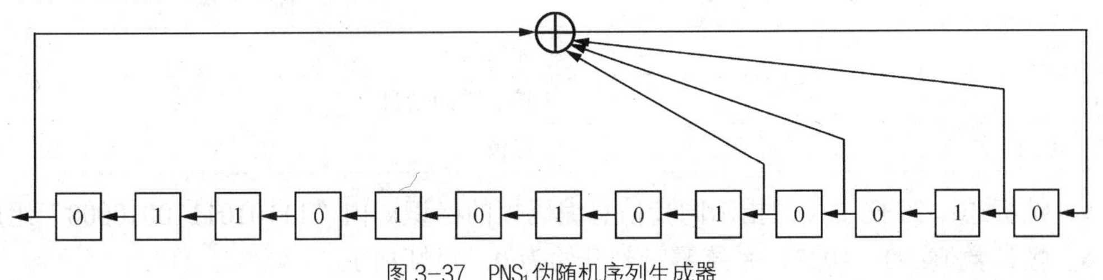

图 3-37 PNS_1 伪随机序列生成器

PNS_2由图 3-38 所示的PNS_2伪随机序列生成器产生，生成多项式为$x^{18}+x^{17}+x^{16}+x^{13}+x^{12}+x^{10}+x^{8}+x^{6}+x^{3}+x+1$，移位寄存器初始值为 011010101001010101。

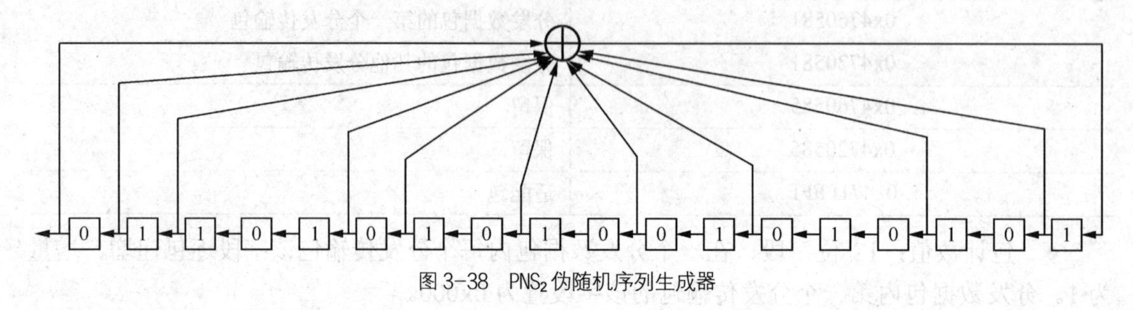

图 3-38　PNS_2伪随机序列生成器

2．同步信息编码

PNS_1的每个伪码循环周期调制 1 比特同步信息编码数据，在每个系统时间循环周期内共调制$2^{18}-1$个比特同步信息编码数据。以系统零时刻开始，每个系统时间循环周期内调制的$2^{18}-1$个比特同步信息编码数据，共分为 1024 个同步信息编码帧。其中 0～1022 帧每个同步信息编码帧的长度为 256 比特，第 1023 帧同步信息编码帧的长度为 255 比特。系统零时刻开始调制同步信息编码的第 0 帧第 1 比特数据。

同步信息编码帧格式定义见表 3-16。

表 3-16　　同步信息编码帧格式（256 或 255 比特）

语　法	位　数	标 识 符
系统时间循环周期数	32	uimsbf
信息类别	8	bslbf
帧标志	16	bslbf
帧计数值	10	uimsbf
保留字	14 或 13	bslbf
信息数据段	160	bslbf
CRC_16	16	rpchof

- 系统时间循环周期数：表示从系统复位开始至当前经历了多少个系统时间循环周期，初值为零，每经过时间T_{sit}（见式（3-46））后，系统时间循环周期数加 1。
- 信息类别：8 位字段，指示本帧信息数据段的信息类别，定义见表 3-17。

表 3-17　　信息类别

值	描　述
0x00	无信息
0x01	扩展时间信息
0x02～0xFF	保留

- 帧标志：16 位字段，指示同步信息编码帧的标识，由“1110101110010000”组成。
- 帧计数值：0～1023，系统零时刻开始为 0，每帧加 1。

- 保留字：0～1022 帧同步信息编码帧的保留字长度为 14 比特，第 1023 帧的保留字长度为 13 比特。
- 信息数据段：160 位字段，其信息内容由信息类别字段决定，当信息类别字段为 0x00 或保留值时，本字段内容为全 1。当信息类别字段为 0x01 时，本字段内容为扩展时间信息，定义见表 3-18。

表 3-18　扩展时间信息

语　法	位　数	标 识 符
扩展时间信息（）		
{		
UTC 时间信息	40	bslbf
秒偏移量	26	uimsbf
保留	94	bslbf
}		

- UTC 时间信息：40 位字段，表示当前同步信息编码帧第一比特的 PNS_1 的第一个比特在分发信道上行站发送的 UTC 时刻。UTC 时间格式如图 3-39 所示，其中前 16 位表示 MJD 日期码，MJD 日期的转换见 GY/T 220.2—2006 附录 B；后 24 位按 4 位 BCD 编码，共 6 个数字分别表示时、分、秒的时间，H_{10} 为 BCD 码表示的小时十位，H_1 为 BCD 码表示的小时个位，M_{10} 为 BCD 码表示的分钟十位，M_1 为 BCD 码表示的分钟个位，S_{10} 为 BCD 码表示的秒十位，S_1 为 BCD 码表示的秒个位。

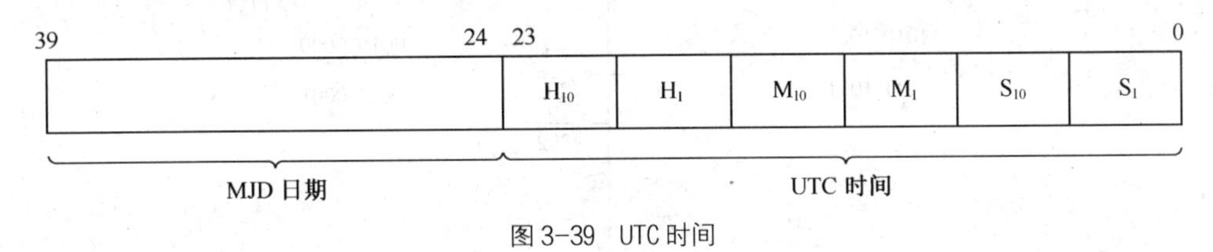

图 3-39　UTC 时间

- 秒偏移量：26 位字段，表示当前同步信息编码帧第一比特的 PNS_1 的第一个比特在分发信道上行站发送时刻所对应的秒偏移量。秒偏移量的取值范围 0～9999999，表示按照 100ns 步长，从 UTC 时间的秒时刻开始至所表示的时刻的计数值。
- CRC_16：16 位字段，包含了 CRC 值，用于本帧除本字段外的信息编码循环冗余校验。CRC 计算的多项式为 $x^{16}+x^{12}+x^5+1$。

3．分发同步信号生成

分发同步信号的两个支路 T_x、T_y 通过异或方式产生，其中 PNS_1 与同步信息编码生成 T_x，PNS_2 与逻辑“1”异或生成 T_y，如图 3-40 所示。

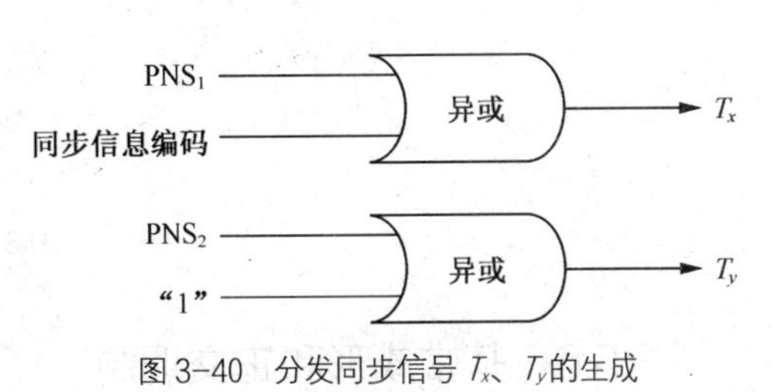

图 3-40　分发同步信号 T_x、T_y 的生成

以图 3-37 所示移位寄存器的初始值状态为 PNS_1 的伪码循环周期起点，每个 PNS_1 的伪码循环周期调制 1 比特同步信息编码信息。

PNS_2 上的调制信息保留，调制信息内容全部为“1”。

4. 系统零时刻与系统时间的产生

系统零时刻对应于 PNS_1 和 PNS_2 移位寄存器状态均为初始值的时刻。以该时刻为起始时刻，根据系统时钟脉冲进行累加计数，即产生系统时间。系统时间有效值为 0～$(N_{sys}-1)$。

$$N_{sys} = P_1 \times P_2 \tag{3-45}$$

式中：N_{sys} 为系统时间循环周期；P_1 为 PNS_1 伪码循环周期；P_2 为 PNS_2 伪码循环周期。

经过时间 T_{sit}（见式（3-46））后，PNS_1 和 PNS_2 移位寄存器状态同时回到初始值，此时累加计数器清零，系统时间为零，并重新开始累加计数。

$$T_{sit} = \frac{N_{sys}}{f_{sys}} \tag{3-46}$$

式中：T_{sit} 为系统时间循环周期的时间值；f_{sys} 为系统时钟频率值；N_{sys} 为系统时间循环周期。

3.5.5 星座映射

内编码之后两个支路（X、Y）的数据信号与系统时钟同步，且速率值与系统时钟的频率值相同。数据信号（X、Y）与分发同步信号（T_x、T_y）进行星座映射，生成 I、Q 信号，映射方式如图 3-41 所示，星座图中已经进行了功率归一化。

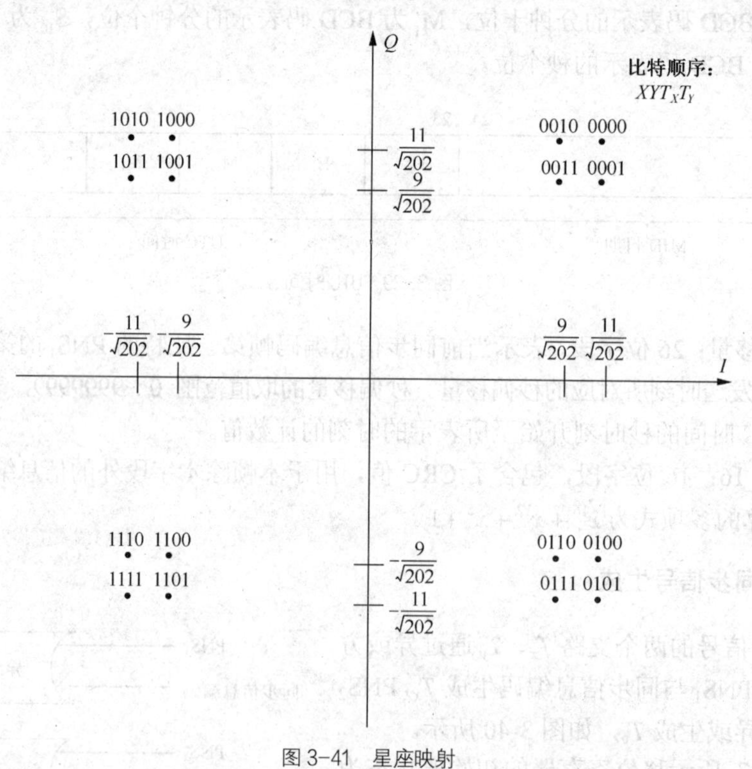

图 3-41 星座映射

3.5.6 基带成形和正交调制

在正交调制前，I 和 Q 信号将进行平方根升余弦滚降滤波，滚降系数 α 为 0.35。基带平

方根升余弦滚降滤波器频率响应表达式为

$$H(f)=\begin{cases}1, & |f|<f_N(1-\alpha)\\ \left\{\dfrac{1}{2}+\dfrac{1}{2}\sin\dfrac{\pi}{2f_N}\left(\dfrac{f_N-|f|}{\alpha}\right)\right\}^{\frac{1}{2}}, & f_N(1-\alpha)\leqslant|f|\leqslant f_N(1+\alpha)\\ 0, & |f|>f_N(1+\alpha)\end{cases} \tag{3-47}$$

式中：f_N 为奈奎斯特频率，$f_N=2f_{sys}$。

成帧的基带信号经过正交调制上变频后产生射频信号，射频信号表达式为

$$S(t)=\mathrm{Re}\{\exp(j\times 2\pi f_c t)\times[Frame(t)\otimes F(t)]\} \tag{3-48}$$

式中：$S(t)$ 为射频信号；f_c 为载波频率；$Frame(t)$ 为成帧后的基带信号；$F(t)$ 为发射滤波器冲激响应。

3.6　本章小结

本章首先介绍了无线电波传播的方式、基本特性及传播损耗，在此基础上讲解了多径效应与瑞利衰落、多普勒效应与多普勒频偏、阴影效应与慢衰落、多径时散和相关带宽等地面无线移动信道的特性。电波的传播特性是移动多媒体广播技术的理论基础，希望通过本章的学习，能够了解无线电波概念及特性，以及衰落对信号传输的影响。

移动多媒体广播系统可通过卫星进行大面积广播覆盖。广播信道物理层以物理层逻辑信道（PLCH）的形式向上层业务提供传输速率可配置的传输通道，同时提供一路或多路独立的广播信道。物理层逻辑信道分为控制逻辑信道（CLCH）和业务逻辑信道（SLCH）。控制逻辑信道用于承载广播系统控制信息，业务逻辑信道用于承载广播业务。物理层通过逻辑信道适配多业务传输，支持多业务的混合模式，达到业务特性与传输模式的匹配，实现业务运营的灵活性和经济性。物理层逻辑信道支持多种编码和调制方式以满足不同业务、不同传输环境对信号质量的不同要求。

CMMB 系统采用基于时隙的传输帧结构，传输帧长度为 1 秒，划分为 40 个时隙。每个广播业务占用一个或若干个时隙，通过时隙分组支持不同业务速率，通过时隙开关支持终端节电设计。CMMB 系统的广播信道物理层支持单频网和多频网两种组网模式，可根据应用业务的特性和组网环境选择不同的传输模式和参数。

对于卫星覆盖的阴影区，需要采用地面转发系统对信号进行增补。为了提高转发信号的质量，采用独立的卫星分发信道向地面转发系统分发广播信道数据，供地面转发系统与卫星广播信道同步广播。卫星分发信道调制模块对广播信道调制模块完成比特交织后的数据和控制信息进行适配、数据封装、能量扩散、分发信道编码，与同步信号复合后再进行调制，形成分发信道上行信号，由卫星发往地面转发系统。地面转发系统对分发信道下行信号进行解调及同步信号提取，经数据解包与延迟控制后重新进行 OFDM 调制，生成与卫星广播信号同步的转发信号，供用户终端接收。

3.7　习题

1．无线电波传播共有哪几种主要方式？各有什么特点？

2．什么是衰落？产生快衰落和慢衰落的原因分别是什么？

3．什么叫多径效应？什么叫多径衰落？多径衰落的基本特性是什么？

4．什么叫多普勒效应？多普勒效应对衰落有什么影响？什么叫衰落率？

5．什么叫非频率选择性衰落？什么叫频率选择性衰落？

6．请说明多径时散和相关带宽的基本概念。

7．什么是 LDPC 编码？

8．什么是时隙？CMMB 系统为什么采用基于时隙的传输帧结构？

9．CMMB 终端通过采用什么技术来达到省电的目的？

10．CMMB 系统通过什么方式支持多业务的混合模式？

11．什么是星座映射？CMMB 系统采用哪些星座映射方式？

12．什么是 OFDM？OFDM 调制有哪些优缺点？

第4章 移动多媒体广播业务复用

本章学习要点

- 熟悉复用器的功能。
- 了解 CMMB 复用帧结构与广播信道帧结构的关系。
- 掌握音/视频流复用封装方法。

4.1 复用器的功能

在 CMMB 的前端系统中，复用器的功能是将输入的视频基本流（Elementary Stream，ES）、音频基本流、数据、电子业务指南、控制信息等内容复用封装成广播信道帧，把多路节目及每一路节目中多路视频、音频、数据有效地复合在一起，使之完全匹配广播信道传输技术的时隙结构，以适应在移动多媒体广播信道上传输。复用器在 CMMB 前端系统中的位置如图 4-1 所示。

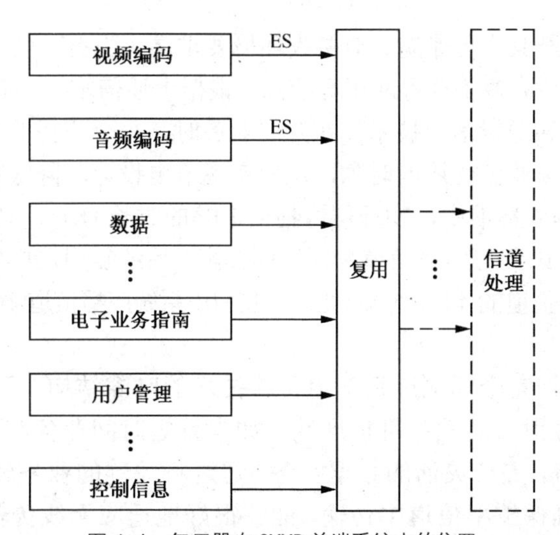

图 4-1　复用器在 CMMB 前端系统中的位置

在 CMMB 复用系统中，复用器对码流的复用分步进行。首先对电视广播、声音广播、紧急广播、电子业务指南、数据广播、控制信息表等输入的业务数据进行复用，形成匹配信道时隙结构的复用帧结构（Multiplex Frame Structure，MFS），然后再将 MFS 流封装成适合信道传输的打包复用流（Packetized Multiplexing Stream，PMS）。典型的移动多媒体广播复用处理流程框图如图 4-2 所示。

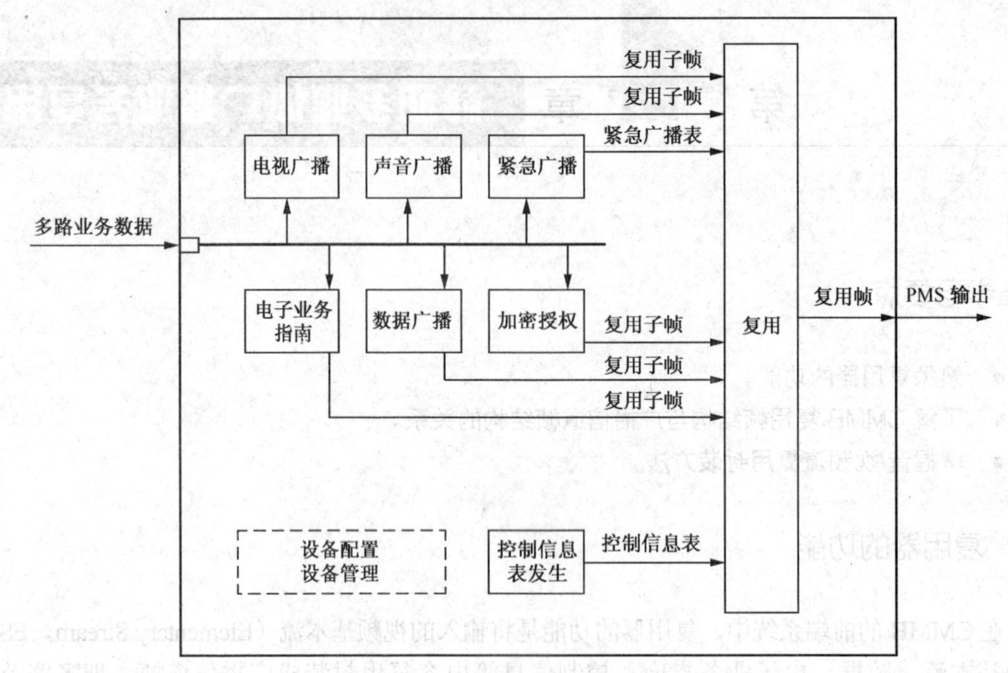

图 4-2 典型的 CMMB 复用处理流程框图

4.2 复用帧结构

移动多媒体广播系统具有低带宽、对接收环境要求高（恶劣环境下的高质量接收，省电/低功耗接收）和要求灵活的多种业务应用等特点。根据上述需求，CMMB 广播信道物理层采用了基于时隙的帧结构和逻辑信道技术。在开展业务时，每个广播业务可占用一个或多个时隙，终端可以只激活当前业务使用的时隙，从而实现节电设计，降低总的平均功耗。

在 GY/T 220.1—2006 标准中，物理层广播信道帧的时长为 1s，划分为 40 个时隙，每个时隙的时长为 25ms。考虑到与广播信道物理层的匹配，系统复用层中的每个广播信道帧最多可以有 40 个复用帧，与信道的 40 个时隙对应。CMMB 系统广播信道物理层逻辑信道（PLCH）的结构如图 4-3 所示。

CMMB 复用帧结构完全匹配广播信道传输技术的时隙结构，可实现对终端省电的支持，并且具有很好的应用灵活性和可扩展性（如支持短时间业务和持续业务的组合），可以承载多种音视频码流，支持灵活的数据业务，通过将关键的业务辅助信息和信道调度控制信息放置在专用的高保护率信道中传输，能够很好地适应无线传输恶劣环境，具有很强的容错特性。

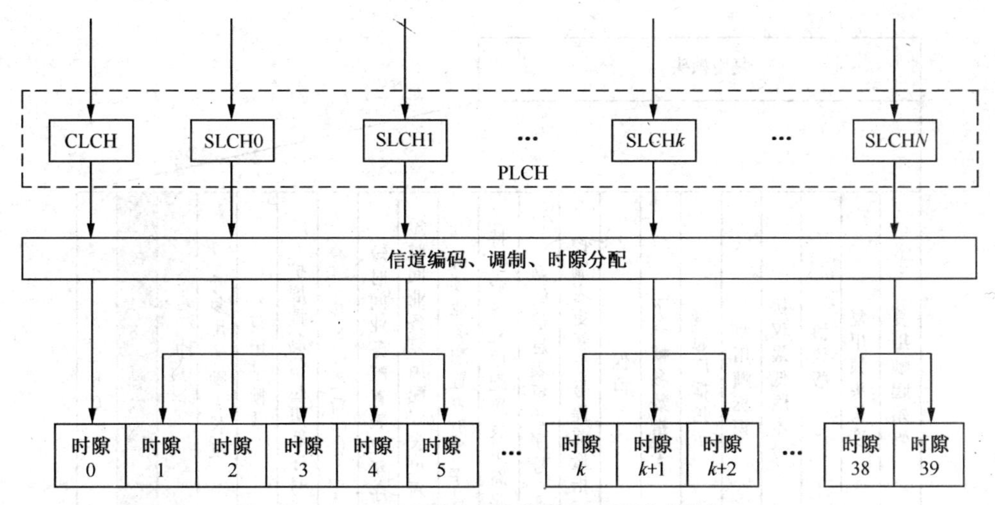

图 4-3 CMMB 系统广播信道物理层逻辑信道结构

CMMB 复用帧与广播信道帧的关系如图 4-4 所示。

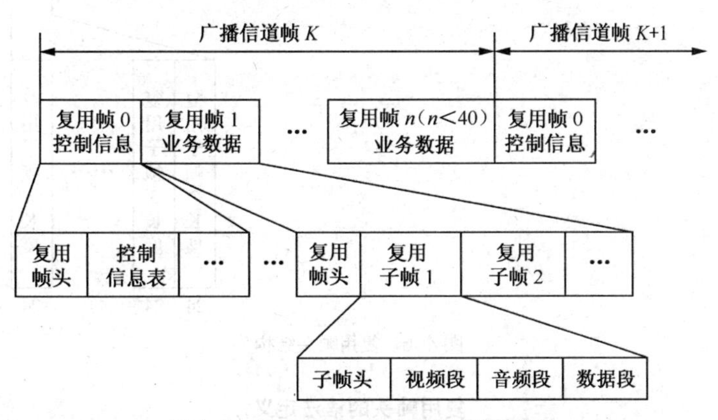

图 4-4 CMMB 复用帧与广播信道帧的关系

每个复用帧由复用帧头、复用帧净荷、填充三部分组成，如图 4-5 所示。其中，复用帧头主要描述 CMMB 系统中各控制信息表的更新状态和所在复用帧中各复用子帧的参数信息，复用帧净荷部分由一个或多个复用子帧（最多 15 个）组成，填充部分使用 0xFF 填充。

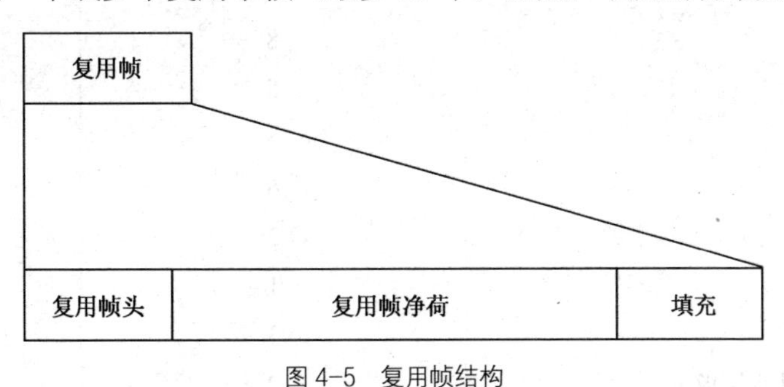

图 4-5 复用帧结构

4.2.1 复用帧头

复用帧头的结构如图 4-6 所示，具体的语法定义如表 4-1 所示。

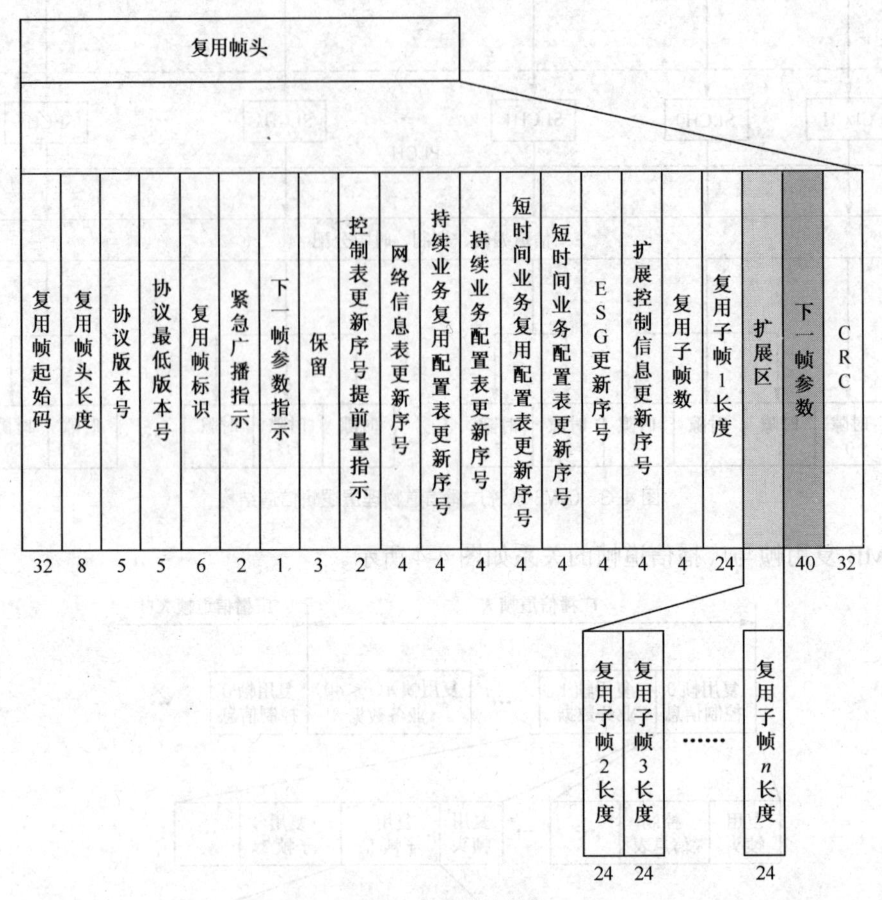

图 4-6 复用帧头结构

表 4-1　　　　复用帧头的语法定义

语　法	位　数	标 识 符
复用帧头（）		
{		
复用帧起始码	32	uimsbf
复用帧头长度	8	uimsbf
协议版本号	5	bslbf
协议最低版本号	5	bslbf
复用帧标识	6	bslbf
紧急广播指示	2	bslbf
下一帧参数指示	1	bslbf
保留	3	bslbf
控制表更新序号提前量指示	2	bslbf
网络信息表更新序号	4	bslbf
持续业务复用配置表更新序号	4	bslbf
持续业务配置表更新序号	4	bslbf

续表

语　法	位　数	标 识 符
短时间业务复用配置表更新序号	4	bslbf
短时间业务配置表更新序号	4	bslbf
ESG 更新序号	4	bslbf
扩展控制信息更新序号	4	bslbf
复用子帧数	4	bslbf
复用子帧 1 长度	24	uimsbf
for （ i = 1; i < N; i++ ）		
{		
复用子帧长度	24	uimsbf
}		
if （ 下一帧参数指示 == 1 ）		
{		
下一帧参数	40	bslbf
} else null		
CRC_32	32	uimsbf
}		

复用帧头各字段的含义描述如下。

- 复用帧起始码：32 位字段，标识一个复用帧的开始，其值固定为 0x00000001。
- 复用帧头长度：8 位字段，表示复用帧头长度，包括复用帧起始码和下一帧参数，不包括 CRC_32 字段，以字节为单位。
- 协议版本号：5 位字段，标识复用协议的版本号。
- 协议最低版本号：5 位字段，标识可以兼容的复用协议的最低版本序号。
- 复用帧标识：6 位字段，标识复用帧的 MF_ID。每个复用帧由 MF_ID 唯一标识，MF_ID 取值范围为 0～39。
- 紧急广播指示：2 位字段，取值‘00’表示在随后的第一个广播信道帧中没有紧急广播消息，其他值表示有紧急广播消息。当紧急广播前端发送队列里面增加紧急广播消息时，本字段取值在 1～3 范围内循环递增加 1。当紧急广播前端发送队列里面紧急广播消息减少时，若发送队列清空，本字段取值‘00’，否则保持不变。
- 下一帧参数指示：1 位字段，指示复用帧头中是否包含有下一个复用帧（相同 MF_ID）的关键参数，‘0’表示没有；‘1’表示有。
- 控制表更新序号提前量指示：2 位字段，指示复用帧头中的各控制表更新序号提前几个广播信道帧通知，‘00’表示提前一个广播信道帧；‘01’表示提前二个广播信道帧；‘10’表示提前三个广播信道帧；‘11’保留为以后使用。
- 网络信息表更新序号：4 位字段，表示网络信息表更新序号。当网络信息表中描述的信息（系统时间除外）出现变化时，网络信息表更新序号需要改变，在 0～15 范围内循环取值，每次更新加 1。
- 持续业务复用配置表更新序号：4 位字段，表示持续业务复用配置表更新序号。当持续业务复用配置表中描述的信息出现变化时，持续业务复用配置表更新序号需要改变，在0～15范围内循环取值，每次更新加1。

- 持续业务配置表更新序号：4位字段，表示持续业务配置表更新序号。当持续业务配置表中描述的信息出现变化时，持续业务配置表更新序号需要改变，在0～15范围内循环取值，每次更新加1。
- 短时间业务复用配置表更新序号：4位字段，表示短时间业务复用配置表更新序号。当短时间业务复用配置表中描述的信息出现变化时，短时间业务复用配置表更新序号需要改变，在0～15范围内循环取值，每次更新加1。
- ESG更新序号：4位字段，表示电子业务指南（Electronic Service Guide，ESG）基本描述表的当前更新序号，在0～15范围内循环取值。当数据类型标识为‘0001’（业务）和/或‘0101’（业务参数）的信息发生变化时，ESG更新序号递增加1。
- 扩展控制信息更新序号：4位字段，表示除GY/T 220.2—2006标准中定义的控制信息表之外的其他扩展控制信息是否更新。当扩展控制信息发生变化时，扩展控制信息更新序号需要改变，在0～15范围内循环取值，每次更新加1。
- 复用子帧数：4位字段，表示复用帧中包含的复用子帧数量。
- 复用子帧1长度：24位字段，表示复用帧中第一个复用子帧的长度，单位为字节。
- 复用子帧长度：24位字段，表示复用帧中除第一个复用子帧外的其他复用子帧长度，单位为字节。
- 下一帧参数：40位字段，表示下一个复用帧（相同MF_ID）的关键参数，依次为复用帧头长度（8bit）、复用子帧1的长度（24bit）和复用子帧1的头长度（8bit）。
- CRC_32：32位字段，包含循环冗余校验（Cyclic Redundancy Check，CRC）码，CRC_32解码模型见GY/T 220.2—2006标准附录A。

4.2.2 复用帧净荷

复用帧净荷由一个或多个复用子帧组成，最多包括15个复用子帧。根据其承载的内容不同，可以将复用帧分成两种类型：控制复用帧和业务复用帧。

MF_ID==0的复用帧称为控制复用帧，用于承载控制信息，使用控制逻辑信道传送。在控制复用帧净荷中，将一个控制信息表作为一个复用子帧，如图4-7所示。控制信息需要提前一个广播信道帧发送。

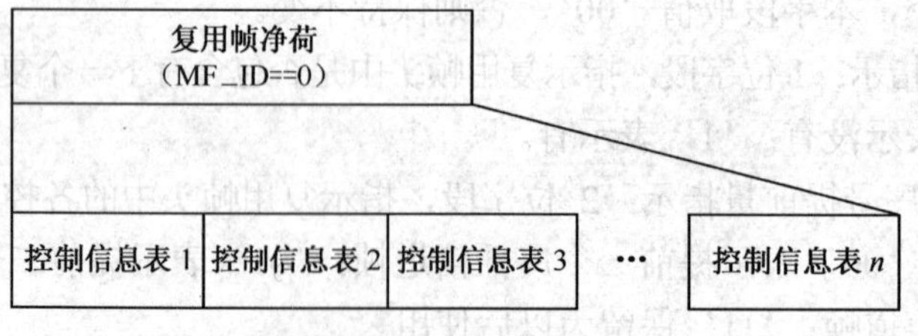

图4-7　控制复用帧净荷（MF_ID == 0）

MF_ID != 0的复用帧称为业务复用帧，主要用于承载音频、视频和数据等业务信息，使用业务逻辑信道传送。在业务复用帧净荷中，一个业务对应一个复用子帧，如图4-8所示。同一业务的音频基本流、视频基本流和数据流封装在同一复用子帧中。

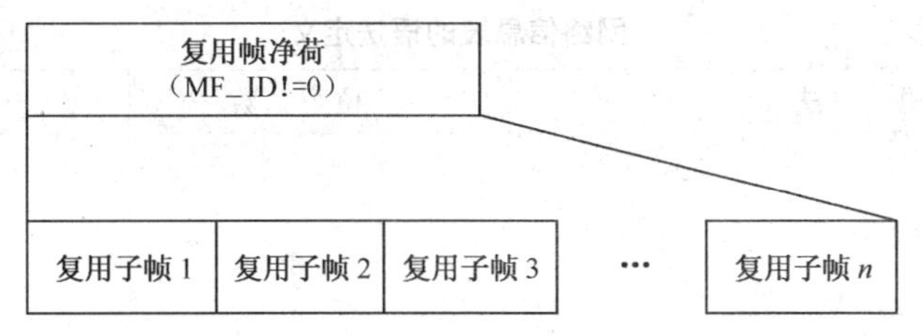

图 4-8　业务复用帧净荷（MF_ID != 0）

4.3　控制信息表

控制复用帧的净荷承载的是各类控制信息表，包括网络信息表（Network Information Table，NIT）、持续业务复用配置表（Continual service Multiplex Configuration Table，CMCT）、持续业务配置表（Continual Service Configuration Table，CSCT）、短时间业务复用配置表（Short time service Multiplex Configuration Table，SMCT）、短时间业务配置表（Short time Service Configuration Table，SSCT）、ESG 基本描述表、加密授权描述表、紧急广播表等。每个控制信息表单独存放在一个复用子帧中，不同的控制信息表使用表标识号加以区分。表标识号的分配如表 4-2 所示。

表 4-2　　控制信息表标识号的分配

表标识号取值	描　述
0x00	保留
0x01	网络信息表（NIT）
0x02	持续业务复用配置表（CMCT）
0x03	持续业务配置表（CSCT）
0x04	短时间业务复用配置表（SMCT）
0x05	短时间业务配置表（SSCT）
0x06	ESG 基本描述表（BDT）
0x07	加密授权描述表
0x10	紧急广播表
0x11～0xFF	保留

ESG 基本描述表、加密授权描述表、紧急广播表将在后续的相关章节介绍，本节只简单介绍网络信息表（NIT）、持续业务/短时间业务复用配置表（CMCT/SMCT）、持续业务/短时间业务配置表（CSCT/SSCT）。

4.3.1　网络信息表

一个运营者经营和管理的移动多媒体广播传送系统称为一个网络，该网络所知的与其覆盖区有交叉的其他网络称为邻区网络。

网络信息表提供了相应的网络配置，包括网络级别、网络号、频点编号、中心频率等，其语法定义如表 4-3 所示。

表 4-3　　网络信息表的语法定义

语　法	位　数	标　识　符
网络信息表（）		
{		
表标识号	8	uimsbf
NIT 表更新序号	4	bslbf
保留	4	bslbf
系统时间	40	bslbf
国家码	24	uimsbf
网络级别	4	bslbf
网络号	12	bslbf
网络名称长度	8	uimsbf
for （ i = 0; i < N; i++ ）		
{		
字符	8	uimsbf
}		
频点编号	8	bslbf
中心频率	32	bslbf
带宽	4	bslbf
网络其他频点数量	4	bslbf
for （ i = 0; i < N1; i++ ）		
{		
频点编号	8	uimsbf
中心频率	32	bslbf
带宽	4	bslbf
保留	4	bslbf
}		
邻区网络数量	4	bslbf
保留	4	bslbf
for （ i = 0; i < N2; i++ ）		
{		
邻区网络级别	4	bslbf
邻区网络号	12	bslbf
邻区基本载频的频点编号	8	bslbf
中心频率	32	bslbf
带宽	4	bslbf
保留	4	bslbf
}		
CRC_32	32	uimsbf
}		

- 表标识号：8 位字段，根据表 4-2 的定义，网络信息表的表标识号为 0x01。
- NIT 表更新序号：4 位字段，表示 NIT 表更新序号。当本表中描述的信息（系统时间除外）出现变化时，NIT 表更新序号需要改变，在 0～15 范围内循环取值，每次更新加 1。

● 系统时间：40位字段，前16位表示MJD日期码；后24位按4位BCD编码，共6个数字表示精确到秒的时间，时间和日期的转换见GY/T 220.2—2006标准附录B。

● 国家码：24位字段，按照GB/T 2659—2000（世界各国和地区名称代码）用3字符代码指明国家。每个字符根据GB/T 15273.1—1994编码为8位，并依次插入24位参数。例如，中国由3字符代码“CHN”表示，编码为‘0100 0011 0100 1000 0100 1110’。

● 网络级别：4位字段，给出网络的级别，网络级别的定义如表4-4所示。

表4-4 网络级别的定义

值	网络级别	说明
0	保留	
1	一级	全国网或多省网
2	二级	省网
3	三级	市网
4～15	保留	

● 网络号：12位字段，和网络级别一起唯一标识了一个网络，其中0～31保留为以后使用，从32开始分配。

● 网络名称长度：8位字段，用于描述网络名称的长度，单位为字节。

● 字符：8位字段，一个字符串，给出NIT表所在的网络的名称。文本信息编码所使用的字符集和编码方法见GY/Z 174—2001的附录A。

● 频点编号：8位字段，给出NIT所在的频点编号，每个频点唯一对应一个中心频率。UHF频段频点编号使用频道编号，如表4-5所示。S频段频点编号的取值为201、202、203。

表4-5 UHF频段频道号对应的中心频率

频道号	中心频率（MHz）	频道号	中心频率（MHz）
13	474	31	658
14	482	32	666
15	490	33	674
16	498	34	682
17	506	35	690
18	514	36	698
19	522	37	706
20	530	38	714
21	538	39	722
22	546	40	730
23	554	41	738
24	562	42	746
25	610	43	754
26	618	44	762
27	626	45	770
28	634	46	778
29	642	47	786
30	650	48	794

- 中心频率：32 位字段，给出具体的中心频率参数，单位为 10Hz，不得使用 0x00000000 和 0x00000001。
- 带宽：4 位字段，0 表示带宽为 8MHz；1 表示带宽为 2MHz；2～15 保留。
- 网络其他频点数量：4 位字段，给出本网络使用的其他频点。
- 邻区网络数量：4 位字段，给出邻区网络数量。
- 邻区网络级别：4 位字段，给出网络的级别，网络级别的定义如表 4-4 所示。
- 邻区网络号：12 位字段，和网络级别一起唯一标识了一个网络，其中 0～31 保留为以后使用。
- 邻区基本载频的频点编号：8 位字段，给出相邻网络的一个频点编号，每个频点唯一对应一个中心频率。
- CRC_32: 32 位字段，包含 CRC 码，CRC_32 解码模型见 GY/T 220.2—2006 标准附录 A。

4.3.2 持续业务/短时间业务复用配置表

持续业务/短时间业务复用配置表描述了一定时间内的每个持续业务/短时间业务复用帧配置的信息，例如每个复用帧的位置、信道处理方法、子帧与业务标识对应关系。

持续业务复用配置表和短时间业务复用配置表，除表标识号不同之外，其他参数相同，具体的语法定义如表 4-6 所示。

表 4-6　　持续业务/短时间业务复用配置表

语　法	位　数	标　识　符
复用配置表（）		
{		
表标识号	8	uimsbf
频点编号	8	bslbf
复用配置表更新序号	4	bslbf
保留	6	bslbf
复用帧数量	6	bslbf
for （ i = 0; i < N; i++ ）		
{		
复用帧标识	6	bslbf
RS 码速率	2	bslbf
字节交织模式	2	bslbf
LDPC 编码速率	2	bslbf
调制方式	2	bslbf
保留	1	bslbf
扰码方式	3	bslbf
时隙数量	6	bslbf
for （ j = 0; j < M1; j++ ）		
{		
时隙号	6	bslbf

续表

语　法	位　数	标 识 符
保留	2	bslbf
}		
保留	4	bslbf
复用子帧数量	4	bslbf
for （ j = 0; j < M2; j++ ）		
{		
复用子帧号	4	bslbf
保留	4	bslbf
业务标识	16	uimsbf
}		
}		
CRC_32	32	uimsbf
}		

- 表标识号：8位字段，根据表4-2的定义，持续业务复用配置表（CMCT）的表标识号为0x02，短时间业务复用配置表（SMCT）的表标识号为0x04。
- 频点编号：8位字段，给出本复用配置表所属频点编号。
- 复用配置表更新序号：4位字段，表示复用配置表更新序号。当本表中描述的信息出现变化时，复用配置表更新序号需要改变，在0～15范围内循环取值，每次更新加1。
- 复用帧数量：6位字段，表示一个广播信道帧内包含的复用帧数。
- 复用帧标识：6位字段，用于唯一标识一个复用帧。
- RS码率：2位字段，定义见表4-7。

表4-7　RS码率

值	RS码率
0	（240，240）
1	（240，224）
2	（240，192）
3	（240，176）

- 字节交织模式：2位字段，定义见表4-8。

表4-8　字节交织模式

值	字节交织模式
0	保留
1	模式1
2	模式2
3	模式3

- LDPC编码速率：2位字段，定义见表4-9。

表 4-9 LDPC 编码速率

值	LDPC 编码速率
0	1/2
1	3/4
2	保留
3	保留

- 调制方式：2 位字段，定义见表 4-10。

表 4-10 调制方式

值	调制方式
0	BPSK
1	QPSK
2	16QAM
3	保留

- 扰码方式：3 位字段，定义见表 4-11。

表 4-11 扰码方式

值	扰码方式
0	模式 0
1	模式 1
2	模式 2
3	模式 3
4	模式 4
5	模式 5
6	模式 6
7	模式 7

- 时隙数量：6 位字段，表示复用帧对应的时隙数量。
- 时隙号：6 位字段，表示时隙序号，取值范围为 0～39。
- 复用子帧数量：4 位字段，表示复用帧包含的复用子帧数量。
- 复用子帧号：4 位字段，取值范围为 1～15。
- 业务标识：16 位字段，表示业务的标识号。
- CRC_32：32 位字段，包含 CRC 码，CRC_32 解码模型见 GY/T 220.2—2006 标准附录 A。

4.3.3 持续业务/短时间业务配置表

持续业务/短时间业务配置表描述了本网络的所有持续业务/短时间业务与载频之间的对应关系信息。除表标识号不同之外，持续业务配置表和短时间业务配置表的其他参数相同，具体的语法定义如表 4-12 所示。

表 4-12 持续业务/短时间业务配置表

语　法	位　数	标　识　符
业务配置表（）		
{		
表标识号	8	uimsbf
段长度	16	uimsbf
段号	8	uimsbf
段数量	8	uimsbf
业务配置表更新序号	4	bslbf
保留	4	bslbf
业务数量	16	uimsbf
for （ i = 0; i < N1; i++ ）		
{		
业务标识	16	uimsbf
频点编号	8	bslbf
}		
CRC_32	32	uimsbf
}		

- 表标识号：8 位字段，根据表 4-2 的定义，持续业务配置表（CSCT）的表标识号为 0x03，短时间业务配置表（SSCT）的表标识号为 0x05。
- 段长度：16 位字段，包括表标识号，不包括 CRC_32 字段，单位为字节。
- 段号：8 位字段，表示业务配置表段序号，由 0 开始计数。
- 段数量：8 位字段，表示业务配置表分割的段数量。
- 业务配置表更新序号：4 位字段，表示业务配置表更新序号。当本表中描述的信息出现变化时，业务配置表更新序号需要改变，在 0～15 范围内循环取值，每次更新加 1。
- 业务数量：16 位字段，表示网络承载的业务总数。
- 业务标识：16 位字段，表示唯一标识一个多媒体业务。
- 频点编号：8 位字段，表示所使用的频点编号。
- CRC_32：32 位字段，包含 CRC 码，CRC_32 解码模型见 GY/T 220.2—2006 标准附录 A。

4.4 复用子帧

复用子帧是复用帧的基本组成单元，承载一个控制信息表或一个业务的数据。复用子帧没有专用的标识进行区别，但是每个业务都具有自己唯一的标识，因此 CMMB 复用标准中定义了业务复用配置表，给出业务标识（ServiceID）与复用子帧之间的对应关系，这样用户终端可以通过业务标识找到所对应的复用子帧，从而获得业务数据。

业务复用帧的复用子帧由子帧头、视频段、音频段和数据段组成，如图 4-9 所示。

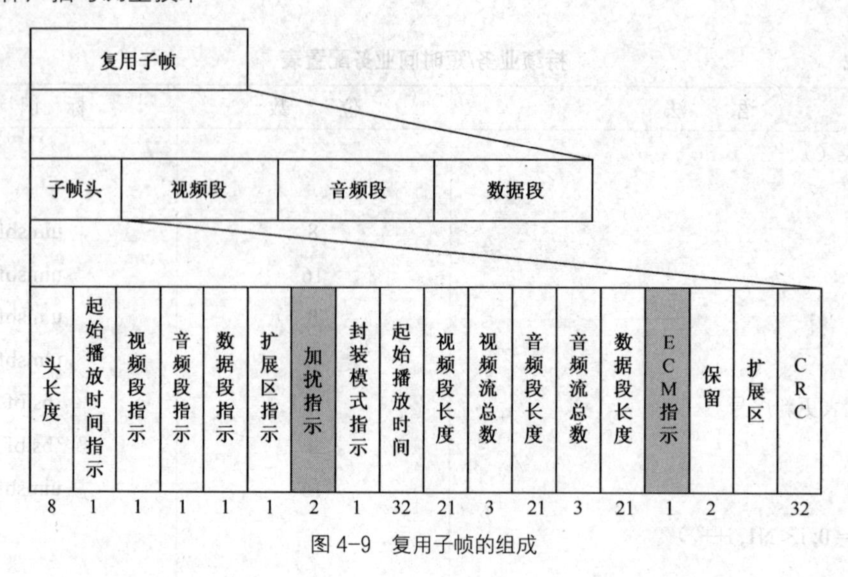

图 4-9 复用子帧的组成

4.4.1 子帧头

子帧头的组成结构如图 4-9 所示，其中扩展区的组成如图 4-10 所示。

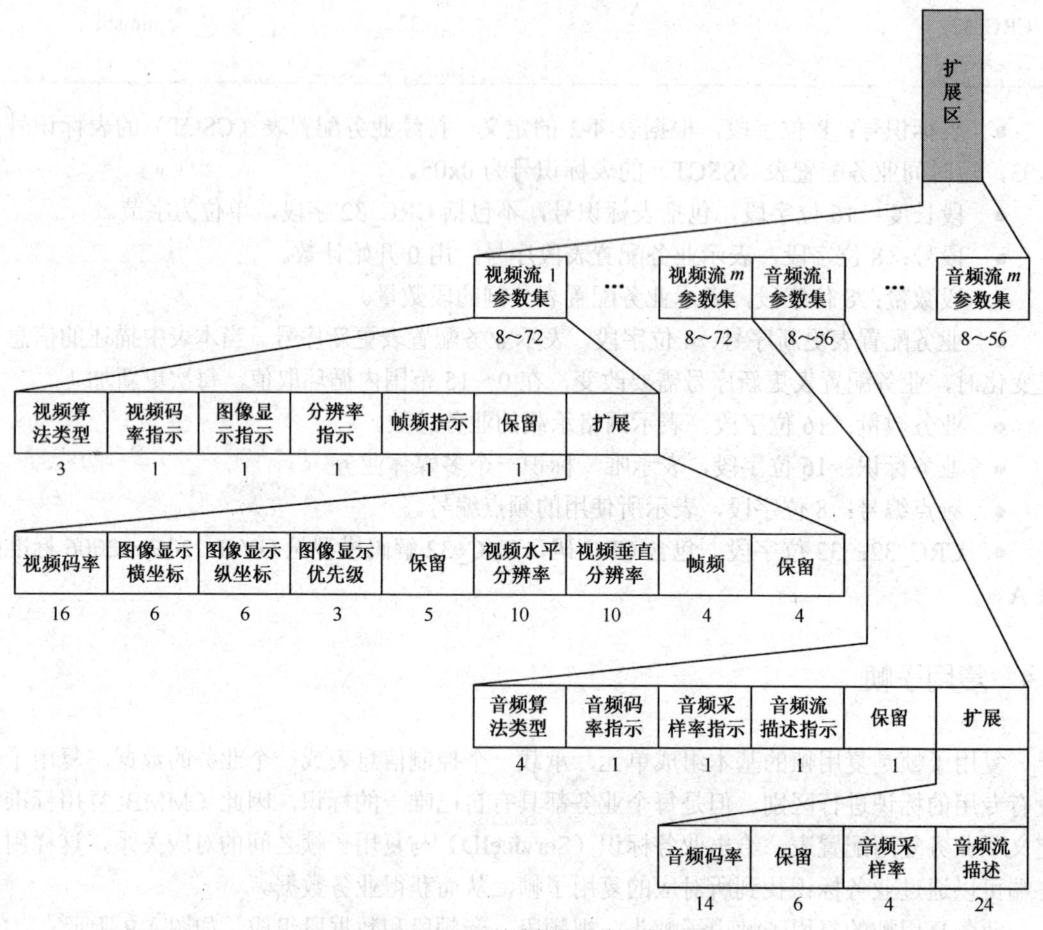

图 4-10 子帧头扩展区的组成

子帧头包括了头长度、起始播放时间、视频段长度、音频段长度、数据段长度等，其语法定义如表4-13所示。

表 4-13 子帧头的语法定义

语法	位数	标识符
子帧头（）		
{		
头长度	8	uimsbf
起始播放时间指示	1	bslbf
视频段指示	1	bslbf
音频段指示	1	bslbf
数据段指示	1	bslbf
扩展区指示	1	bslbf
加扰指示	2	bslbf
封装模式指示	1	bslbf
if（起始播放时间指示 ==1）		
{		
起始播放时间	32	uimsbf
} else null		
if（视频段指示 ==1）		
{		
视频段长度	21	bslbf
视频流总数	3	bslbf
} else null		
if（音频段指示 ==1）		
{		
音频段长度	21	bslbf
音频流总数	3	bslbf
} else null		
if（数据段指示 ==1）		
{		
数据段长度	21	bslbf
ECM 指示	1	bslbf
保留	2	bslbf
} else null		
if（扩展区指示 ==1）		
{		
for （ i = 0; i < M; i++ ）		
{		
视频算法类型	3	bslbf
视频码率指示	1	bslbf
图像显示指示	1	bslbf

续表

语　法	位　数	标 识 符
分辨率指示	1	bslbf
帧频指示	1	bslbf
保留	1	bslbf
if （ 视频码率指示 ==1 ）		
{		
视频码率	16	uimsbf
} else null		
if （ 图像显示指示 ==1 ）		
{		
图像显示横坐标	6	bslbf
图像显示纵坐标	6	bslbf
图像显示优先级	3	bslbf
保留	1	bslbf
} else null		
if （ 分辨率指示 ==1 ）		
{		
保留	4	bslbf
视频水平分辨率	10	bslbf
视频垂直分辨率	10	bslbf
} else null		
if （ 帧频指示 ==1 ）		
{		
帧频	4	bslbf
保留	4	bslbf
} else null		
}		
for （ j = 0; j < N; j++ ）		
{		
音频算法类型	4	bslbf
音频码率指示	1	bslbf
音频采样率指示	1	bslbf
音频流描述指示	1	bslbf
保留	1	bslbf
if （ 音频码率指示 ==1 ）		
{		
音频码率	14	bslbf
保留	2	bslbf
} else null		
if （ 音频采样率指示 ==1 ）		
{		

续表

语　法	位　数	标 识 符
保留	4	bslbf
音频采样率	4	bslbf
} else null		
if （ 音频流描述指示 ==1 ）		
{		
音频流描述	24	uimsbf
} else null		
}		
} else null		
CRC_32	32	uimsbf
}		

● 头长度：8 位字段，表示复用子帧头的长度，包括头长度与扩展区，不包括 CRC_32 字段，单位为字节。

● 起始播放时间指示：1 位字段，表示子帧头中是否有起始播放时间参数，‘1’表示有，‘0’表示没有。

● 视频段指示：1 位字段，表示子帧中是否有视频段及子帧头中是否有视频段长度与视频流总数参数，‘1’表示有，‘0’表示没有。

● 音频段指示：1 位字段，表示子帧中是否有音频段及子帧头中是否有音频段长度与音频流总数参数，‘1’表示有，‘0’表示没有。

● 数据段指示：1 位字段，表示子帧中是否有数据段及子帧头中是否有数据段长度参数，‘1’表示有，‘0’表示没有。

● 扩展区指示：1 位字段，表示子帧头中是否有扩展区，‘1’表示有，‘0’表示没有。

● 加扰指示：2 位字段，指示本子帧中视音频数据是否加扰。‘00’表示本子帧中视音频或数据广播数据没有加扰；‘01’表示本子帧中视音频或数据广播数据已解扰（指本子帧的加扰数据已被 MMB-CAS 终端模块解扰）；‘10’表示本子帧中视音频或数据广播数据进行了加扰；‘11’保留。

● 封装模式指示：1 位字段，‘1’表示模式 1；‘0’表示模式 2。

● 起始播放时间：32 位字段，表示复用子帧中所有视频单元、音频单元和数据单元的起始播放时间，单位为 1/22500 秒。

● 视频段长度：21 位字段，表示视频段的总长度，单位为字节，如果视频段长度为 0，表示没有视频段。

● 视频流总数：3 位字段，表示视频段中视频流的数量总和。

● 音频段长度：21 位字段，表示音频段的总长度，单位为字节，如果音频段长度为 0，表示没有音频段。

● 音频流总数：3 位字段，表示音频段中音频流的数量总和。

● 数据段长度：21 位字段，表示数据段的总长度，单位为字节，如果数据段长度为 0，表示没有数据段。

- ECM 指示：1 位字段，指示本子帧中是否包含授权控制信息（Entitlement Control Message，ECM）数据，只有在“加扰指示”字段为‘10’时此字段才有效。‘0’表示本子帧中没有 ECM，这种情况可能由于 ECM 传输周期的问题，本子帧内不需要传输 ECM 数据；‘1’表示本子帧中包含 ECM。
- 视频算法类型：3 位字段，表示视频流所采用的压缩算法。当其值为 0 时，表示该子帧的视频段封装了符合 AVS 标准的视频压缩数据；当其值为 1 时，表示该子帧的视频段封装了符合 H.264 标准的视频压缩数据；其值 2～7 保留为以后使用。
- 视频码率指示：1 位字段，如果视频码率指示为‘1’，则有视频码率参数；如果为‘0’，则没有。
- 图像显示指示：1 位字段，如果图像显示指示为‘1’，则有图像显示横坐标、图像显示纵坐标、图像显示优先级参数；如果为‘0’，则没有。
- 分辨率指示：1 位字段，如果分辨率指示为‘1’，则有视频水平分辨率与视频垂直分辨率参数；如果为‘0’，则没有。
- 帧频指示：1 位字段，如果帧频指示为‘1’，则有帧频参数；如果为‘0’，则没有。
- 视频码率：16 位字段，表示视频流的压缩码率，单位为 100bit/s。
- 图像显示横坐标：6 位字段，表示视频流显示的水平偏移量，如图 4-11 所示。在终端显示区域中，水平和垂直方向各分割成 64 等份，分别用 0 到 64 来表示水平方向的横坐标与垂直方向的纵坐标，显示区域的最左上角坐标是（0，0），显示区域的最右下角坐标是（64，64）。

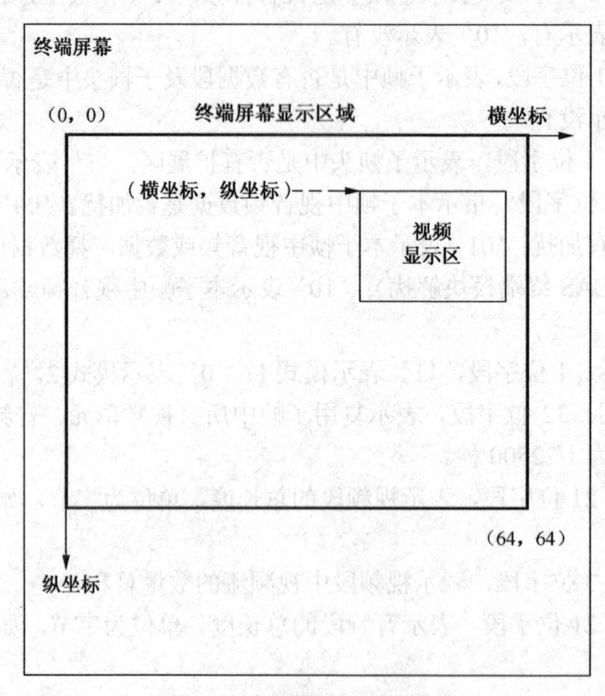

图 4-11 多画面显示坐标示意图

- 图像显示纵坐标：6 位字段，表示视频流显示的垂直偏移量，如图 4-11 所示。在终端显示区域中，水平和垂直方向各分割成 64 等份，分别用 0 到 64 来表示水平方向的横坐标与垂直方向的纵坐标，显示区域的最左上角坐标是（0，0），显示区域的最右下角坐标是（64，64）。

- 图像显示优先级：3 位字段，表示视频窗口如何叠加，值从 0～7 优先级依次递增，0 的优先级最低，优先级 7 的图像窗口总是可见，如果优先级相同，则视频流编号小的窗口优先显示。
- 视频水平分辨率：10 位字段，表示视频流的水平分辨率，单位为像素。
- 视频垂直分辨率：10 位字段，表示视频流的垂直分辨率，单位为像素。
- 帧频：4 位字段，表示视频流帧频，其值的含义如表 4-14 所示。

表 4-14　　帧频

值	帧频/Hz
0	25
1	30
2	12.5
3	25
4～15	保留

- 音频算法类型：4 位字段，表示音频流所采用的压缩算法类型。当其值为 0 时，表示该子帧的音频段封装了符合 DRA 标准的音频压缩数据；当其值为 1 时，表示该子帧的音频段封装了符合 AAC 标准的音频压缩数据，限制为 HE-AAC 类，采用级 2，对象为 AAC-LC+SBR；当其值为 2 时，表示该子帧的音频段封装了符合 AAC 标准的音频压缩数据，限制为 AAC 类，对象为 AAC-LC；其值 3～15 保留为以后使用。
- 音频码率指示：1 位字段，如果音频码率指示为‘1’，表示有音频码率参数；如果为‘0’，则没有。
- 音频采样率指示：1 位字段，如果音频采样率指示为‘1’，表示有音频采样率参数；如果为‘0’，则没有。
- 音频流描述指示：1 位字段，如果音频流描述指示为‘1’，表示有音频流描述参数；如果为‘0’，则没有。
- 音频码率：14 位字段，表示音频压缩码率，单位为 100bit/s。
- 音频采样率：4 位字段，表示音频压缩采样率，其值的含义如表 4-15 所示。

表 4-15　　音频采样率

值	音频采样率/kHz
0	8
1	12
2	16
3	22.05
4	24
5	32
6	44.1
7	48
8	96
9～15	保留

- 音频流描述：24 位字段，指明音频流的语言。该参数包含一个由 GB/T 4880.2—2000 定义的 3 字符代码，每个字符都按照 GB/T 15273.1—1994 编码为 8 位，并依次插入 24 位参数。例如：汉语的 3 字符代码“chi”，可编码为 0110 0011 0110 1000 0110 1001。
- CRC_32：32 位字段，包含 CRC 码，CRC_32 解码模型见 GY/T 220.2—2006 标准附录 A。

4.4.2 视频段

视频段用于承载业务的视频数据，它由视频段头和多个视频单元构成，如图 4-12 所示。视频段头描述了视频段头长度和各视频单元的基本参数，视频单元的参数包括单元的长度、所承载的图像帧类型、视频流的编号、图像帧结束标志和相对播放时间等。视频单元承载业务的图像帧数据，一个图像帧可分开封装在一个或多个视频单元。复用子帧的每个视频流包含多个图像帧，为了能正常显示或解码，要求第一帧必须是不依赖于其他图像帧而能独立解码和显示的帧，例如 I 帧。

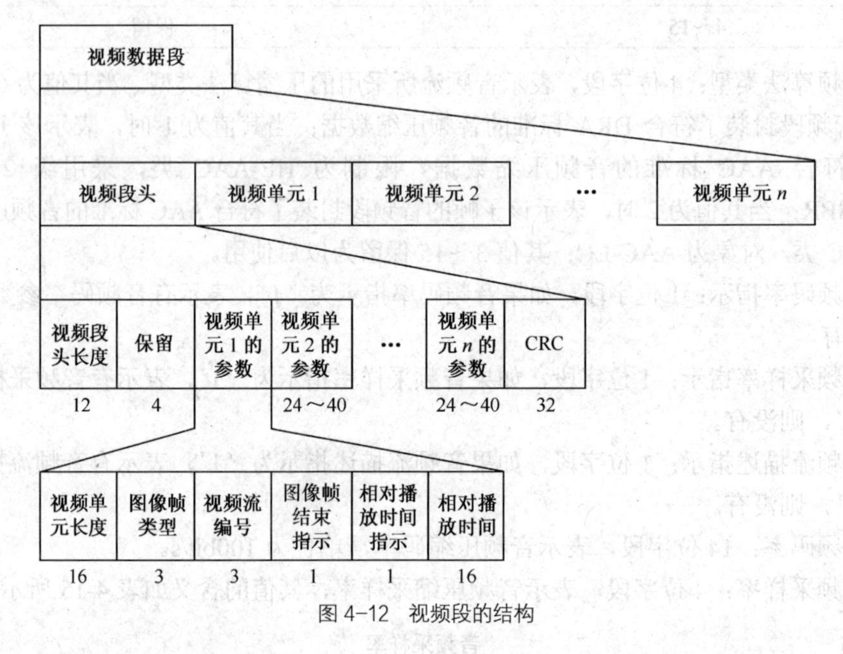

图 4-12 视频段的结构

视频段头的语法定义如表 4-16 所示。

表 4-16 视频段头的语法定义

语 法	位 数	标 识 符
视频段头		
{		
视频段头长度	12	bslbf
保留	4	bslbf
for （ i = 0; i < N; i++ ）		
{		
视频单元长度	16	uimsbf

续表

语　　法	位　　数	标 识 符
图像帧类型	3	bslbf
视频流编号	3	bslbf
图像帧结束指示	1	bslbf
相对播放时间指示	1	bslbf
if （相对播放时间指示 ==1）		
{		
相对播放时间	16	uimsbf
} else null		
}		
CRC_32	32	uimsbf
}		

- 视频段头长度：12 位字段，表示视频段头的总长度，包括视频段头长度与每个视频单元的参数，不包括 CRC_32 字段，单位为字节。
- 视频单元长度：16 位字段，表示视频单元的总长度，单位为字节。
- 图像帧类型：3 位字段，表示视频单元内的图像帧类型，其值的含义如表 4-17 所示。

表 4-17　　图像帧类型

值	图像帧类型
0	I 帧
1	P 帧
2	B 帧
3～7	保留

- 视频流编号：3 位字段，表示视频单元所属视频流的编号。
- 图像帧结束指示：1 位字段，如果图像帧结束指示为‘1’，则表示这个视频单元是图像帧的最后一个视频单元；如果为‘0’，则表示其他视频单元。
- 相对播放时间指示：1 位字段，如果相对播放时间指示为‘1’，则表示有相对播放时间参数；如果为‘0’，则没有。只在每个图像帧的第一个视频单元中设置为‘1’，其他视频单元中设置为‘0’。
- 相对播放时间：16 位字段，表示视频单元内视频数据的播放时间与复用子帧头的起始播放时间的差，视频单元的实际播放时间是起始播放时间与该视频单元对应的相对播放时间的和，单位为 1/22500 秒。
- CRC_32：32 位字段，包含 CRC 码，CRC_32 解码模型见 GY/T 220.2—2006 标准附录 A。

4.4.3 音频段

音频段用于承载业务的音频数据，它由音频段头和多个音频单元组成，如图 4-13 所示。音频段头描述了音频段头长度和各音频单元的基本参数，音频单元参数包括音频单元长度、音频流编号及相对播放时间，音频单元用于承载业务声音数据，声音数据可以由多个音频流组成。

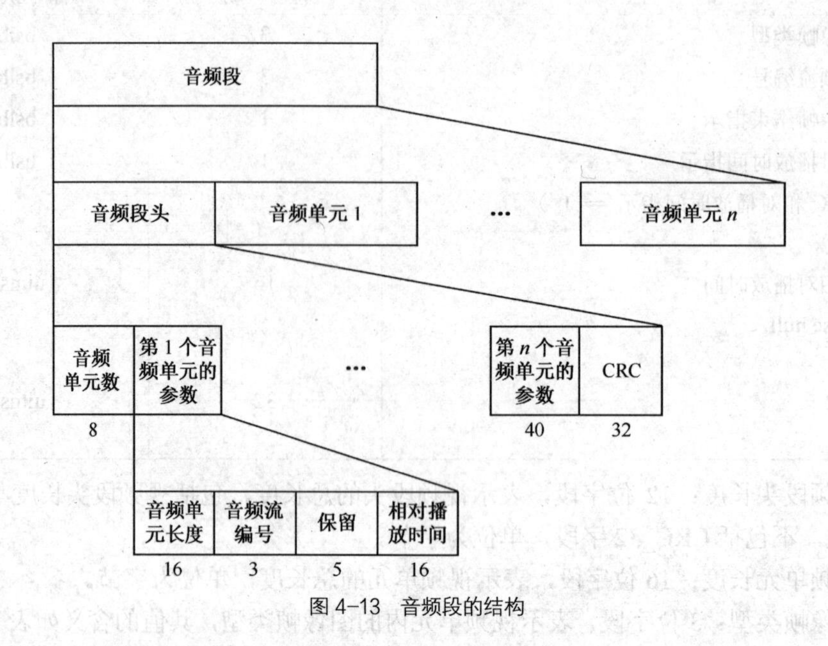

图 4-13 音频段的结构

音频段头的语法定义如表 4-18 所示。

表 4-18 音频段头的语法定义

语　法	位　数	标 识 符
音频段头		
{		
音频单元数	8	uimsbf
for （ i = 0; i < N; i++ ）		
{		
音频单元长度	16	uimsbf
音频流编号	3	bslbf
保留	5	bslbf
相对播放时间	16	uimsbf
}		
CRC_32	32	uimsbf
}		

- 音频单元数：8 位字段，表示音频单元的总数。
- 音频单元长度：16 位字段，表示音频单元的长度，单位为字节。
- 音频流编号：3 位字段，表示音频单元的所属音频流的编号。
- 相对播放时间：16 位字段，表示音频单元内音频数据的播放时间与复用子帧头的起始播放时间的差，音频单元的实际播放时间是起始播放时间与该音频单元对应的相对播放时间的和，单位为 1/22500 秒。

4.4.4 数据段

数据段用于承载电子业务指南、紧急广播等数据，由数据段头和数据单元组成。数据段头描述了数据单元的基本参数，数据单元用于承载数据的有效净荷。

数据段的结构如图 4-14 所示。

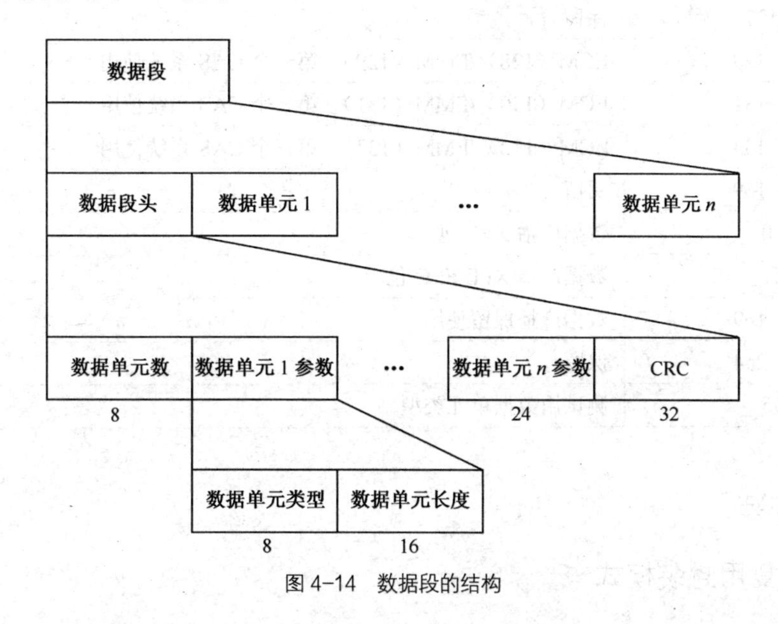

图 4-14 数据段的结构

数据段头的语法定义如表 4-19 所示。

表 4-19 数据段头的语法定义

语法	位数	标识
数据段头		
{		
数据单元数	8	uimsbf
for （ i = 0; i < N; i++ ）		
{		
数据单元类型	8	bslbf
数据单元长度	16	uimsbf
}		
CRC_32	32	uimsbf
}		

- 数据单元数：8 位字段，表示数据单元的总数。
- 数据单元类型：8 位字段，表示数据单元的类型，定义见表 4-20。
- 数据单元长度：16 位字段，表示数据单元的长度，单位为字节。
- CRC_32：32 位字段，包含 CRC 码，CRC_32 解码模型见 GY/T 220.2—2006 标准附录 A。

表 4-20　　　　数据单元类型

值	数据单元类型
0	ESG 数据节
1	ESG 节目提示信息
2～127	保留
128～129	ECM（128）/EMM（129） 第一个 CAS 系统使用
130～131	ECM（130）/EMM（131） 第二个 CAS 系统使用
132～133	ECM（132）/EMM（133） 第三个 CAS 系统使用
134～159	保留
160	数据广播 XPE 包
161	数据广播 XPE-FEC 包
162～169	数据广播保留使用
170～254	保留
255	测试用数据单元类型

4.5 复用封装

4.5.1 复用封装模式

复用封装应遵循 GY/T 220.2—2006 标准，对输入的业务进行解析，然后将视频业务数据封装在视频单元中，将音频业务数据封装在音频单元中，将数据业务封装在数据单元中。在对视频段、音频段和数据段进行复用封装的过程中，根据容错能力的不同，将复用封装分为两种模式：模式 1 和模式 2。复用子帧头中的"封装模式指示"表明了所采用的封装模式。同一个复用子帧内的复用封装，必须采用相同的封装模式。GY/T 220.2—2006 复用子帧头中的"封装模式指示"字段表明了复用子帧所采用的封装模式，取值‘1’表示模式 1；取值‘0’表示模式 2，如图 4-9 所示。

当使用模式 1 封装时，对输入的音频流/视频流进行解析得到音/视频基本流（ES），并将具有相同时间戳的音/视频基本流封装在同一个音/视频单元中；对输入的数据流，直接将有效数据净荷按类型封装在数据单元中。

当使用模式 2 封装时，每个单元被分为一个或者多个复用块，复用块的结构如图 4-15 所示。

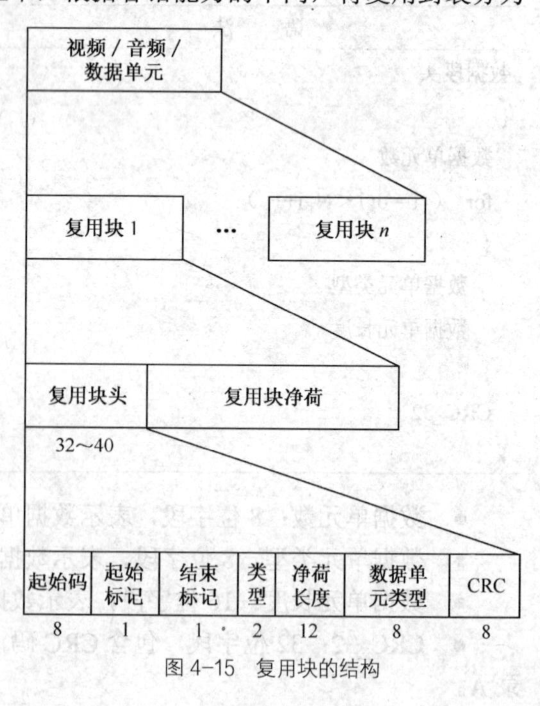

图 4-15　复用块的结构

复用块由复用块头和复用块净荷组成，其中复用块头由起始码、起始标记、结束标记、类型、净荷长度、数据单元类型和CRC组成。复用块净荷承载的是有效数据载荷，其最大长度为4095B。模式2能够提供更强大的容错机制。

复用块头的语法定义如表4-21所示。

表4-21　　复用块头的语法定义

语　法	位　数	标识符
复用块头（）		
{		
起始码	8	uimsbf
起始标记	1	bslbf
结束标记	1	bslbf
类型	2	bslbf
净荷长度	12	uimsbf
if （类型 =='10'）		
{		
数据单元类型	8	uimsbf
}		
CRC	8	uimsbf
}		

- 起始码：8位字段，标识复用块的首字节，取值固定为0x55。
- 起始标记：1位字段，标识当前复用块是否是视频单元/音频单元/数据单元的开始。如果当前复用块是视频单元/音频单元/数据单元的第一个复用块，则该标记位为'1'；如果不是视频单元/音频单元/数据单元的第一个复用块，则该标记位为'0'。
- 结束标记：1位字段，标识当前复用块是否是视频单元/音频单元/数据单元的结尾。如果当前复用块是视频单元/音频单元/数据单元的最后一个复用块，则该标记位为'1'；如果不是视频单元/音频单元/数据单元的最后一个复用块，则该标记位为'0'。
- 类型：2位字段，表示复用块类型，取值'00'表示承载视频的复用块，'01'表示承载音频的复用块，'10'表示承载数据的复用块，'11'保留为以后使用。
- 净荷长度：12位字段，标识净荷长度，单位是字节。
- 数据单元类型：8位可选字段，仅当复用块类型为'10'时有效，数据单元类型的定义见表4-20，取值同复用子帧数据段的数据单元类型。
- CRC：8位字段，对不包含CRC的复用块头的CRC计算值，计算CRC的多项式为$x^8+x^5+x^4+1$。例如复用块头为0x55，0x83，0xc5时，左位（高位）在先，CRC为0x85。

4.5.2 H.264视频流复用封装

1. 使用模式1封装

输入的H.264视频流采用IETF RFC 3984规定的RTP（Real-time Transport Protocol，实时传输协议）包格式，封装流程如图4-16所示，具体的步骤如下。

（1）从输入的视频RTP包中解析出H.264的网络提取层（Network Abstraction Layer，NAL）单元；

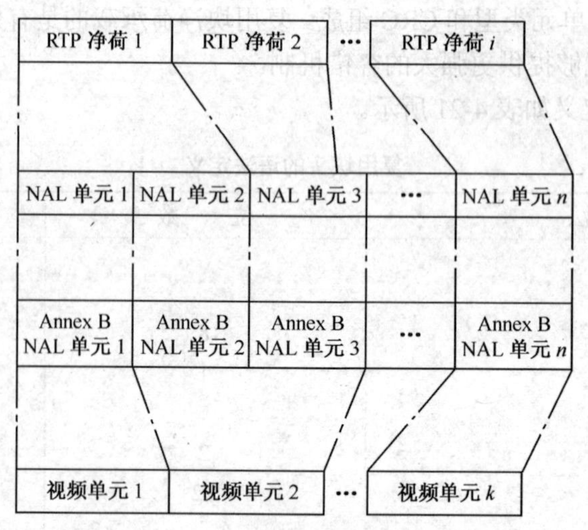

图 4-16　H.264 视频流复用封装（模式 1）

（2）在每个 NAL 的前面插入 3 字节的起始码（start code：0x000001）后封装在视频单元中；

（3）每个视频单元包含具有相同时戳的一个或多个完整的 NAL 单元。

2．使用模式 2 封装

输入的 H.264 视频流采用 IETF RFC 3984 规定的 RTP 包格式，从接收的视频 RTP 包取出 RTP 包净荷直接映射在复用块的净荷中，复用块的净荷与 RTP 包净荷存在一一对应关系，如图 4-17 所示。

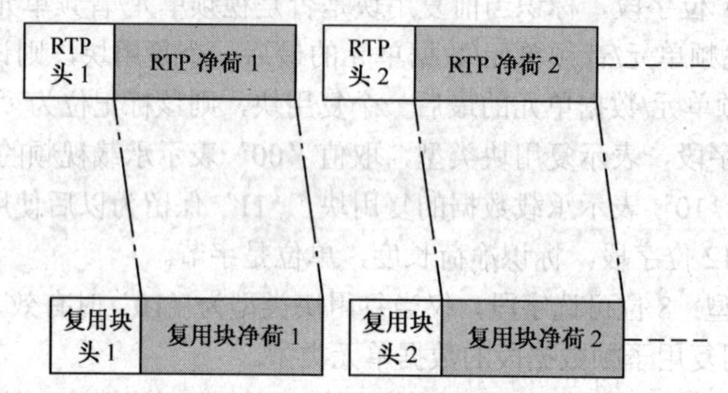

图 4-17　H.264 视频流复用封装（模式 2）

4.5.3　AAC 音频流复用封装

1．使用模式 1 封装

输入的 AAC（Advanced Audio Coding，先进音频编码）音频流采用 IETF RFC 3016 规定的 RTP 包格式，封装流程如图 4-18 所示，具体的步骤如下。

（1）从输入的音频 RTP 包中解析出 IETF RFC 3016 格式音频复用元素（audioMuxElement）；

（2）将音频复用元素封装在音频单元中。

2. 使用模式 2 封装

输入的 AAC 音频流采用 IETF RFC 3016 规定的 RTP 包格式，从输入的音频 RTP 包中取出 RTP 包净荷，并封装在音频单元的复用块净荷中，如图 4-19 所示。

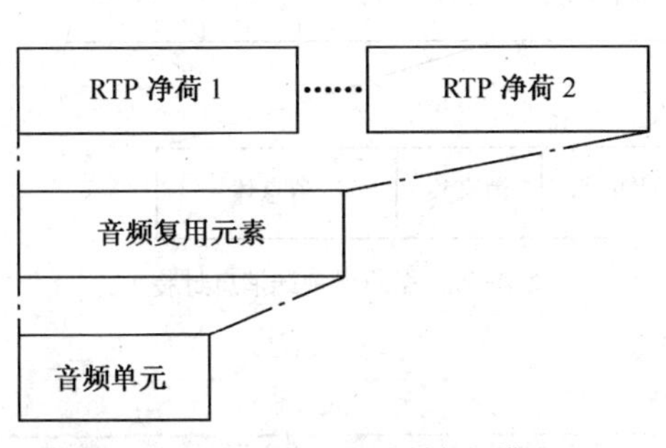

图 4-18 AAC 音频流复用封装（模式 1）

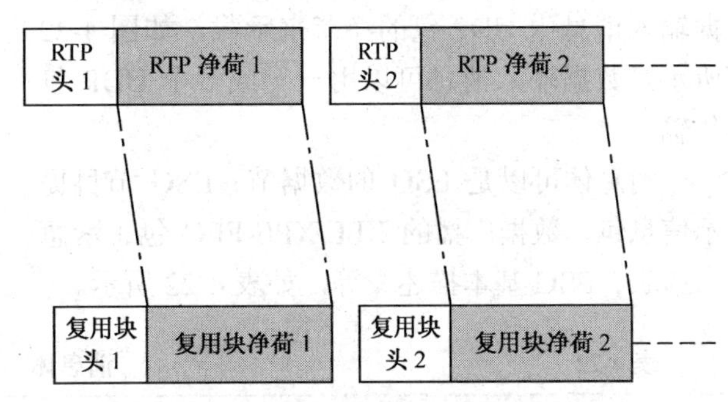

图 4-19 AAC 音频流复用封装（模式 2）

4.5.4 DRA 音频流复用封装

1. 使用模式 1 封装

输入的 DRA 音频流采用 IETF RFC 3550 规定的 RTP 包格式，具体的描述请参见 GY/Z 234—2008 附录 A，从输入的音频 RTP 包中取出 RTP 包净荷，并封装在音频单元中，如图 4-20 所示。

2. 使用模式 2 封装

输入的 DRA 音频流采用 IETF RFC 3550 规定的 RTP 包格式，从输入的音频 RTP 包中取出 RTP 包净荷，并封装在音频单元的复用块净荷中，如图 4-21 所示。

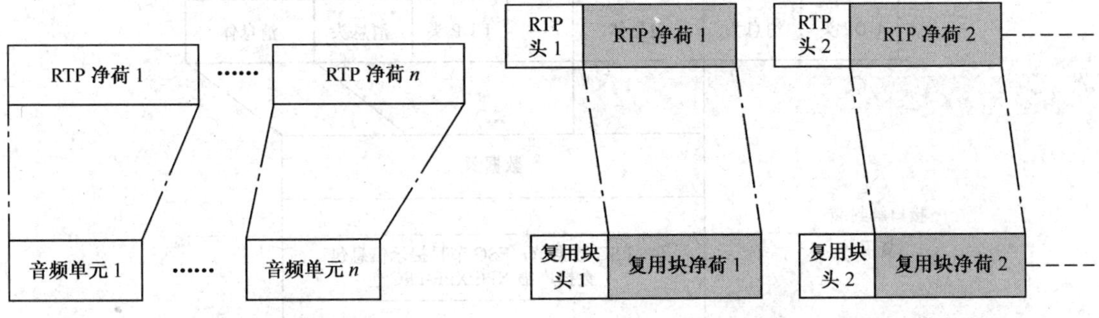

图 4-20 DRA 音频流复用封装（模式 1）

图 4-21 DRA 音频流复用封装（模式 2）

4.5.5 数据输入消息

复用输入包括视频/音频流输入和数据输入。数据输入包括数据广播、电子业务指南（ESG）、紧急广播表、加密授权描述表等的输入。输入的视频/音频流通常采用 RTP 包格式。数据广播、ESG、紧急广播表等复用输入采用数据输入消息进行封装，本节将作简要的介绍。

加密授权描述表的复用输入将在第 8 章介绍。

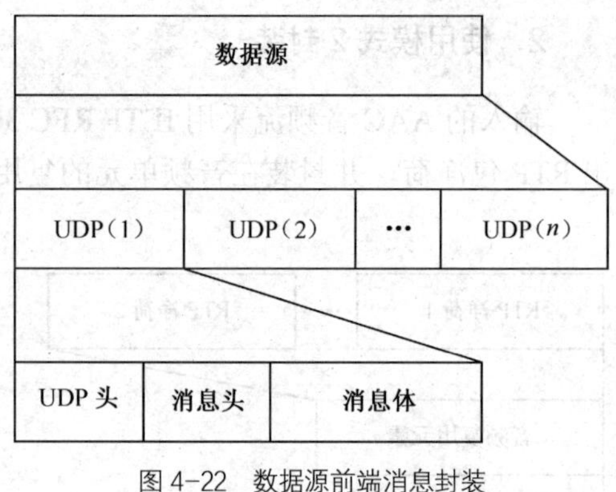

图 4-22　数据源前端消息封装

1. 数据输入消息定义

数据输入消息由消息头和消息体组成。数据输入消息由 UDP 包的净荷来承载，如图 4-22 所示。数据输入消息可以用一个或多个 UDP 包传输。

消息体可以是 ESG 的数据节、ESG 节目提示信息包、数据广播的 XPE/XPE-FEC 包、紧急广播表、ESG 基本描述表等，如表 4-22 所示。

表 4-22　消息体

复 用 输 入	消 息 体
ESG 数据信息	ESG 数据节
节目提示信息	节目提示信息数据包
数据广播	XPE/XPE-FEC 包
ESG 基本描述信息	ESG 基本描述表
紧急广播	紧急广播表

如果消息体是 ESG 数据节、ESG 节目提示信息包、数据广播 XPE/XPE-FEC 包，将其放在一个数据单元，封装到复用子帧，如图 4-23 所示。

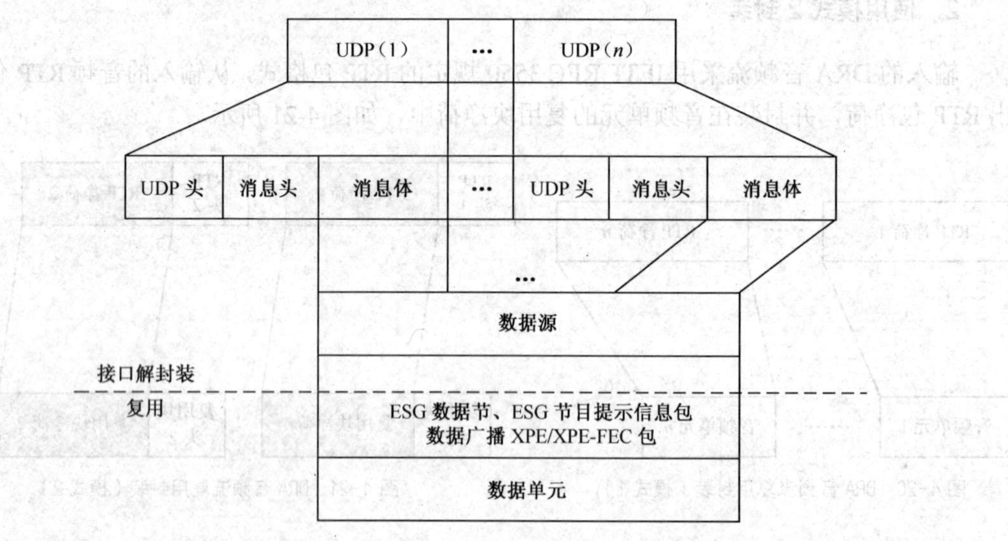

图 4-23　ESG 数据节、ESG 节目提示信息包、数据广播 XPE/XPE-FEC 包的数据输入消息传输示意图

如果是紧急广播表、ESG 基本描述表，则将这些控制信息表直接封装到复用子帧，如图 4-24 所示。

数据输入消息的消息头结构如图 4-25 所示。

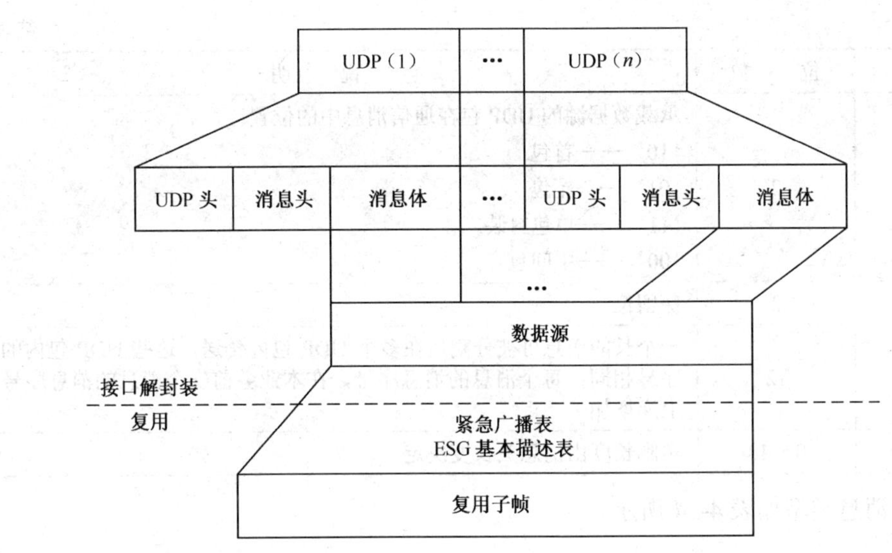

图 4-24　紧急广播表、ESG 基本描述表数据输入消息传输示意图

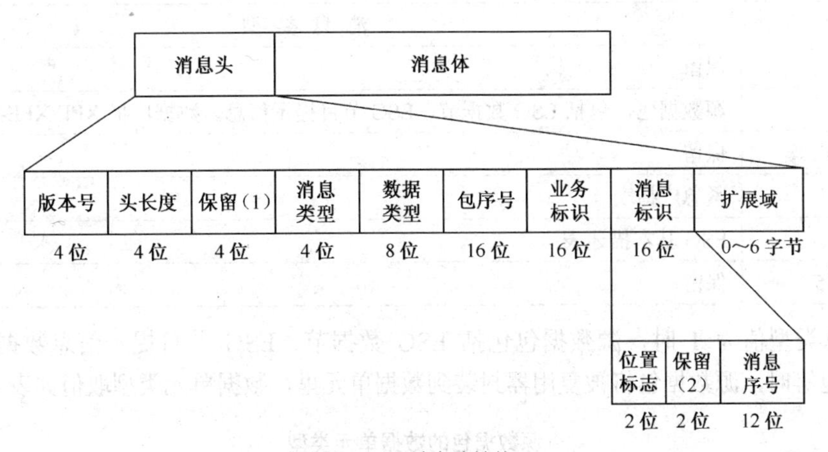

图 4-25　消息头结构

数据输入消息的消息头参数说明如表 4-23 所示。

表 4-23　　　　　　　　数据输入消息头参数说明

元　素	位　数	说　明
版本	4	消息的版本，文档对应的当前版本为‘0000’，后续版本变更递增加 1
头长度	4	消息头的长度，单位为字节
保留（1）	4	保留位
消息类型	4	用于区分不同的消息体
数据类型	8	每类消息数据类型有不同的规定
包序号	16	传送消息的 UDP 通信包序号，每个 ServiceID 的业务维护各自的包序号；每个 UDP 通信包，在本业务的前一个通信包序号的基础上递增加 1
业务标识	16	消息体为 ESG 基本描述表或紧急广播控制信息表，取值 0xFFFF；其他情况下为业务标识 ServiceID

续表

元　素	位　数	说　明
位置标志	2	承载数据源的 UDP 包在通信消息中的位置： ‘10’——首包 ‘01’——尾包 ‘11’——单包封装 ‘00’——中间包
保留（2）	2	保留位
消息序号	12	一个长的消息可被分割后在多个 UDP 包内传送，这些 UDP 包内的消息序号相同；每个消息的消息序号，在本业务前一个消息的消息序号基础上递增加 1
扩展域	0～48	实际长度由消息头长度决定

其中，消息类型如表 4-24 所示。

表 4-24　　消息类型

值	消 息 类 型
0	保留
1	源数据包，包括 ESG 数据节、ESG 节目提示信息、数据广播 XPE/XPE-FEC 包
2～9	保留
10	紧急广播表
11	ESG 基本描述表
12～15	保留

当消息类型值为 1 时，源数据包包括 ESG 数据节、ESG 节目提示信息数据广播 XPE/XPE-FEC 包等时，源数据包将被复用器封装到数据单元里，数据单元类型取值如表 4-25 所示。

表 4-25　　源数据包的数据单元类型

值	数据单元类型
0	ESG 数据节
1	ESG 节目提示信息
2～127	保留
128～129	ECM（128）/EMM（129）第一个 CAS 系统使用
130～131	ECM（130）/EMM（131）第二个 CAS 系统使用
132～133	ECM（132）/EMM（133）第三个 CAS 系统使用
134～159	保留
160	数据广播 XPE 包
161	数据广播 XPE-FEC 包
162～169	数据广播保留使用
170～254	保留
255	测试用数据单元类型

当消息类型值为 10 时，消息体包含的是紧急广播表，数据单元类型字段的定义如表 4-26 所示。

表 4-26　　消息类型值为 10 时的数据单元类型字段的定义

字　段	位　数	标 识 符
并发消息数量	4	uimsbf
保留	2	bslbf
紧急广播序号	2	bslbf

其中：

- 并发消息数量：4 位字段，表示紧急广播前端设备发送队列里面当前待发的消息数量，复用器可以根据此字段判断是否还有待接收的紧急广播消息。
- 保留：2 位保留位。
- 紧急广播序号：2 位字段，取值‘00’表示没有紧急广播消息，其他值表示有紧急广播消息。当紧急广播前端发送队列里面增加紧急广播消息时，本字段取值在 1～3 范围内循环递增加 1。当紧急广播前端发送队列里面紧急广播消息减少时，若发送队列清空，本字段取值‘00’，否则保持不变。此字段的取值与复用帧头中的“紧急广播指示”字段取值一致。

复用器接收前端的紧急广播业务数据时，当并发消息数量和紧急广播序号均取值为 0 时，标志紧急广播消息结束，复用器停止发送紧急广播表。上述任一标志不为 0 时，复用器重复发送当前接收到的最新的紧急广播消息和紧急广播指示标志。

为保证一定的可靠性，紧急广播前端将表示结束的消息重发至少 3 次。

2．输入数据消息的处理

对于每种类型的输入数据消息，复用器提供预分配 UDP 端口，前端设备向该端口以 UDP 方式发送数据。ESG 业务、数据广播业务、紧急广播，各自采用不同的接收端口，该端口不得与其他应用所用的端口冲突。

前端设备发送方，对于要发送的数据，根据内容大小，适配到 UDP 包中发送；如果消息较大，分割后用多个 UDP 报文传输。在每个 UDP 包中，要传输的消息体加上消息头后放在 UDP 包净荷部分发送。

复用器接收到 UDP 包后，根据净荷内消息头中的业务号、包序号、消息序号等将消息体重组起来，根据消息头信息，按各种数据各自对应的策略作复用处理。

3．传输控制

为了实现 UDP 的可靠传输，需要发送端独立控制各自的输出码流速率，每个业务被分配有确定的传输带宽，发送源外发的 UDP 码流应不超过此限定带宽，并保持码流平滑，避免突发；传输网络上分配宽裕的带宽，保证聚合流不发生拥塞，发生丢包和乱序等异常情况。

4.5.6　PMS 包格式

各种业务数据经封装成复用帧流（MFS）后，采用 PMS 包来承载。PMS 包的长度为 188 字节，结构如图 4-26 所示。其中，PMS 包的包头长度为 16 字节，净荷的长度可变，填充部分统一采用 0×00 字节填充，以保证 PMS 包长度为 188 字节。

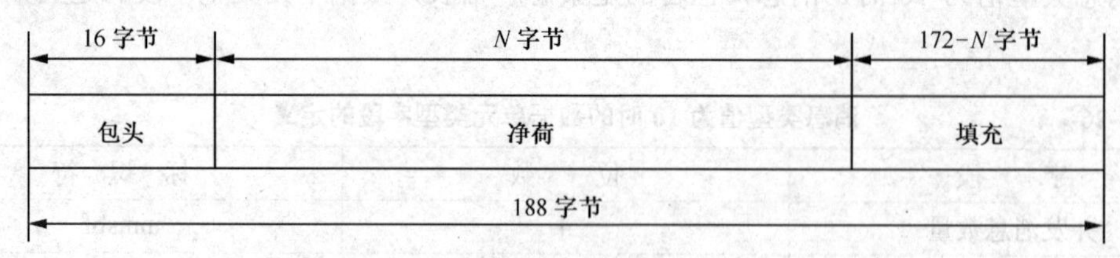

图 4-26 PMS 包结构

1. PMS 包头

PMS 包的包头长度为 16 字节，其中前 4 字节采用 GB/T 17975.1—2000 中定义的传送流（TS）包头。包头部分的语法定义如表 4-27 所示。

表 4-27　PMS 包头的语法定义

语　法	位　数	标 识 符	取　值
包头			
{			
同步字节	8	uimsbf	0x47
传输错误指示	1	bslbf	0
净荷单元起始指示	1	bslbf	0
传输优先级	1	bslbf	0
PID	13	bslbf	0x0000～0x1FFF
传输加扰控制	2	bslbf	'00'
适配段控制	2	bslbf	'01'
连续计数	4	bslbf	循环计数
保留	32	bslbf	
设备号	16	uimsbf	码流输出设备编号
频点号	8	uimsbf	PMS 包对应调制频点编号
包序号	16	uimsbf	PMS 包序号，每个频点独立循环计数
净荷类型	16	uimsbf	PMS 包净荷的类型
净荷长度	8	uimsbf	PMS 包的净荷长度，以字节为单位
}			

其中，净荷类型用于描述 PMS 包的有效数据类型，长度为 2 字节，类型定义如表 4-28 所示。

表 4-28　PMS 包净荷类型

取　值	净 荷 类 型
0×1111	时间日期（TOD）消息
0×3333	复用帧描述消息
0×5555	复用帧数据

2. TOD 消息

TOD 消息描述的是 PMS 数据的时间信息，共占用 12 字节，其语法定义如表 4-29 所示。

其中，复用帧数量指示复用器当前输出的复用帧数量，长度为1字节。TOD消息每一秒发送一次，指示当前时间信息。

表4-29 TOD消息的语法定义

语 法	字 节 数	标 识 符
TOD消息		
{		
年十位（Tens of Years）	1	bslbf
年个位（Units of Years）	1	bslbf
日期百位（Hundreds of Days）	1	bslbf
日期十位（Tens of Days）	1	bslbf
日期个位（Units of Days）	1	bslbf
小时十位（Tens of Hours）	1	bslbf
小时个位（Units of Hours）	1	bslbf
分钟十位（Tens of Minutes）	1	bslbf
分钟个位（Units of Minutes）	1	bslbf
秒十位（Tens of Seconds）	1	bslbf
秒个位（Units of Seconds）	1	bslbf
复用帧数量	1	bslbf
}		

3．复用帧描述消息

复用帧描述消息描述的是不同PMS包所承载的复用帧参数信息，除在GY/T 220.2—2006标准中所列举的复用帧基本信息外，还包括像复用帧输出时刻、单频网发射延时等复用帧输出参数，共计占用23字节，其语法定义如表4-30所示。

表4-30 复用帧描述消息的语法定义

语 法	位 数	标 识 符	取 值
复用帧描述消息			
{			
版本号	8	bslbf	接口协议版本号，取值0～255
保留	2	bslbf	‘00’
复用帧标识	6	bslbf	复用帧描述消息对应的复用帧标识，取值0～39
中心频率	32	uimsbf	中心频率值，单位为10Hz
时间标签指示	1	bslbf	‘0’表示时间标签无效；‘1’表示时间标签有效
保留	7	bslbf	‘0000000’
复用帧输出时刻	32	uimsbf	当前复用帧在复用器输出接口的输出时刻，取TOD的分、秒
单频网发射延时	8	bslbf	复用帧所在广播信道帧在广播信道调制器输出时刻相对于复用帧输出时刻的延时值，以秒为单位，取值范围0～4

续表

语　法	位　数	标 识 符	取　值
保留	3	bslbf	‘000’
广播信道帧序号	5	bslbf	复用帧对应所在广播信道帧序号，循环取值
复用帧数据包数量	16	uimsbf	对应本复用帧的用于承载复用帧数据的PMS包数量
外编码速率	2	bslbf	见表 4-7
外交织模式	2	bslbf	见表 4-8
LDPC 编码速率	2	bslbf	见表 4-9
调制模式	2	bslbf	见表 4-10
扰码模式	3	bslbf	见表 4-11
保留	7	bslbf	‘0000000’
占用时隙数（M）	6	bslbf	1～39
for（i=0；i<M；i++）			
{			
保留	2	bslbf	‘00’
时隙号	6	bslbf	时隙号，取值 0～39
}			
保留	4	bslbf	‘0000’
业务数（K）	4	bslbf	业务数量，取值 0～15
for（i=0；i<K；i++）			
{			
保留	4	bslbf	‘0000’
子帧序号	4	bslbf	复用子帧，取值 0～15
业务标识	16	uimsbf	业务标识
}			
}			

4．复用帧数据

复用帧数据是 PMS 包承载复用帧的数据主体，除当前复用帧标识和复用帧净荷包编号两个参数外，其余 144 字节均为复用帧数据信息，共计占用 147 字节。复用帧数据的语法定义如表 4-31 所示。

表 4-31　　复用帧数据的语法定义

语　法	位　数	标 识 符	取　值
复用帧数据			
{			
保留	2	bslbf	“00”
当前复用帧标识	6	bslbf	0～39
复用帧净荷包编号	16	uimsbf	每个复用帧从 1 开始取值，每个复用帧数据包依次加 1
复用帧净荷	144×8	bslbf	144 字节复用帧数据
}			

4.6 本章小结

CMMB 复用帧结构与广播信道帧结构完全适配，利用传输时隙结构实现对终端省电的支持，在设计上具有充分考虑了多业务应用的灵活性和可扩展性（如支持短时间业务和持续业务的组合），可以承载多种音视频码流，支持灵活的数据业务，并通过将关键的业务辅助信息和信道调度控制信息放置在专用的高保护率时隙中传输，能够很好地适应无线传输的恶劣环境，具有很强的容错特性。

CMMB 复用协议的组成单元包括复用帧、复用子帧、视频段、音频段和数据段。每个物理传输的广播信道帧由复用帧构成，多个复用子帧或者控制信息表组成复用帧，复用子帧包括音频、视频和数据段。在一个 CMMB 广播信道帧中最多可以有 40 个复用帧，根据其承载的内容不同，可分为两种类型的复用帧，其中第一个复用帧（MF_ID==0）称为控制复用帧，其他复用帧（MF_ID != 0）称为业务复用帧。控制复用帧的净荷为各类控制信息表，包括网络信息表、持续业务复用配置表、持续业务配置表、短时间业务复用配置表、短时间业务配置表、ESG 基本描述表、紧急广播表等，为终端提供各种相应的控制信息。业务复用帧的净荷为一个或多个复用子帧（最多 15 个），每个复用子帧承载音频、视频或数据等业务信息。在业务复用帧净荷中，一个业务对应一个复用子帧。同一业务的音频基本流、视频基本流和数据流封装在同一复用子帧中。

4.7 习题

1. 什么是复用器？CMMB 前端系统中的复用器具有什么功能？
2. 什么是复用帧？根据其承载的内容不同，可分为哪两种类型的复用帧？
3. 什么是复用子帧？复用子帧中包含哪些内容？
4. 在 CMMB 系统中，音/视频流是如何进行复用封装的？

第 5 章 移动多媒体广播电子业务指南系统

本章学习要点

- 熟悉移动多媒体广播电子业务指南（ESG）的概念及构成。
- 熟悉 ESG 数据复用封装方法。
- 了解 ESG 系统的构成及实现方式。
- 了解 ESG 终端处理流程。

在移动多媒体广播中，电子业务指南（Electronic Service Guide，ESG）是一种多媒体广播信息导航业务。在系统中开展电子业务指南业务，终端用户能够获得移动多媒体广播业务的相关信息，如业务名称、播放时间、内容梗概等，以实现移动多媒体广播业务的快速检索和访问。因此，电子业务指南（ESG）被认为是移动多媒体广播系统的重要组成部分。

2007 年，广电总局正式颁布 GY/T 220.3—2007《移动多媒体广播 第 3 部分 电子业务指南》，该标准规定了移动多媒体广播系统中的电子业务指南结构、数据定义、封装和传输方式，这对于推动移动多媒体广播业务的开展非常重要。

5.1 电子业务指南（ESG）的构成

在移动多媒体广播系统中，ESG 由基本描述信息、数据信息和节目提示信息构成，如图 5-1 所示。

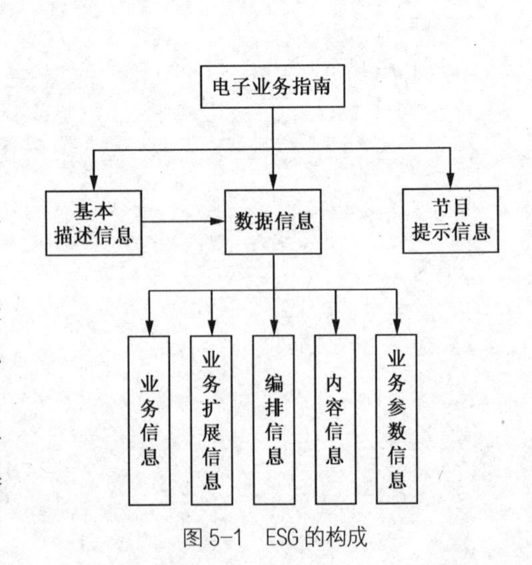

图 5-1 ESG 的构成

基本描述信息主要描述数据信息在 ESG 业务的分配情况、更新状态等。

数据信息主要描述与移动多媒体广播业务相关的业务信息、业务扩展信息、编排信息、内容信息与业务参数信息。

节目提示信息主要描述业务当前时间段和下一时间段播放节目的概要信息、随移动多媒体广播视、音频业务一起传输。

在移动多媒体广播系统中，ESG基本描述信息必须在每个频点的控制逻辑信道中传输，ESG数据信息在某一个频点的特定业务逻辑信道中传输，节目提示信息在每个频点的业务逻辑信道随移动多媒体视音频业务一起传输，如图5-2所示。

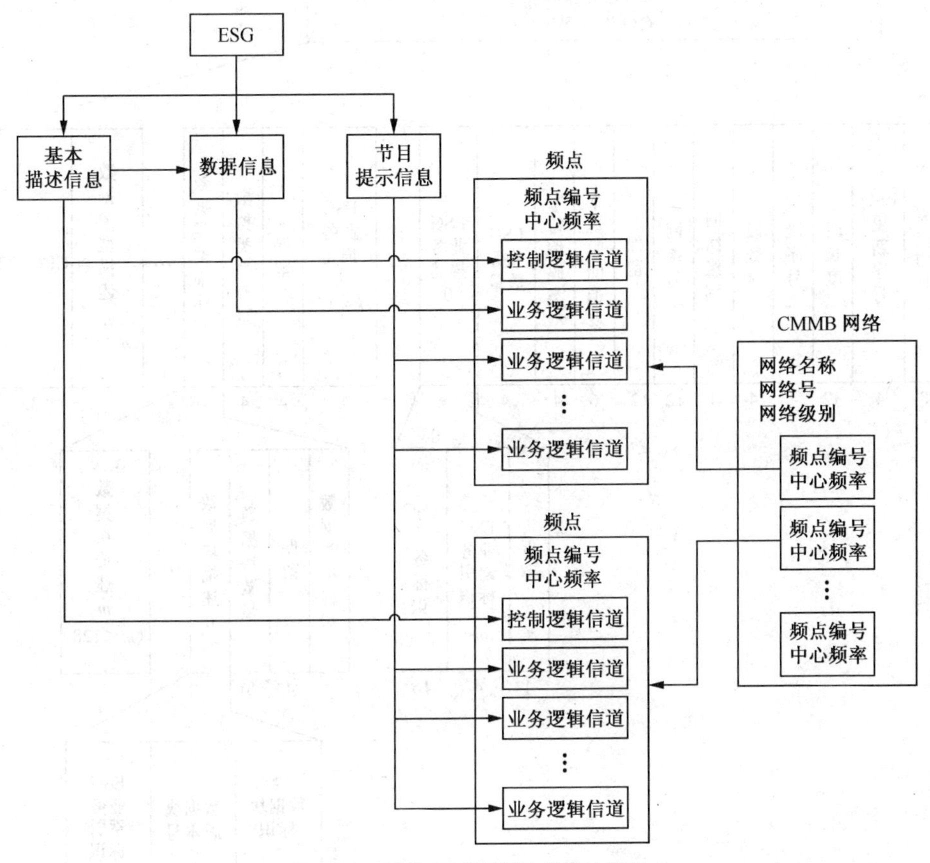

图5-2 ESG在CMMB网络中传输示意图

5.1.1 基本描述信息

基本描述信息描述了数据信息在ESG业务的分配情况、更新状态等，该信息被封装在ESG基本描述表中，在控制逻辑信道中传输，即在复用控制帧（MF_ID==0）中承载传输，如图5-3所示。

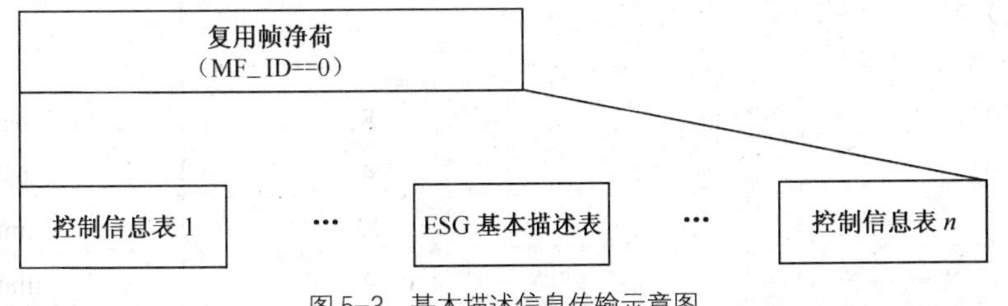

图5-3 基本描述信息传输示意图

移动多媒体终端开机或者从其他服务模式（如移动通信、待机等）切换到移动多媒体服务模式时，首先从控制逻辑信道收取网络信息表、业务复用配置表以及ESG基本描述表（表标识号为 0x06)。从 ESG 基本描述表中获取 ESG 业务标识，根据业务标识切换到相应的频点和业务逻辑信道收取 ESG 数据信息。ESG 基本描述表的封装结构如图 5-4 所示。

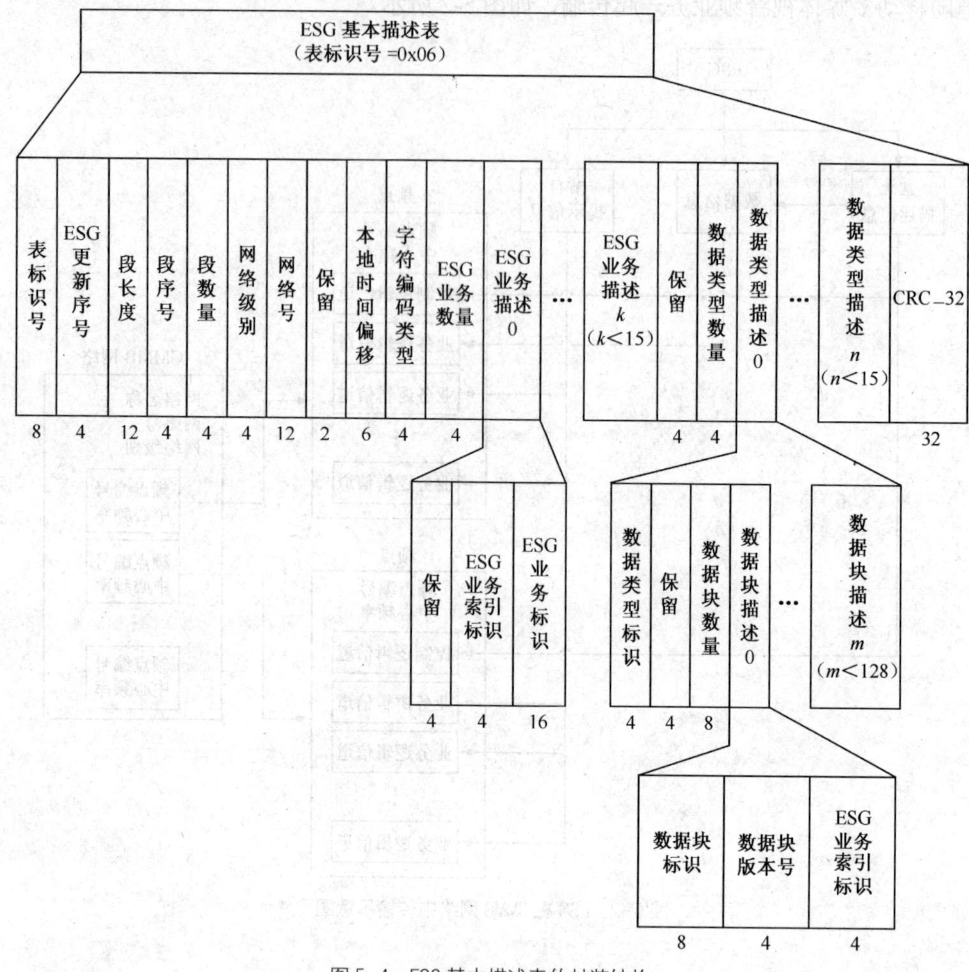

图 5-4 ESG 基本描述表的封装结构

ESG 基本描述表的语法定义如表 5-1 所示。

表 5-1 ESG 基本描述表的语法定义

语 法	位 数	标 识 符
基本描述表（）		
{		
表标识号	8	bslbf
ESG 更新序号	4	bslbf
段长度	12	uimsbf
段序号	4	uimsbf
段数量	4	uimsbf
网络级别	4	bslbf
网络号	12	bslbf

续表

语　法	位　数	标 识 符
保留	2	bslbf
本地时间偏移	6	bslbf
字符编码类型	4	bslbf
ESG 业务数量	4	uimsbf
for （ i = 0; i < N1; i++ ）		
{		
保留	4	bslbf
ESG 业务索引标识	4	bslbf
ESG 业务标识	16	uimsbf
}		
保留	4	bslbf
数据类型数量	4	uimsbf
for （ i = 0; i < N2; i++ ）		
{		
数据类型标识	4	bslbf
保留	4	bslbf
数据块数量	8	uimsbf
for （ j = 0; j < M; j++ ）		
{		
数据块标识	8	uimsbf
数据块版本号	4	bslbf
ESG 业务索引标识	4	bslbf
}		
}		
CRC_32	32	uimsbf
}		

- 表标识号：8 位字段，根据表 4-2 的定义，ESG 基本描述表的表标识号为 0x06。
- ESG 更新序号：4 位字段，表示 ESG 基本描述表的当前更新序号，在 0～15 范围内循环取值。当数据类型标识为“0001”（业务）和/或“0101”（业务参数）的信息发生变化时，ESG 更新序号递增加 1。
- 段长度：12 位字段，取值范围 0～4095，表示基本描述表的长度，包括表标识号，不包括 CRC_32 字段，单位为字节。
- 段序号：4 位字段，取值范围 0～14，表示基本描述表段序号。
- 段数量：4 位字段，取值范围 1～15，表示基本描述表分割的段数量。
- 网络级别：4 位字段，定义见表 4-4。
- 网络号：12 位字段，和网络级别一起唯一标识了一个网络，其中 0～31 保留为以后使用，从 32 开始分配。

● 本地时间偏移：6 位字段，最高位指示时区极性，当置‘0’时，表示本地时间早于 UTC 时间，当置‘1’时，表示本地时间晚于 UTC 时间。后 5 位表示时间偏移量，取值范围 0～24，单位为 0.5 小时。

● 字符编码类型：4 位字段，指示 ESG 文本默认采用的编码字符集，如表 5-2 所示。若其他部分没有明确定义编码字符集，则默认采用由该字段指定的编码字符集。

表 5-2　　编码字符集

值（$b_3b_2b_1b_0$）	字 符 名 称
0000	GB2312
0001	GB18030
0010	GB13000.1
0011	UTF-8
0100～1111	保留

● ESG 业务数量：4 位字段，取值范围 1～15，表示后续循环体 N_1 的值。

● ESG 业务索引标识：4 位字段，表示 ESG 业务的索引，根据该索引标识获得 ESG 业务标识。

● ESG 业务标识：16 位字段，表示 ESG 业务的标识。业务标识取值如表 5-3 所示。

表 5-3　　业务标识分配

业务标识值	分　配
0x0000 至 0x003F	保留
0x0040 至 0x00FF	ESG 数据信息
0x0100 至 0x01FF	保留
0x0200 至 0x3FFF	持续业务
0x4000 至 0x7FFF	短时间业务
0x8000 至 0xFFFF	保留

● 数据类型数量：4 位字段，取值范围 0～15，表示后续循环体 N_2 的值。

● 数据类型标识：4 位字段，标识 ESG 数据净荷承载的 ESG 数据表的类型，如表 5-4 所示。

表 5-4　　ESG 数据类型

值（$b_3b_2b_1b_0$）	类　型
0000	保留
0001	业务信息
0010	业务扩展信息
0011	编排信息
0100	内容信息
0101	业务参数信息
0110～1111	保留

- 数据块数量：8 位字段，取值范围 0～128，表示后续循环体 M 的值。
- 数据块标识：8 位字段，标识 ESG 数据净荷所属的数据块，与数据类型标识一起唯一确定一个数据块。
- 数据块版本号：4 位字段，表示数据块当前的版本号，在 0～15 范围内循环取值，当数据块发生变更时递增加 1。

5.1.2　ESG 数据信息的构成

ESG 数据信息作为一个特殊的移动多媒体广播业务传输，主要描述了与移动多媒体广播业务相关的业务信息、业务扩展信息、编排信息、内容信息和业务参数信息，它们之间的相互关系如图 5-5 所示，在 CMMB 系统中采用可扩展标记语言（Extensible Markup Language，XML）表征。

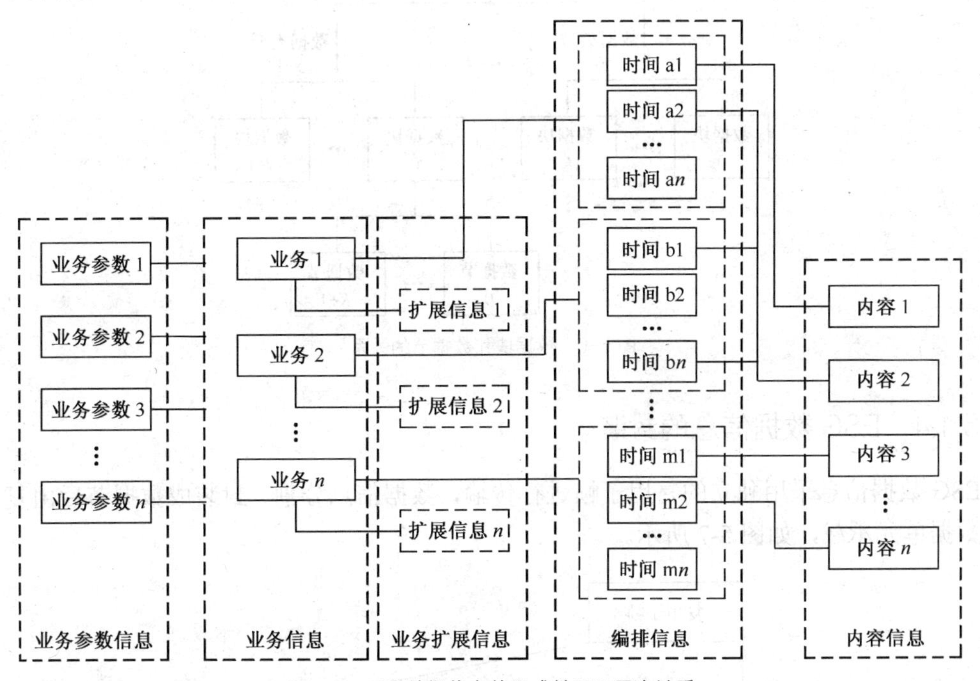

图 5-5　ESG 数据信息的组成单元及层次关系

业务参数信息主要用于终端的业务解析，它由若干业务参数元素构成，每个元素描述了访问业务所需的参数，如视、音频码率、帧频等。不同的业务可以具有相同的业务参数信息。

业务信息由若干业务元素构成，每个元素描述了业务的属性，如业务标识、名称、语种等。每个业务应具有独立的业务信息。

业务扩展信息由若干业务扩展元素构成，每个元素描述了业务详细的属性描述。每个业务应具有独立的业务扩展信息。

编排信息由若干编排元素组成，每个元素描述了节目的起始时间、节目名称等信息。每个业务具有独立的编排信息。

内容信息由若干内容元素构成，每个元素描述了节目的属性，如持续时间、节目介绍、关键词等。内容信息由各个业务根据编排需要进行映射，在实际传输时前端只下发一个完整的内容信息，终端根据映射关系对每个时间段的播出内容进行展现。例如图 5-5 中的内容 2，可以映射在业务 1 的 a2 时刻，同时也被业务 2 的 b1、bn 时刻所映射，即如果内容 2 表示新闻联播，那就意味着业务 1 的 a2 时刻和业务 2 的 b1、bn 时刻将播出新闻联播。

5.1.3 ESG 数据信息的分割

数据信息是 ESG 的主体。按照类型进行划分，数据信息分为业务信息类、业务扩展信息类、编排信息类、内容信息类和业务参数信息类，通过数据类型标识字段加以区分；对分类后的数据信息按块进行分割，通过数据块标识字段来区分。数据块分割成若干个数据节，通过节序号字段区分。数据块和数据节的关系如图 5-6 所示。

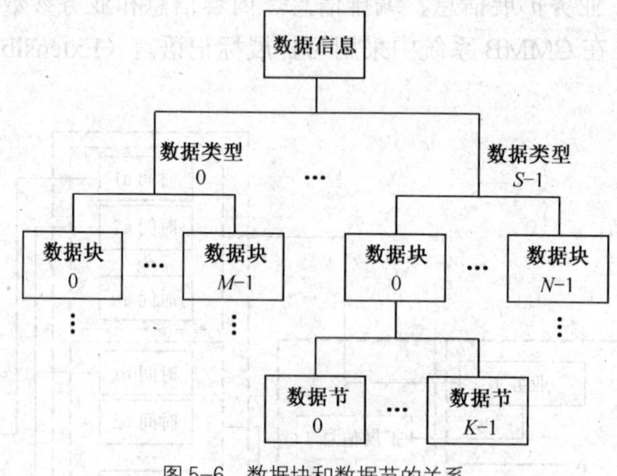

图 5-6 数据块和数据节的关系

5.1.4 ESG 数据信息的封装

ESG 数据信息采用独立的复用子帧进行传输，数据信息分割、封装成数据节后由复用子帧的数据单元承载，如图 5-7 所示。

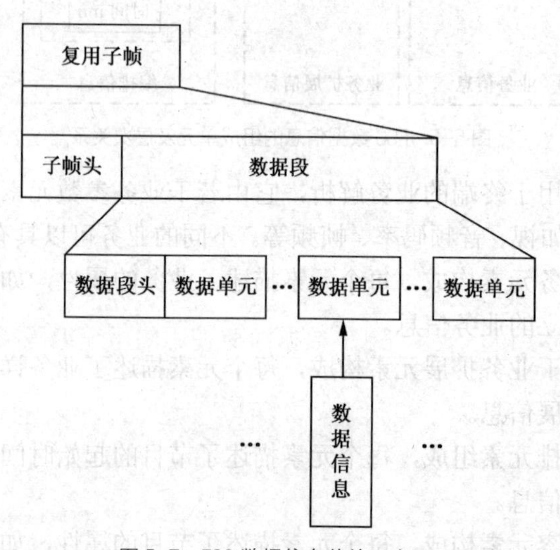

图 5-7 ESG 数据信息传输示意图

当数据段头中的数据单元类型值为 0 时（见表 4-20），表示此数据单元携带的是 ESG

数据节。数据节主要包括数据头和数据净荷，封装结构如图 5-8 所示。

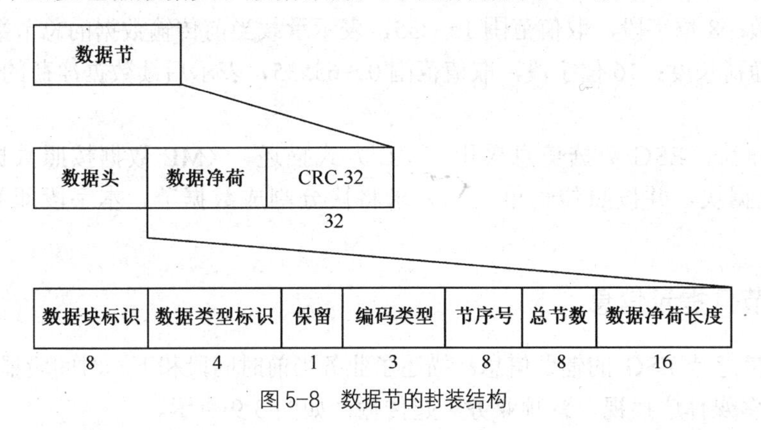

图 5-8　数据节的封装结构

ESG 数据节的语法定义如表 5-5 所示。

表 5-5　ESG 数据节的语法定义

语　法	位　数	标 识 符
数据节（）		
{		
数据块标识	8	uimsbf
数据类型标识	4	bslbf
保留	1	bslbf
编码类型	3	bslbf
节序号	8	uimsbf
总节数	8	uimsbf
数据净荷长度	16	uimsbf
for (i = 0; i < N; i++)		
{		
数据净荷	8	uimsbf
}		
CRC_32	32	uimsbf
}		

- 数据块标识：8 位字段，表示数据节所属的数据块。
- 数据类型标识：4 位字段，标识数据净荷承载的数据的类型，定义见表 5-4，与数据块标识一起唯一确定一个数据块。
- 编码类型：3 位字段，表示 ESG 数据净荷使用的压缩编码类型，如表 5-6 所示，其中 GZIP 压缩编码采用 GZIP 压缩算法压缩，见 IETF RFC 1952。

表 5-6　ESG 数据净荷使用的压缩编码类型

值（$b_2b_1b_0$）	类　型
000	不压缩
001	GZIP 压缩
010～111	保留

- 节序号：8 位字段，取值范围 0～254，表示承载当前传输数据的节序号。
- 总节数：8 位字段，取值范围 1～255，表示承载当前传输数据的总节数。
- 数据净荷长度：16 位字段，取值范围 0～65535，表示后续数据净荷的长度，单位为字节。
- 数据净荷：ESG 数据信息采用 XML 方式描述，XML 数据按照数据类型和数据标识划分成数据块，并按照传输单元的要求将块分割成数据节，本字段即为数据节承载的净荷。

5.1.5 节目提示信息

节目提示信息是 ESG 的辅助信息，描述了业务当前时间段和下一时间段播放节目的概要信息，随移动多媒体广播视、音频业务一起传输，如图 5-9 所示。

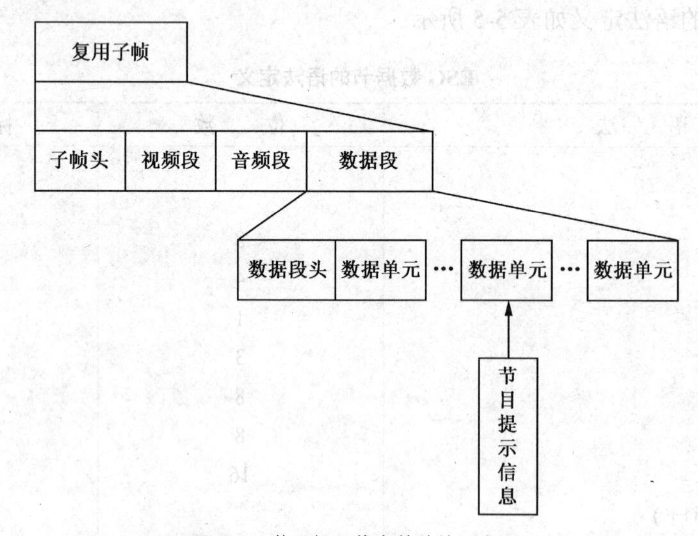

图 5-9 节目提示信息的传输示意图

当数据段头中的数据单元类型值为 1 时（见表 4-20），表示此数据单元携带着节目提示信息。节目提示信息的封装结构如图 5-10 所示。

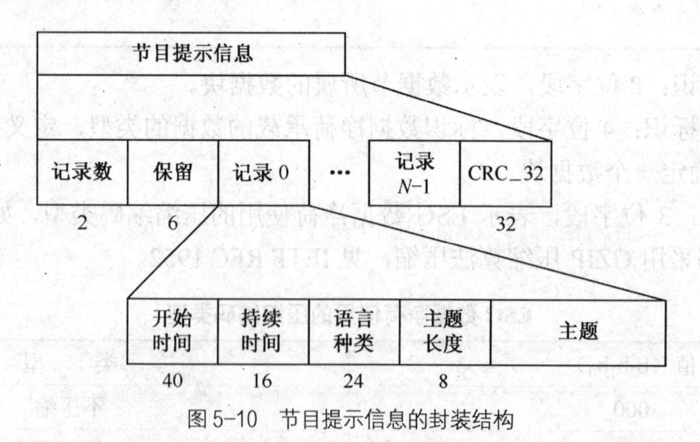

图 5-10 节目提示信息的封装结构

节目提示信息的语法定义如表 5-7 所示。

表 5-7　　节目提示信息语法定义

语　法	位　数	标 识 符
节目提示信息（）		
{		
记录数	2	uimsbf
保留	6	bslbf
for （ i = 0; i < N; i++ ）		
{		
开始时间	40	bslbf
持续时间	16	uimsbf
语言种类	24	bslbf
主题长度	8	uimsbf
for （ j = 0; j < M; j++ ）		
{		
主题	8	uimsbf
}		
}		
CRC_32	32	uimsbf
}		

- 记录数：2 位字段，取值范围 1～2，表示本数据单元包含的节目提示信息数量，第一条记录为当前节目信息，若有第二条记录，则表示下一个节目信息。
- 开始时间：40 位字段，包含以 UTC 和 MJD 形式表示的节目开始时间和日期，前 16 位为 MJD 日期码，后 24 位按 4 位 BCD 编码，共 6 个数字表示精确到秒的时间，时间和日期的转换见 GY/T 220.2—2006 附录 B。
- 持续时间：16 位字段，内容或节目的播放时间长度，单位为秒。
- 语言种类：24 位字段，包含了符合 GB/T 4880.2/T—2000 的 3 字母语言代码，说明后面文本字段所用的语言。每个字符都按照 GB/T 15273.1—1994 编码为 8 位，依次插入 24 位字段。例如，汉语的 3 字符代码“zho”，可编码为“0111 1010 0110 1000 0110 1111”。
- 主题长度：8 位字段，取值范围 0～255，表示主题的长度，以字节为单位。
- 主题：8 位字段，一个字符串，表示播放节目内容的名称。

5.2　ESG 的复用封装

ESG 数据由基本描述信息、数据信息和节目提示信息构成，它们的复用封装方法如下。

ESG 基本描述信息作为一种控制信息表，被复用在每个频点的复用帧 0 中。ESG 基本描述表的表序号为 0x06。

ESG 数据信息作为一个数据业务，被复用在一个独立的只有数据段的复用子帧（业务标识为 0x0040～0x00FF 中的一个）中，数据段头中的数据单元类型值设为 0。

节目提示信息随业务一同传送，作为一个数据单元被复用在相应（业务）复用子帧中的数据段中，数据段头中的数据单元类型值设为 1。

1. 采用模式 1 封装

当采用模式 1 封装时，ESG 数据封装为数据单元的方法如图 5-11 所示。

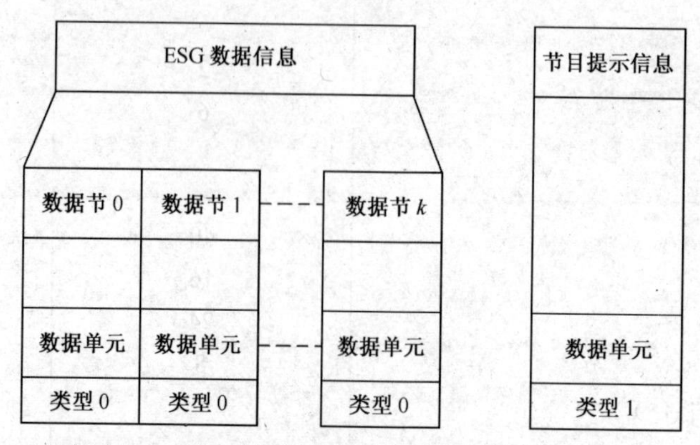

图 5-11 ESG 数据封装为数据单元的方法（模式 1）

2. 采用模式 2 封装

当采用模式 2 封装时，ESG 数据封装为数据单元的方法如图 5-12 所示。

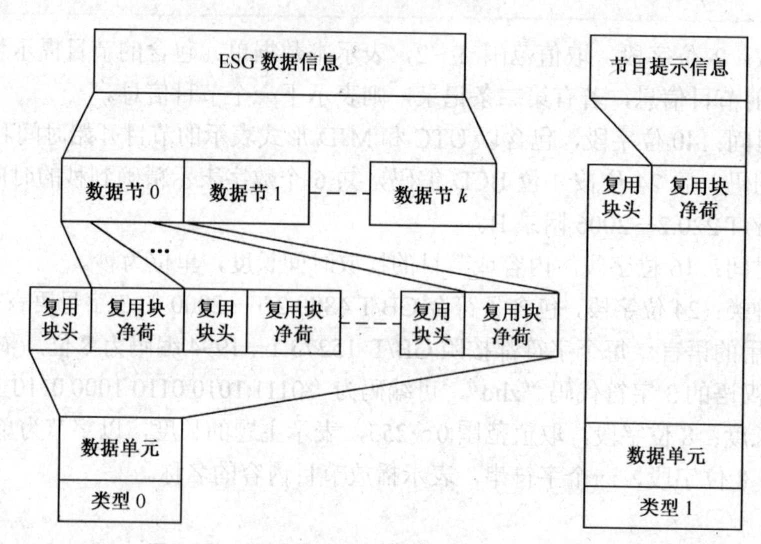

图 5-12 ESG 数据封装为数据单元的方法（模式 2）

5.3 ESG 系统实现

5.3.1 ESG 系统要求

移动多媒体广播对 ESG 系统的要求如下。

（1）中央 ESG 通过 S 频段卫星和 S 频段地面增补网向全国覆盖，中央 ESG 在 S 频段卫星的基本频点发送。

（2）中央 ESG 通过带外方式传输到各地，与地方 ESG 合并后通过 UHF 频段地面覆盖网络实现本地覆盖，合并后的 ESG 通过 UHF 频段地面覆盖网络的基本频点发送。

（3）地方 ESG 信息通过 UHF 频段地面覆盖网络实现本地覆盖，地方 ESG 通过 UHF 频段地面覆盖网络的基本频点发送。

5.3.2 ESG 系统构成

根据移动多媒体广播对 ESG 系统提出的要求，ESG 系统构成如图 5-13 所示。

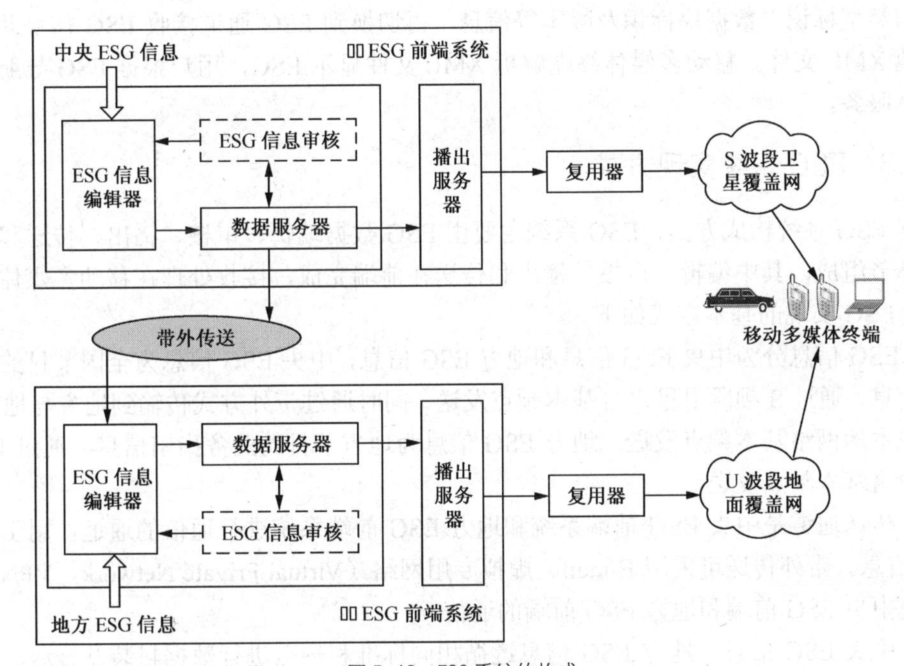

图 5-13　ESG 系统的构成

ESG 系统的主要设备及功能描述如下。

（1）ESG 信息编辑器

ESG 信息编辑器是节目编排制作人员完成对 ESG 信息的维护与管理的设备，主要完成 ESG 信息的录入、修改、删除等操作。ESG 系统管理人员可对节目编排制作人员赋予不同的操作权限。ESG 编辑器支持 XML 格式的 ESG 信息导出和导入，XML 格式遵循 GY/T 220.3—2007 的规定。编辑好的 ESG 数据保存在数据库服务器中。

（2）数据服务器

数据服务器存储、管理 ESG 信息，根据系统要求提供数据服务，生成播发策略和播发列表。数据服务器同时具备对历史数据进行管理的功能，可按要求提供查询 ESG 信息及系统设置数据。

（3）ESG 信息审核客户端

ESG 信息审核客户端从数据服务器读取编辑好的 ESG 信息，由具有节目审核权限的节目审核人员进行预览和审核，确认无误后发布 ESG 信息。

（4）播出服务器

从 ESG 数据服务器读取正式发布的 ESG 信息，按照 GY/T 220.3—2007、GY/T 220.2—2006 标准对 ESG 数据进行分割及封装，根据 ESG 信息的类型、播发策略通过局域网向复用器发送。

（5）复用器

复用器把从播出服务器发送来的 ESG 信息再封装成复用帧，经由调制、无线发射等设备完成发送过程。

（6）移动多媒体终端

移动多媒体终端从基本频点的控制信道获取 ESG 基本描述信息，从中提取 ESG 业务标识、数据类型标识、数据块标识及版本等信息，再切换到 ESG 通道接收 ESG 信息并保存为终端本地 XML 文件。移动多媒体终端解析 XML 文件显示 ESG，用户根据 ESG 导航使用移动多媒体服务。

5.3.3 ESG 系统实现方式

根据 ESG 系统构成方案，ESG 系统主要由 ESG 数据编辑、审核、播出、传送和接收处理五个环节组成，其中编辑、审核、播出和传送在前端完成，接收处理在移动多媒体接收终端完成。ESG 实现的基本方式如下。

（1）ESG 信息分为中央 ESG 信息和地方 ESG 信息，中央 ESG 信息为全国节目的电子业务指南信息，通过 S 频段卫星平台基本频点发送，同时通过带外方式传输到地方与地方 ESG 合并后在本地网络基本频点发送；地方 ESG 信息为地方节目的业务指南信息，通过 UHF 频段地面网络基本频点发送。

带外传送通道是中央 ESG 前端系统和地方 ESG 前端系统进行通信的通道，用于下发中央 ESG 信息。带外传送可采用 E-mail、虚拟专用网络（Virtual Private Network，VPN）通道等，实现中央 ESG 前端和地方 ESG 前端的通信。

（2）中央 ESG 信息、地方 ESG 信息遵循相同标准和规范进行数据封装及传送。终端在从开机或者从其他模式切换到移动多媒体广播业务模式时，先选择要访问的网络，从所在网络的基本频点收取相对应的 ESG 信息。

（3）中央 ESG 信息以文件方式通过带外传送通道向各地传送，地方 ESG 系统收到中央 ESG 信息后，根据本地网络情况进行 ESG 信息合并处理并在本地网络发送。移动终端在不同 ESG 间切换时，由终端根据设置进行控制。

（4）中央和地方 ESG 前端系统均主要由 ESG 信息编辑器、数据服务器、播出服务器构成。实际系统建立时，根据具体情况进行合理配置。

5.3.4 ESG 终端处理流程

终端接收 ESG 时，将首先获取 ESG 基本描述表（标识号为 0x06），利用该表提供的相关信息获取 ESG 业务，并通过更新状态及时发现 ESG 业务更新。

ESG 终端的处理流程主要包括 ESG 初始化、ESG 更新、节目提示信息接收处理等过程。

1. ESG 初始化

当终端首次开机或者用户选择 ESG 初始化操作，需要对终端上的 ESG 进行全部接收处理。主要流程如下。

（1）从基本频点的控制逻辑信道收取 ESG 基本描述表。

（2）根据ESG基本描述表指示信息切换到ESG业务逻辑信道收取ESG数据信息，收集齐所有数据块和数据节后，拼接、组装ESG数据信息并保存在终端上。

（3）解析、显示ESG信息，用户根据ESG信息选择多媒体广播业务。

ESG初始化流程如图5-14所示。

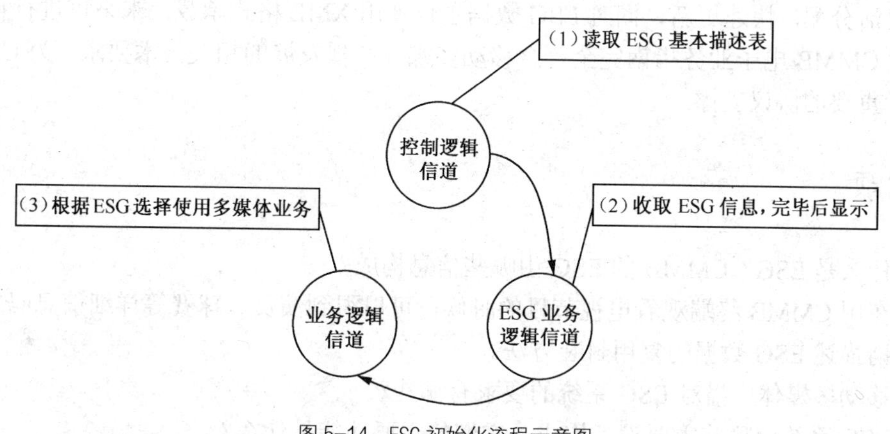

图5-14　ESG初始化流程示意图

2. ESG更新

当终端从其他服务状态进入CMMB业务状态，或者用户手动更新，需要收取ESG基本描述表，并与本地存储的ESG版本信息进行比较，决定是否更新。主要流程如下。

（1）从基本频点的控制逻辑信道收取ESG基本描述表，将解析得到的新的描述信息与本地存储的信息进行比较，记录需要更新的数据块。

（2）终端接收需要更新的数据块，解析替换原有的ESG数据信息。

（3）终端呈现新的ESG业务，并将新的描述信息存储在本地。

3. 节目提示信息接收处理

终端在切换业务过程或者观看节目时，需要了解当前业务现在所播放节目的信息以及下一节目信息，即节目提示信息。终端对节目提示信息处理的主要流程如下。

（1）从当前多媒体业务的复用子帧的数据段中读取所有数据单元。

（2）依次判断各数据单元是否携带节目提示信息。如果携带节目提示信息，按照第5.1.5节介绍的节目提示信息封装格式从该数据单元中提取出节目提示信息。如果不携带节目提示信息，继续检索判断。

（3）如果检索到最后一个数据单元还未有节目提示信息，则搜索本地保存的编排表，根据当前网络时钟、ServiceID构造提取当前播放节目信息和下一个节目信息，构成节目提示信息。

（4）终端显示节目提示信息。

5.4　本章小结

电子业务指南（ESG）是一种多媒体广播信息导航业务。在系统中开展电子业务指南业务，终端用户能够获得移动多媒体广播业务的相关信息，如业务名称、播放时间、内容梗概等，以实现移动多媒体广播业务的快速检索和访问。

CMMB 电子业务指南在设计上充分考虑了无线信道的宝贵带宽资源以及传输过程中所遇到的复杂、多变情况，采用了高效、灵活的数据结构（支持压缩传输），便于传输时在信道上进行灵活分配，快速更新，同时 ESG 数据主体使用 XML 格式承载，未来可进行自定义扩展。因此 CMMB 电子业务指南完全符合移动多媒体广播发展的相关技术要求，为 CMMB 发展提供了重要的协议支撑。

5.5 习题

1. 什么是 ESG？CMMB 的 ESG 由哪些信息构成？
2. 在用 CMMB 终端观看电视节目的时候，可以得到演员、球赛等详细信息吗？
3. 请描述 ESG 数据的复用封装方法。
4. 移动多媒体广播对 ESG 系统的要求有哪些？
5. ESG 系统由哪些主要设备构成，它们的主要功能是什么？
6. 请阐述 ESG 终端的处理流程。

第6章 移动多媒体广播紧急广播系统

本章学习要点

- 熟悉紧急广播的概念及其在应对突发事件中的作用。
- 熟悉紧急广播消息的封装和复用过程。
- 了解紧急广播系统的构成及实现方式。
- 了解紧急广播终端处理流程。

广播具有传播迅速、覆盖广泛、接收便利、不受电力制约等特点，利用广播传播应急信息是世界各国的普遍做法。紧急广播是一种利用广播通信系统向公众通告紧急事件的方式。当发生自然灾害、事故灾难、公共卫生和社会安全等突发事件时，造成或者可能造成重大人员伤亡、财产损失、生态环境破坏和严重社会危害，危及公共安全时，紧急广播提供了一种迅速快捷的通告方式，可以向公众迅速通报紧急事件和应急措施，以便进一步保护公众的生命财产安全。

中国政府一直高度重视突发公共事件的应急处理，如建设部 2000 年发布的 GB/T50314—2000《智能建筑设计标准》，要求在大型公共场所必须安装紧急广播系统。国务院 2006 年 1 月 8 日颁布的《国家突发公共事件总体应急预案》，对突发事件的应急机制提出了指导性意见和具体要求。

在我国 2008 年雨雪冰冻灾害、汶川地震、2010 年玉树地震、舟曲泥石流灾害中，广播发挥了不可替代的巨大作用。2013 年 4 月 20 日芦山地震，中央人民广播电台联合四川电台、雅安电台、芦山电台紧急启动“国家应急广播·芦山抗震救灾应急电台”在芦山、宝兴两地面向当地受灾群众广播，历时 32 天，向灾区定向播发灾害预警、传递救援信息、普及防疫知识、进行心理疏导，对畅通和加快救灾物资有效发放和利用、消除志愿者救灾盲目性、排解群众心理压力、消除误解、阻击谣言、维护社会稳定起到了重要作用，成为政府信息的“发布厅”、百姓的“求助台”和“互助站”、志愿者和慈善人士的“指南针”、维护灾区社会稳定的“减震器”，赢得当地群众的认可和中央领导的肯定，为国家应急广播体系的规划、建设积累了宝贵的实践经验。

国家应急广播体系是我国应急体系的重要组成部分，是《国民经济和社会发展第十二个五年规划》中的文化事业重点工程之一，党的十七届六中全会明确要求："建立统一联动、安全可靠的应急广播体系"。

2013 年 12 月 3 日，中央人民广播电台国家应急广播中心揭牌，国家应急广播社区网站（cneb.cnr.cn）也同时上线，这标志着我国国家应急广播体系进入全面建设阶段。2015 年底前将实现我国各类灾害预警通过国家应急广播体系实时发布。

CMMB 是一种新兴媒体，是广播电视的补充和延伸，可以通过无线广播电视覆盖网，向各种小屏幕便携终端提供数字广播电视节目和信息服务，具有受众广、即时性强等特点，利用 CMMB 开展紧急广播业务具有较强的优势。原国家广电总局于 2007 年 11 月 14 日发布了 GY/T 220.4—2007《移动多媒体广播 第 4 部分：紧急广播》的行业标准，并于 2007 年 11 月 20 日起实施。

6.1 紧急广播消息的封装和复用

CMMB 紧急广播消息的传输是通过紧急广播表来实现的。

在发送端，紧急广播服务器将首先根据紧急广播的内容生成紧急广播消息，然后将紧急广播消息封装在紧急广播数据段中，再加上紧急广播表的表头构成紧急广播表，然后将紧急广播表发送到 CMMB 复用器，由复用器将紧急广播表封装在 CMMB 复用控制帧中输出。

当发送端发送紧急广播消息时，接收终端应能强行切换接收紧急广播消息，并能根据紧急事件的级别和类型采取相应的展示方式。

在接收端，首先对复用帧解复用获得紧急广播表，然后对紧急广播表进行解析得到紧急广播数据段，再对紧急广播数据段进行解析、合并，恢复出紧急广播消息，并在用户终端中显示。

CMMB 紧急广播消息的发送和接收示意如图 6-1 所示。

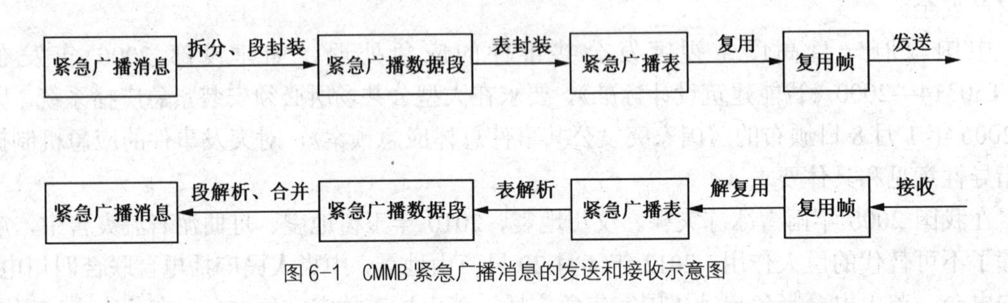

图 6-1 CMMB 紧急广播消息的发送和接收示意图

6.1.1 紧急广播表

紧急广播表是表标识号为 0x10 的控制信息表，在控制逻辑信道中传输，即在复用控制帧（MF_ID=0）中进行传输。紧急广播表主要包括紧急广播表头、紧急广播数据段和 CRC 码，如图 6-2 所示。

紧急广播表的语法定义如表 6-1 所示。

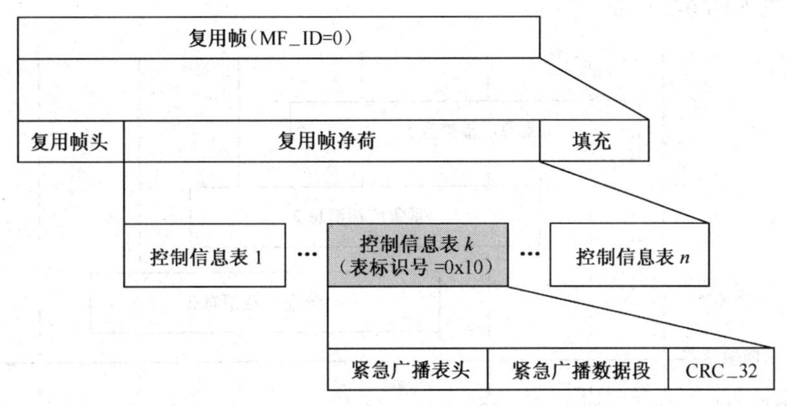

图 6-2 紧急广播表的构成以及与复用帧的关系

表 6-1 紧急广播表的语法定义

语 法	位 数	标 识 符
紧急广播表（）		
{		
表标识号	8	uimsbf
并发消息数量	4	uimsbf
保留	2	bslbf
紧急广播序号	2	bslbf
紧急广播数据段长度	16	uimsbf
for（i=0;i<N;i++）		
{		
紧急广播数据段	8	uimsbf
}		
CRC_32	32	uimsbf
}		

- 表标识号：8 位字段，根据表 4-2 的定义，紧急广播表的表标识号为 0x10。
- 并发消息数量：4 位字段，取值范围 0～15，表示紧急广播前端发送队列里面当前待发的消息数量，接收终端可以根据此字段判断是否收齐所有的紧急广播消息。
- 紧急广播序号：2 位字段，取值 00 表示没有紧急广播消息，其他值表示有紧急广播消息。当紧急广播前端发送队列里面增加紧急广播消息时，本字段取值在 1～3 范围内循环递增加 1。当紧急广播前端发送队列里面紧急广播消息减少时，若发送队列清空，本字段取值 00，否则保持不变。此字段的取值与复用帧头中的“紧急广播指示”字段取值一致。
- 紧急广播数据段长度：16 位字段，表示紧急广播数据段的长度，单位为字节。
- 紧急广播数据段：8 位字段，以字节方式依次提供的紧急广播数据。
- CRC_32：32 位字段，包含 CRC 码，CRC_32 解码模型见 GY/T220.2—2006 标准附录 A。

紧急广播表中并发消息数量和紧急广播序号字段取值的举例说明如下。

例 1：情景如图 6-3 所示。

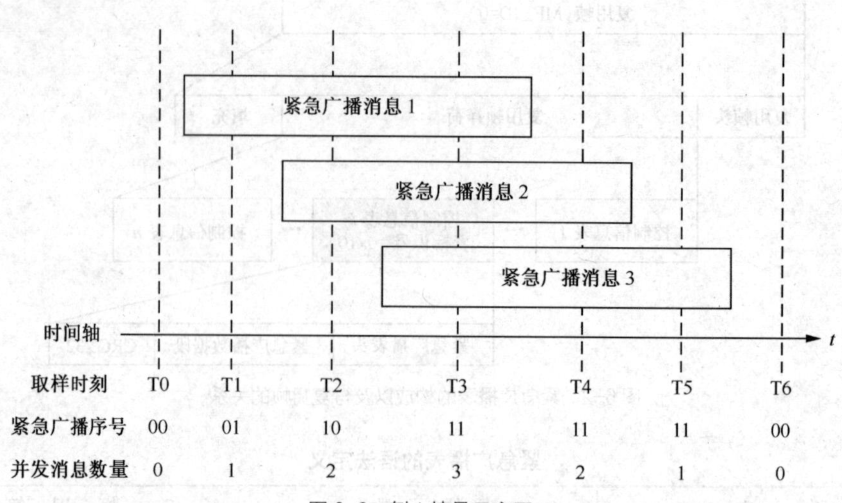

图 6-3　例 1 情景示意图

（1）T0 时刻，无紧急广播消息，紧急广播序号取值 00，并发消息数量取值 0。

（2）T1 时刻，有一条紧急广播消息，紧急广播序号取值 01，并发消息数量取值 1。

（3）T2 时刻，有两条紧急广播消息，紧急广播序号取值 10，并发消息数量取值 2。

（4）T3 时刻，有三条紧急广播消息，紧急广播序号取值 11，并发消息数量取值 3。

（5）T4 时刻，“紧急广播广播消息 1”已经结束，此时还剩下两条紧急广播消息，紧急广播序号取值保持 11 不变，但并发消息数量减为 2。

（6）T5 时刻，“紧急广播消息 2”也已经结束，此时还剩下一条紧急广播消息，紧急广播序号取值仍然保持 11 不变，但并发消息数量减为 1。

（7）T6 时刻，所有紧急广播消息都发送完毕，紧急广播序号取值 00，并发消息数量取值 0。

例 2：情景如图 6-4 所示。

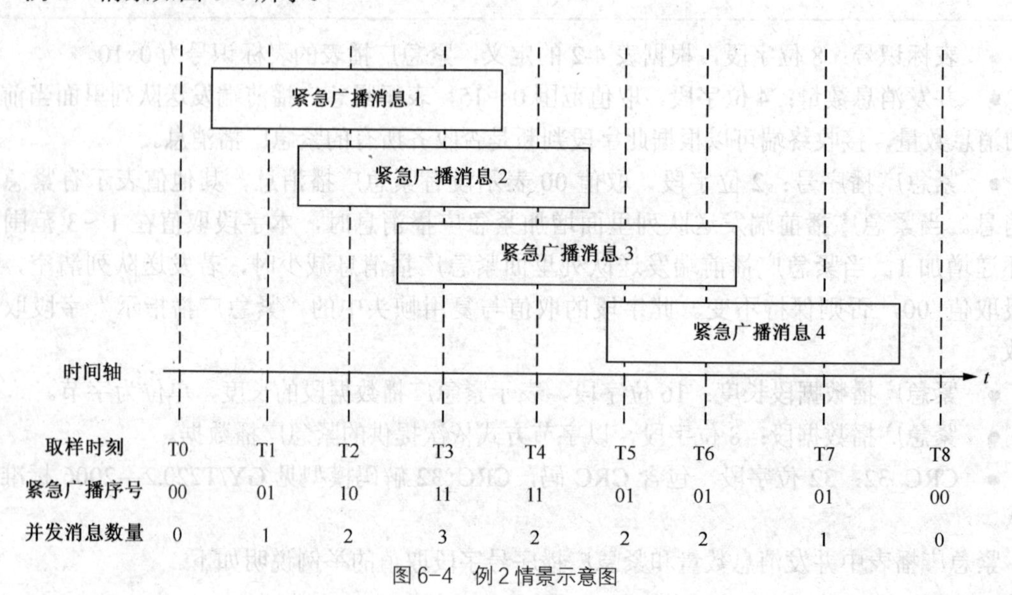

图 6-4　例 2 情景示意图

（1）T0 时刻，无紧急广播消息，紧急广播序号取值 00，并发消息数量取值 0。

（2）T1 时刻，有一条紧急广播消息，紧急广播序号取值 01，并发消息数量取值 1。

（3）T2 时刻，有两条紧急广播消息，紧急广播序号取值 10，并发消息数量取值 2。

（4）T3 时刻，有三条紧急广播消息，紧急广播序号取值 11，并发消息数量取值 3。

（5）T4 时刻，“紧急广播消息 1”已经结束，此时还剩下两条紧急广播消息，紧急广播序号取值保持 11 不变，但并发消息数量减为 2。

（6）T5 时刻，“紧急广播消息 2”也已经结束，但此时又增加了“紧急广播消息 4”，紧急广播序号需要在 1～3 范围内循环递增加 1，取值为 01，并发消息数量取值仍为 2。

（7）T6 时刻，与 T5 时刻状态相同，取值不发生变化。

（8）T7 时刻，“紧急广播消息 3”已经结束，此时还剩下一条紧急广播消息，紧急广播序号取值仍然保持 01 不变，但并发消息数量减为 1。

（9）T8 时刻，所有紧急广播消息都发送完毕，紧急广播序号取值 00，并发消息数量取值 0。

例 3：情景如图 6-5 所示。

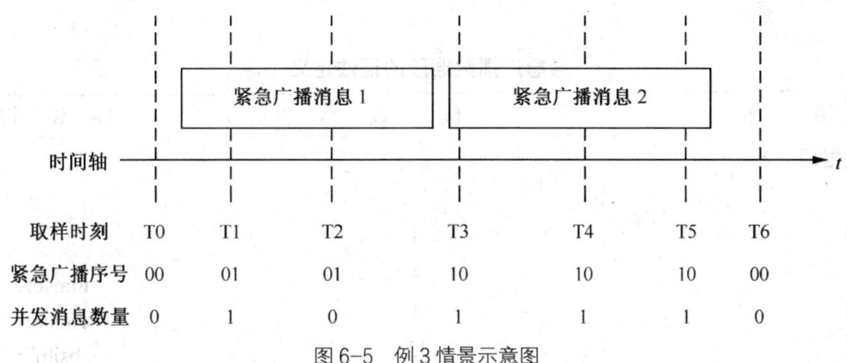

图 6-5 例 3 情景示意图

（1）T0 时刻，无紧急广播消息，紧急广播序号取值 00，并发消息数量取值 0。

（2）T1 时刻，有一条紧急广播消息，紧急广播序号取值 01，并发消息数量取值 1。

（3）T2 时刻，与 T1 时刻状态相同，取值不发生变化。

（4）T3 时刻，“紧急广播消息 1”已经结束，但又增加了一条新的紧急广播消息，因此紧急广播序号取值 10，并发消息数量取值仍为 1。

（5）T4 时刻，与 T3 时刻状态相同，取值不发生变化。

（6）T5 时刻，与 T3 时刻状态相同，取值不发生变化。

（7）T6 时刻，所有紧急广播消息都发送完毕，紧急广播序号取值 00，并发消息数量取值 0。

6.1.2 紧急广播数据段

紧急广播数据段是紧急广播表的数据载荷。紧急广播数据段的构成以及与复用帧之间的关系如图 6-6 所示。

紧急广播数据段的语法定义如表 6-2 所示。

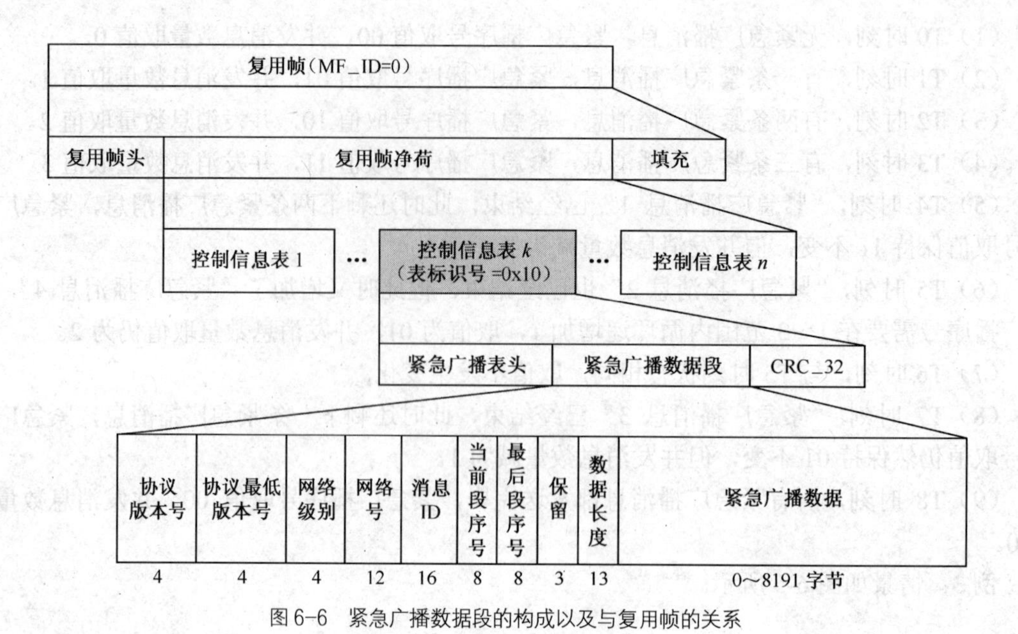

图 6-6　紧急广播数据段的构成以及与复用帧的关系

表 6-2　　紧急广播数据段的语法定义

语　　法	位　　数	标 识 符
紧急广播数据段（）		
{		
协议版本号	4	uimsbf
协议最低版本号	4	uimsbf
网络级别	4	bslbf
网络号	12	bslbf
消息 ID	16	uimsbf
当前段序号	8	uimsbf
最后段序号	8	uimsbf
保留	3	bslbf
数据长度	13	uimsbf
for(i=0;i<N;i++)		
{		
紧急广播数据	8	uimsbf
}		
}		

- 协议版本号：4 位字段，取值范围 0～15，表示紧急广播协议版本，当前取值为 0。
- 协议最低版本号：4 位字段，取值范围 0～15，表示可以兼容的最低版本序号，取值不大于当前协议版本号。
- 网络级别：4 位字段，表示紧急广播消息所属网络的网络级别，网络级别的定义如表 4-4 所示。
- 网络号：12 位字段，表示紧急广播消息所属网络的网络号，和网络级别一起唯一标识了一个网络。

- 消息 ID：16 位字段，标识一个紧急广播消息。允许同时广播多个紧急广播消息，通过网络级别、网络号和消息 ID 三者唯一确定一个紧急广播消息。
- 当前段序号：8 位字段，取值范围 0～255，从 0 开始取值，表示当前紧急广播数据段的序号。
- 最后段序号：8 位字段，取值范围 0～255，从 0 开始取值，表示最后一个紧急广播数据段的序号。
- 数据长度：13 位字段，取值范围 0～8191，表示后续紧急广播数据的长度，单位为字节。
- 紧急广播数据：承载着拆分后的紧急广播消息。接收终端按“当前段序号”和“最后段序号”字段指示的顺序和数量，拼接具有相同网络级别、网络号和消息 ID 的所有紧急广播数据即可得到紧急广播消息。本字段的长度 N 由前面“数据长度”字段指示。

6.1.3　紧急广播消息

紧急广播消息承载在紧急广播数据段中，可以在当前网络中传输，也可以在其他网络中传输。当在其他网络传输时，可以提请当前网络发一个触发信息，提示终端切换到其他网络以便及时接收该网络的紧急广播消息。

紧急广播消息的第一个比特为触发标志。当触发标志为‘0’时，表示当前网络承载着实际的紧急广播消息，此时紧急广播消息的协议结构如图 6-7 所示。

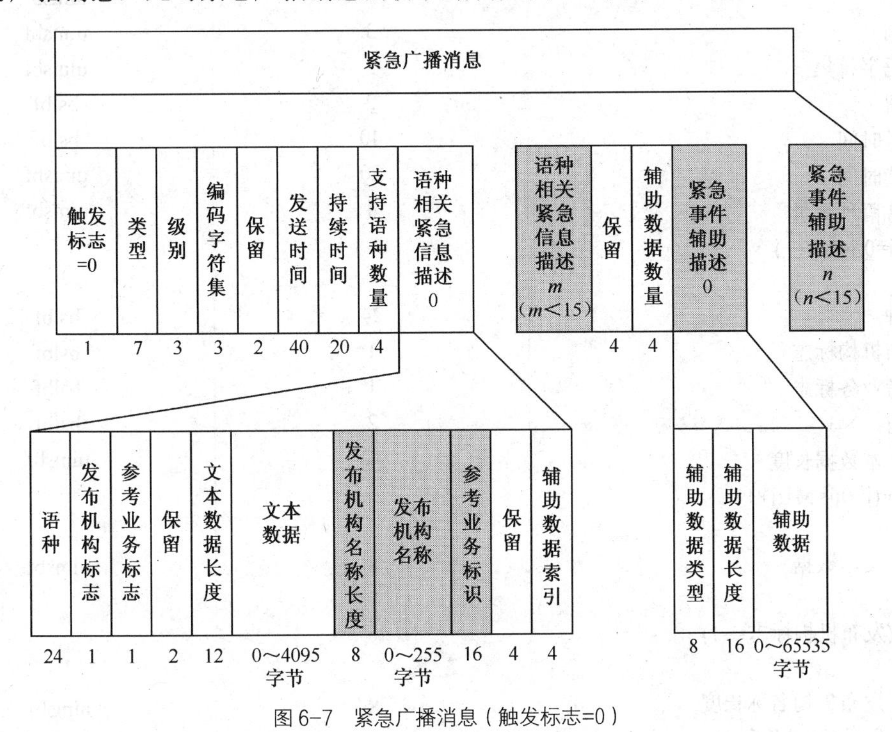

图 6-7　紧急广播消息（触发标志=0）

当触发标志为‘1’时，表示当前网络承载着触发信息，实际的紧急广播消息需要切换到其他网络收取获得，此时紧急广播消息的协议结构如图 6-8 所示。

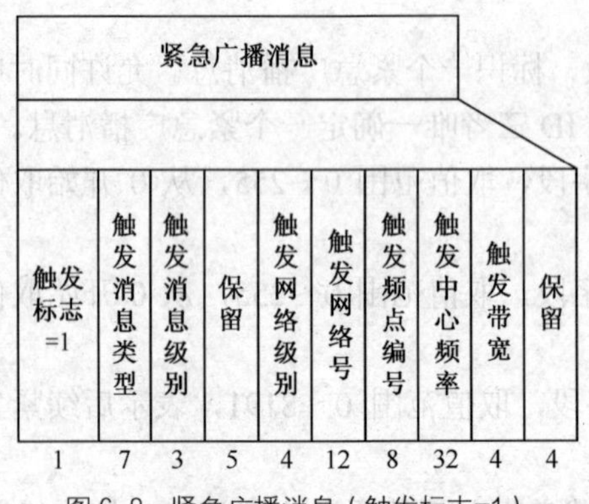

图 6-8　紧急广播消息（触发标志=1）

紧急广播消息的语法定义如表 6-3 所示。

表 6-3　　　　　　　　　　紧急广播消息的语法定义

语　　法	位　　数	标 识 符
紧急广播消息()		
{		
触发标志	1	bslbf
if (触发标志==0)		
{		
类型	7	uimsbf
级别	3	uimsbf
编码字符集	3	uimsbf
保留	2	bslbf
发送时间	40	bslbf
持续时间	20	uimsbf
支持语种数量	4	uimsbf
for(i=0;i<N;i++)		
{		
语种	24	bslbf
发布机构标志	1	bslbf
参考业务标志	1	bslbf
保留	2	bslbf
文本数据长度	12	uimsbf
for(j=0;j<M1;j++)		
{		
文本数据	8	uimsbf
}		
if(发布机构标志==1)		
{		
发布机构名称长度	8	uimsbf
for(j=0;j<M2;j++)		
{		
发布机构名称	8	uimsbf

续表

语　法	位　数	标 识 符
}		
}		
if(参考业务标志==1)		
{		
参考业务标识	16	uimsbf
}		
保留	4	bslbf
辅助数据索引	4	bslbf
}		
保留	4	bslbf
辅助数据数量	4	uimsbf
for(i=0;i<K;i++)		
{		
辅助数据类型	8	uimsbf
辅助数据长度	16	uimsbf
for(j=0;j<L;j++)		
{		
辅助数据	8	uimsbf
}		
}		
}		
else		
{		
触发消息类型	7	uimsbf
触发消息级别	3	uimsbf
保留	5	bslbf
触发网络级别	4	bslbf
触发网络号	12	bslbf
触发频点编号	8	bslbf
触发中心频率	32	bslbf
触发带宽	4	bslbf
保留	4	bslbf
}		
}		

- 触发标志：1位字段，'0'表示后续字段即为当前网络承载的实际紧急广播消息，'1'表示当前网络承载的是其他网络提交的触发信息，实际的紧急广播消息需要切换到其他网络收取获得。
- 类型：7位字段，取值范围0～127，表示紧急事件的类型，本字段参照了国务院2006年1月8日颁布的《国家突发公共事件总体应急预案》中的类型定义，如表6-4所示。

表 6-4　　紧急事件的类型

类　型	描　述	类　别
0	测试	系统测试
1	水旱灾害	自然灾害类
2	气象灾害	
3	地震灾害	
4	地质灾害	
5	海洋灾害	
6	生物灾害	
7	森林草原火灾	
8～31	保留	
32	测试	系统测试
33	工矿商贸等企业安全事故	事故灾难类
34	交通运输事故	
35	公共设施和设备事故	
36	环境污染和生态破坏	
37～63	保留	
64	测试	系统测试
65	传染病疫情	公共卫生事件类
66	群体性不明原因疾病	
67	食品安全和职业危害	
68	动物疫情	
69～95	保留	
96	测试	系统测试
97	恐怖袭击事件	社会安全事件类
98	经济安全事件	
99	涉外突发事件	
100	战争突发事件	
101～127	保留	

- 级别：3 位字段，取值范围 0～7，表示紧急广播的级别，本字段参照了国务院 2006 年 1 月 8 日颁布的《国家突发公共事件总体应急预案》中的级别定义，如表 6-5 所示。

表 6-5　　紧急事件级别

优 先 级	描　述
0	保留
1	1 级（特别重大）
2	2 级（重大）
3	3 级（较大）
4	4 级（一般）
5～7	保留

● 编码字符集：3 位字段，取值范围 0～7，表示本紧急广播消息文字信息采用的编码字符集，本字段定义如表 6-6 所示。

表 6-6 编码字符集

类 型	描 述
0	GB2312-1980
1～7	保留

● 发送时间：40 位字段，表示紧急广播消息开始发送时的本地时间和日期。前 16 位表示 MJD 日期码，后 24 位表示时间，按 4 位 BCD 编码，共 6 个数字，精确到秒。时间和日期的转换见 GY/T220.2—2006 附录 B。例如，BCD 编码“000100100011000001011001”表示的开始时间为 12:30:59。

● 持续时间：20 位字段，无符号整型数，表示紧急广播消息的持续时间，精确到秒。当取值为 0xFFFFF 时表示紧急广播消息持续有效。

● 支持语种数量：4 位字段，取值范围 1～15。支持使用多语种方式描述一个紧急事件，本字段表示本条紧急广播消息所采用的语种数量。

● 语种：24 位字段，包含了符合 GB/T4880.2—2000(T)的 3 字母语种代码，每个字符都按照 GB/T15273.1—1994 编码为 8 位，依次插入 24 位字段。例如，汉语的 3 字符代码“zho”，可编码为“011110100110100001101111”。

● 发布机构标志：1 位字段，指示紧急广播消息中是否包含发布机构的描述信息。‘0’表示没有，‘1’表示有。

● 参考业务标志：1 位字段，指示紧急广播消息中是否有参考业务信息。‘0’表示没有，‘1’表示有。

● 文本数据长度：12 位字段，取值范围 0～4095，标识文本数据的长度，单位为字节。

● 文本数据：紧急事件的文本描述数据，需要根据指定的编码字符集进行解析。

● 发布机构名称长度：8 位字段，取值范围 0～255，表示发布机构名称的长度，单位为字节。

● 发布机构名称：描述发布机构名称，需要根据指定的编码字符集进行解析。

● 参考业务标识：16 位字段，表示本网络内服务于紧急广播的参考业务的业务标识号。

● 辅助数据索引：4 位字段，取值 0～14，表示存在与语种相关的辅助数据，本字段即为辅助数据的索引号；取值 15，表示不存在与语种相关的辅助数据。

● 辅助数据数量：4 位字段，取值范围 0～15，表示辅助数据的数量。

● 辅助数据类型：8 位字段，取值范围 0～255，表示辅助数据的类型，定义如表 6-7 所示。

表 6-7 辅助数据的类型

类 型 值	类 型
0	保留
1	audio/wav
2	video/avi
3	image/gif
4	image/png
5～255	保留

● 辅助数据长度：16 位字段，取值范围 0～65535，表示辅助数据的长度，单位为字节。

● 辅助数据：本字段承载着一个完整的多媒体文件，包括文件头和数据主体，该多媒体文件的扩展名由辅助数据的类型指定。终端根据文件扩展名和文件头信息可以确保正确解析本字段承载的多媒体数据。

● 触发消息类型：7 位字段，取值范围 0～127，表示提请触发的紧急事件的类型，本字段参照了国务院 2006 年 1 月 8 日颁布的《国家突发公共事件总体应急预案》中的类型定义，如表 6-4 所示。

● 触发消息级别：3 位字段，取值范围 0～7，表示提请触发的紧急事件的级别，本字段参照了国务院 2006 年 1 月 8 日颁布的《国家突发公共事件总体应急预案》中的级别定义，如表 6-5 所示。

● 触发网络级别：4 位字段，表示提请触发网络的网络级别，取值见表 4-3 网络信息表中的网络级别定义。

● 触发网络号：12 位字段，表示提请触发网络的网络号，取值见表 4-3 网络信息表中的网络号定义。

● 触发频点编号：8 位字段，表示提请触发网络的频点编号，取值见表 4-3 网络信息表中的频点编号定义。

● 触发中心频率：32 位字段，表示提请触发的网络频点中心频率，取值见表 4-3 网络信息表中的中心频率定义。

● 触发带宽：4 位字段，表示提请触发的网络频点带宽，取值见表 4-3 网络信息表中的带宽定义。

6.2 紧急广播系统

6.2.1 紧急广播系统要求

根据 CMMB 的总体架构和紧急广播业务的特点，CMMB 中的紧急广播系统应满足下列要求。

（1）在出现国家规定的紧急情况和突发事件时，可以实现向用户提供紧急通告服务。

（2）紧急广播前端系统播出的紧急广播消息应遵循 GY/T220.4—2007 标准规定的数据定义、封装和传输方式。

（3）紧急广播以文字信息为基本方式，可扩展支持声音、图片、图像等方式，应实现多语种和多编码，以适应少数民族地区和在境内的境外人员。当前端系统发送紧急广播消息时，接收终端应能强行切换接收紧急广播消息，并能根据紧急事件的级别和类型采取相应的展示方式。

（4）全国性的紧急广播消息通过卫星和地面覆盖网络向全国覆盖，地方广播网收到全国紧急广播消息必须立即转发。

（5）地方的紧急广播消息通过本地广播网覆盖，地方的紧急广播消息可以提请全国播出前端发送触发信息。

（6）系统安全可靠，具有安全防范能力，应能实现定期测试，以保障系统的安全可靠运行。系统应具有良好的可扩展性，能够适应国家在紧急广播领域发展的相关要求。

6.2.2　紧急广播系统构成

CMMB系统中的紧急广播业务分为全国紧急广播和地方紧急广播。全国紧急广播面向全国播出全国紧急广播消息，地方紧急广播面向本地播出地方紧急广播消息。

CMMB紧急广播系统的构成示意图如图6-9所示。

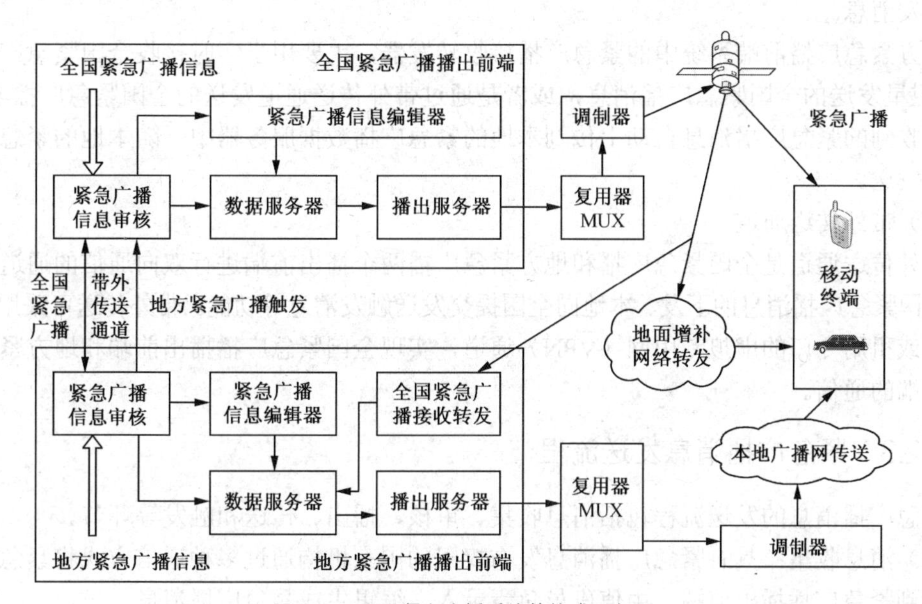

图6-9　CMMB紧急广播系统的构成示意图

根据图6-9所示的紧急广播系统方案，紧急广播播出前端系统分为全国紧急广播播出前端和地方紧急广播播出前端，这两个前端系统的通信可通过带外传送通道传送。全国紧急广播播出前端系统构成与地方紧急广播播出前端系统基本一致，主要由紧急广播消息编辑器、紧急广播消息审核器、数据服务器、播出服务器和接收转发器等构成，如图6-9所示。

（1）紧急广播消息编辑器

根据由紧急广播发布权限机构要求发布的紧急广播信息，编辑生成紧急广播消息。紧急广播消息编辑器生成的紧急广播消息，上传到紧急广播数据服务器存档备案，等待下一步的审核。

（2）紧急广播消息审核器

紧急广播信息审核器用于对提交的紧急广播消息的消息来源、消息级别、消息内容等方面进行审核和确认，并将审核的结果和意见上传到紧急广播数据服务器中，等待修改或发送。

（3）紧急广播数据服务器

紧急广播数据服务器用于存储、管理紧急广播消息，根据系统要求提供数据服务。数据服务器同时具备对历史数据进行管理的功能，可按要求提供查询数据。

（4）紧急广播播出服务器

从紧急广播数据服务器读取待发送的紧急广播消息，遵循GY/T220.4—2007紧急广播标准对数据进行封装，根据紧急广播消息的类型和级别分配播发策略。并按照CMMB系统复用器和紧急广播的接口技术要求封装成传输包，通过局域网将紧急广播表发送给复用器，并可同时通过广域网（带外传送通道）发送给全国/地方紧急广播前端系统。

（5）紧急广播接收转发器

全国紧急广播前端系统中的紧急广播接收转发器，主要用于通过带外传送通道接收来自地方紧急广播播出前端发送的地方紧急广播消息，并将该消息自动上传到全国紧急广播数据服务器中。由全国紧急广播播出机构审核、确定是否在全国紧急广播前端发送该地方紧急广播的触发消息。

地方紧急广播前端系统中的紧急广播接收转发器，主要用于实时接收全国紧急广播消息（通过卫星发送的全国紧急广播消息，或者是通过带外传送通道发送的全国紧急广播消息），并将接收到的紧急广播消息自动上传到本地的紧急广播数据服务器中，随本地的紧急广播消息一起发送。

（6）带外传送通道

带外传送通道是全国紧急广播和地方紧急广播两个播出前端进行双向通信的通道，用于实现全国紧急广播消息的下发、本地向全国提交发送触发消息等功能。带外传送可采用E-mail的方式或租用专门的虚拟专用网（VPN）通道，实现全国紧急广播播出前端和地方紧急广播播出前端的通信。

6.2.3 紧急广播消息发送流程

紧急广播消息的发送流程包括消息收集、审核、播出、传送和触发等环节。

（1）消息收集：具有紧急广播消息发布权限的国家机构通过多种通信方式将紧急广播消息发送到紧急广播播出前端，由值班员负责录入、编辑生成紧急广播消息。

（2）消息审核：紧急广播播出前端的审核员需要对录入的紧急广播消息进行审核、确认，并将审核结果反馈给要求发布消息的国家机构。

（3）播出控制：根据紧急广播消息的类型、级别和当前播出前端的状态，安排一定的播发策略，使紧急广播消息能有序高效地发送出去。

（4）传送：播出服务器从数据服务器提出紧急广播消息，对紧急广播消息进行封装，按照CMMB系统复用器和紧急广播的接口技术要求，将紧急广播消息发送给复用器，完成发送过程。

（5）触发：对于重大的又不需要进行全国播出的地方紧急广播消息，为提醒不在收看本地网络节目的终端及时收到本地紧急广播消息，地方紧急广播播出前端可提请全国紧急广播前端发送一个用于提醒终端接收本地紧急广播消息的触发信息。

6.2.4 紧急广播系统实现方式

根据紧急广播系统构成方案，紧急广播系统实现的基本方式如下。

（1）全国紧急广播消息由全国紧急广播播出前端播出，全国紧急广播播出前端播出的紧急广播消息，通过三种方式覆盖移动终端。一是卫星传输直接覆盖移动终端；二是S频段地面增补网络转发并覆盖移动终端；三是地方播出前端接收到通过卫星发送的全国紧急广播消息，或通过带外传送通道接收到全国紧急广播消息后，由地方紧急广播播出前端立即在本地覆盖网络中转发并覆盖接收本地节目的移动终端。通过上述三种方式，确保处于开机状态的各类移动终端有效接收到全国紧急广播消息。

（2）地方紧急广播消息由地方紧急广播播出前端播出，地方紧急广播消息主要通过本地网络覆盖终端。为使不处于接收本地节目状态的本地移动终端接收到地方紧急广播消息，地方紧急广播播出前端可同时通过带外传送通道，向全国紧急广播播出前端发送该地方紧急广播消息，从而提请全国紧急广播播出前端播出该地方紧急广播的触发消息，由终端根据触发消息携带的相关信息判断本地网络是否存在该地方紧急广播消息，并采取相应处理。全国紧急广播播出前端是否播出地方紧急广播的触发消息，由全国紧急广播播出机构的消息审核制度确定。

6.2.5　终端处理流程

当 CMMB 广播网络发送紧急广播消息时，复用器按 GY/T220.2—2006 标准《移动多媒体广播 第 2 部分：复用》对本网络所有业务的复用帧头置紧急广播标志。终端在接收移动多媒体广播业务时，对紧急广播消息的处理流程如下。

（1）终端在接收某个业务时，解析复用帧头，判断当前是否存在紧急广播。若存在紧急广播消息，进行紧急广播接收处理。若不存在紧急广播消息，继续原来的业务工作模式。

（2）当发现存在紧急广播时，终端必须切换到当前频点的控制逻辑信道接收紧急广播消息。

（3）终端在控制逻辑信道内获取紧急广播表并进行解析，合并紧急广播数据段为完整的紧急广播消息。

（4）若紧急广播消息是触发消息，终端根据触发消息携带的相关消息判断是否为本地网络。若是本地网络，则调谐到本地网络的基本频点，接收该频点的紧急广播消息。

（5）根据终端的设置，对接收到的紧急广播非触发消息以滚动字幕或其他方式向用户展示，终端收齐所有紧急广播消息后仍返回到原业务。

6.3　本章小结

紧急广播是一种利用广播通信系统向公众通告紧急事件的业务。当发生自然灾害、事故灾难、公共卫生和社会安全等突发事件时，造成或者可能造成重大人员伤亡、财产损失、生态环境破坏和严重社会危害，危及公共安全时，紧急广播提供了一种迅速快捷的通告方式，可以向公众迅速通报紧急事件和应急措施，以便进一步保护公众的生命财产安全。

利用 CMMB 开展紧急广播业务具有较强的优势。国家广电总局于 2007 年 11 月 14 日发布了 GY/T 220.4—2007《移动多媒体广播 第 4 部分：紧急广播》的行业标准，并于 2007 年 11 月 20 日起实施。该部分标准以国务院颁发的《国家突发公共事件总体应急预案》为指导，紧密结合 CMMB 的技术体系，规定了紧急广播消息的数据定义、封装和传输方式。

CMMB 紧急广播消息的传输是通过紧急广播表来实现的。在发送端，紧急广播服务器将首先根据紧急广播的内容生成紧急广播消息，然后将紧急广播消息封装在紧急广播数据段中，再加上紧急广播表的表头构成紧急广播表，然后将紧急广播表发送到 CMMB 复用器，由复用器将紧急广播表封装在 CMMB 复用控制帧中输出。在接收端，用户终端首先对复用帧解复用获得紧急广播表，然后对紧急广播表进行解析得到紧急广播数据段，再对紧急广播数据段进行解析、合并，恢复出紧急广播消息，并在用户终端中显示。

6.4 习题

1．什么是紧急广播？
2．利用 CMMB 开展紧急广播业务具有哪些优势？
3．CMMB 紧急广播消息是通过什么形式进行传输的？
4．请描述紧急广播消息的封装和复用过程。
5．CMMB 中的紧急广播系统应满足哪些要求？
6．紧急广播系统主要由哪些设备构成？其实现方式有哪几种？
7．请阐述紧急广播终端的处理流程。

第7章 移动多媒体广播数据广播系统

本章学习要点

- 熟悉 CMMB 数据广播协议层次。
- 熟悉流模式和文件模式可扩展协议封装处理流程。
- 了解数据广播复用封装方法。
- 了解 CMMB 数据广播系统的构成。
- 了解 CMMB 数据广播的特点。

在 CMMB 系统中，数据广播是指除音视频基本业务之外的一种利用 CMMB 广播信道传输数据流或数据文件的增值业务。数据广播是以点到多点的广播方式，传输多种信息内容，包括视频、音频、文本、图片、网页、软件程序或者其他多媒体信息数据。通过数据广播业务，可以为终端用户提供各类信息服务，如股票资讯、交通导航、气象服务、网站广播等。因此，CMMB 数据广播可为用户提供除广播电视节目之外的其他多种个性化服务，扩展并丰富了移动多媒体广播的业务内容，对推动移动多媒体广播事业的发展起到越来越重要的作用。目前，CMMB 数据广播业务已在国内多个城市进行试播。在北京试播的数据广播业务主要有：智能交通诱导、实时股票财经、电子杂志、精选短视频、网页推送等。

7.1 数据广播协议层次

CMMB 数据广播协议层次包括数据业务、流模式/文件模式、可扩展协议封装（XPE/XPE-FEC）、复用、广播信道，如图 7-1 所示。其中，复用遵循 GY/T 220.2—2006 标准，参见第 4 章介绍的业务复用。广播信道遵循 GY/T 220.1—2006 标准，参见第 3 章介绍的信道传输技术。

<table>
<tr><td colspan="2">数据业务</td></tr>
<tr><td>流模式</td><td>文件模式</td></tr>
<tr><td colspan="2">可扩展协议封装
（XPE/XPE-FEC）</td></tr>
<tr><td colspan="2">复用</td></tr>
<tr><td colspan="2">广播信道</td></tr>
</table>

图 7-1　CMMB 数据广播协议层次

数据业务按流模式和文件模式进行可扩展协议封装，如图 7-2 所示。

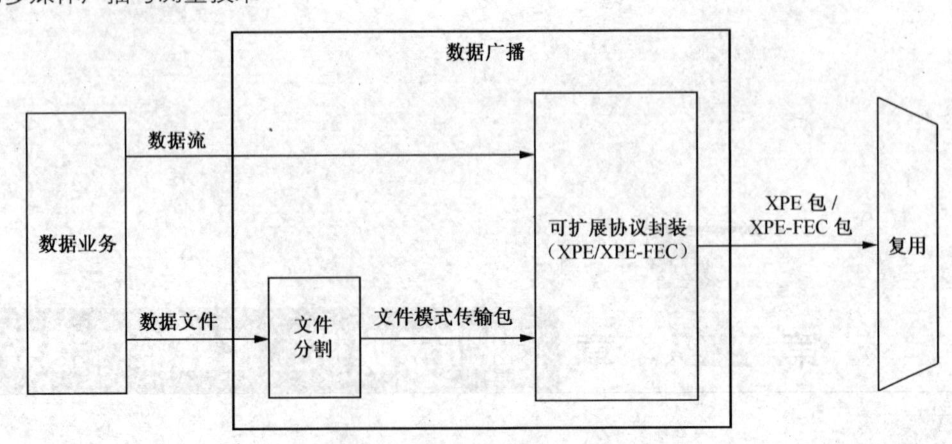

图 7-2　数据业务封装传输示意图

若数据业务以连续流的方式展现，通常有时序要求、传输有时间标签指示或数据流内部有同步要求，则采用流模式进行处理。流模式直接对数据流进行可扩展协议封装，适配到复用子帧的数据段中，实现透明传输。

若数据业务以离散数据文件的方式展现，通常无时序要求、传输无时间标签指示或同步要求，则采用文件模式进行处理。文件模式先对文件进行分割生成文件模式传输包，再进行可扩展协议封装。

可扩展协议封装生成 XPE 包和 XPE-FEC 包。XPE/XPE-FEC 包适配在复用子帧的数据段中，如图 7-3 所示。

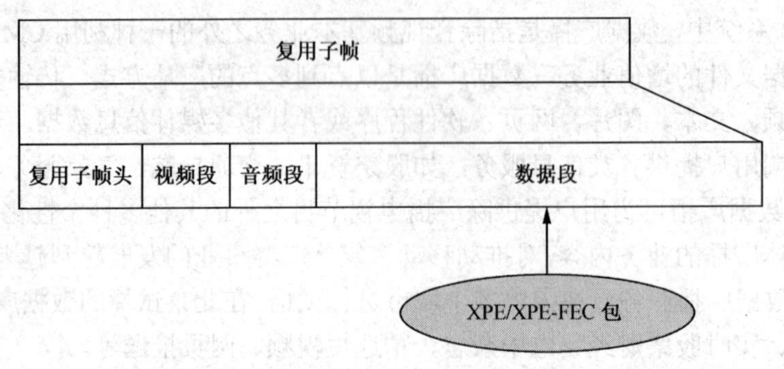

图 7-3　XPE/XPE-FEC 包复用封装示意图

复用适配使用数据单元类型的值如表 7-1 所示。

表 7-1　　**数据单元类型**

值	数据单元类型
0	ESG 数据节
1	ESG 节目提示信息
2～127	保留
128～129	ECM（128）/EMM（129）　第一个 CAS 系统使用
130～131	ECM（130）/EMM（131）　第二个 CAS 系统使用
132～133	ECM（132）/EMM（133）　第三个 CAS 系统使用

续表

值	数据单元类型
134～159	保留
160	数据广播 XPE 包
161	数据广播 XPE-FEC 包
162～169	数据广播保留使用
170～254	保留
255	测试用数据单元类型

7.2 文件模式

在文件模式下，使用 FAT（File Attribute Table，文件属性表）文件来描述数据业务所包含的数据文件的构成、路径、分割参数等信息，如图 7-4 所示。

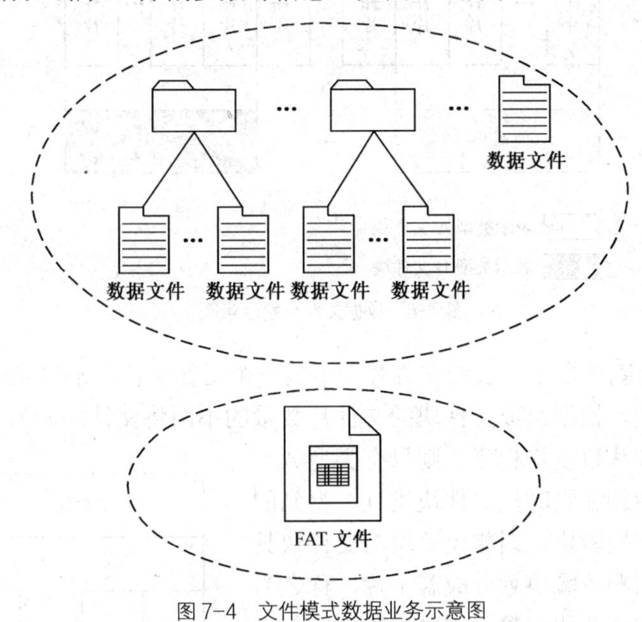

图 7-4 文件模式数据业务示意图

7.2.1 文件数据业务流程

文件数据业务发送流程如图 7-5 所示，具体步骤如下。

（1）文件分发模块生成 FAT 文件，并分成 FAT 片。

（2）文件分发模块将数据文件分片、组成文件块，并对各块进行文件模式传输纠错编码。

（3）数据广播封装模块将收到的文件数据采用复用适配纠错编码生成 FEC 数据。传输包采用 XPE 封装，对应的 FEC 数据采用 XPE-FEC 封装。

（4）复用器将 XPE/XPE-FEC 包封装到复用子帧数据段中。

（5）经复用、调制后通过 CMMB 广播网络传输。

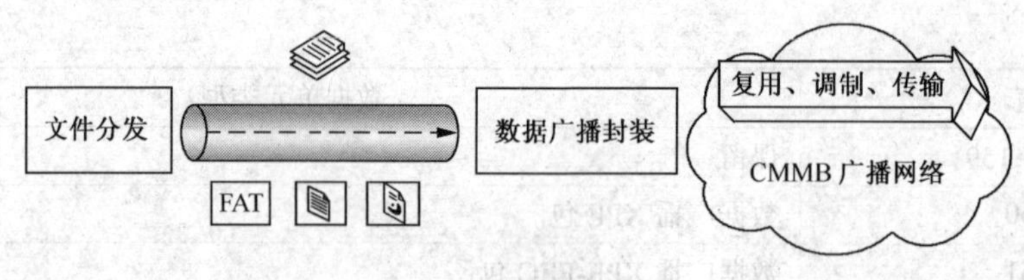

图 7-5 文件数据业务流程

7.2.2 数据文件的分割和传输

数据文件的分割示意如图 7-6 所示。

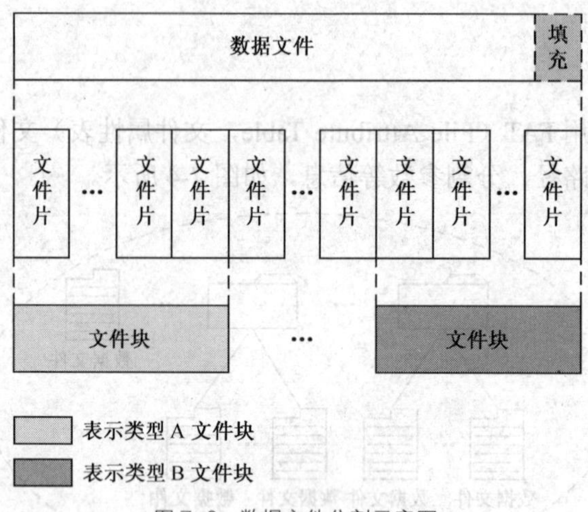

图 7-6 数据文件分割示意图

一个数据文件分割成多个等长的文件片，最后一个文件片长度不足应填充 0x00。多个文件片组成一个文件块，根据组成文件块的文件片数量的不同将文件块分为 A、B 两种类型，若所有文件块中文件片数量均相等，则只有类型 A。

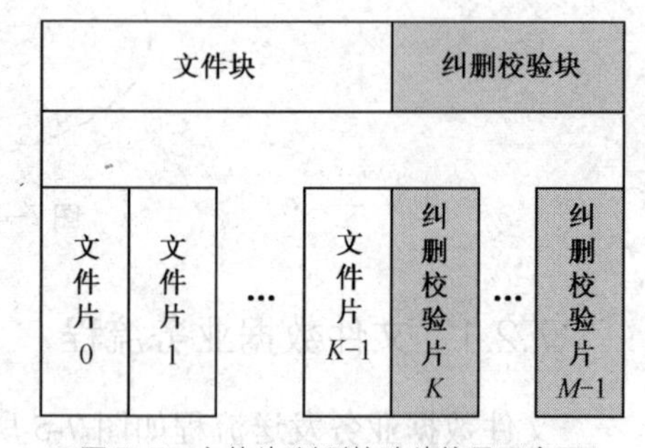

图 7-7 文件片/纠删校验片编号示意图

数据文件进行纠删编码时按文件块进行，得到的校验数据称之为纠删校验块，纠删校验块与文件块具有相同的块序号。纠删校验块划分成若干片，称之为纠删校验片，长度与文件片相等，纠删校验片应与文件片连续编号，如图 7-7 所示。

对文件片和纠删校验片进行封装，生成文件片传输包和纠删校验片传输包，封装结构如图 7-8 所示。文件片传输包和纠删校验片传输包应按块序号、片序号从小到大的顺序依次传输。

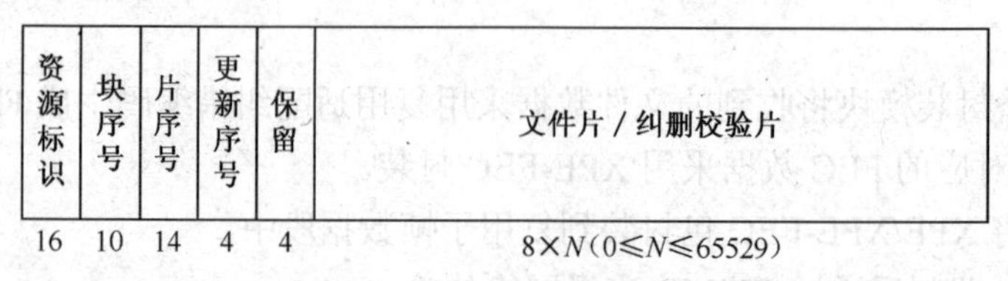

图 7-8 文件片/纠删校验片传输包的封装结构（资源标识!=0）

文件片/纠删校验片传输包的语法定义见表 7-2。

表 7-2　　文件片/纠删校验片传输包的语法定义

语　法	位　数	标 识 符
文件片/纠删校验片传输包（）		
{		
资源标识（!=0）	16	uimsbf
块序号	10	uimsbf
片序号	14	uimsbf
更新序号	4	uimsbf
保留	4	bslbf
文件片/纠删校验片	8×N	bslbf
}		

- 资源标识：16 位字段，取值范围 1～65535，数据文件的标识号。
- 块序号：10 位字段，取值范围 0～1023，从 0 开始取值，表示当前文件片/纠删校验片所从属的文件块的序号。
- 片序号：14 位字段，取值范围 0～16383，从 0 开始取值，表示当前文件片/纠删校验片在文件块内的序号。
- 更新序号：4 位字段，取值范围 0～15，从 0 开始取值，表示当前资源的更新序号，与“资源标识”字段共同唯一确定一个数据文件。
- 文件片/纠删校验片：携带实际的文件片或纠删校验片，长度 N 由 FAT 文件中的“slice_length”元素指定，通过片序号和 FAT 文件中指示的文件块分片信息识别是否为文件片或纠删校验片。

7.2.3 FAT 文件的分割和传输

FAT 文件的分割示意如图 7-9 所示。

FAT 文件分割成 FAT 片，序号为 0，1，…，$n-1$，共 n 个，n 取值范围 1～256，当 n=1 时表示不分割。

对 FAT 片进行封装，生成 FAT 片传输包，语法结构如图 7-10 所示。FAT 片传输包应按片序号从小到大的顺序依次传输。

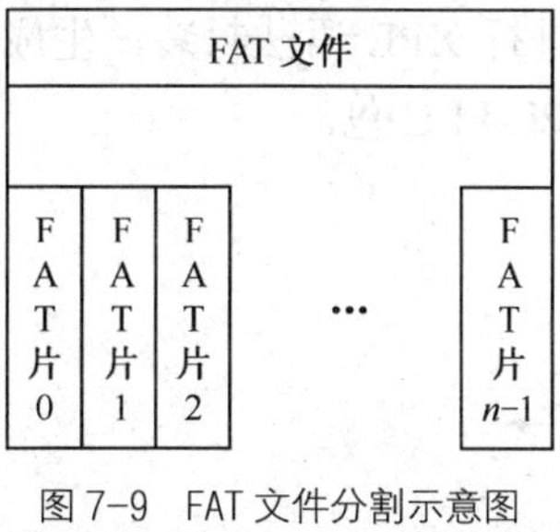

FAT 文件				
FAT片0	FAT片1	FAT片2	…	FAT片n-1

图 7-9　FAT 文件分割示意图

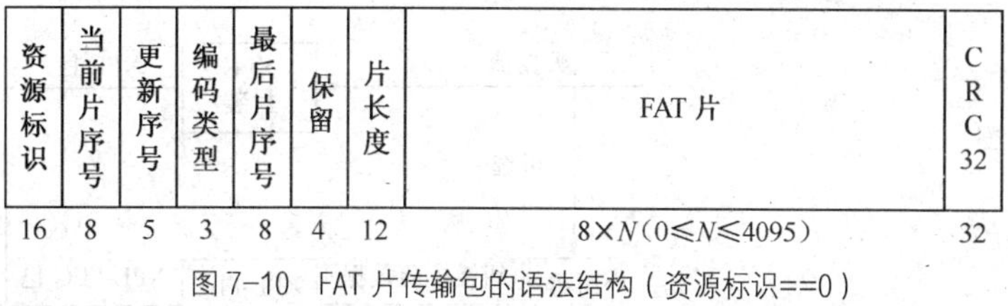

资源标识	当前片序号	更新序号	编码类型	最后片序号	保留	片长度	FAT 片	CRC32
16	8	5	3	8	4	12	8×N（0≤N≤4095）	32

图 7-10　FAT 片传输包的语法结构（资源标识==0）

FAT 片传输包的语法定义如表 7-3 所示。

表 7-3　　**FAT 片传输包的语法定义**

语　　法	位　　数	标 识 符
FAT 片传输包（）		
{		
资源标识（==0）	16	uimsbf
当前片序号	8	uimsbf
更新序号	5	uimsbf
编码类型	3	uimsbf
最后片序号	8	uimsbf
保留	4	bslbf
片长度	12	uimsbf
FAT 片	8×*N*	bslbf
CRC_32	32	uimsbf
}		

- 资源标识：16 位字段，固定取值为 0。
- 当前片序号：8 位字段，取值范围 0～255，从 0 开始取值。若 FAT 文件未进行分割，则本字段取值为 0。
- 更新序号：5 位字段，取值范围 0～31，从 0 开始取值，若 FAT 信息发生变化，本字段循环递增加 1。
- 编码类型：3 位字段，表示 FAT 文件采用的编码类型。取值 0 表示无压缩，取值 1 表示采用 IETF RFC 1952（GZIP）压缩，取值 2～7 保留将来扩展。
- 最后片序号：8 位字段，取值范围 0～255，从 0 开始取值。若 FAT 文件未进行分割，则本字段取值为 0，若 FAT 文件分割成多个 FAT 片，则本字段用以标识最后一个 FAT 片的序号。
- 片长度：12 位字段，取值范围 0～4095，单位为字节，表示当前 FAT 片的长度。
- FAT 片：本字段携带着 FAT 文件的分片数据或 FAT 文件压缩编码后的分片数据，长度 *N* 由“片长度”字段指示，根据“当前片序号”和“最后片序号”字段进行拼接，拼接完成后根据“编码类型”字段进行解析，恢复出完整的 FAT 文件。

7.3 XPE/XPE-FEC 可扩展协议封装

流模式可扩展协议封装处理流程如图 7-11 所示。数据流直接进行 XPE 语法封装，生成 XPE 包。数据流的纠错校验数据经过 XPE-FEC 语法封装，生成 XPE-FEC 包。

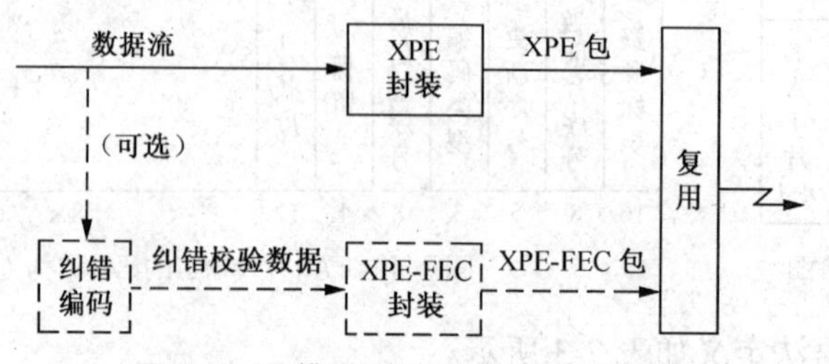

图 7-11　流模式可扩展协议封装处理流程

文件模式可扩展协议封装处理流程如图 7-12 所示。文件模式先对文件进行分片生成文件模式传输包，再进行可扩展协议封装。文件模式传输包进行 XPE 语法封装，生成 XPE 包。文件模式传输包的纠错校验数据经过 XPE-FEC 语法封装，生成 XPE-FEC 包。

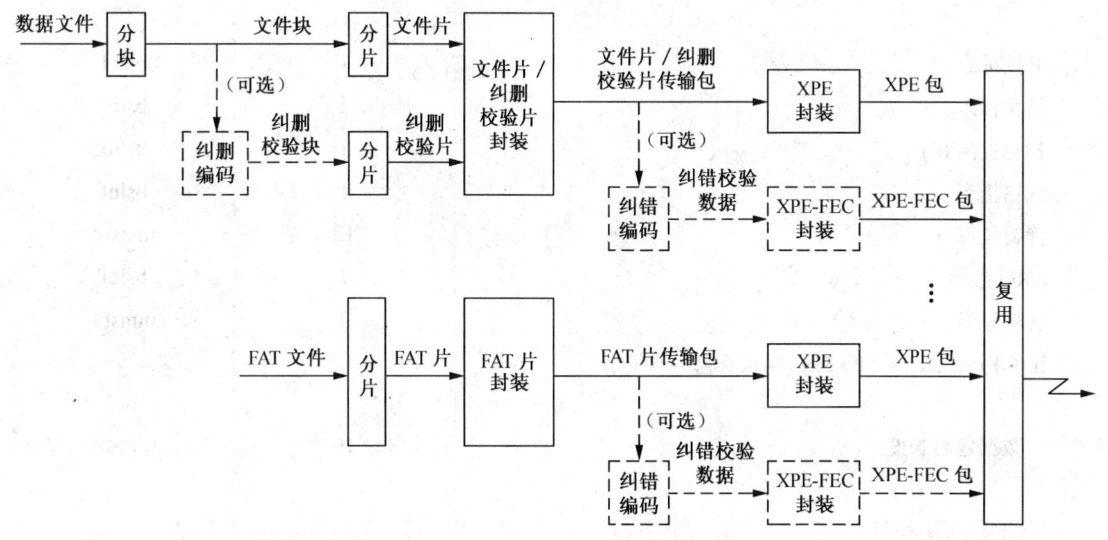

图 7-12　文件模式可扩展协议封装处理流程

7.3.1　XPE

XPE 包的语法结构如图 7-13 所示。

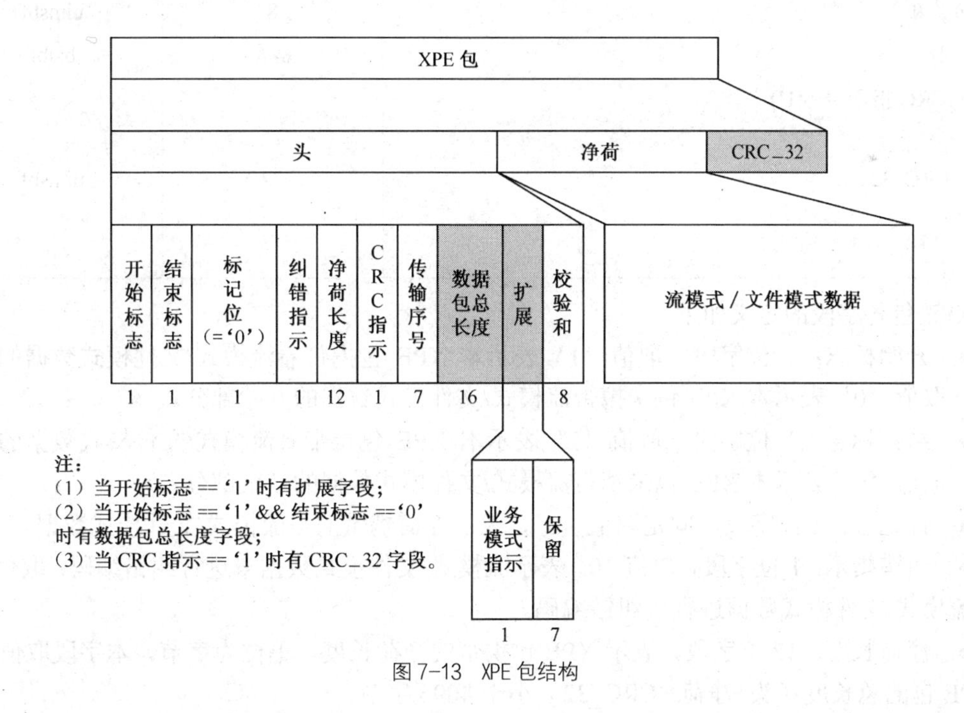

图 7-13　XPE 包结构

XPE 包的语法定义如表 7-4 所示。

表 7-4　XPE 包的语法定义

语　法	位　数	标识符
XPE 包（）		
{		
开始标志	1	bslbf
结束标志	1	bslbf
标记位(='0')	1	bslbf
纠错指示	1	bslbf
净荷长度	12	uimsbf
CRC 指示	1	bslbf
传输序号	7	uimsbf
if ((开始标志 == '1') && (结束标志 == '0'))		
{		
数据包总长度	16	uimsbf
}		
if (开始标志 =='1')		
{		
业务模式指示	1	bslbf
保留	7	bslbf
}		
校验和	8	uimsbf
净荷	8×N	bslbf
if (CRC 指示 == '1')		
{		
CRC_32	32	uimsbf
}		
}		

XPE 包各字段的定义如下。

- 开始标志：1 位字段，取值‘1’表示本 XPE 包携带着流模式/文件模式数据的开始部分；取值‘0’表示本 XPE 包未携带流模式/文件模式数据的开始部分。
- 结束标志：1 位字段，取值‘1’表示本 XPE 包携带着流模式/文件模式数据的结束部分；取值‘0’表示本 XPE 包未携带流模式/文件模式数据的结束部分。
- 标记位：1 位字段，固定取值‘0’，表示净荷携带的是流模式/文件模式数据。
- 纠错指示：1 位字段，取值‘0’表示流模式/文件模式数据未进行纠错编码；取值‘1’表示流模式/文件模式数据进行过纠错编码。
- 净荷长度：12 位字段，表示 XPE 包携带的净荷长度，单位为字节。本字段取值应保证 XPE 包的总长度（头+净荷+ CRC_32）小于 4096 字节。
- CRC 指示：1 位字段，取值‘0’表示净荷未进行 CRC32 校验，无“CRC_32”字段；

取值‘1’表示净荷进行过CRC32校验，有“CRC_32”字段。

- 传输序号：7位字段，标识流模式/文件模式数据的传输序号，在0～127范围内循环递增加1取值，初值为0。若流模式/文件模式数据进行了分割，则属于同一个流模式/文件模式数据的XPE包应具有相同的传输序号。
- 数据包总长度：16位字段，取值范围0～65535，表示流模式/文件模式数据的总长度，单位为字节。只有当流模式/文件模式数据进行分割时才需要传输本字段；若未分割，“净荷长度”字段即表示流模式/文件模式数据的总长度。
- 业务模式指示：1位字段，取值‘0’表示流模式；取值‘1’表示文件模式。
- 校验和：8位字段，本字段前面所有字节进行异或运算的值，用作XPE包头信息的校验。
- 净荷：本字段携带着数据流或文件模式数据，长度N由“净荷长度”字段指示。
- CRC_32：32位字段，解码模型见GY/T 220.2—2006附录A。只对XPE包的净荷进行校验。

7.3.2 XPE-FEC

XPE-FEC包的语法结构见图7-14。

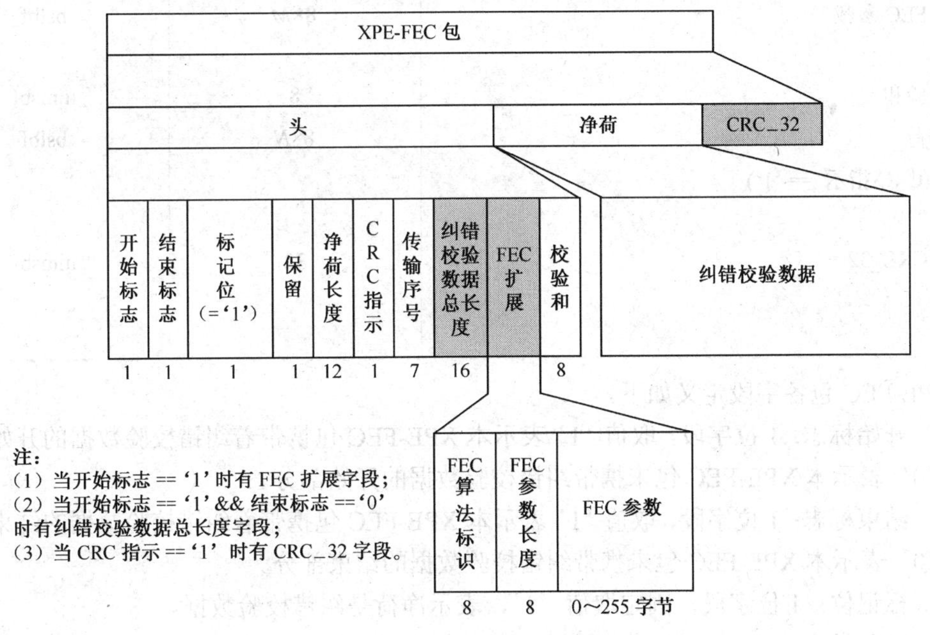

图7-14 XPE-FEC包语法结构

XPE-FEC包的语法定义如表7-5所示。

表7-5 XPE-FEC包语法定义

语　法	位　数	标 识 符
XPE/XPE-FEC包()		
{		
开始标志	1	bslbf

续表

语　法	位　数	标　识　符
结束标志	1	bslbf
标记位(='1')	1	bslbf
保留	1	bslbf
净荷长度	12	uimsbf
CRC 指示	1	bslbf
传输序号	7	uimsbf
if ((开始标志 == '1') && (结束标志 == '0'))		
{		
纠错校验数据总长度	16	uimsbf
}		
if (开始标志 =='1')		
{		
FEC 算法标识	8	uimsbf
FEC 参数长度	8	uimsbf
FEC 参数	8×*M*	bslbf
}		
校验和	8	uimsbf
净荷	8×*N*	bslbf
if (CRC 指示 == '1')		
{		
CRC_32	32	uimsbf
}		
}		

XPE-FEC 包各字段定义如下。

- 开始标志：1 位字段，取值‘1’表示本 XPE-FEC 包携带着纠错校验数据的开始部分；取值‘0’表示本 XPE-FEC 包未携带纠错校验数据的开始部分。
- 结束标志：1 位字段，取值‘1’表示本 XPE-FEC 包携带着纠错校验数据的结束部分；取值‘0’表示本 XPE-FEC 包未携带纠错校验数据的结束部分。
- 标记位：1 位字段，固定取值‘1’，表示净荷是纠错校验数据。
- 净荷长度：12 位字段，表示 XPE-FEC 包净荷的长度，单位为字节。本字段取值应保证 XPE-FEC 包的总长度（头 + 净荷 + CRC_32）小于 4096 字节。
- CRC 指示：1 位字段，取值‘0’表示净荷未进行 CRC32 校验，无“CRC_32”字段；取值‘1’表示净荷进行过 CRC32 校验，有“CRC_32”字段。
- 传输序号：7 位字段，标识纠错校验数据的传输序号，在 0～127 范围内循环递增加 1 取值，初值为 0。若纠错校验数据进行了分割，则属于同一个纠错校验数据的 XPE-FEC 包应具有相同的传输序号。XPE-FEC 包的传输序号与其对应的 XPE 包的传输序号应保持一致。

● 纠错校验数据总长度：16位字段，取值范围0～65535，表示纠错校验数据的总长度，单位为字节。只有当纠错校验数据进行分割时才需要传输本字段；若未分割，“净荷长度”字段即表示纠错校验数据的总长度。

● FEC算法标识：8位字段，FEC算法的标识号，取值‘0x00’表示RS（255，207）；取值‘0x01’～‘0xFF’保留将来扩展。

● FEC参数长度：8位字段，取值范围0～255，单位为字节，表示后续“FEC参数”字段的总长度。

● FEC参数：本字段定义RS（255，207）的FEC参数，其语法定义见GY/T 220.5—2008附录B，其长度*M*由“FEC参数长度”字段指定。将来扩展定义其他FEC算法时，必须同时定义“FEC参数”字段语法结构。

● 校验和：8位字段，本字段前面所有字节进行异或运算的值，用作XPE-FEC包头信息的校验。

● 净荷：本字段携带着纠错校验数据，长度*N*由“净荷长度”字段指示。

● CRC_32：32位字段，解码模型见GY/T 220.2—2006附录A。只对XPE_FEC包的净荷进行校验。

7.3.3 数据广播复用封装

数据广播在复用封装中使用模式2进行复用，数据广播数据封装为数据单元的方法如图7-15所示。

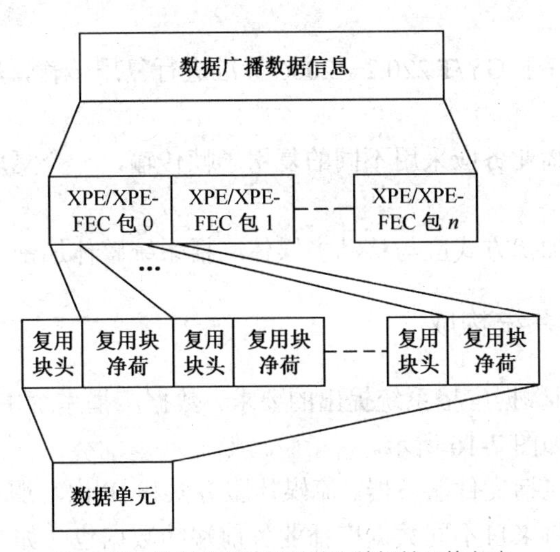

图7-15 数据广播数据封装为数据单元的方法

7.4 数据广播的特点

CMMB数据广播具有如下特点。

（1）在数据链路层和应用层增加前向纠错措施，确保数据传输的可靠性。

数据链路层增加前向纠错解决字节误码错误，应用层增加前向纠错解决丢包错误。根据数据业务对时间延时的要求和数据可靠性的要求，灵活配置选择前向纠错算法，确保数据业务的开展。

（2）支持采用轮播机制，确保接收数据的完整性。

在信道条件很差时，即使采用了前向纠错，终端接收到的数据仍有可能会不完整，因此可以通过轮播机制回补数据，确保数据的完整性。

（3）采用压缩技术，提高数据传输的效率。

对数据进行压缩是提高业务数据传输效率的有效方法，针对不同业务的特点选择不同的算法，解决数据传输效率的问题。

（4）采用多协议封装方法，将业务数据统一封装成一种格式，确保数据广播业务前端系统的可扩展性。

在数据广播业务前端和复用器之间增加协议转换设备，将来自不同数据业务、不同协议格式的业务数据包封装成统一的格式，传输给复用器，增强数据广播前端子系统的可扩展性。

7.5 数据广播系统

7.5.1 数据广播系统要求

CMMB 数据广播系统的要求如下。

（1）数据广播平台应具有通用性和开放性，支持文件模式、流模式和 IP 模式的数据广播业务。

（2）数据广播业务基于 GY/T 220.2—2006 标准进行复用传输，基于分组复用模式的数据广播方式另行确定。

（3）不同的数据广播业务应采用不同的复用子帧传输，一个复用子帧只应传输一个数据广播业务。

（4）数据广播业务加扰方式应与移动多媒体广播系统整体加密方案一致。

7.5.2 数据广播系统构成

根据 CMMB 系统对数据广播系统提出的要求，数据广播系统主要由数据广播业务前端、数据广播封装机构成，如图 7-16 所示。

数据广播业务前端包括文件服务器、流媒体服务器和 IP 内容服务器，提供数据广播业务数据。数据广播封装机将来自不同数据广播业务前端的数据包（如文件模式业务包、流模式业务包和 IP 包）进行统一的封装，送给后续加扰单元或直接送给复用器，是数据广播子系统的核心。数据广播业务前端通过以太网和数据广播封装机相连。为了不影响复用子系统，数据广播业务平台和复用子系统在物理上进行隔离。数据广播封装机至少需要配置两块网卡，以便支持双网段，并支持网管以及 WEB 和 RS-232 配置功能。数据广播封装机输出数据协议可以配置，以 RTP 或 TCP 的格式传给后接设备。

数据广播在终端的实现过程主要包括业务发现、业务参数获取、业务展示。

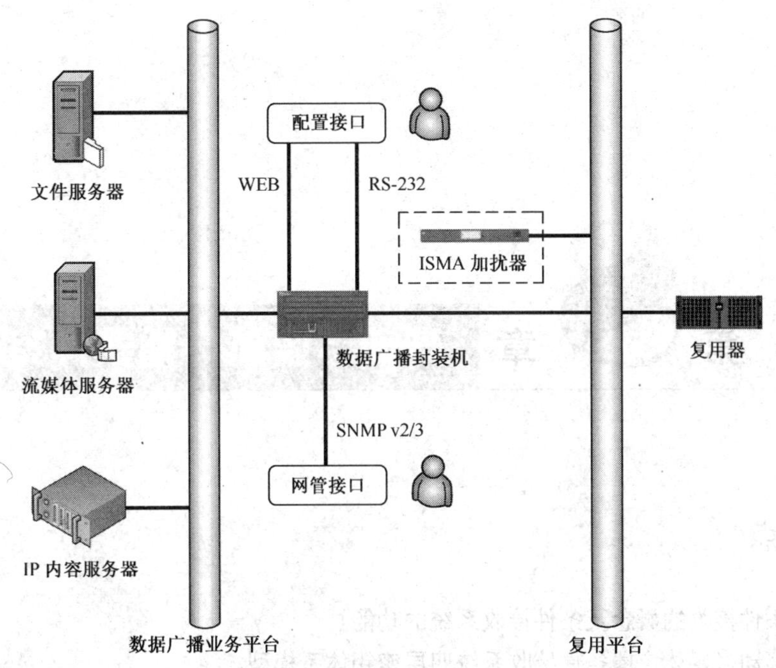

图 7-16 CMMB 数据广播系统构成

7.6 本章小结

在 CMMB 系统中，数据广播是指除音视频基本业务之外的一种利用 CMMB 广播信道传输数据流或数据文件的增值业务。通过数据广播业务，可以为终端用户提供股票资讯、交通导航、气象服务、网站广播等各类信息服务。

数据业务首先按照其业务特性分为流模式和文件模式两种类型进行处理。若数据业务以连续流的方式展现，通常有时序要求、传输有时间标签指示或数据流内部有同步要求，则采用流模式进行处理；若数据业务以离散数据文件的方式展现，通常无时序要求、传输无时间标签指示或同步要求，则采用文件模式进行处理。

流模式直接对数据流进行可扩展协议封装，适配到复用子帧的数据段中，实现透明传输；文件模式先对文件进行分割生成文件模式传输包，再进行可扩展协议封装。可扩展协议封装生成 XPE 包和 XPE-FEC 包。XPE/XPE-FEC 包适配在复用子帧的数据段中进行传输。

7.7 习题

1. 什么是数据广播？CMMB 数据广播具有什么特点？
2. 请画出 CMMB 数据广播协议层次模型。
3. 对数据业务进行可扩展协议封装分哪几种模式？请分别描述它们的封装处理流程。
4. 请描述数据广播复用封装方法。
5. CMMB 数据广播系统应满足哪些要求？
6. CMMB 数据广播系统由哪些主要设备构成，它们的主要功能是什么？

第8章 移动多媒体广播条件接收系统

本章学习要点

- 熟悉条件接收的概念及条件接收系统的功能。
- 熟悉移动多媒体广播条件接收系统四层密钥体系模型。
- 了解移动多媒体广播条件接收系统对业务进行加密和授权的简单过程。
- 掌握移动多媒体广播条件接收系统的构成及功能。
- 理解授权控制信息（ECM）和授权管理信息（EMM）的主要功能。
- 了解电子钱包模块的逻辑结构及功能。
- 了解移动多媒体广播条件接收系统对音视频码流进行加扰的过程。

条件接收（Conditional Access，CA）是实现业务授权的一种技术手段，容许被授权的用户使用某一业务，未经授权的用户不能使用这一业务，是 CMMB 实施业务运营的关键技术。条件接收系统（Conditional Access System，CAS）是实现条件接收功能的模块，承担着对各类播出业务进行加密、对用户所订购的节目进行授权管理和计费等任务。

移动多媒体广播条件接收系统（Mobile Multimedia Broadcasting – Conditional Access System，MMB-CAS）可为移动多媒体广播业务提供传输过程中的保护，即针对业务的广播通道保护。移动多媒体广播运营商通常在播出时针对移动多媒体业务加入 MMB-CAS 条件接收控制机制。采用 MMB-CAS，移动多媒体广播运营商可针对业务或业务包向指定用户或用户组授权，使得只有授权用户或用户组才能接收相关业务。

MMB-CAS 既可适用于单向广播网络场景，也可适用于单向广播网络和双向网络相结合的场景。在仅有单向广播网络或单向终端的情况下，MMB-CAS 可通过前端向终端广播授权信息方式向用户授权，或结合使用加密授权与电子钱包功能，通过终端本地交互方式实现用户自授权。在单向广播网络与双向网络和双向终端均可用的情况下，MMB-CAS 还可通过双向网络以前端与终端点对点交互方式向用户授权。MMB-CAS 只使用双向网络传输授权管理信息、系统信令或电子钱包记录等，而不使用双向网络传输业务。

8.1 条件接收系统技术体系

为了构建安全适用的条件接收系统，MMB-CAS 技术体系以四层密钥模型为基础，建立密钥安全管理及分发机制，利用加扰技术，实现对移动多媒体广播业务的条件接收。

8.1.1 四层密钥体系模型

移动多媒体广播条件接收系统的密钥体系采用包含用户注册层、授权/安全管理层、授权控制层和业务加扰层的四层模型，如图 8-1 所示。该模型的特点是密钥分层保护，每个密钥都有各自的生命周期，下层密钥由上层密钥加密后传输。

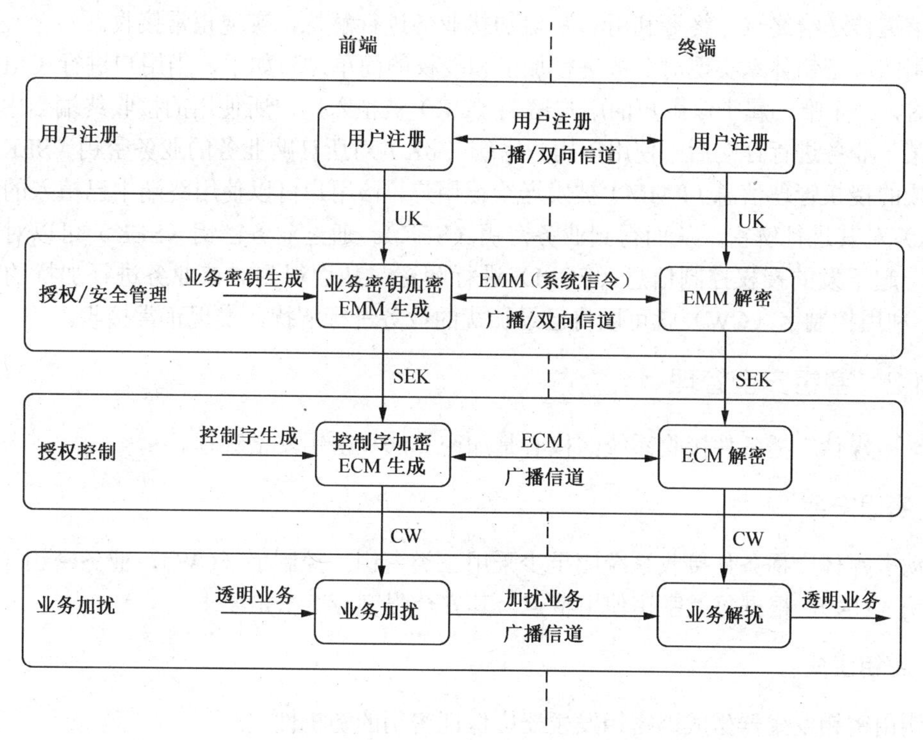

图 8-1　移动多媒体广播条件接收系统四层密钥体系模型

1. 用户注册层

用户注册层实现用户密钥（User's Key，UK）在终端安全模块中的预置，或实现按双向注册方式的用户密钥分发。UK 用来对业务密钥（Service Encryption Key，SEK）进行加密/解密。

2. 授权/安全管理层

授权管理层实现授权管理信息（Entitlement Management Message，EMM）数据从前端到终端的安全传递。前端利用 UK 对 SEK 信息加密，生成 EMM，通过广播或双向信道传输给终端；终端对 EMM 进行解密获得 SEK。SEK 用来对控制字（Control Word，CW）进行加密/解密。

安全管理层实现系统信令数据从前端到终端的安全传递。通常将系统信令利用 UK 加密后封装 EMM 中，通过广播或双向信道传输给终端，终端进行解密获得系统信令。利用系统信令进行系统的安全控制、密钥管理、功能管理等。

3．授权控制层

授权控制层实现授权控制信息（Entitlement Control Message，ECM）数据从前端到终端的安全传递。前端利用 SEK 对 CW 进行加密，生成 ECM，通过广播信道传输给终端；终端对 ECM 进行解密获得 CW。CW 用来对传输的业务进行加扰/解扰。

4．业务加扰层

业务加扰层实现业务数据从前端到终端的安全传递。前端利用 CW 对业务进行加扰，通过广播信道传送给终端；终端利用 CW 对加扰业务进行解扰，实现正常接收。

采用四层密钥体系实现对业务进行加密和授权的简单过程如下，当用户进行 CMMB 功能注册时，一个唯一属于该用户的用户密钥（UK）被植入用户所使用的接收终端当中。当该用户对某一业务进行订购后，使用该用户密钥（UK）对所订购业务的业务密钥（SEK）进行加密生成的授权管理信息（EMM）被发送给该用户，该用户可以使用终端中已植入的用户密钥（UK）对其进行解密，从而得到业务密钥（SEK）。通过业务密钥（SEK）可以对与所订购业务一起下发的授权控制信息（ECM）进行解密，从而得到对该业务进行加扰的控制字（CW），利用控制字（CW）就可以将已经加扰的业务进行解扰，实现正常接收。

8.1.2 密钥安全管理

移动多媒体广播条件接收系统的核心是加密算法和密钥安全管理。

1．密钥安全

移动多媒体广播条件接收系统应至少采用三类密钥：控制字（CW），业务密钥（SEK），用户密钥（UK）。根据每类密钥使用特点，其安全强度应有一定要求。

2．密钥生成

密钥由密钥发生器生成，密钥发生器应保证密钥的随机性。

3．密钥存储

密钥存储应保证前端密钥和用户本地密钥的安全存储。

4．密钥分发

承载 CW 的 ECM 通过广播信道分发。

承载 SEK 的 EMM 通过广播信道分发，在有可选双向信道的条件下，也可通过双向信道分发。

UK 可预置在用户终端的安全容器中，在有双向信道的条件下，也可以双向认证的方式通过双向信道分发。

5．密钥管理

对密钥的管理包括密钥更新、密钥销毁、密钥失效、密钥生效等。通过系统信令可以对密钥进行控制管理。

8.1.3 授权控制信息和授权管理信息

授权控制信息（ECM）是面向业务的信息，包含经安全加密的控制信息和授权信息。ECM 携带的内容主要有以下几点。

（1）加密的 CW 或者能够复原 CW 的必要参数。

（2）业务访问准则。

（3）辅助与扩展信息，如费率信息、时间戳等。

授权管理信息（EMM）是面向用户的信息，指定用户或用户组对业务或事件的授权等级。

EMM 的主要功能如下。

（1）用户寻址功能，支持全局寻址、分组寻址、按属性寻址和唯一寻址等多种方式。

（2）定制业务的访问准则和授权管理。

（3）不同优先级策略的信息发送。

（4）传输、管理、更新密钥。

（5）电子钱包管理。

（6）系统信令、定制信息安全封装。

ECM 和 EMM 中的访问准则通过相互映射的逻辑关系实现以多种方式定制同一业务。

8.1.4 加扰方式

移动多媒体广播条件接收系统的前端和终端模块应支持互联网流媒体联盟加扰标准（Internet Streaming Media Alliance Crypt，ISMACryp），可选支持其他加扰/加密协议。缺省加扰算法采用 AES-128-CTR，可支持更长的密钥。

8.1.5 条件接收系统信令

在移动多媒体广播条件接收系统中，系统信令是前端与终端之间所传递的一种控制信息，在移动多媒体广播信道和/或双向信道中传输，主要包括加扰参数信令、产品费率信令、电子钱包信令等。

加扰参数信令指示加扰器对业务加扰的参数，采用 XML 描述，具体格式参见 GY/T 220.6—2008 附录 B。

产品费率信令指示业务产品的相关费率信息，采用 XML 描述，具体格式参见 GY/T 220.6—2008 附录 B。

电子钱包信令主要包括钱包密钥管理、增值方式管理和钱包状态管理等，具体格式参见 GY/T 220.6—2008 附录 B。

8.2 条件接收系统构成及功能

移动多媒体广播条件接收系统（MMB-CAS）由前端子系统和终端子系统组成，如图 8-2 所示。

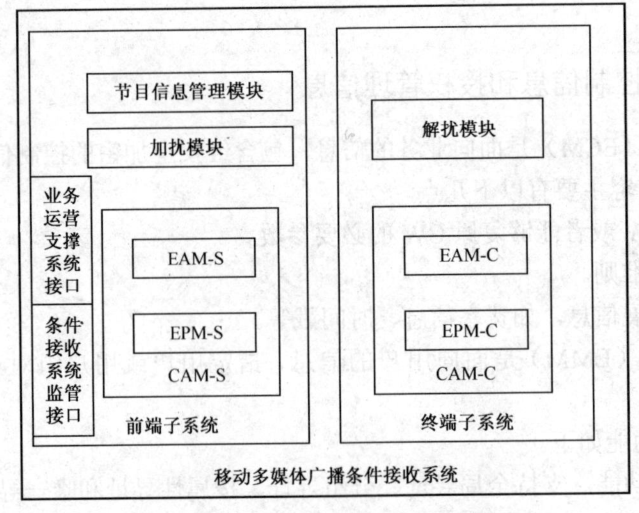

图 8-2 移动多媒体广播条件接收系统构成

MMB-CAS 前端子系统主要由加密授权前端模块（Encryption and Authorization Module – Server，EAM-S）、电子钱包前端模块（Electronic Purse Module – Server，EPM-S）、加扰模块、节目信息管理模块、业务运营支撑系统接口和条件接收系统监管接口组成。其中，EAM-S 和 EPM-S 合称为条件接收前端模块（Conditional Access Module – Server，CAM-S）。

MMB-CAS 终端子系统主要由加密授权终端模块（Encryption and Authorization Module – Client，EAM-C）、电子钱包终端模块（Electronic Purse Module – Client，EPM-C）和解扰模块组成。其中，EAM-C 和 EPM-C 合称为条件接收终端模块（Conditional Access Module – Client，CAM-C）。CAM-C 完成对 ECM 与 EMM 的解密，以及广播业务订购和自授权等。

MMB-CAS 在 CMMB 系统中的位置如图 8-3 所示。

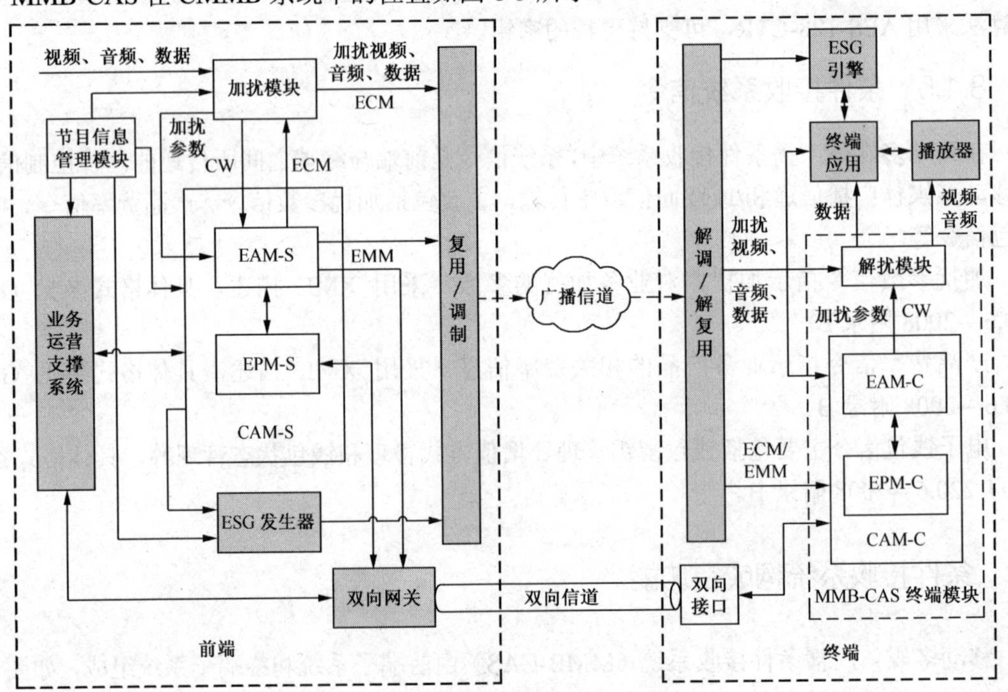

图 8-3 MMB-CAS 在 CMMB 系统中的位置

MMB-CAS 前端子系统完成节目流的加扰，并生成授权控制信息（ECM）与加扰节目复用后通过广播信道或双向信道发送，实现业务的加密保护传送和合法授权管理。MMB-CAS 终端子系统（模块）通过解复用授权信息，对用户的授权进行合法性验证，得到与节目解扰相关的信息，解扰受保护的业务，从而实现条件接收。

8.2.1　MMB-CAS 前端子系统

1．加密授权前端模块

加密授权前端模块（EAM-S）是 MMB-CAS 中进行密钥管理和用户授权的前端模块。EAM-S 主要包括授权控制信息发生器（Entitlement Control Message Generator，ECMG）和授权管理信息发生器（Entitlement Management Message Generator，EMMG）。对外接口采用一个逻辑模块进行体现。EAM-S 功能及接口框图如图 8-4 所示。

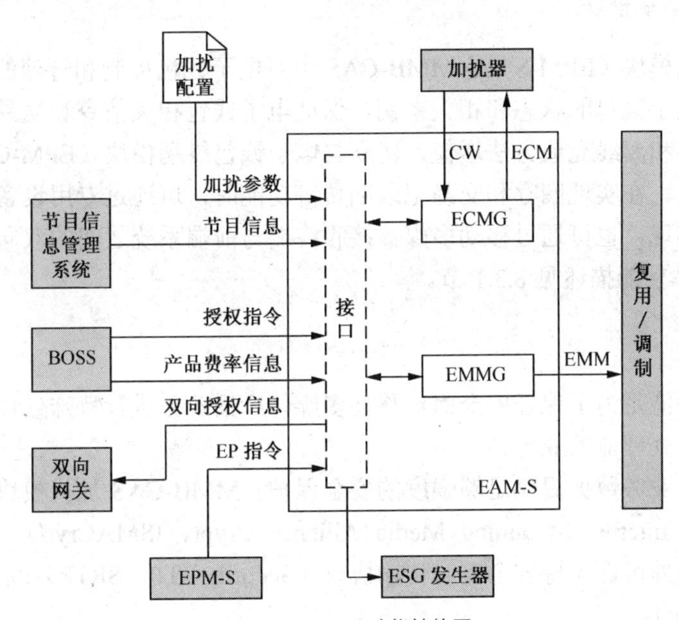

图 8-4　EAM-S 功能结构图

ECMG 与加扰器接口，ECMG 接收 CW，生成 ECM 信息并返回。ECMG 的基本功能应满足 GY/Z 175—2001 中附录 E 同密技术中的要求。

EMMG 生成 EMM 信息，并通过与复用器接口发送 EMM。EMMG 的基本功能应满足 GY/Z 175—2001 中附录 E 同密技术中的要求。

EAM-S 的主要功能如下。

（1）接收节目信息管理模块的节目加扰控制信息。

（2）接收加扰器传来的 CW，根据节目加扰控制信息对 CW 进行加密，生成 ECM 后返回给加扰器。

（3）接收配置的加扰参数，通过广播方式发送给终端。

（4）对授权信息进行加密，生成 EMM 并根据要求广播发送给终端。

（5）将未加密产品费率信息通过 ESG 或 EMM 广播发送给终端。

（6）对产品费率信息进行加密或签名确保其完整性，并通过 ECM 和/或 EMM 广播发送给终端。

（7）对授权信息进行加密，生成 EMM 通过双向通道发送给终端。

（8）接收 EPM-S 传来的电子钱包（ElectronicPurse，EP）指令，将电子钱包指令打包进入 EMM 并根据要求广播发送给终端。

EAM-S 应满足如下要求。

（1）支持集中与分级授权控制和管理。

（2）支持大规模用户，支持通过升级扩充管理用户数量。

（3）具有足够的安全性和防攻击能力。

（4）支持单向授权和终端本地自授权，也可支持双向授权。

（5）支持灵活的业务组合。

2．电子钱包前端模块

电子钱包前端模块（EPM-S）是 MMB-CAS 中对电子钱包控制和管理的前端模块，维护和管理每个终端电子钱包的状态和相关密钥，保证电子钱包相关信令和交易数据的安全性和完整性，利用圈存和离线充值方法增值，建立与电子钱包终端模块（EPM-C）之间的回传通道，回传交易记录。在实现圈存和交易记录回传等功能时，可通过专用设备操作 MMB-CAS 终端模块等方式实现，也可通过移动多媒体接收终端与前端系统之间的双向网络实现。

EPM-S 的具体功能描述见 8.3.1 节。

3．加扰模块

加扰模块的功能是为了保证安全而对移动多媒体广播业务进行特殊处理，使得未经授权的接收者不能得到处理前的业务。

加扰模块须对业务数据提供足够强度的安全保护。MMB-CAS 加扰模块选用互联网流媒体联盟加扰标准（Internet Streaming Media Alliance Crypt，ISMACryp），其加扰算法采用 AES-128-CTR，另外可选支持安全实时传输协议（Security RTP，SRTP）或 IP 安全通信标准（IP Security，IPSec）。

加扰模块包含加扰器、同密同步器（Simulcrypt Synchroniser，SCS）和控制字发生器（Control Word Generator，CWG）等部分。

加扰器接收输入的移动多媒体广播业务，利用控制字（CW）加扰后输出给复用器。加扰器将 CW 同时传送给加密授权前端模块（EAM-S）中的 ECMG，由 ECMG 生成 ECM 后返回给加扰器。加扰器将 ECM 数据与加扰的移动多媒体广播业务同步输出给复用器。ESG 将加扰器的加扰参数以一定的格式发送到复用器。

加扰模块中 SCS 与 MMB-CAS 接口协议应符合 GY/Z 175—2001 附录 E。

4．节目信息管理模块

节目信息管理模块是一个用户管理数据库系统，用于建立统一的节目信息配置表，实现对系统中节目的管理和对用户的授权、管理等功能。例如当用户的订购信息改变时，需要将新的信息写入用户数据库。此模块应支持多频道、多业务。

5. 业务运营支撑系统接口

条件接收前端子系统需提供与业务运营支撑系统（Business and Operation Support System，BOSS）之间的接口。BOSS 实现业务运营过程中的用户管理、业务管理与控制、授权指令生成与发送、计费和账务处理等功能。

8.2.2 MMB-CAS 终端模块

MMB-CAS 终端模块的逻辑功能如图 8-5 所示。

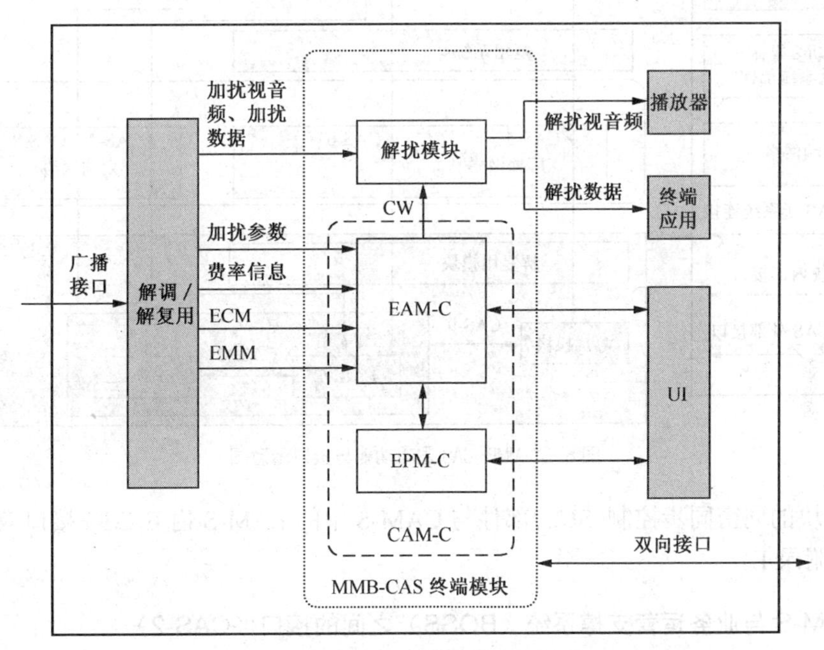

图 8-5 MMB-CAS 终端模块的逻辑功能图

MMB-CAS 终端模块从解调/解复用模块接收加扰的视音频流、加扰数据，利用解扰模块进行解扰；从解调/解复用模块接收加扰参数、费率信息、ECM、EMM 等数据，利用 EAM-C 及 EPM-C 进行处理。

MMB-CAS 终端模块可与用户界面（User Interface，UI）、播放器等进行接口通信。

MMB-CAS 终端模块可有表面贴装器件（Surface Mounted Device，SMD）、安全数字（Secure Digital，SD）卡和通用串行总线（Universal Serial Bus，USB）器件等物理形态。终端模块实现参见 GY/T 220.6—2008 附录 G。

8.2.3 MMB-CAS 各模块间接口及其与其他系统间接口

MMB-CAS 内部接口及外部接口示意图如图 8-6 所示。

1. CAM-S 与加扰模块之间的接口（CAS-1）

CAS-1 接口实现 CAM-S 与加扰模块之间的数据交换，如控制字、CA 相关信息、ECM、加扰参数等数据的传输。

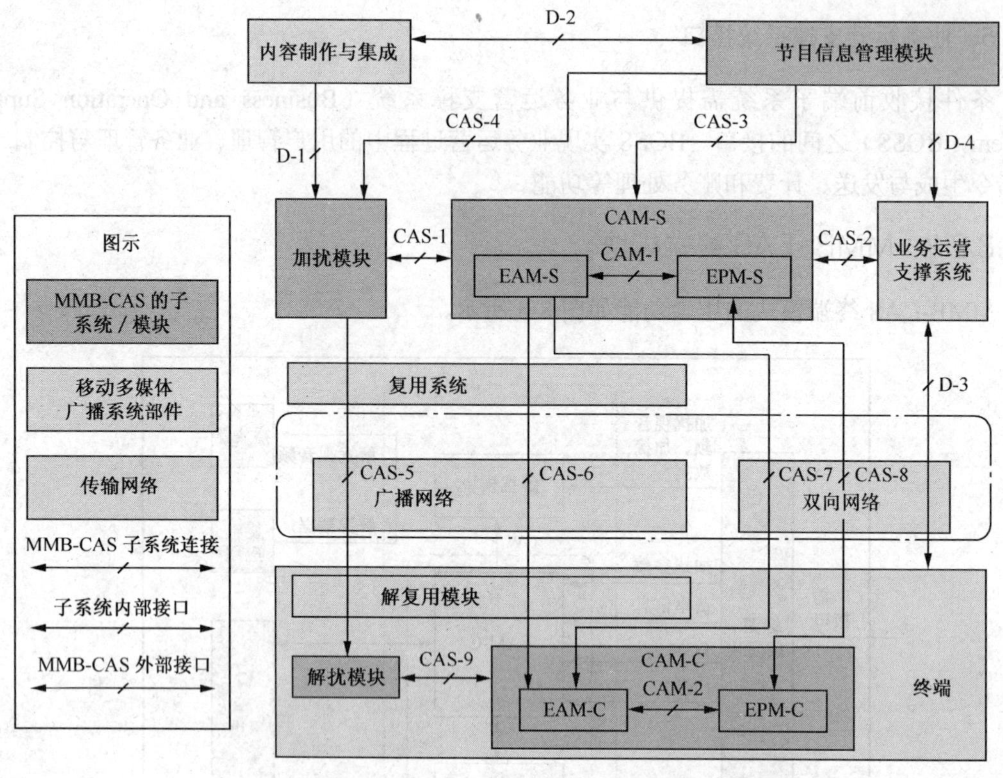

图 8-6　MMB-CAS 逻辑功能与接口示意图

加扰模块的同密同步控制(SCS)部件与 CAM-S 中的 EAM-S 内 ECMG 接口应符合 GY/Z 175—2001 附录 E。

2. CAM-S 与业务运营支撑系统（BOSS）之间的接口（CAS-2）

CAS-2 接口基于 TCP/IP 协议实现 CAM-S 与业务运营支撑系统（BOSS）之间的消息通信，完成下列基本功能。

（1）授权相关信息下传

业务运营支撑系统（BOSS）向 CAM-S 发送授权相关信息。

（2）费率信息下传

业务运营支撑系统（BOSS）向 CAM-S 发送费率信息，如：节目 ID、节目价格、费率单位等。

（3）钱包增值

业务运营支撑系统（BOSS）向 CAM-S 发送钱包增值消息，消息的内容包括钱包 ID、增值方式、充值金额等；CAM-S 接收到该指令，生成电子钱包信令，实现对终端电子钱包的充值。

（4）钱包管理

业务运营支撑系统（BOSS）根据需要，向 CAM-S 发送钱包管理消息，如钱包 ID、管理动作等，实现对电子钱包增值方式、消费状态等内容的管理。

（5）返回充值信息

CAM-S 响应业务运营支撑系统（BOSS）的指令，返回离线充值和圈存数据。

3. CAM-S 系统与节目信息管理模块之间的接口（CAS-3）

节目信息管理模块定义了节目的基本数据信息，并通过此接口向 CAM-S 提供节目相关参数，包括：节目标识，节目开始时间，节目结束时间等。CAM-S 根据接收的参数同步与加扰模块之间的通信，从而控制对节目的加扰。

4. 节目信息管理模块与加扰模块之间的接口（CAS-4）

节目信息管理模块定义了节目的基本数据信息，包括加扰器需要的加扰参数，加扰模块根据这些参数对加扰器进行配置。

加扰配置参数包括：节目标识，节目源信息等。

5. 加扰模块与复用器之间的接口（CAS-5）

加扰模块与各标准类型的复用器之间的接口将遵循相应的标准规范。

加扰模块与 CMMB 系统的复用器之间的接口如图 8-16 所示。

6. CAM-S 与复用器之间的接口（CAS-6）

CAM-S 通过此接口向复用器发送授权管理信息（EMM），复用器完成 EMM 与节目的复用，进而实现授权管理信息在广播网络内的传输。

CAM-S 与复用器之间的接口如图 8-16 所示。

7. EAM-S 与 EAM-C 之间的接口（CAS-7）

CAS-7 接口可以通过双向信道实现前端 EAM-S 与终端 EAM-C 之间的消息通信，完成下列基本功能。

（1）双向信道授权信息传输

EAM-S 生成 EMM，通过本接口传输到终端 EAM-C，完成对终端授权信息的带外传输功能。

（2）消费与收看记录回传

终端 EAM-C 将所要求的消费与收看记录通过本接口回传到前端。传输的内容包括：自授权消费记录（包括时间、内容、金额）、用户节目收看记录（包括时间、内容）等。

参考实现方式见 GY/T 220.6—2008 附录 C。

8. EPM-S 与 EPM-C 之间的接口（CAS-8）

CAS-8 接口可以通过双向信道实现前端 EPM-S 与终端 EPM-C 之间的消息通信，完成下列基本功能。

（1）电子钱包增值记录回传

通过本接口，终端 EPM-C 接收 EPM-S 发送的回传电子钱包增值记录请求，然后将电子钱包增值记录回传到前端。传输的内容包括：电子钱包序号、电子钱包增值记录（包括时间、增值方式、充值金额等）等信息。

（2）电子钱包圈存与管理

EPM-S 生成的电子钱包指令通过本接口传输到终端 EPM-C，完成对终端电子钱包圈存与管理等操作。圈存过程应符合 JRT0025.1—2005 和 JRT0025.2—2005 的要求。传输的内容包括：电子钱包序号、圈存金额、电子钱包管理指令等信息。

参考实现方式见 GY/T 220.6—2008 附录 C。

9. CAM-C 与解扰模块之间的接口（CAS-9）

CAM-C 通过此接口将控制字（CW）传送给解扰模块，解扰模块应用控制字（CW）实现对加扰业务的解扰。

10. EAM-S 与 EPM-S 之间的接口（CAM-1）

EPM-S 通过该接口将生成的电子钱包信令发送给 EAM-S，EAM-S 对其进行加密后，作为 EMM 的负载经过传输网络发送给终端。

11. EAM-C 与 EPM-C 之间的接口（CAM-2）

EPM-C 通过该接口接收经 EAM-C 解密后的电子钱包信令，完成电子钱包充值、管理等功能。

8.3 电子钱包模块

8.3.1 电子钱包模块的逻辑结构及功能

在 MMB-CAS 中，电子钱包模块（Electronic Purse Module，EPM）是实现电子钱包控制、管理和维护的模块。EPM 包括电子钱包前端模块（EPM-S）和电子钱包终端模块（EPM-C）两部分，其逻辑结构示意图如图 8-7 所示。

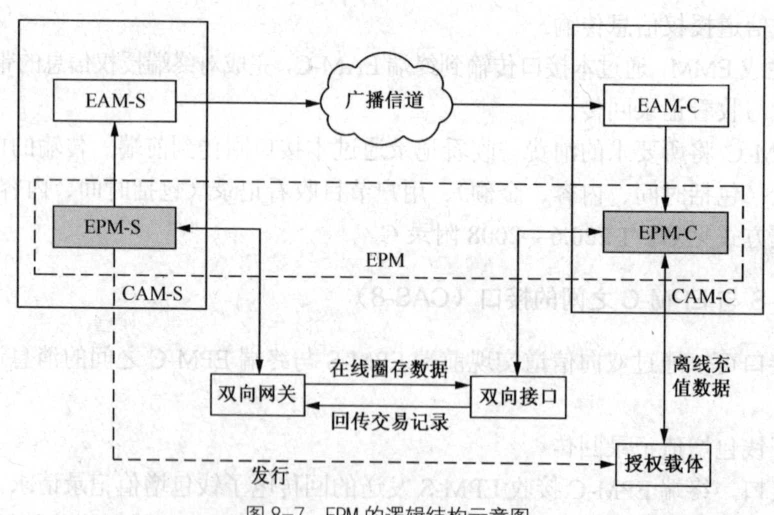

图 8-7　EPM 的逻辑结构示意图

EPM-S 是电子钱包的前端子模块，维护和管理每个终端电子钱包的状态和相关密钥，保证电子钱包相关信令和交易数据的安全性和完整性，并建立与 EPM-C 之间的回传通道，回传交易记录。

EPM-S 的主要功能如下。

（1）电子钱包账户管理。

（2）密钥管理，安全管理密钥的生命周期。

（3）对 EPM-C 进行控制和管理。

（4）生成和发送电子钱包信令。

（5）对 EPM-C 实现圈存。

（6）接收 EPM-C 回传交易记录。

（7）对回传交易记录的对账管理。

（8）将所有充值的记录提交给 EAM-S。

（9）将所有 EPM-C 回传的交易失败记录提交给 EAM-S。

（10）对 EPM-C 实现圈存和账户管理并与银联支付网关联网。

EPM-C 是终端上基于智能卡或安全芯片的安全特性，支持圈存、在线或离线增值、消费和查询余额等交易的应用和数据结构。

EPM-C 的主要功能如下。

（1）通过与 EPM-S 互操作，实现其增值、消费、控制管理和记录回传等功能。

（2）与 EPM-S 发行的授权载体进行数据交互，实现离线充值。

（3）与 EPM 发行的授权载体离线充值交易时，应与授权载体进行安全认证和数据交互，以保证离线充值交易的完整性和安全性。

（4）与 EAM-C 在安全环境下共存。

（5）具有唯一标识。

（6）具有一个能够与外界进行数据交互的直接接口。

（7）支持 EAM-C 对 EPM-C 的状态进行查询，并作相应处理，如通过用户界面（UI）显示警告信息等。

（8）支持 EAM-C 对 EPM-C 的交易记录查询。

（9）具备符合人民银行规定的借记卡/贷记卡片磁条相关信息或 IC 卡信息安全录入、保存、调用等功能。

在同一 CAM-C 中，EPM-C 应向 EAM-C 开放接口，该接口应实现读取余额、扣费授权交易、数据传输和其他扩展功能的方法。

8.3.2 电子钱包模块的应用环境和安全机制

EPM-S 位于运营商安全管理区域，其安全性可由运营商保障。

1. EPM-C 应用环境

EPM-C 应用环境是支持 EPM-C 和 EAM-C 运行的环境。

在 EPM-C 应用环境下，仅运行 EPM-C 和 EAM-C 两种应用。

EPM-C 应用环境应保证 EPM-C 和 EAM-C 的安全下载以及 EPM-C 和 EAM-C 的安全共存。

（1）EPM-C 应用安全下载

应用环境应为应用安全下载提供安全认证机制。

应用环境应保证应用下载操作只在满足安全机制要求的前提下进行，并保证应用下载过程中数据或代码的安全性和完整性。

（2）EPM-C 应用安全共存

应用环境应保证 EPM-C 和 EAM-C 的安全共存，防止 EPM-C 和 EAM-C 之间的非法调用和越界访问。

2．EPM-C 安全机制

（1）密钥和密码的保存

EPM-C 安全机制应保证所有密钥和密码的安全存储。在任何情况下所有密钥和密码均不被泄露；在没有授权的情况下，所有密钥和密码不被访问、调用和修改。

（2）密钥独立性

EPM-C 安全机制应保证一种特定应用使用的密钥不被其他应用使用。

（3）安全报文传送

EPM 安全机制应使用安全报文传送保证数据的可靠性、完整性和对发送方的认证。

安全报文传送机制应使用消息认证码（Message Authentication Code，MAC）保证数据完整性和对发送方的认证，应使用数据域加密保证数据的可靠性。

8.3.3　电子钱包模块信令

EPM 信令是 EPM-S 向 EPM-C 发送的控制管理命令及其相关数据。

EPM-S 对 EPM 信令进行数据组织和完整性保证处理，通过 EMM 的承载和寻址，传送到终端，由终端的 EAM-C 解密后，根据信令类型，提交 EPM-C，EPM-C 处理信令并进行完整性校验后，执行相关命令。

1．EPM 信令报文及其描述

电子钱包信令由信令头和信令载荷构成，如图 8-8 所示。其中，信令头包括信令主类型、安全参数和载荷长度；信令载荷包括信令子类型和数据。

信令头			信令载荷	
主类型	安全参数	载荷长度	子类型	数据
2 字节	2 字节	1 字节	1 字节	31 字节
明文			密文	

图 8-8　电子钱包信令报文格式

EPM 信令的具体描述参见 GY/T 220.6—2008 附录 B。

2．EPM 信令生成与处理

EPM 信令由 EPM-S 生成，通过 EAM-S，以 EMM 的承载和寻址方式传送到用户终端，并由 EAM-C 转交 EPM-C。EPM-C 解析所接收的电子钱包信令，并执行相关命令。

电子钱包信令的生成、传输和处理如图 8-9 所示。

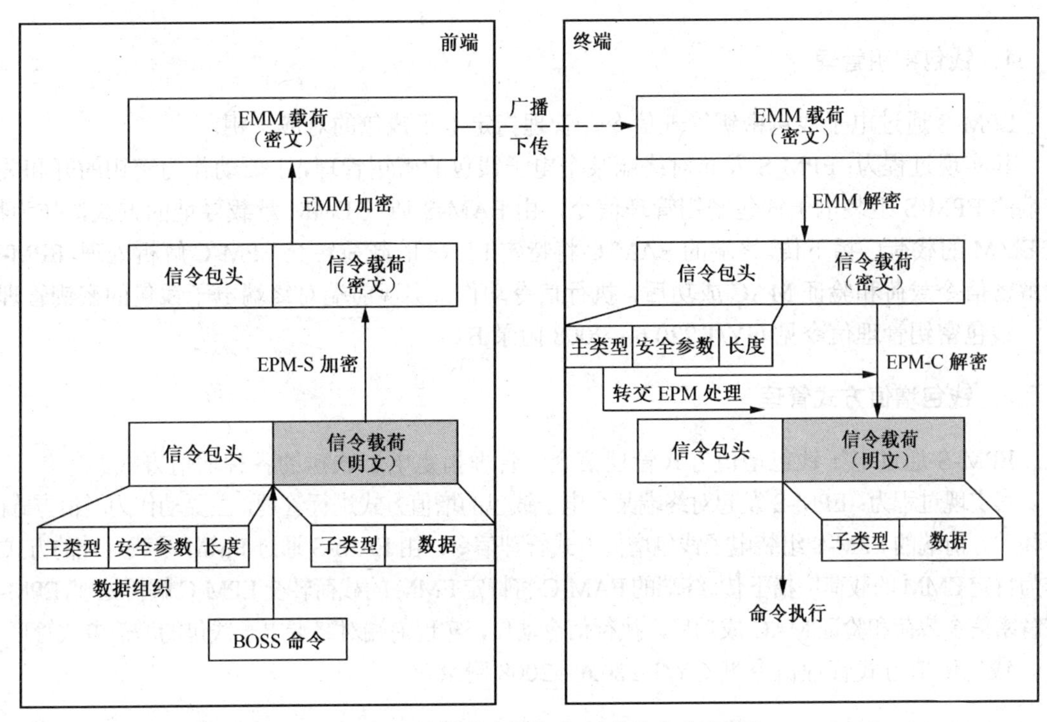

图 8-9　电子钱包信令的生成、传输和处理示意图

（1）EPM 信令生成

EPM-S 生成伪随机数，计算 MAC，组织数据，生成相应的电子钱包信令。

EPM 信令载荷应具有相同的数据长度。

EPM 信令载荷应通过 MAC 计算和加密处理，以保证信令的完整性和安全性。

EPM 信令载荷加密处理时使用的密钥标识和算法标识应作为安全参数写入信令包头。

（2）EPM 信令传输

EPM 信令由 EMM 承载和寻址，并由 EAM-C 接收后转发给 EPM-C。在移动多媒体广播条件接收系统中，信令可以在 ESG、EMM 和 ECM 中传输。

（3）EPM 信令处理

在终端中，EMM 承载的 EPM 信令由 EAM-C 进行解析处理，并转交 EPM-C。

EPM 使用信令包头的安全参数，对信令载荷进行解密处理和数据解析，校验 MAC，根据信令子类型处理数据并执行命令。

（4）EPM 信令的完整性保证

EPM 信令使用 EMM 加密传输，在可靠寻址的前提下，保证传输的机密性。

EPM 信令载荷经过加密处理，保证数据的完整性和安全性。

EPM 信令载荷中应包括伪随机数、时间戳等信息和与其相关的 MAC，以抵御重放攻击。

8.3.4　电子钱包的管理

电子钱包前端既能够通过广播电子钱包信令的的方式，也能够通过双向传输信令的方式，管理终端电子钱包的密钥状态、充值方式和钱包状态等，还能够在营业网点现场管理电子钱包的口令（PIN），包括 PIN 解锁和 PIN 重装等。下面介绍基于广播方式的电子钱包管理。

1．钱包密钥管理

EPM-S 通过电子钱包密钥管理信令，管理指定电子钱包的对应密钥。

其实现过程为：EPM-S 发起对终端某个电子钱包的密钥管理，主要动作为密钥的开和关。前端的 EPM-S 组装电子钱包密钥管理信令，由 EAM-S 通过 EMM 承载寻址的方式，作为特定 EMM 的载荷广播下传。终端的 EAM-C 将特定 EMM 的载荷转交 EPM-C 解析处理，EPM-C 在解密信令载荷和验证 MAC 成功后，执行信令动作，实现前端对终端电子钱包的密钥管理。

钱包密钥管理信令见 GY/T 220.6—2008 附录 B。

2．钱包增值方式管理

EPM-S 通过电子钱包增值方式管理信令，管理指定电子钱包的各种增值方式。

其实现过程为：EPM-S 发起对终端某个电子钱包的增值方式进行管理，主要动作为增值方式的开和关。前端的 EPM-S 组装电子钱包增值方式管理信令，由 EAM-S 通过 EMM 承载寻址的方式，作为特定 EMM 的载荷广播下传。终端的 EAM-C 将特定 EMM 的载荷转交 EPM-C 解析处理，EPM-C 在解密信令载荷和验证 MAC 成功后，执行信令动作，实现前端对终端电子钱包的增值方式管理。

钱包增值方式管理信令见 GY/T 220.6—2008 附录 B。

3．钱包状态管理

EPM-S 通过电子钱包状态管理信令，管理指定电子钱包的钱包状态。

其实现过程为：EPM-S 发起对终端某个电子钱包的状态进行管理，主要动作为增值和扣（消）费状态的开和关。前端的 EPM-S 组装电子钱包状态管理信令，由 EAM-S 通过 EMM 承载寻址的方式，作为特定 EMM 的载荷广播下传。终端的 EAM-C 将特定 EMM 的载荷转交 EPM-C 解析处理，EPM-C 在解密信令载荷和验证 MAC 成功后，执行信令动作，实现前端对终端电子钱包的状态管理。

钱包状态管理信令见 GY/T 220.6—2008 附录 B。

8.3.5 电子钱包的交易

电子钱包的交易目前主要包括增值、消费和交易记录回传等。

1．增值

电子钱包目前可以采用以下两种方式进行增值：圈存和离线充值。

（1）圈存

圈存是指 EPM-C 与 EPM-S 联机时，对 EPM-C 中的电子钱包进行增值的过程。

圈存包括网络银联圈存、圈存机圈存、RFID（Radio Frequency Identification，射频识别）圈存和 OTA（Over-the-Air Technology，空中下载技术）短信圈存。

圈存交易流程应符合 JRT0025.1-2005 和 JRT0025.2-2005 的规定。

银联圈存是 EPM-C 通过银联机制进行支付和电子钱包的增值，在使用此项功能之前，需要用户进行开通操作。

当使用圈存机时，圈存机应与 EPM-S 联机，发起圈存。其逻辑结构如图 8-10 所示。圈存机与 EPM-C 可有多种连接方式，如 USB 接口方式等。

圈存还可以由终端发起，终端可通过短信通道、互联网或移动 IP 网与 EPM-S 进行双向交互。其逻辑结构如图 8-11 所示。

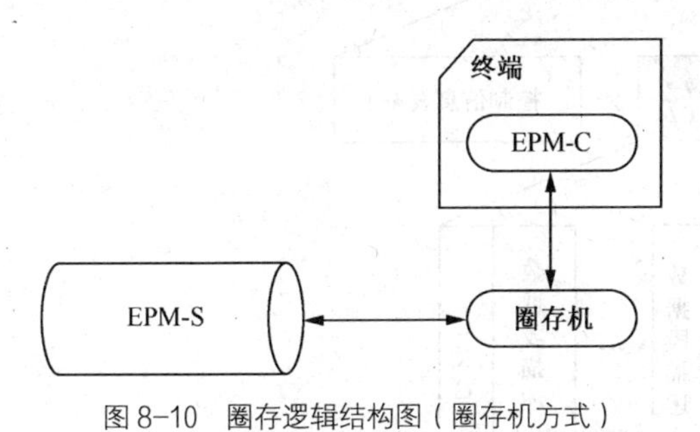

图 8-10 圈存逻辑结构图（圈存机方式）

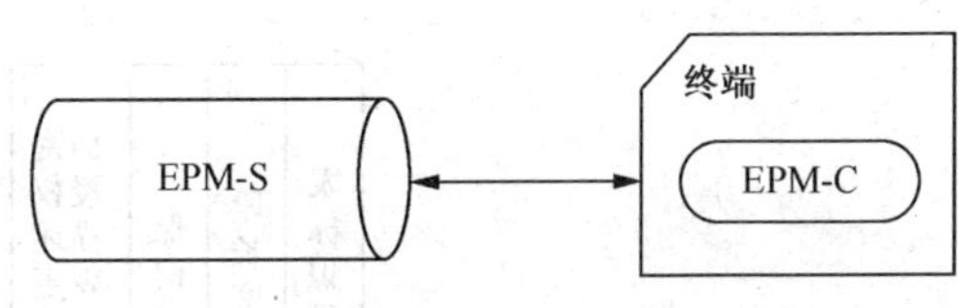

图 8-11 圈存逻辑结构图（终端方式）

（2）离线充值

离线充值是指 EPM-C 与 EPM-S 离线时，在保证交易安全性和完整性的前提下，对 EPM-C 中的电子钱包进行增值的过程。其逻辑结构如图 8-12 所示。

离线充值可有多种实现方式，包括 EMM 充值、充值码充值和智能充值卡充值等。

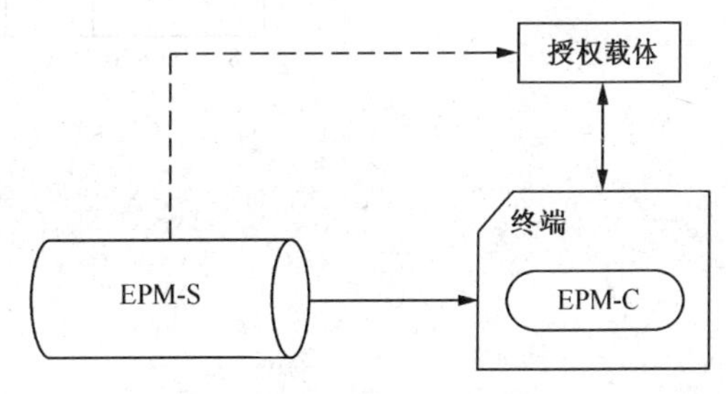

图 8-12 离线充值逻辑结构图

2. 消费

由 EAM-C 发起消费请求，EPM-C 响应请求，执行消费动作。

3. 记录回传

EPM-C 应支持电子钱包交易记录的回传。

回传记录应包括电子钱包序号、电子钱包增值记录（包括时间、增值方式、充值金额等）、电子钱包消费记录等信息。

8.4 条件接收相关信息的复用封装与传送

为了实现条件接收功能，GY/T 220.6—2008 标准对 GY/T 220.2—2006《移动多媒体广播 第 2 部分：复用》标准中的复用帧头和复用子帧头的结构进行了扩展，定义了一个新的控制信息表——加密授权描述表，并规范了移动多媒体广播条件接收系统的授权信息（ECM 和 EMM）与相关的加扰业务流基于 GY/T 220.2—2006 的复用传输方法。本节对此作简要的介绍，具体的复用封装及传送方法请参见 GY/T 220.6—2008 附录 A。

8.4.1 加密授权描述表

加密授权描述表用以描述加密授权系统信息，作为一种控制信息表在 MF_ID = 0 的复用帧中传输。通过加密授权描述表可以为一个或多个加密授权系统与传送流中的 EMM、ECM 信息建立关联。加密授权描述表的表标识号为 0x07，其结构如图 8-13 所示。

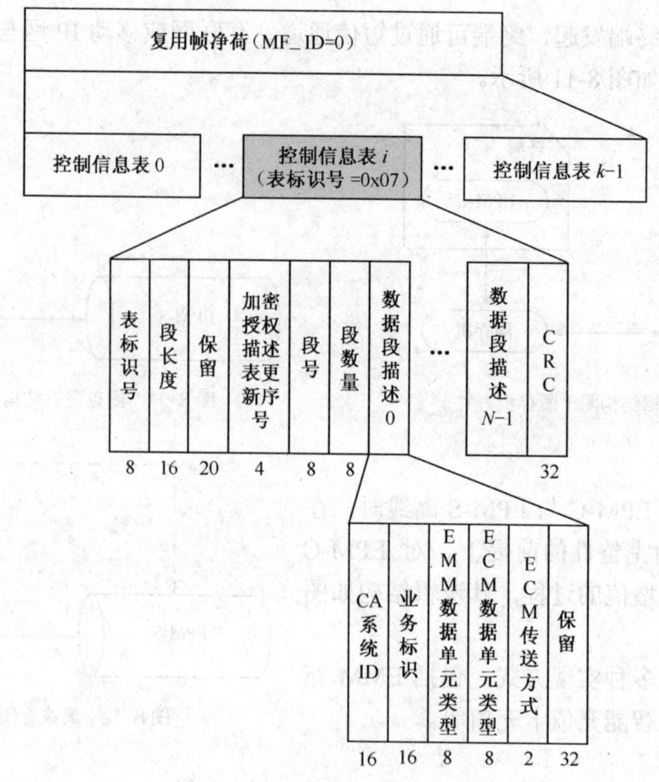

图 8-13　加密授权描述表结构

加密授权描述表的语法定义如表 8-1 所示。

表 8-1　　　　加密授权描述表的语法定义

语　　法	位　　数	标 识 符
加密授权描述表（）		
{		
表标识号	8	uimsbf
段长度	16	uimsbf
保留	20	bslbf
加密授权描述表更新序号	4	bslbf
段号	8	uimsbf
段数量	8	uimsbf
for （ i = 0; i < N1; i++ ）		
{		
CA 系统 ID	16	uimsbf
业务标识	16	uimsbf
EMM 数据单元类型	8	uimsbf
ECM 数据单元类型	8	uimsbf
ECM 传送方式	2	uimsbf
保留	30	bslbf
}		
CRC_32	32	uimsbf
}		

- 表标识号：8 位字段，根据表 4-2 的定义，加密授权描述表的表标识号为 0x07。
- 段长度：16 位字段，包括表标识号，不包括 CRC_32 字段，单位为字节。
- 加密授权描述表更新序号：4 位字段，当本表中描述的信息处出现变化时，加密授权描述表更新序号需要改变，在 0～15 范围内循环取值，每次更新加 1。
- 段号：8 位字段，表示加密授权描述表段序号，由 0 开始计数。
- 段数量：8 位字段，表示加密授权描述表分割的段数量。
- CA 系统 ID：16 位字段，表示 CA 系统的标识号。
- 业务标识：16 位字段，表示业务的标识号。CA 系统的 EMM 信息将在此业务标识对应的复用子帧中传输。
- EMM 数据单元类型：8 位字段，表示 EMM 的数据单元类型（128～159）。
- ECM 数据单元类型：8 位字段，表示 ECM 的数据单元类型（128～159）。
- ECM 传送方式：2 位字段，'00' 表示 ECM 在对应加扰数据的同一子帧的数据段中传输，'01' ~ '11' 保留后续扩展使用
- CRC_32：32 位字段，包含 CRC 值。

8.4.2 ECM 的复用封装与传送

ECM 与对应的业务共同使用一个复用子帧，ECM 在该复用子帧的数据段中传送，如图 8-14 所示。每个 ECM 占用一个数据单元，使用模式 2 进行封装。同一个数据段中允许包含一个或者多个 ECM 单元，不同条件接收系统的 ECM 选用不同的数据单元类型值。

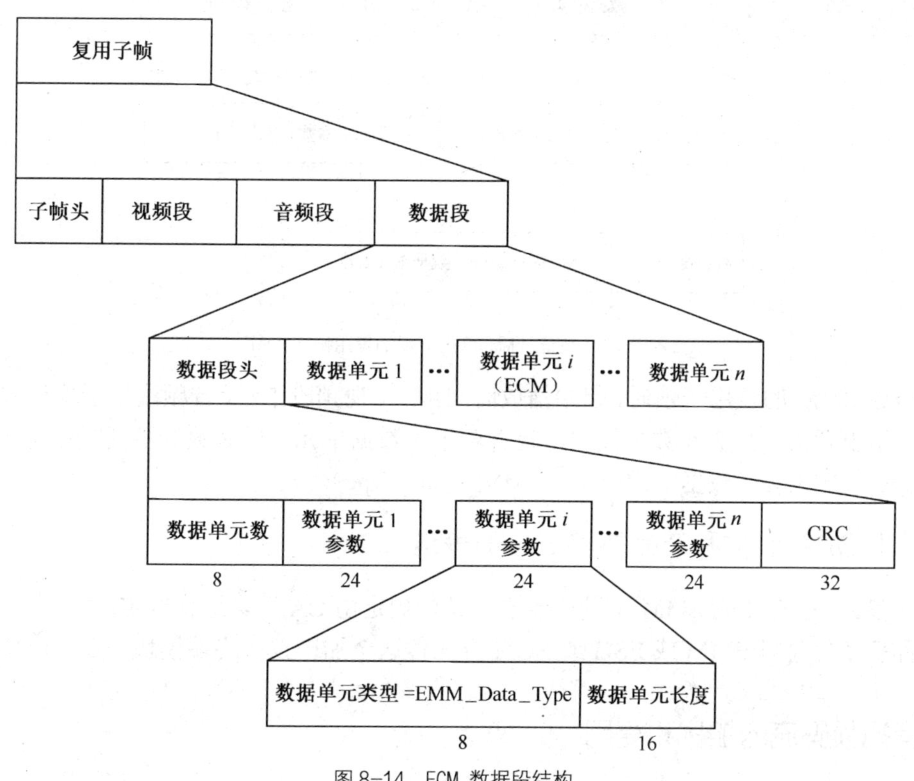

图 8-14　ECM 数据段结构

8.4.3 EMM 的复用封装与传送

每个条件接收系统的 EMM 数据流独立占用一个复用子帧，需要分配一个业务标识（Service_ID）。每个 EMM 复用子帧数据段中所有数据单元类型采用相同的 EMM 数据单元类型（EMM_Data_Type）。推荐在 CMMB 系统中，携载 EMM 的复用子帧使用独立的复用帧传送。传送 EMM 复用子帧的复用帧示意图如图 8-15 所示。

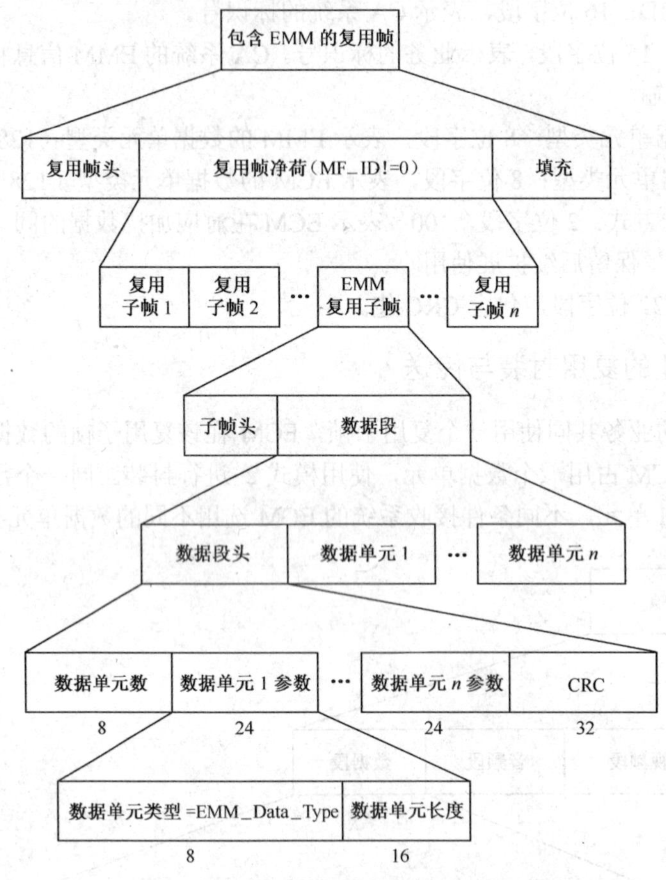

图 8-15　传送 EMM 复用子帧的复用帧结构图

在传送 EMM 的复用子帧时，起始播放时间指示、视频段指示、音频段指示均设置为‘0’，数据段指示设置为‘1’。在数据段中，包含若干个数据单元，所有数据单元类型等于对应加密授权描述表中 EMM 数据单元类型（EMM_Data_Type）。

8.4.4 加扰参数和产品费率信息的传送

加扰参数在 ECM 或 EMM 中进行传送，具体规定由 CA 厂家进行约定。

产品费率信息以 EMM 或 ESG 或 ECM 方式传送至加密授权终端模块（EAM-C）。

8.5 音视频码流的加扰和复用

在 CMMB 系统中，对音视频码流进行加扰和复用的系统框图如图 8-16 所示。

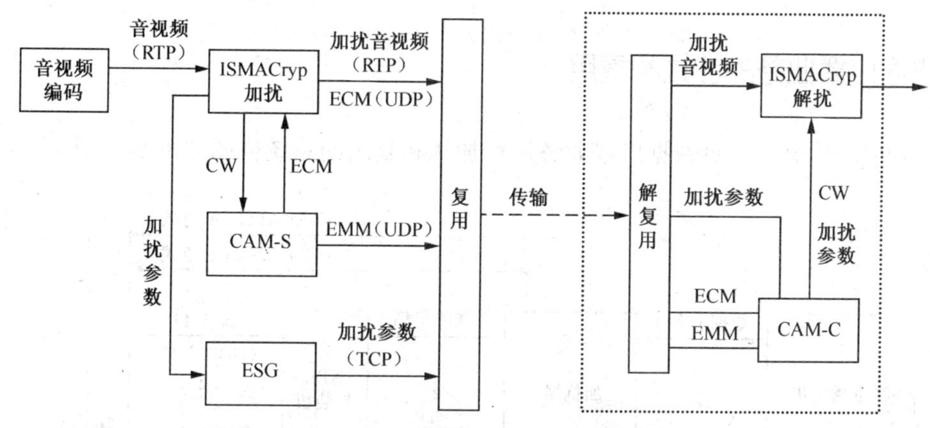

图8-16 音视频码流的加扰和复用系统框图

移动多媒体广播条件接收系统对音视频码流进行加扰的步骤如下。

（1）经压缩编码后的音频和视频码流数据分别按照RFC3984和RFC3640的格式进行封装，以RTP方式送入加扰模块。

（2）ISMACryp加扰模块对每个RTP净荷中AU单元的AU数据段进行加扰。经加扰处理后，CMMB加扰信息和原AU头形成新的AU头。加扰音视频流使用RTP包传送给复用器，ECM使用UDP包传送给复用器。

（3）复用时，将RTP包头中的时间信息分别映射到音频段和视频段的单元参数中，并将AU单元顺序完整地转发出去。

（4）ECM放在承载对应加扰音视频的复用子帧数据段中传输。EMM放在一个独立的复用子帧中传输。

对音视频码流进行加扰和复用的参考流程如图8-17所示。

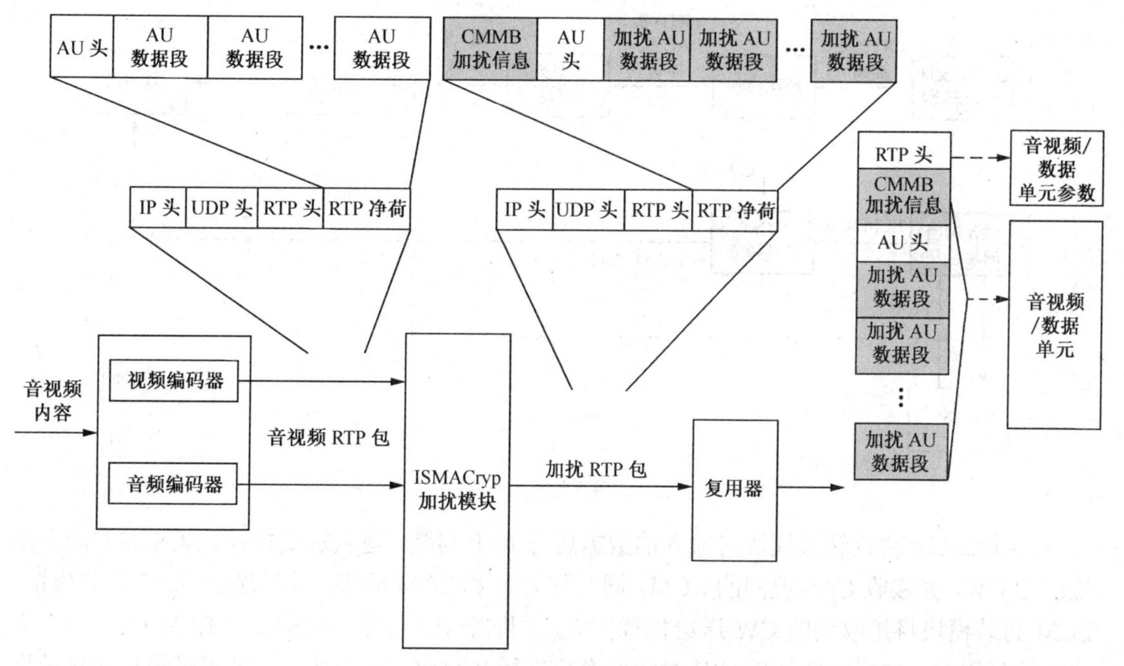

图8-17 音视频码流的加扰和复用参考流程

8.6 数据广播业务的加扰和复用

在 CMMB 系统中，对数据广播业务进行加扰和复用的系统框图如图 8-18 所示。

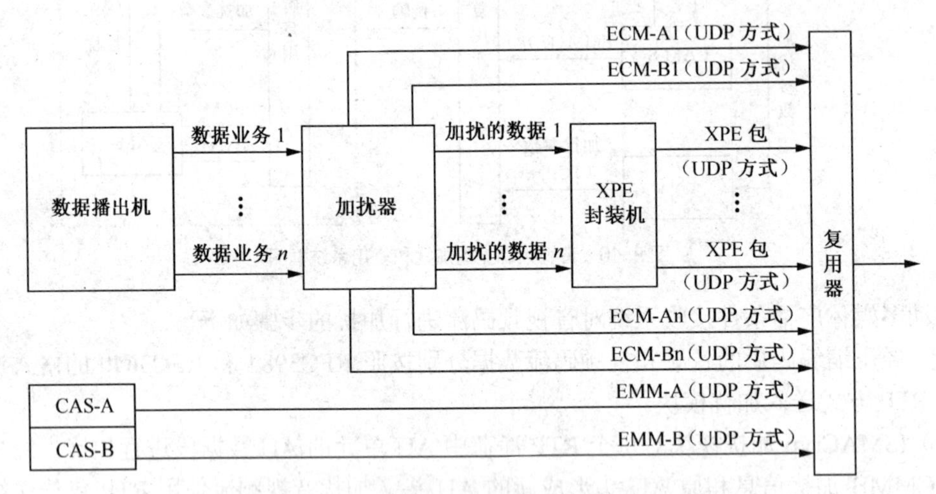

图 8-18 数据广播业务的加扰和复用系统框图

数据广播业务由数据播出机处理后以“数据/UDP/IP”的方式输出至加扰器，经过加扰器加扰后以“加扰数据/UDP/IP”的方式输出至 XPE 封装机，经过封装后以“UDP/IP”的方式输出至复用器。一路数据业务对应一个复用子帧。

对于数据广播业务进行加扰和复用的参考流程如图 8-19 所示。

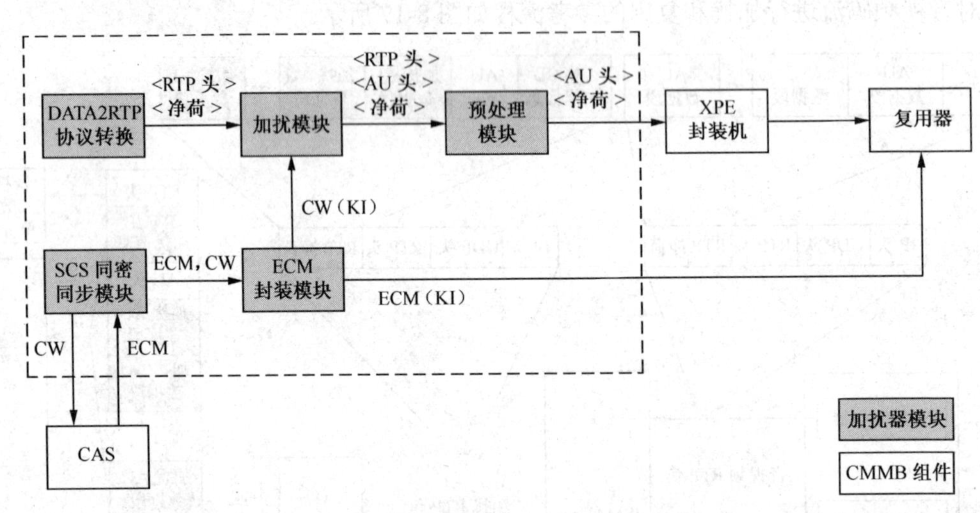

图 8-19 数据广播业务的加扰和复用参考流程

DATA2RTP 协议转换模块对输入的数据进行 RTP 封装，送入加扰模块。SCS 同密同步模块产生 CW，并接收 CAS 返回的 ECM，同时使 CW 和 ECM 同步，并发送给 ECM 封装模块。ECM 封装模块将接收到的 CW 送给加扰模块，同时将接收到的 ECM 以“ECM/UDP/IP”方式送给复用器。加扰模块使用 CW 对数据净荷进行 ISMACryp 加扰。预处理模块将加扰数据以“加扰数据/UDP/IP”的方式输出至XPE封装机，经过封装后以“UDP/IP”的方式输出至复用器。

因为数据广播业务可以采用文件片模式传输，也可以采用流模式透明传输，所以，下面我们分两种情况来讨论。

1．采用文件片模式传输的加扰数据的封装

数据文件片/纠删校验片传输包的封装结构如图8-20所示。

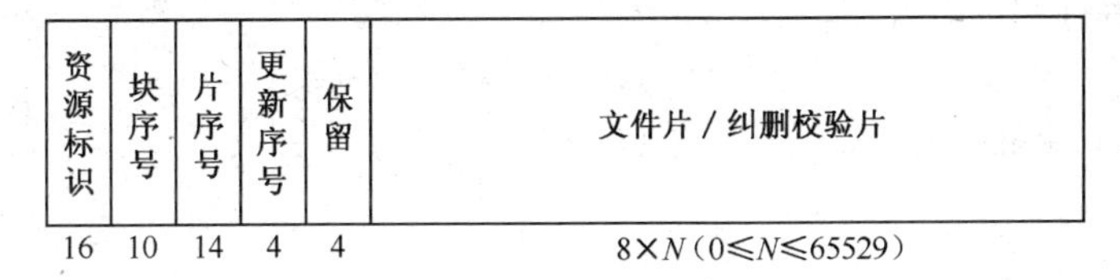

图8-20　文件片/纠删校验片传输包的封装结构（资源标识!=0）

加扰后数据文件片/纠删校验片传输包的封装结构如图8-21所示。其中，AU-H-LEN标识AU头占的位数，AU-HEAD为AU头，由初始化向量（IV）和key标识（KI）两个字段构成。

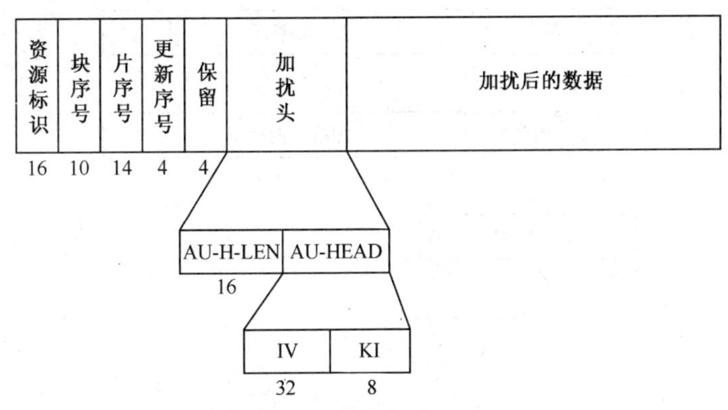

图8-21　加扰后数据文件片/校验片传输包的封装结构

加扰后数据文件片/纠删校验片传输包的封装语法定义如表8-2所示。

表8-2　加扰后数据文件片/纠删校验片传输包的封装语法定义

语　法	位　数	标　识　符
文件片/纠删校验片传输包（）		
{		
资源标识	16	uimsbf
块序号	10	uimsbf
片序号	14	uimsbf
更新序号	4	uimsbf
保留	4	bslbf

续表

语　法	位　数	标 识 符
AU-H-LEN	16	uimsbf
AU-HEAD		
{		
IV	32	uimsbf
KI	8	uimsbf
}		
for (i = 0; i < N; i++)		
{		
加扰后的文件片/纠删校验片	8	bslbf
}		
}		

2．采用流模式传输的加扰数据的封装

对于流模式透明传输，去 UDP 头，直接对净荷进行加扰，添加加扰头后发送 XPE。加扰后数据流的封装结构如图 8-22 所示。

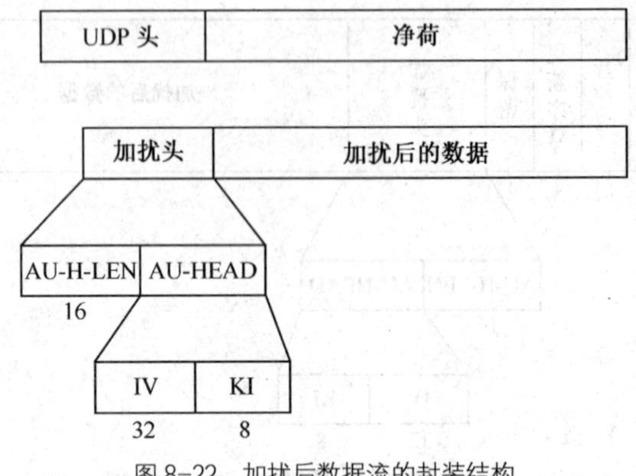

图 8-22　加扰后数据流的封装结构

加扰后数据流的封装语法定义如表 8-3 所示。

表 8-3　加扰后数据流的封装语法定义

语　法	位　数	标 识 符
数据流（）		
{		
AU-H-LEN	16	uimsbf
AU-HEAD		
{		
IV	32	uimsbf
KI	8	uimsbf
}		

续表

语　法	位　数	标 识 符
for (i = 0; i < N; i++)		
{		
加扰后的数据流数据	8	bslbf
}		
}		

8.7　本章小结

条件接收是实现业务授权的一种技术手段，容许被授权的用户使用某一业务，未经授权的用户不能使用这一业务，是 CMMB 实施业务运营的关键技术。CMMB 提供公益类免费广播电视节目服务，合法用户可以免费收看。对于付费类业务，如果用户未缴纳应付服务费，CMMB 的加密授权系统将会取消该用户收看该节目的授权，从而确保正常缴费用户的权益。

CMMB 加密授权系统是移动多媒体广播电视用于对播出节目进行加密授权控制的关键系统。CMMB 加密授权采用条件接收系统（CAS）和电子钱包系统两种方式进行授权控制管理。条件接收系统（CAS）是实现条件接收功能的模块，承担着对各类播出业务进行加密、对用户所订购的节目进行授权管理和计费等任务。电子钱包是基于智能卡安全特性，支持充值、消费和查询余额等交易的应用和数据结构。电子钱包是存储在智能卡中的虚拟钱包，可供用户在终端对消费行为进行付费。

无论采用何种方式进行授权控制管理，均使用加扰器对内容进行加扰，并通过条件接收系统的授权控制信息（ECM）对加扰控制字（CW）进行加密传输。

采用条件接收系统进行授权控制管理时，前端使用加扰器对内容进行加扰，授权控制信息（ECM）经复用传输至用户终端；用户终端收到 CAS 根据业务运营支撑系统（BOSS）要求生成的授权管理信息（EMM）后，对内容进行解密解扰操作后播放。

采用电子钱包系统进行授权控制管理时，前端使用加扰器对内容进行加扰，授权控制信息（ECM）和产品信息经复用传输至用户终端；用户终端根据产品信息及电子钱包余额判断是否可以获得授权。如可获得授权，终端扣除电子钱包相应费用后，通过条件接收模块对内容进行解密解扰操作后播放。

8.8　习题

1．CMMB 节目是加密播出还是不加密播出，要获得 CMMB 服务需要办理什么手续？
2．CMMB 系统通过什么技术手段来保证合法用户的正常收看？
3．CMMB 加密授权系统采用什么方式？
4．什么是条件接收？什么是条件接收系统(CAS)？
5．移动多媒体广播条件接收系统采用什么样的密钥体系模型？如何实现对业务进行加密和授权？

6. 请简述移动多媒体广播条件接收系统的构成及功能。
7. 什么是电子钱包？请简述电子钱包模块的逻辑结构及功能。
8. 授权控制信息（ECM）携带的主要内容包括哪些？
9. 授权管理信息（EMM）的主要功能是什么？
10. 请简述移动多媒体广播条件接收系统对音视频码流进行加扰的过程。

第9章 移动多媒体广播业务运营支撑系统

本章学习要点

- 熟悉移动多媒体广播业务平台的构成。
- 了解 CMMB 产品包的类型，产品包的运营类型及漫游属性。
- 熟悉 CMMB 业务运营支撑系统的技术要求。
- 理解 CMMB 业务运营支撑系统的架构体系。
- 掌握 CMMB 业务运营支撑系统的构成及功能。
- 了解中央平台服务接入的基本过程。

9.1 业务运营支撑系统概述

移动多媒体广播业务运营支撑系统（Business and Operation Support System，BOSS）是融合企业经营理念和销售服务，可有效处理客户关系并实现业务与运营流程，通过信息与通信平台进行自动运行的信息管理平台。移动多媒体广播业务运营支撑系统建立的总体目标是通过运营支撑系统的建立，实现移动多媒体广播系统的运营管理。移动多媒体广播 BOSS 系统融合了业务支撑系统与运营支撑系统，是一个综合的业务运营和管理平台。BOSS 系统主要由计费、结算、营业、账务和客户服务等部分组成，对各种业务功能进行集中、统一的规划和整合，使之成为一体化的、信息资源充分共享的支撑系统。

9.1.1 业务平台

移动多媒体广播系统主要面向手机、PDA 等小屏幕、移动便携手持式终端，车载电视等终端提供广播电视服务。根据移动多媒体广播业务发展需要，移动多媒体广播业务平台主要由公共服务平台、基本业务平台、扩展业务平台等三个平台构成。移动多媒体广播业务平台构成如图 9-1 所示。

1. CMMB 公共服务平台

公共服务平台是向用户提供公益服务的移动多媒体广播业务平台，主要由公益类广播电视节目和政务信息、紧急广播信息构成。CMMB 公共服务平台播出的内容和开展的业务，为向合法用户提供的无偿服务。

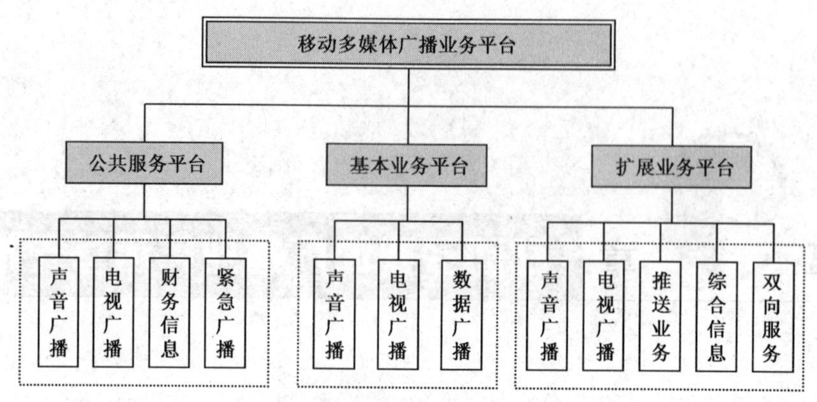

图 9-1　移动多媒体广播业务平台构成

2. CMMB 基本业务平台

基本业务平台是向用户提供基本数字音视频广播服务和数据服务的业务平台，包括卫星平台和地方平台传送的数字音视频广播服务和数据服务。CMMB 基本业务平台向合法用户提供的服务，为有偿服务。

3. CMMB 扩展业务平台

扩展业务平台是根据用户不同消费需求向用户提供扩展广播电视节目服务和综合信息服务的业务平台。CMMB 扩展业务平台提供的服务主要由四方面构成，一是经营类的广播电视付费节目；二是经营类的音视频点播推送服务，利用系统闲置时间将用户定制的广播电视节目推送到用户终端；三是综合数据信息服务，主要有股票信息、交通导航、天气预报、医疗信息等；四是双向交互业务，主要有音视频点播、移动娱乐、商务服务等。在移动多媒体广播系统初建，提供的服务主要以声音广播、电视广播为主，扩展服务中的综合信息、双向交互等服务待时机成熟后再推广应用。CMMB 扩展业务平台向合法用户提供的服务，为有偿服务。

9.1.2 业务运营产品包设置

CMMB 采用产品包的方式向用户提供服务，每一产品包至少包括一个产品。CMMB 产品分为声音广播节目、电视广播节目、数据信息服务、紧急广播等四种类型，CMMB 产品包的类型如表 9-1 所示。

表 9-1　CMMB 产品包的类型

序号	产品包类型	描述	主要内容
1	公益包	向用户无偿提供的公益类移动多媒体广播服务	公益类广播电视节目、政务信息服务、紧急广播
2	基本包	向用户有偿提供的基本移动多媒体广播服务	基本广播电视节目、数据信息服务等
3	扩展包	向用户有偿提供的扩展移动多媒体广播服务	扩展类广播电视节目（音乐、影视等专业频道）、增值数据信息服务、音视频点播、推送等

CMMB向用户提供的公益包、基本包和扩展包服务，通过卫星平台和地方平台开展业务运营。其中，卫星平台面向全国开展移动多媒体广播业务运营，地方平台面向本地开展移动多媒体广播业务运营及全国覆盖节目在本地的服务。移动多媒体广播系统产品包的类型如图9-2所示。

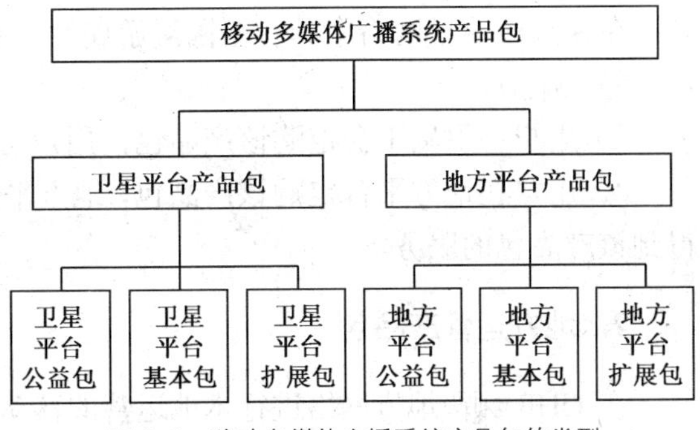

图9-2　移动多媒体广播系统产品包的类型

在移动多媒体广播系统的业务运营中，卫星平台及地方平台中每种产品包的类型均不仅限于只设立一个产品包。每个产品包中所包含的产品根据运营需要进行设置，不排除不同产品包中存在相同产品的可能。同时，为便于移动多媒体广播业务运营的全国统筹协调及部署，在实际运营中不排除卫星平台与地方平台中存在完全相同产品包的运营可能。

9.1.3　产品包运营设置

移动多媒体广播向用户提供服务时，将根据面向全国运营和面向地方运营分为全国运营产品包和地方运营产品包，移动多媒体广播BOSS系统需支持CMMB运营要求。移动多媒体广播系统产品包的运营类型如图9-3所示。

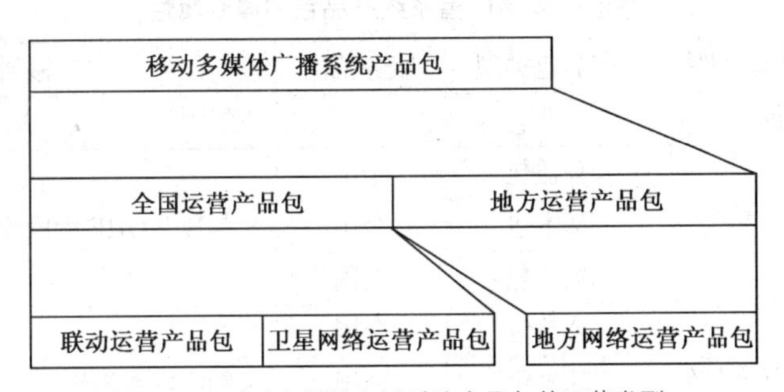

图9-3　移动多媒体广播系统产品包的运营类型

1. 全国运营产品包

在全国范围向用户提供服务的移动多媒体广播运营产品包，包括联动运营产品包和卫星网络运营产品包。

（1）联动运营产品包

S频段卫星网络和UHF频段地方网络面向全国联动运营并向用户同时提供S频段和UHF频段服务的移动多媒体广播运营产品包。此类产品包即可在S频段卫星网络中接收，也可在UHF频段地方网络中接收，在S频段和UHF频段具有全国漫游属性。

① 在卫星平台定购该产品包，则用户除在卫星平台S频段可以得到该产品包的服务外，在地方平台UHF频段也应同时自动得到该产品包的服务。

② 在地方平台定购该产品包，则用户除在地方平台UHF频段可以得到该产品包的服务外，在卫星平台S频段也应同时自动得到该产品包的服务。

（2）卫星网络运营产品包

在S频段卫星网络进行全国运营的产品包。此类产品包只可在S频段卫星网络中实现接收，在S频段卫星网络中具有全国漫游属性。用户在S频段卫星覆盖的全国范围内均可得到该产品包服务。

① 用户在卫星平台定购该产品包，用户可得到该产品包的服务。

② 用户在地方平台定购该产品包，地方平台将相关定购信息传送至卫星平台后，用户可得到该产品包的服务。

2．地方运营产品包

在UHF频段地方网络进行本地运营的移动多媒体广播系统产品包。该类产品包为地方网络运营产品包，主要面向本地用户提供服务。异地用户到本地时，根据地方平台产品包设置分为两种情况。

（1）异地用户到本地时，无须办理任何手续即可自动获得相应服务。

（2）异地用户到本地时，需办理相关手续才可获得相应服务。

9.1.4 漫游属性

根据移动多媒体广播系统产品包的运营类型，CMMB向用户提供的全国运营产品包及地方运营产品包服务具有不同的漫游属性。移动多媒体广播系统产品包的漫游属性如表9-2所示。

表9-2　　移动多媒体广播系统产品包的漫游属性

<table>
<tr><th>序号</th><th>产品包的运营类型</th><th>产品包类型</th><th>服务范围</th><th>漫游属性</th></tr>
<tr><td colspan="2">全国运营产品包</td><td></td><td></td><td></td></tr>
<tr><td rowspan="3">1</td><td rowspan="3">联动运营产品包</td><td>公益包</td><td>全国</td><td rowspan="3">S频段、UHF频段联动漫游</td></tr>
<tr><td>基本包</td><td>全国</td></tr>
<tr><td>扩展包</td><td>全国</td></tr>
<tr><td rowspan="3">2</td><td rowspan="3">卫星网络运营产品包</td><td>公益包</td><td>全国</td><td rowspan="3">S频段网络漫游</td></tr>
<tr><td>基本包</td><td>全国</td></tr>
<tr><td>扩展包</td><td>全国</td></tr>
<tr><td colspan="2">地方运营产品包</td><td></td><td></td><td></td></tr>
<tr><td rowspan="3">3</td><td rowspan="3">地方网络运营产品包</td><td>公益包</td><td>本地</td><td>异地用户到达本地可自动获得服务</td></tr>
<tr><td>基本包</td><td>本地</td><td rowspan="2">异地用户到达本地需办理相关手续才可获得服务</td></tr>
<tr><td>扩展包</td><td>本地</td></tr>
</table>

9.1.5 业务运营支撑系统的技术要求

移动多媒体广播业务运营支撑系统建立的总体目标是通过运营支撑系统的建立，实现移动多媒体广播业务的运营管理。CMMB业务运营支撑系统的技术要求如下。

（1）系统支持1亿用户级用户管理。

（2）支持中央节目、地方节目等不同级别与类型的移动多媒体广播业务运营管理，支持多级架构体系，可实现全国运营产品和地方运营产品的综合集成管理与服务。

（3）支持卫星平台、地方平台业务运营管理，支持公共服务、基本服务、扩展服务，支持移动便携终端漫游服务，需实现各类终端用户的合法注册。

（4）支持客户管理、产品管理、策略管理、资源管理、合作伙伴与渠道管理、结算管理、报表管理等各类管理功能，支持营业网点、门户网站、客服等多种用户服务接入手段，支持先付费与后付费等不同条件下的运营模式，支持多种付费方式，需实现计费准确，操作方便。

（5）授权控制指令生成与发送准确可靠，支持在统一管理下，对不同厂商的加密控制系统发送用户授权控制信息；支持同时与多个加密控制系统互联，自动根据终端类型向不同加密控制系统发送授权控制数据；支持采用条件接收系统和电子钱包系统综合应用实现业务授权控制的管理模式。

（6）支持多接口管理，支持与条件接收系统、电子钱包系统、电子支付系统以及与银行、第三方合作伙伴等相关系统的接口管理，支持 CMMB 业务运营支撑系统各级系统业务运营数据的枢纽管理及数据交换，支持计费、结算、客服、门户网站、授权控制管理等运营支撑系统各相关子系统的接口管理。

（7）系统安全可靠，具有数据安全和恢复机制，具有安全防范能力，具有良好的可扩展性，能够适应移动多媒体广播业务发展的需要。

（8）具备第三方运营合作接口，支持第三方运营合作管理。

9.1.6　业务运营支撑系统的架构体系

根据 CMMB 系统的业务模式及运营要求，CMMB 业务运营支撑系统构建的总体架构体系如图 9-4 所示。

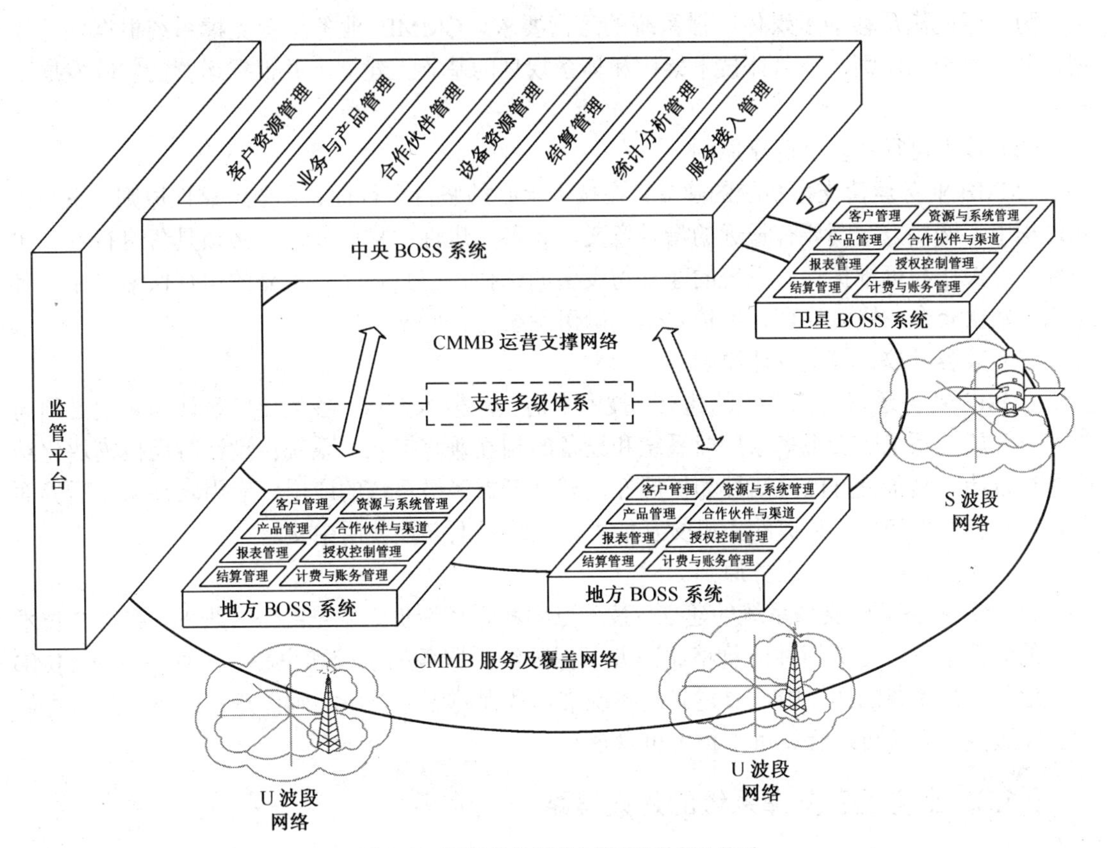

图 9-4　CMMB 业务运营支撑系统的架构体系

（1）CMMB 业务运营支撑系统原则上采用两级架构，支持多级架构体系，体系构成主要包括中央平台 BOSS 系统、卫星平台 BOSS 系统和地方平台 BOSS 系统。

（2）中央平台 BOSS 系统主要实现对全国移动多媒体广播业务的运营管理及平台管理，卫星平台 BOSS 系统主要实现卫星业务运营管理，地方平台 BOSS 系统主要实现本地业务运营管理和卫星业务地方服务管理。

（3）中央平台 BOSS 系统管理的主要内容为客户资源管理、业务与产品管理、结算管理、合作伙伴管理、统计分析管理、平台管理等。

（4）卫星/地方平台 BOSS 系统管理的主要内容为客户管理、产品管理、授权控制管理、计费与账务管理、资源与系统管理、客户服务、渠道和合作伙伴管理、结算管理和报表管理等。

（5）业务运营支撑系统通过全国运营支撑网络的建立，实现移动多媒体广播 S 频段业务和 UHF 频段业务的集成支撑服务。

（6）移动多媒体广播业务运营支撑系统的组网方式，根据运营需要确定；各级系统的系统配置，根据业务管理规模和用户规模确定。

（7）移动多媒体广播业务运营支撑系统需具备监管平台接口以实现监控和管理。业务运营支撑系统建立的运营体系，需支持第三方合作运营管理。

9.1.7 业务运营支撑系统的建设原则

（1）整体规划、分步实施原则

为更好地满足移动多媒体广播系统的运营要求，CMMB 业务运营支撑系统根据整体规划，分步实施的原则，在总体技术架构和体系规划的基础上建立，并根据运营的实际发展不断完善。

（2）技术可行、安全可靠原则

CMMB 业务运营支撑系统的建立，在技术上必须坚持可行性、安全可靠性原则。系统建立过程中，解决方案既要有长远的指导意义，具备先进性、扩展性，又必须具备可行性、实用性、可操作与可维护性。系统的建立与设备的选择，应具备完整可靠的运行保障机制，确保系统数据安全、恢复安全、维护安全，确保系统运行安全可靠。

（3）兼容开放、模块设计原则

CMMB 业务运营支撑系统的建立，技术上需实现兼容开放，各类接口设计和实现必须向第三方开放，系统应实现多家厂商系统和设备的相互兼容接入。系统在设计时需按模块化结构进行设计，具备良好的灵活性和扩展性，充分考虑多级系统的应用。应用软件系统需界面友好，具有很好和操作便捷的人机交互能力，系统界面必须使用中文。

（4）经济合理、保障服务原则

CMMB 业务运营支撑系统的建立，技术方案和系统造价必须是经济合理的，在符合技术要求的条件下，优先选用性能价格比高并可保障维护服务的系统和设备。同时，在 CMMB 业务运营支撑系统的建立中，要建立起系统维护和保障服务体系，确保建立的系统具有可靠的保障服务，系统可运行、可维护，可管理。

9.1.8 业务运营支撑系统的建设思路

根据移动多媒体广播系统业务管理和运营的需要，CMMB 业务运营支撑系统的建设思路是“整体规划，分步实施”，系统建立将按如下的三个阶段分期进行。

（1）基本系统建立阶段。确定BOSS系统的体系结构，按两级体系构建基本的卫星平台和地方平台BOSS系统，实现卫星平台和地方平台运营管理，实现对CMMB用户入网、定购、计费、授权等基本业务的全流程自动化控制；根据移动多媒体广播运营初期的特点，建立基本的客户服务门户网站，实现客户网上服务。同时，建立基本的客户服务咨询系统，向用户提供业务咨询服务；建立中央平台BOSS系统资源管理、产品管理、授权枢纽等系统，适应全国运营业务管理的基本要求。

（2）运营系统形成阶段。建立由中央平台BOSS系统、卫星平台BOSS系统和地方平台BOSS系统构成的CMMB业务运营支撑系统网络，实现运营管理的统筹协调；同时，根据实际运营情况完善BOSS系统，实现对扩展业务的支持。

（3）系统完善阶段。根据BOSS系统体系结构进一步完善BOSS系统，包括进行系统的扩容建设和对系统功能的完善，以更好的支撑业务运营的全面开展。

9.2 业务运营支撑系统技术方案

9.2.1 业务运营支撑系统构成

根据移动多媒体广播业务运营支撑系统的体系架构及系统要求，CMMB业务运营支撑系统主要由中央平台BOSS系统、卫星/地方平台BOSS系统构成。CMMB业务运营支撑系统的基本构成如图9-5所示。

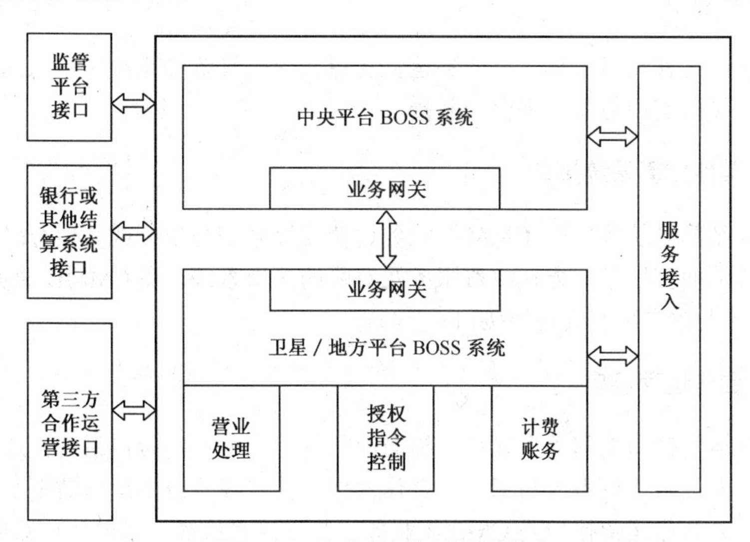

图9-5 CMMB业务运营支撑系统构成

1. 中央平台BOSS系统

中央平台BOSS系统是实现全国移动多媒体广播业务运营管理及平台管理的系统平台，具有枢纽和管理功能，主要由三个部分构成。一是服务接入，利用服务接入网关实现门户网站接入、呼叫中心接入、短信服务接入等多种服务接入手段，使客户可方便灵活的在中央平台 BOSS 平台办理移动多媒体广播服务；二是业务处理，实现中央平台 BOSS 系统在业务管理和业务处理方面的数据扭转、处理和管理功能，系统主要由资源管理、业务与产品管理、结算管理、客户资源管理、合作伙伴与渠道管理、统计分析管理等业务运营管理系统构成；三是业务网关，使用业务网关系统实现中央平台 BOSS 系统与其他平台 BOSS 系统的数据交换和数据扭转。

2．卫星/地方平台 BOSS 系统

卫星/地方平台 BOSS 系统是实现移动多媒体广播业务管理和运营服务的系统平台，主要由五部分构成。一是营业处理系统，主要由客户管理、产品管理、资源管理、报表管理、结算管理、合作伙伴与渠道管理等系统构成，是面向客户服务的卫星平台和地方平台实现全流程业务管理与运营服务的引擎系统及运营管理系统；二是计费账务系统，是卫星平台 BOSS 系统和地方平台 BOSS 系统进行计费管理与账务管理的关键系统；三是授权指令控制系统，是卫星平台 BOSS 系统和地方平台 BOSS 系统实现授权指令生成控制并实现向加密授权系统进行指令发送的关键控制系统；四是业务网关系统，是卫星平台 BOSS 系统与地方平台 BOSS 系统实现与其他平台 BOSS 系统进行数据交换、数据扭转、鉴权操作的数据接口系统；五是服务接入系统，是卫星平台 BOSS 系统和地方平台 BOSS 系统实现面向客户服务的业务受理及业务办理的前台系统，主要由营业厅服务接入和门户网站、呼叫中心服务接入等系统构成，其中门户网站、呼叫中心服务接入需通过服务接入网关实现与营业处理系统的系统联接。

3．监管平台接口

监管平台接口是移动多媒体广播业务运营支撑系统需具备的系统接口，CMMB 业务运营支撑系统通过该接口实现与监管平台的联接。

4．银行或其他结算系统接口

银行或其他结算系统接口是 CMMB 业务运营支撑系统与银行或其他金融机构的相关系统进行系统联接从而实现第三方代收费服务及对账的接口系统。在 CMMB 业务运营需要时，CMMB 业务运营支撑系统需具备该接口。

5．第三方合作运营接口

第三方合作运营接口是移动多媒体广播面向运营合作伙伴的接口系统，通过该接口可以实现 CMMB 业务运营支撑系统与第三方合作伙伴运营支撑系统的运营数据交换、流转以及鉴权操作。第三方合作运营接口是 CMMB 业务运营支撑系统需具备的接口系统，在 CMMB 业务运营需要时，该接口可支持第三方合作运营管理。

9.2.2 中央平台业务运营支撑系统

中央平台 BOSS 系统是实现全国移动多媒体广播业务运营管理及平台管理的系统平台，是CMMB业务运营支撑系统两级架构体系的一级平台，具有枢纽和管理功能。中央平台BOSS 系统主要由服务接入系统、业务处理系统、业务网关系统三部分构成。

1．服务接入系统

中央平台BOSS系统服务接入支持门户网站接入、呼叫中心接入、短信服务接入等多种接入手段。中央平台BOSS系统的服务接入通过服务接入网关实现与中央平台BOSS系统的业务处理，并通过中央平台BOSS系统的业务处理实现与其他BOSS系统的数据扭转与数据交换，从而方便客户办理可在中央平台BOSS平台办理的移动多媒体广播服务，特别是公益包服务。中央平台BOSS系统服务接入包括如下关键系统。

（1）门户网站系统

中央平台BOSS系统门户网站系统是以互联网接入方式向客户提供业务介绍、业务办理、业务销售等客户自助式服务的系统。客户在经过身份认证后，可以实现业务受理、信息查询、网上付费（电子支付）、投诉建议等业务功能。客户在门户网站办理的业务请求，通过中央平台服务接入网关实现与CMMB BOSS后台系统的数据衔接。

（2）呼叫中心系统

中央平台BOSS系统呼叫中心系统是客户通过电话拨号接入，实现业务咨询、业务受理、业务查询和服务的客户服务系统。客户可以按照呼叫中心的语音提示，获得所需的服务内容，也可以通过呼叫中心的话务员人工受理用户的服务请求。客户通过呼叫中心系统办理的业务请求，通过中央平台服务接入网关实现与CMMB BOSS后台系统的数据衔接。

（3）短信平台系统

中央平台BOSS系统短信平台系统是客户通过手机短信方式接入，实现业务办理的客户自助式服务的系统。客户可以向中央平台BOSS系统短信平台系统发送不同的短信代码办理各种业务，客户通过短信平台系统办理的业务请求，通过中央平台服务接入网关实现与CMMB BOSS后台系统的数据衔接。

（4）服务接入网关

中央平台BOSS系统服务接入网关是中央平台BOSS系统向客户提供服务接入时的后台数据处理引擎接口系统，用于进行后台系统与前台系统间的数据交换与业务处理衔接。中央平台BOSS服务接入网关根据移动多媒体广播BOSS系统“服务接入网关接口协议”实现相关管理和控制功能。

2．业务处理系统

中央平台BOSS业务处理系统是中央平台BOSS系统实现服务接入的后台支撑系统，同时也是中央平台BOSS系统与卫星平台BOSS系统、地方平台BOSS系统进行鉴权、数据交换等业务枢纽处理及实现平台管理的引擎系统。中央平台BOSS业务处理系统主要由资源管理、业务与产品管理、结算管理、客户资源管理、合作伙伴与渠道管理、统计分析管理等系统构成。

（1）资源管理系统

设备资源管理系统是对终端、卡、卡号等各类有形和无形的重要设备资源进行全国性统筹管理的系统，主要包括资源总量管理、资源配置管理等。

（2）业务与产品管理系统

业务与产品管理系统实现对移动多媒体广播系统的全国业务发展及产品设置进行统筹管

理，并实现卫星平台与地方平台之间枢纽管理，主要包括业务管理、产品管理、枢纽管理等。

（3）结算系统

结算系统实现各运营主体间的费用结算，包括移动多媒体广播各级运营主体间的费用结算，以及移动多媒体广播运营商与其他各类运营商、内容提供商、代理商等合作伙伴间的费用结算。主要包括结算设置、数据汇集、结算处理、对账管理、结算查询等。

（4）客户资源管理系统

客户资源管理系统实现对移动多媒体广播系统全国客户资源信息进行统一的、动态的、分级的管理，主要包括客户总量管理、客户分布管理、特殊客户管理、不良信用管理等。

（5）合作伙伴与渠道管理系统

合作伙伴与渠道管理是从中央统筹规划的角度，对全国范围内合作伙伴及渠道进行管理。通过合作伙伴管理，规范与合作伙伴的合作模式，整合与合作伙伴的业务流程，提高与合作伙伴的合作效率，以及促进移动多媒体广播的发展。主要包括规划管理、标准制定及资料管理等。

（6）统计分析管理系统

运营统计分析系统对卫星和各地方平台按规定上报的各种运营报表进行管理，根据各种运营指标进行统计与基础性分析，作为运营分析的基础，以支持策略管理。主要包括报表管理、运营数据统计、决策分析等。

3. 业务网关系统

中央平台 BOSS 业务网关系统是实现中央平台 BOSS 系统与卫星平台 BOSS 系统、地方平台 BOSS 系统进行数据交换、数据扭转的关键系统，也是实现移动多媒体广播运营支撑网络组网的关键系统。

中央平台 BOSS 业务数据网关系统，根据移动多媒体广播 BOSS 系统“中央/地方平台业务网关接口协议”实现相关管理和控制功能，主要包括账务枢纽、客服枢纽、鉴权枢纽、全国业务数据、全网资源状况、报表与结算数据汇集等。中央平台 BOSS 业务网关系统可按要求实现与卫星平台或地方平台的数据交换，接口可配置。

9.2.3 卫星平台/地方平台业务运营支撑系统

卫星平台 BOSS 系统与地方平台 BOSS 系统是 CMMB 业务运营支撑系统两级架构体系的二级平台，卫星平台 BOSS 系统主要实现卫星业务运营管理，地方平台 BOSS 系统主要实现全国性移动多媒体广播业务在本地的运营服务以及本地节目的运营服务。从技术系统构成上，卫星平台 BOSS 系统与地方平台 BOSS 系统的基本系统构成均主要由营业处理、计费账务、授权控制、业务网关及服务接入等五个主要系统构成。

1. 营业处理系统

卫星平台与地方平台 BOSS 营业处理系统是实现卫星平台业务运营管理和地方平台业务运营管理的基础运营管理系统，也是面向客户服务的卫星平台和地方平台实现全流程业务管理的引擎系统。卫星平台与地方平台 BOSS 系统的营业处理系统主要由以下六个关键系统构成。

（1）客户管理系统

实现移动多媒体广播客户资源的统筹管理，包括客户基本信息（客户、用户、账户信息）、客户服务信息（定单信息、服务请求信息等）和客户扩展信息（营销信息、信用信息等）等的管理和查询。

（2）产品管理系统

产品管理系统对移动多媒体广播运营的产品进行管理，实现对各类型产品、服务和资费的配置，并根据服务、资费等要素对产品进行定义、组合形成客户可以定购的产品包，以及实现策略的配置管理。产品管理包括产品设置、产品包设置、策略设置、产品查询等。

（3）资源与系统管理系统

实现对各类资源进行动态、分级管理以及对运营支撑系统运行参数的管理，包括各类资源的统计、入库、出库、调拨，以及组织管理、权限管理、营业费用管理、接口管理、系统维护等管理。

（4）报表管理系统

报表管理系统提供业务处理、市场分析、财务结算所需的各种业务、账务、资源、分析报表。主要包括服务变更报表、客户报表、产品报表、财务报表、预付费报表、资源报表、代缴代扣报表、结算报表等。

（5）结算管理系统

实现移动多媒体广播运营商之间以及运营商与合作伙伴之间的结算，根据定义的结算规则完成收入的分摊、核对和监管。主要包括结算设置、结算数据生成、结算数据交换、对账管理、结算查询等功能。

（6）合作伙伴与渠道管理系统

实现与移动多媒体广播运营商的第三方合作组织的管理，主要包括对合作伙伴的资质、资料、考核、业务和服务的管理。

2. 计费账务系统

计费与账务管理系统是卫星平台BOSS系统和地方平台BOSS系统必须具备的业务系统，主要对用户的消费数据进行采集、预处理和核算，按设定的计费规则及营销方案，提供实时和月结出账的计费与账务控制。在CMMB业务运营支撑系统的建立中，计费与账务系统作为独立系统建立，根据移动多媒体广播BOSS系统“计费账务接口协议”实现与营业处理等系统的数据交换与系统联动。

计费与账务系统实现以下主要功能。

（1）计费管理

根据用户信息、账户信息、产品定价、定购记录等，对客户应付费用进行的基本费用计算。计费管理是计费与账务系统实现计费与账务管理的基础。

（2）批价管理

根据资源信息、资费政策、用户信息、账户信息等，对计费处理后的费用进行优惠、合并账单等批价处理。该过程是计费与账务管理进行实时计费和月结出账必须进行的操作。

（3）账单管理

根据计费及批价记录，生成客户实时或月结明细账单；并根据出账时发生的各种错误或异常进行处理，分离错误数据。可向客户提供凭单及历史账单。

（4）付费管理

根据营业厅和其他收费渠道的付费数据，对客户费用情况进行处理。根据管理要求，生成付费统计报表及客户付费情况汇总。对欠费客户，根据营业处理系统指令要求进行提供相关数据。

（5）数据交互

根据营业处理系统请求，接收营业处理系统的客户产品定购数据，向营业处理系统提供计费结果、客户账务明细等数据。

（6）参数设置

根据运营管理要求，设置计费账务系统各种运行参数，包括与营业处理系统的连接参数、资费设置、信用管理参数设置、运行参数设置等，以更好地实现计费与账务系统的有效运行。

3. 授权指令控制系统

授权指令控制系统是卫星平台 BOSS 系统和地方平台 BOSS 系统进行授权指令生成、发送控制的关键系统，是卫星平台 BOSS 系统和地方平台 BOSS 系统必须具备的业务系统。授权控制管理系统根据用户定购和产品管理等信息实现授权指令的生成控制，并根据具体使用的移动多媒体广播加密授权系统实现向加密授权系统进行指令发送。在 CMMB 业务运营支撑系统的建立中，授权控制管理系统作为独立系统建立，并根据移动多媒体广播 BOSS 系统“授权指令控制接口协议”以及“加密授权接口协议”实现与营业处理系统、加密授权系统的数据交换与系统联动。

授权控制管理系统的主要功能如下。

（1）授权控制指令生成

根据客户定购情况及业务管理策略设置情况，判断是否需要生成授权控制指令。对需要生成授权控制指令的操作，生成授权控制指令；不需生成授权控制的操作，不生成授权控制指令。授权控制指令处理结果返回营业处理系统。

（2）授权控制指令发送

对于需生成授权控制指令的操作，根据终端类型和发送策略向条件接收系统及电子钱包系统发送授权控制指令。发送成功，表明该指令已成功发送；发送失败，该指令进入失败重发状态。

（3）授权控制指令重发

对发送失败或由于某种原因需要重新发送的授权指令，系统重新进行指令发送。授权控制指令重发是授权指令控制系统必须具备的功能。

（4）授权控制指令查询

对授权控制指令生成与发送情况，按照时间、对象、发送状态等条件实现查询，实现在需要时对各种授权控制指令生成及发送情况的查询以处理各种可能出现的情况。

（5）参数设置

设置授权控制指令生成和发送参数，包括与营业处理系统、授权加密系统连接的参数，以及指令优先级、指令生成规则、指令发送速度等，以更好地实现授权控制指令的生成与发送。

4．业务网关系统

卫星平台BOSS系统和地方平台BOSS系统的业务网关系统，是卫星平台BOSS系统与地方平台BOSS系统实现与中央平台BOSS系统进行数据交换、数据扭转、鉴权操作的关键系统，同时也是实现移动多媒体广播运营支撑网络组网的关键系统。

卫星平台BOSS系统和地方平台BOSS系统的业务网关系统，根据移动多媒体广播BOSS系统“中央/地方平台业务网关接口协议”实现相关管理和控制功能。卫星平台BOSS系统与地方平台BOSS系统的业务网关系统可按要求实现与中央平台的数据交换及数据上报，接口可配置。

5．服务接入系统

卫星平台BOSS系统和地方平台BOSS系统的服务接入系统，是卫星平台BOSS系统和地方平台BOSS系统实现面向客户服务的业务受理及业务办理的关键性前台系统，主要由营业厅服务接入和门户网站、呼叫中心服务接入等系统构成。在具体的系统建立中，除营业厅系统外，其他服务接入系统均需通过服务接入网关实现与营业处理系统的联接。卫星平台BOSS系统与地方平台BOSS系统的服务接入系统主要包括如下的系统。

（1）营业厅系统

营业厅系统是运营商建立的面向客户服务的运营支撑前台系统。CMMB向客户提供的各种服务，营业厅系统均可为客户办理或进行查询。通过营业厅系统，客户可办理入网、过户、报停、恢复、退网、注销、缴费以及定购、退定、维护、变更、查询等各项业务。卫星平台和地方平台的营业厅系统，是CMMB实现运营管理的基础支撑前台系统。在CMMB运营支撑系统的建立中，卫星平台和地方平台均需至少建立一套规模不等的营业厅系统以综合体现移动多媒体广播的运营服务。

（2）门户网站系统

卫星与地方平台 BOSS 系统门户网站系统是以互联网接入方式向客户提供本地业务介绍、业务办理、业务销售等客户自助式服务的系统。客户在经过身份认证后可以实现业务受理、信息查询、网上付费、投诉建议等基本业务功能。客户在门户网站办理的业务请求，通过卫星或地方平台服务接入网关实现与后台系统的数据衔接。

（3）呼叫中心系统

卫星平台与地方平台BOSS系统呼叫中心系统是客户通过电话拨号接入，实现本地业务咨询、业务受理、业务查询和服务的客户服务系统。客户可以按照呼叫中心的语音提示，获得所需的服务内容，也可以通过呼叫中心的话务员人工受理用户的服务请求。客户通过呼叫中心系统办理的业务请求，通过卫星或地方平台服务接入网关实现与后台系统的数据衔接。

（4）服务接入网关

卫星平台和地方平台BOSS系统的服务接入网关，是卫星平台和地方平台BOSS系统门户网站、呼叫中心向客户提供服务接入时的后台数据处理引擎接口系统，用于进行后台系统与前台系统间的数据交换与业务处理衔接。卫星平台BOSS系统和地方平台BOSS系统的服务接入网关根据移动多媒体广播BOSS系统“服务接入网关接口协议”实现相关管理和控制功能。

9.2.4　授权体系

CMMB 采用条件接收系统和电子钱包系统两种方式进行授权控制管理。无论采用何种方式，均使用加扰器对内容进行加扰，并通过条件接收系统的授权控制信息（ECM）对加扰控制字（CW）进行加密传输。

1．条件接收系统授权控制管理

采用条件接收系统（CAS）进行授权控制管理的方式如图 9-6 所示。

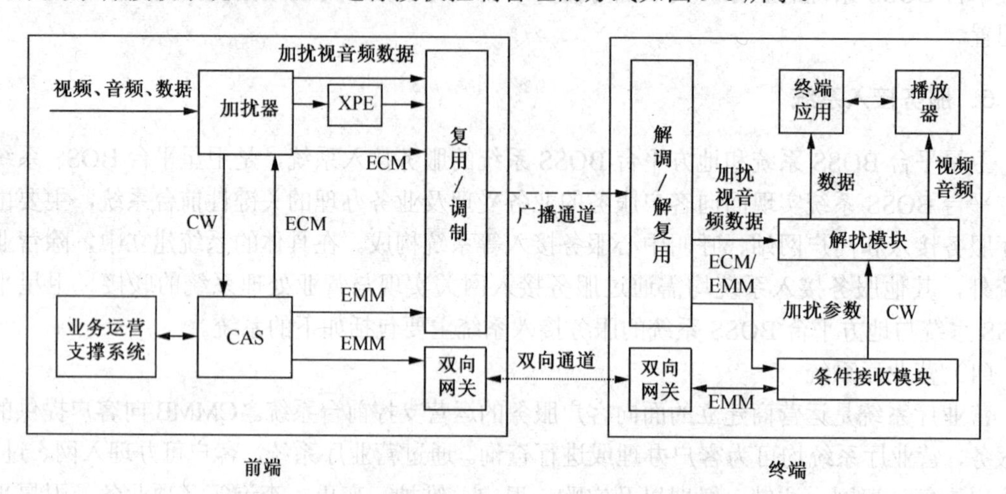

图 9-6　采用条件接收系统进行授权控制管理实现方式

加扰器对内容进行加扰，条件接收系统收到加扰器送来的加扰控制字（CW）进行加密处理，生成授权控制信息（ECM）送回加扰器，由复用器将加扰的内容和 ECM 进行复用，传输至用户终端；用户终端收到 CAS 根据 BOSS 要求生成的授权管理信息（EMM）后，对内容进行解密解扰操作后播放。

基本实现过程如下。

（1）BOSS 对用户的服务请求进行是否需要发送授权控制指令的判断，如需要则向 CAS 系统发送相关指令；如不需要，不向 CAS 发送授权控制指令。

（2）CAS 收到 BOSS 发送的授权控制指令后，向 BOSS 返回是否成功收到控制指令的响应信息。

（3）CAS 根据收到的 BOSS 发送的授权控制指令，生成授权管理信息（EMM）发送至用户终端。

（4）用户终端的条件接收模块接收到 EMM 后，根据 EMM 中的信息判断用户是否可以获得业务授权。如果允许授权，对 ECM 进行解密获取控制字（CW）送给解扰模块，解扰模块使用控制字（CW）对内容进行解扰后送给播放器进行播放。

（5）BOSS 根据 CAS 返回的指令接收情况，记载用户授权是否已成功进行，并以此作为向用户实际提供服务的授权依据。

（6）如用户终端授权未能成功，由 BOSS 向 CAS 重发授权指令。

使用条件接收系统进行授权控制管理时，EMM 可采用两种方式发送，一是采用经复用通过带内广播方式发送，二是不经复用采用带外方式发送。

2. 电子钱包系统授权控制管理

采用电子钱包系统进行授权控制管理的方式如图 9-7 所示。

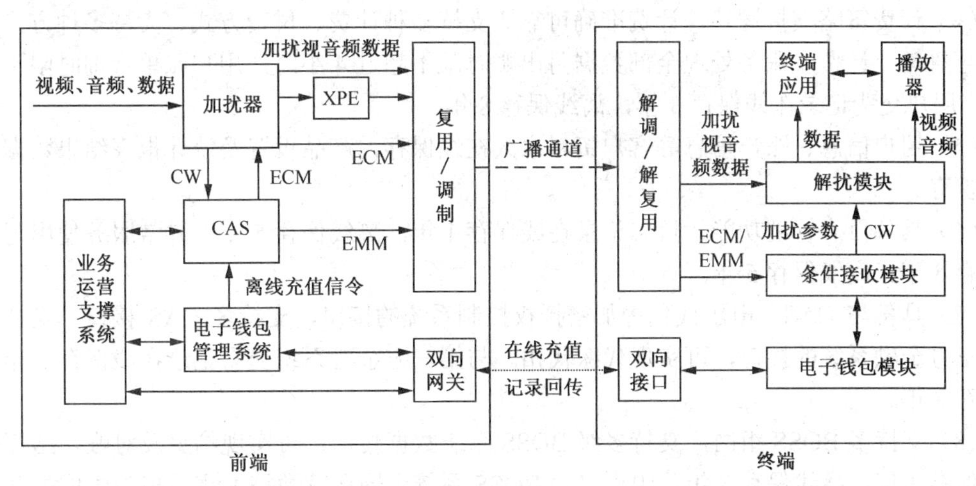

图 9-7 采用电子钱包系统进行授权控制管理方式

前端使用加扰器对内容进行加扰，授权控制信息（ECM）和产品信息经复用传输至用户终端；用户终端根据产品信息及电子钱包余额判断是否可以获得授权。如可获得授权，终端扣除电子钱包相应费用后，通过条件接收模块对内容进行解密解扰操作后播放。

基本实现过程如下。

（1）用户对终端的电子钱包进行充值。充值可以采用两种方式，一是在用户终端直接对电子钱包充值，此时必须在 BOSS 和电子钱包管理系统得到充值信息并发出确认信息后才可启用充值金额；二是前端对电子钱包充值，此时必须由 BOSS 或电子钱包管理系统发出充值或启用指令，并且在终端得到指令后，才可启用充值的金额。不论采用何种方式，BOSS 均必须获得并记录电子钱包的充值信息。

（2）用户在终端界面根据产品信息进行定购操作。如果电子钱包中有足够的余额，条件接收终端模块在确认电子钱包已扣除相应费用后，对定购的产品进行解密解扰操作后进行播放。

（3）终端可以定期或不定期将充值记录和消费记录回传到 BOSS 和电子钱包管理系统，以便于运营统计分析和结算管理。

9.2.5 指标要求

根据移动多媒体广播系统体系架构及业务运营需要，CMMB 业务运营支撑系统的指标要求如下。

（1）中央平台 BOSS 系统支持全国运营管理，卫星平台 BOSS 系统支持 1 亿用户级业务管理，地方平台 BOSS 系统支持 300 万～1000 万用户级业务管理。

（2）卫星平台、地方平台受理单一用户业务时，提取用户资料数据及用户定购详单数据不超过 1 秒，业务提交处理响应时间不超过 5 秒，业务提交及处理中具备完整的并发控制及失败处理机制。

（3）授权控制严谨准确，授权控制指令发送支持单条指令发送和批量指令发送，支持多授权加密系统授权控制指令发送，支持按优先级发送。单条指令发送时，发送时限不超过 0.3 秒；重发授权时，具备完整的控制机制。

（4）计费策略支持运营，计费准确可靠，支持多种计费、付费方式，支持多种方式的特殊优惠管理。计费及账务处理全部数据月出账时限不超过 4 小时，用户账单查询时限不超过 3 秒。用户交费记录在线保存 3 年，离线保存 8 年。

（5）用户信息、账户信息等客户资料永久在线保存，产品设置及统计报表结果数据永久在线保存。

（6）具备日志管理功能，日志记录在线保存 1 年，离线保存 5 年。异常服务使用记录在线保存 3 年、离线保存 5 年。

（7）具备与 CAS、电子钱包等加密授权控制系统的接口，支持多 CAS 接口。支持与多家第三方金融系统的接口，可实现代缴代扣。与第三方金融系统交易记录在线保存 3 年，离线保存 8 年。

（8）支持多 BOSS 组网，支持多级 BOSS 系统数据传送，可实现结算及对账。结算数据在线保存 3 年，离线保存 8 年。中央平台 BOSS 系统全国运营数据汇集后报表生成处理时限不超过 30 秒。

（9）具备数据存储、备份的安全策略及实施方案，具备 UI 访问控制，数据访问控制，日志审计，灾难恢复机制，支持系统 7×24 不间断运行，数据全备份周期不超过 7 天，数据增量备份时间周期不超过 24 小时，操作系统备份时间周期不超过 1 个月。

（10）具备完整的监管平台接口，实现与监管平台连接，支持监管平台数据采集。

9.3 业务处理过程描述

9.3.1 中央平台服务接入基本过程

中央平台服务接入基本过程指通过中央平台服务接入系统向客户提供服务时业务处理的基本过程，中央平台服务接入基本过程如图 9-8 所示。

中央平台服务接入的基本过程如下。

（1）中央平台“服务接入系统”受理客户服务，根据客户服务请求，判断是否需要向中央平台“业务处理系统”发出服务请求。如需要，向“业务处理系统”发出服务请求；如不需要，“服务接入系统”对客户服务请求进行处理，业务完成后结束服务。

（2）对于需要向“业务处理系统”发出服务请求的客户服务，中央平台“服务接入系统”通过“服务接入网关”向“业务处理系统”发出服务请求。“业务处理系统”收到“服务接入系统”的服务请求指令后，根据服务内容及业务规则判断是否需要向其他平台发出服务请求。如需要，向其他平台发出服务请求；如不需要，“业务处理系统”进行服务请求处理，处理结果通过“服务接入网关”返回“服务接入系统”，“服务接入系统”根据收到的返回结果处理客户服务，业务完成后结束服务。

（3）对于需要向其他平台发出服务请求的客户服务，中央平台“业务处理系统”通过“业务网关系统”向其他平台发出服务请求。其他平台收到服务请求指令后进行相关处理，处理结果通过“业务网关系统”返回中央平台。

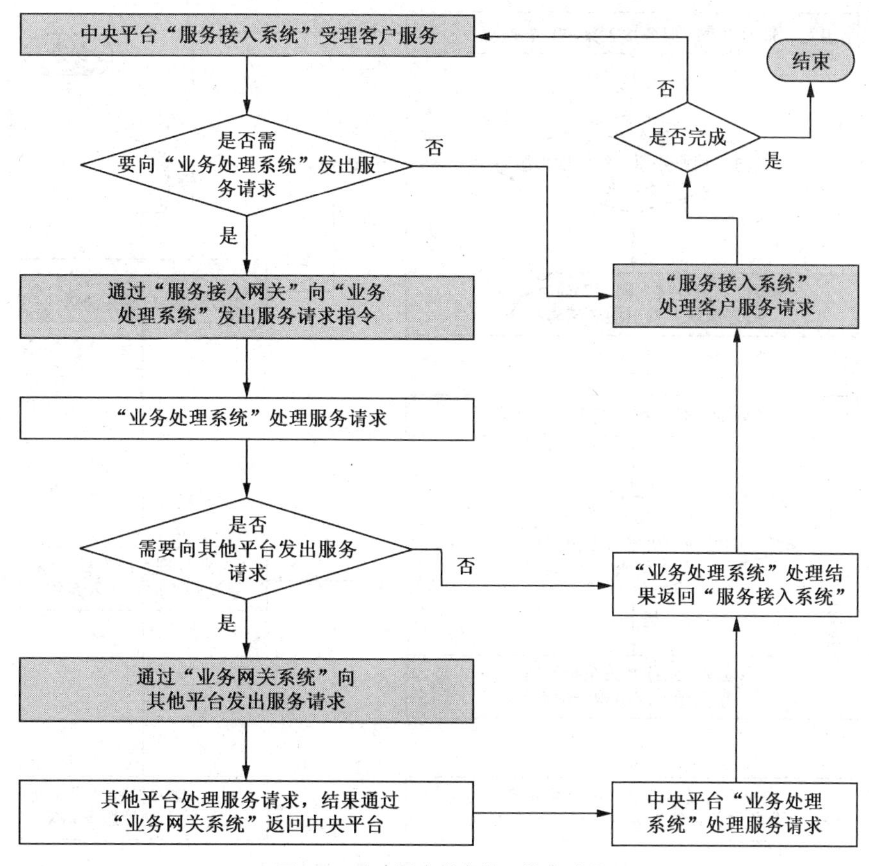

图9-8 中央平台服务接入基本过程

（4）中央平台“业务处理系统”处理结果，通过“服务接入网关”返回“服务接入系统”，“服务接入系统”根据返回的结果处理客户服务，业务完成后结束服务。如一个流程不能完成全部客户服务，中央平台“服务接入系统”可根据客户服务内容进行新的流程处理。

9.3.2 卫星平台/地方平台服务接入基本过程

卫星平台/地方平台服务接入基本过程指通过卫星平台或地方平台服务接入系统向客户提供服务时业务处理的基本过程，卫星平台/地方平台服务接入基本过程如图9-9所示。

卫星/地方平台服务接入的基本过程如下。

（1）卫星/地方平台“服务接入系统”受理客户服务，根据客户服务请求，判断是否需要向本平台“营业处理系统”发出服务请求。如需要，向“营业处理系统”发出服务请求；如不需要，“服务接入系统”对客户服务请求进行处理，业务完成后结束服务。

（2）对于需要向“营业处理系统”发出服务请求的客户服务，卫星/地方平台“服务接入系统”通过“服务接入网关”向本平台“营业处理系统”发出服务请求。“营业处理系统”收到“服务接入系统”的服务请求指令后，根据服务内容及业务规则判断是否需要向中央平台发出服务请求。如需要，向中央平台发出服务请求；如不需要，“营业处理系统”进行服务请求处理，处理结果通过“服务接入网关”返回“服务接入系统”，“服务接入系统”根据收到的返回结果处理客户服务，业务完成后结束服务。

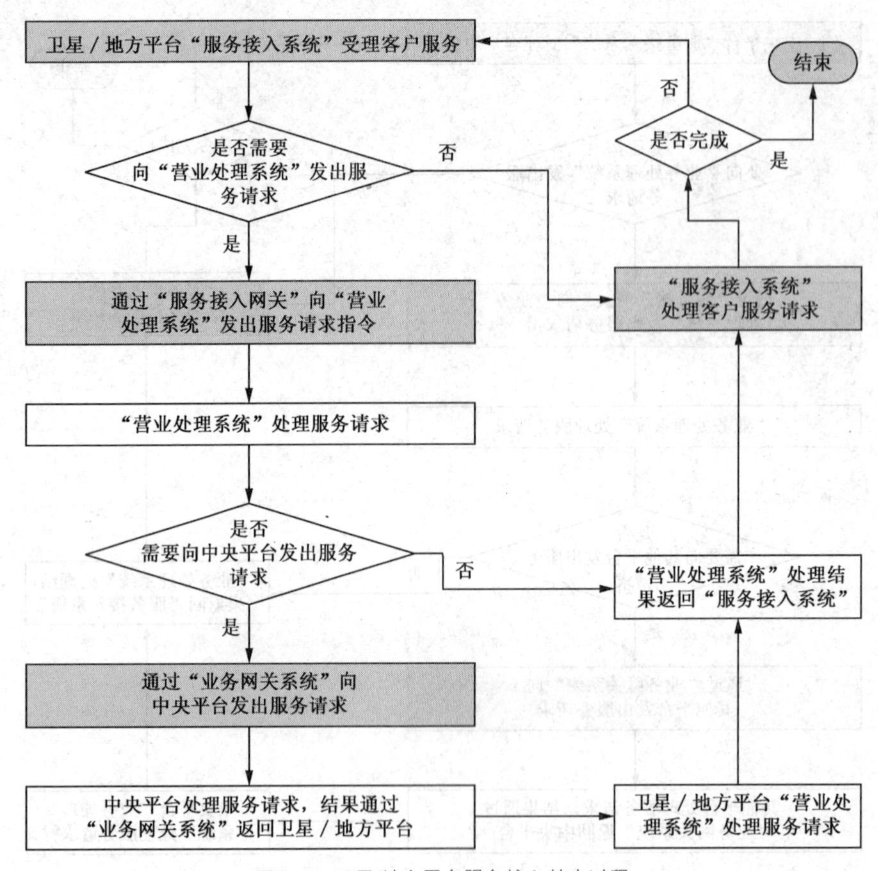

图 9-9 卫星/地方平台服务接入基本过程

（3）对于需要向中央平台发出服务请求的客户服务，卫星/地方平台“营业处理系统”通过“业务网关系统”向中央平台发出服务请求。中央平台收到服务请求指令后进行相关处理，处理结果通过“业务网关系统”返回卫星/地方平台。

（4）卫星/地方平台“营业处理系统”处理结果，通过“服务接入网关”返回“服务接入系统”，“服务接入系统”根据返回的结果处理客户服务，业务完成后结束服务。如一个流程不能完成全部客户服务，卫星/地方平台“服务接入系统”可根据客户服务内容进行新的流程处理。

9.3.3 计费与账务管理基本过程

计费与账务管理基本过程指卫星平台/地方平台业务处理时进行计费核算与账务控制的基本过程。计费与账务管理基本过程如图 9-10 所示。

计费与账务处理的基本过程如下。

（1）卫星/地方平台“营业处理系统”处理客户业务，根据受理的业务判断是否需要进行计费与账务管理。如需要，向“计费账务系统”发出服务请求；如不需要，“营业处理系统”对客户服务请求进行处理，业务完成后结束服务。

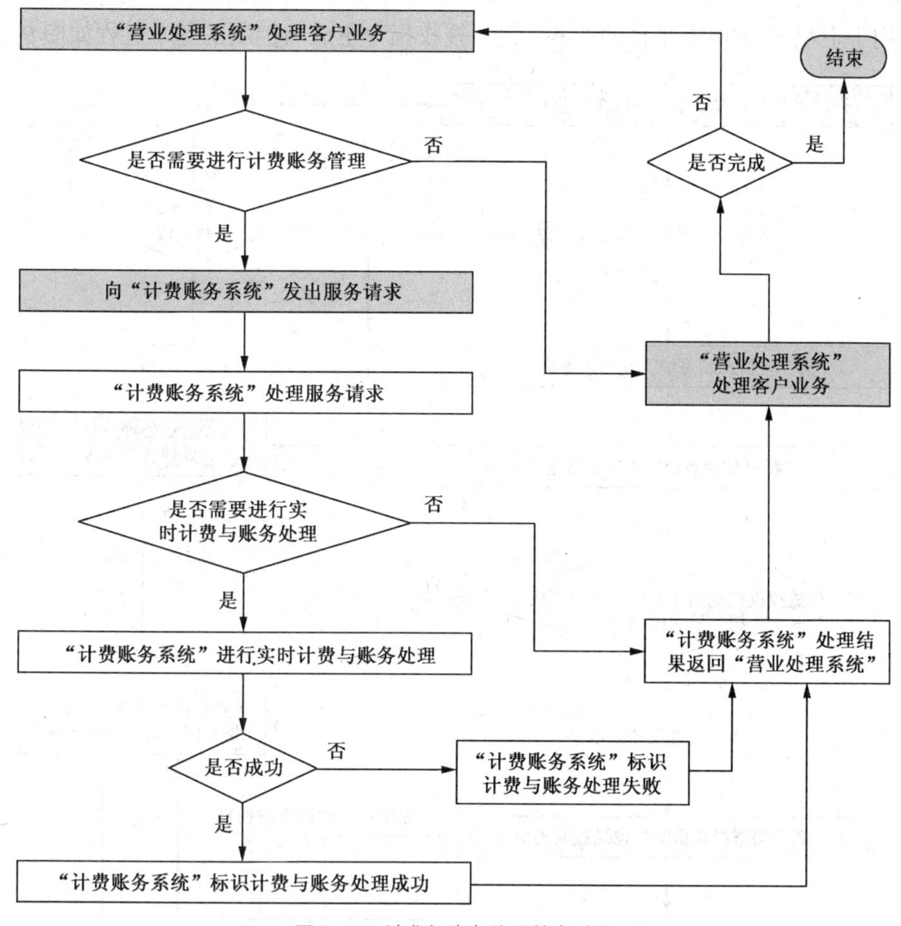

图 9-10 计费与账务处理基本过程

（2）对于需要向"计费账务系统"发出计费与账务处理的服务请求，卫星/地方平台"营业处理系统"通过 BOSS 内部接口协议向本平台"计费账务系统"发出服务请求。"计费账务系统"收到"营业处理系统"的服务请求指令后，根据服务内容及业务规则判断是否需要进行实时计费与账务处理。如需要，"计费账务系统"进行实时计费与账务处理；如不需要，"计费账务系统"将处理结果返回"营业处理系统"，"营业处理系统"根据收到的返回结果处理客户服务，业务完成后结束服务。

（3）对于需要进行实时计费与账务处理的操作，"计费账务系统"进行相关实时与账务处理。操作成功，"计费账务系统"标识计费与账务处理成功并将结果返回"营业处理系统"；操作失败，"计费账务系统"标识授权计费与账务处理失败，结果返回"营业处理系统"，由"营业处理系统"根据具体情况进行相关处理。

（4）"计费账务系统"的处理结果，通过 BOSS 系统内部接口协议返回本平台"营业处理系统"。"营业处理系统"根据返回的结果处理客户服务，业务完成后结束服务。如一个流程不能完成全部客户服务，卫星/地方平台"营业处理系统"可根据客户服务内容进行新的流程处理。

9.3.4 授权指令生成与控制基本过程

授权指令生成与控制是卫星平台/地方平台 BOSS 系统准确进行授权指令生成与发送的关

键环节，用于卫星平台/地方平台的业务管理。授权指令生成与控制的基本过程如图 9-11 所示。

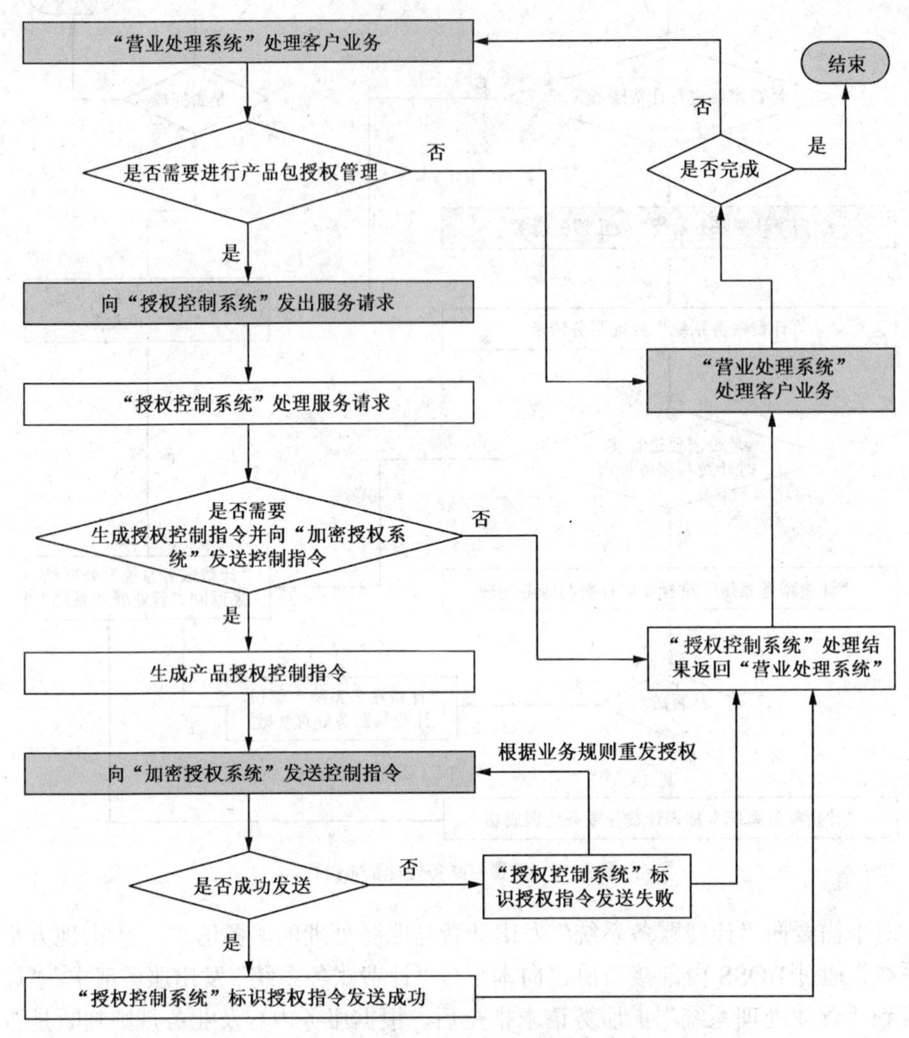

图 9-11　授权指令生成与控制基本过程

授权指令生成与控制业务处理的基本过程如下。

（1）卫星/地方平台"营业处理系统"处理客户业务，根据受理的业务判断是否需要进行产品包授权控制管理。如需要，向"授权指令控制系统"发出服务请求；如不需要，"营业处理系统"对客户服务请求进行处理，业务完成后结束服务。

（2）对于需要向"授权指令控制系统"发出产品包授权控制管理的服务请求，卫星/地方平台"营业处理系统"通过 BOSS 内部接口协议向本平台"授权指令控制系统"发出服务请求。"授权指令控制系统"收到"营业处理系统"的服务请求指令后，根据服务内容及业务规则判断产品包中的各产品是否需要生成授权指令。如需要，"授权指令控制系统"生成相关授权指令并向"加密授权系统"发送指令；如不需要，"授权指令控制系统"将处理结果返回"营业处理系统"，"营业处理系统"根据收到的返回结果处理客户服务，业务完成后结束服务。

（3）对于需要生成授权指令的授权操作，"授权指令控制系统"生成相关授权指令并记录相关状态。同时，"授权指令控制系统"根据生成的授权指令及产品控制采用的加密授权方式向相关“加密授权系统”进行指令发送。指令发送成功，“授权指令控制系统”标识授权指令发送成功并将结果返回“营业处理系统”；指令发送失败，“授权指令控制系统”标识授权指令发送失败，结果返回“营业处理系统”，该指令同时进入重发状态以根据业务规则进行重发处理。

（4）“授权指令控制系统”的处理结果，通过BOSS系统内部接口协议返回本平台“营业处理系统”。“营业处理系统”根据返回的结果处理客户服务，业务完成后结束服务。如一个流程不能完成全部客户服务，卫星/地方平台“营业处理系统”可根据客户服务内容进行新的流程处理。

9.3.5　客户服务基本过程

客户服务基本过程指CMMB业务运营支撑系统在面向客户提供服务时业务处理的基本过程。CMMB客户服务主要包括入网、退网、定购、退定、报停、罚停、恢复、过户、变更等基本过程。

1. 入网

入网指移动多媒体广播的潜在客户按照有关规定办理手续成为移动多媒体广播客户的过程。移动多媒体广播系统中，用户入网后可无偿得到公益类移动多媒体广播服务。CMMB客户入网的基本过程如图9-12所示。

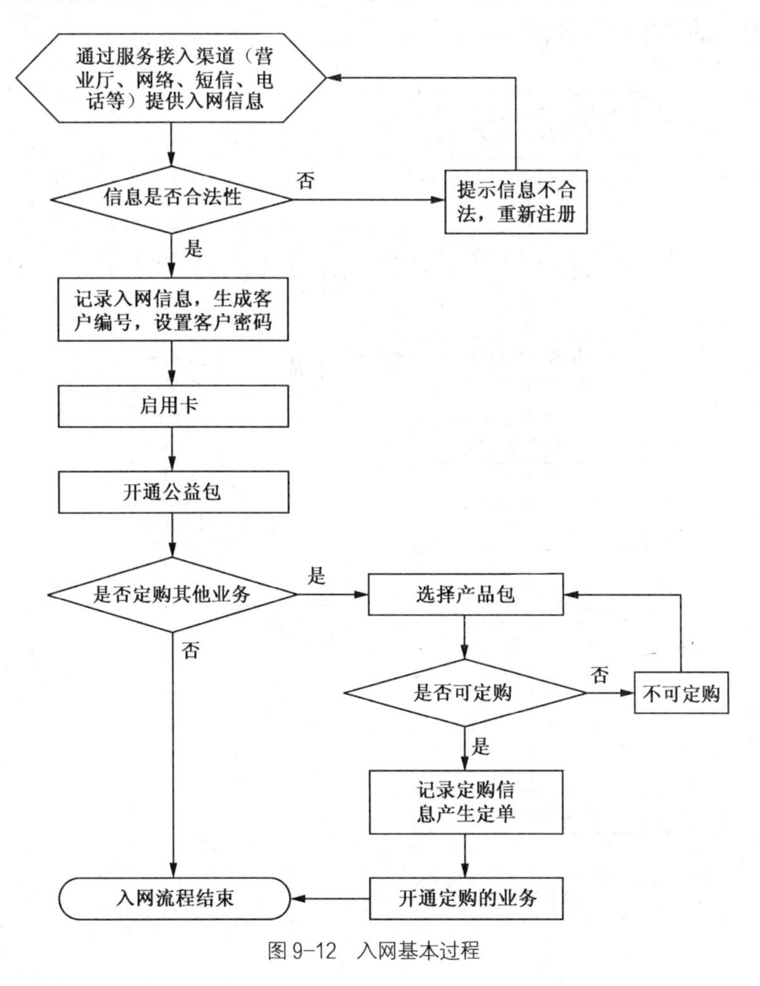

图9-12　入网基本过程

入网的基本过程如下。

（1）客户通过营业厅、门户网站、呼叫中心、短信平台等服务接入方式提出入网申请，提供入网信息。

（2）系统对客户提供的各种入网信息的合法性进行判断，检查信息是否有误，以及该客户过去是否有不良记录等。如合法，记录客户入网信息，生成客户编号，设置客户密码等，进入后续流程；如不合法，提示客户信息不合法并请客户重新注册，系统返回流程（1）。

（3）发出启用卡指令和公益包开通指令，为该客户开通公益包服务。

（4）提示客户是否定购其他业务。是，客户选择需要定购的其他产品包进行业务定购；否，结束入网操作。

（5）对于需要定购其他业务的客户操作，判断客户是否可以定购选择的产品包。是，记录客户定购产品包的相关信息，产生定单，发出授权指令；否，提示客户不可以定购所选产品包，请客户重新选择。

（6）完成操作。

2. 退网

退网指移动多媒体广播客户取消 CMMB 服务并不再继续成为 CMMB 客户的过程。CMMB 客户退网的基本过程如图 9-13 所示。

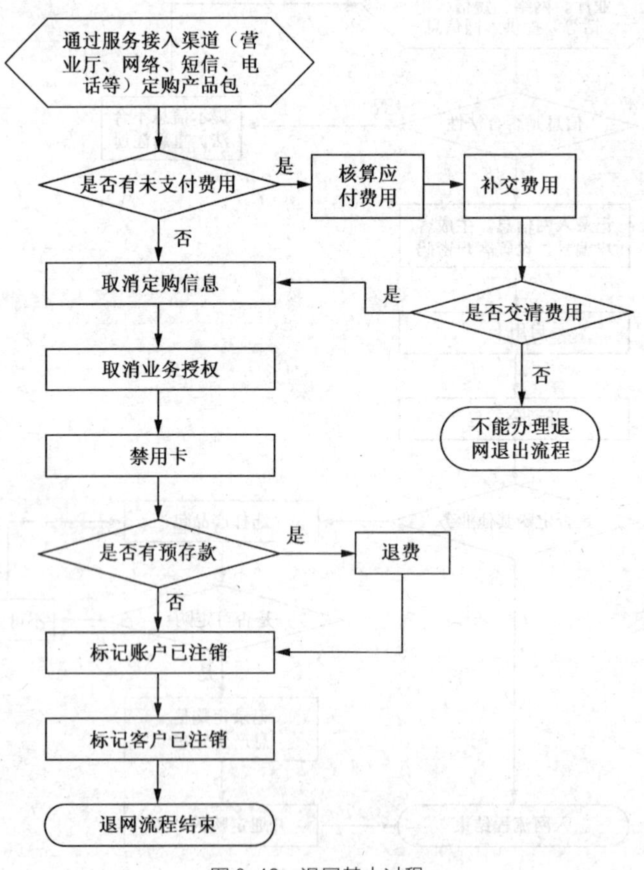

图 9-13 退网基本过程

退网的基本过程如下。

（1）客户通过营业厅、门户网站、呼叫中心、短信平台等接入方式提出退网申请。

（2）判断其是否有尚未支付的费用。如是，核算应付费用，提示客户补交费用并进行相关处理，费用未结清不能办理退网；如否，进入后续操作。

（3）进行取消定购操作。客户定购信息取消后，系统自动取消其业务授权。

（4）客户业务授权取消后，系统自动发出禁用卡指令。

（5）判断是否有预存款。如是，办理退费，退费完成后进入后继操作；如否，进入后续操作。

（6）标记该客户账户注销，标记该客户注销，完成退网操作。

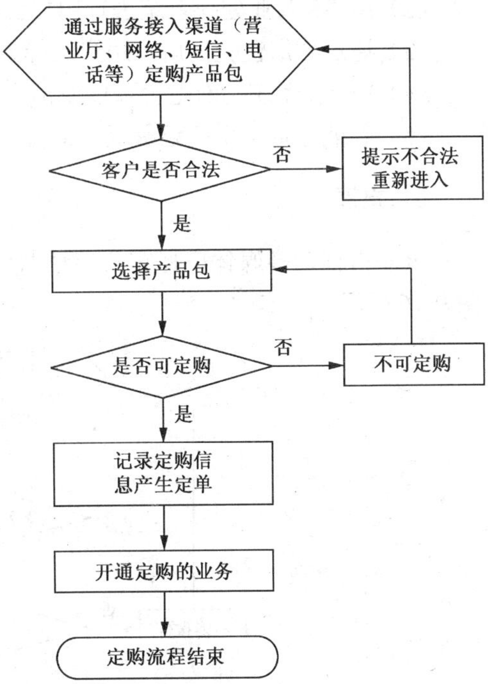

3．定购

定购指 CMMB 客户与运营商建立合法购买关系从而享受 CMMB 服务的过程。CMMB 客户定购的基本过程如图 9-14 所示。

图 9-14　定购基本过程

定购的基本过程如下。

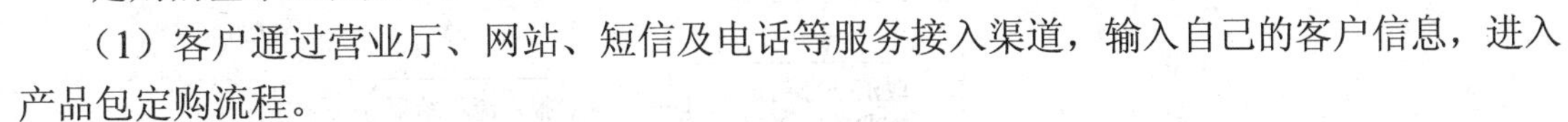

（1）客户通过营业厅、网站、短信及电话等服务接入渠道，输入自己的客户信息，进入产品包定购流程。

（2）系统验证客户身份是否合法。如客户身份合法，进入产品包选择，系统将显示“请选择产品包”；如客户身份不合法，系统显示“重新进入”，请客户重新进入。

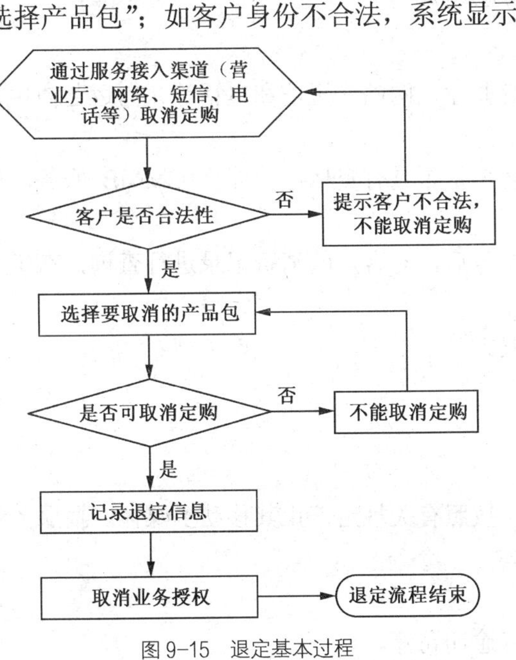

图 9-15　退定基本过程

（3）客户选择产品包。

（4）系统判断客户定购的产品包是否可定购。可定购，进入后续过程；不可定购，提示“不可定购，请重新选择产品包”，请客户重新选择定购产品包。

（5）对客户可定购的产品包，记录定购信息，产生定单。

（6）发出授权控制指令。

（7）结束操作。

4．退定

退定指移动多媒体广播客户申请取消已定购 CMMB 服务的过程。CMMB 客户退定的基本过程如图 9-15 所示。

退定的基本过程如下。

（1）客户通过营业厅、网站、短信及电话等服务接入渠道，输入自己的客户信息，进入产品包退定流程。

（2）BOSS 营业处理系统进行用户合法性验证。若不合法，业务不能受理。

（3）通过合法性验证后，用户选择退定产品包。

（4）BOSS 系统判断是否可以取消定购。若不能，提示用户重新选择退定产品包。

（5）若能退定，系统记录退定信息并取消该业务授权，完成退定。

5．报停

报停指移动多媒体广播客户申请暂时停止服务的过程。CMMB 客户报停的基本过程如图 9-16 所示。

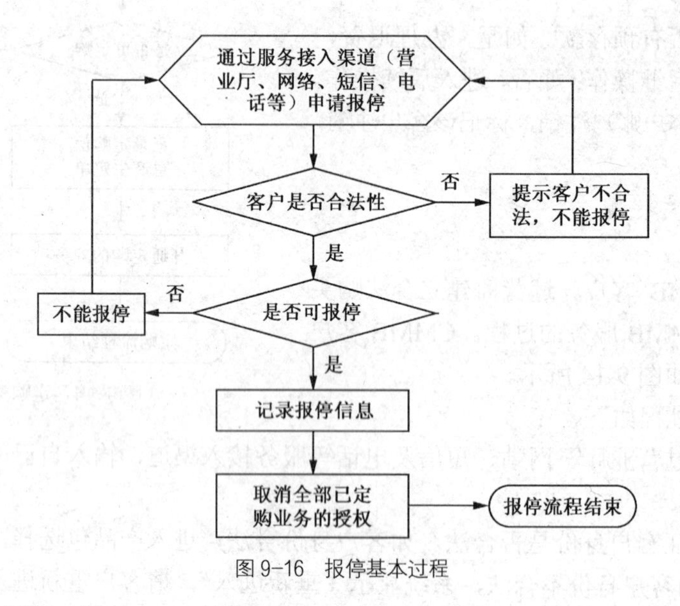

图 9-16　报停基本过程

报停的基本过程如下。

（1）客户通过 CMMB 服务接入渠道（如营业厅、网站、短信和电话等）向运营商申请暂停 CMMB 服务。

（2）运营商根据客户提供的用户信息判断客户是否具有资格申请停止 CMMB 服务。如果用户信息不合法，提示客户不能报停。

（3）在确定客户有资格申请停止 CMMB 服务后，对客户的消费记录进行查询，在确定该用户已完全交清所有费用后记录报停信息。

（4）取消该用户所有已经定购的业务的授权。

（5）结束报停流程，退出系统。

6．罚停

罚停指因移动多媒体广播的客户欠费逾期，按照有关规定停止其移动多媒体广播服务的过程。罚停的基本过程如图 9-17 所示。

罚停的基本过程如下。

（1）系统生成用户欠费信息，并提示用户将逾期罚停。

（2）若用户在罚停期限之前缴清费用，取消罚停。

（3）若用户逾期仍未缴费，记录罚停信息，取消用户的业务授权。

（4）结束操作。

7. 恢复

恢复指移动多媒体广播的客户恢复移动多媒体广播服务的过程。CMMB 客户恢复的基本过程如图 9-18 所示。

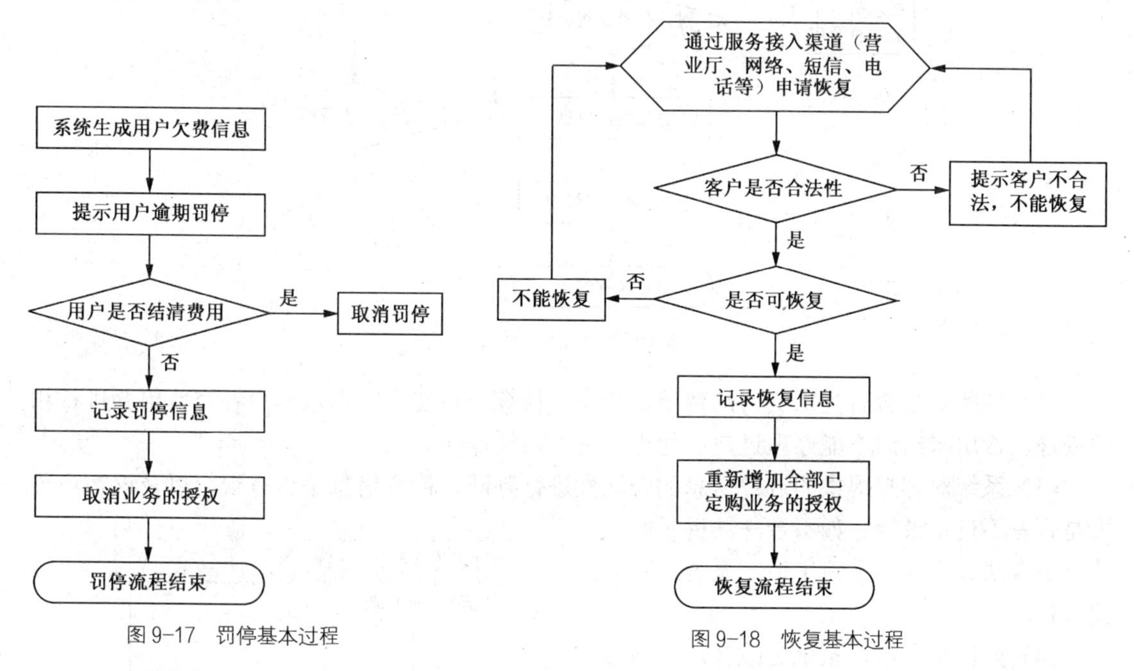

图 9-17 罚停基本过程

图 9-18 恢复基本过程

恢复的基本过程如下。

（1）客户在 CMMB 营业厅、网站或者以短信或电话的形式向运营商申请恢复已经报停的 CMMB 服务。

（2）运营商根据客户提供的用户信息判断客户是否具有资格申请恢复 CMMB 服务。如果用户信息不符合申请恢复的条件，提示客户不能恢复服务。

（3）在确定客户有资格恢复 CMMB 服务后，对客户的账户等其他信息进行汇总分析，如果分析结果不具备恢复服务的条件则提示客户服务不能恢复。

（4）如果确定能恢复所申请恢复的服务，则由前台记录恢复信息，重新增加全部已经定购业务的授权。

（5）退出系统，恢复流程结束。

8. 过户

过户指移动多媒体广播的原客户更改为新客户的过程。CMMB 用户过户的基本过程如图 9-19 所示。

过户的基本过程如下。

（1）客户通过营业厅、门户网站、呼叫中心、短信平台等服务接入方式提出过户申请。

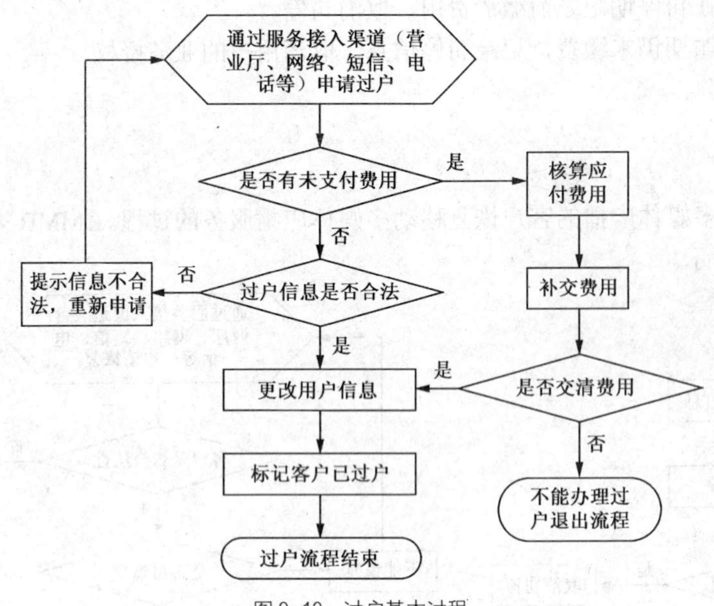

图 9-19　过户基本过程

（2）判断其是否有尚未支付的费用。如是，核算应付费用，提示客户补交费用并进行相关处理，费用未结清不能办理过户；如否，进入后续操作。

（3）系统对客户提供的过户信息的合法性进行判断，检查信息是否有误，以及该客户过去是否有不良记录等。如不合法，提示客户信息不合法并请客户重新申请，系统返回流程（1）。

（4）如信息合法，系统更改客户入网信息，生成新的客户编号，设置客户密码等。

（5）标记该客户过户，完成过户操作。

9．变更

变更指移动多媒体广播的客户更改定购业务的过程。CMMB 用户业务变更的基本过程如图 9-20 所示。

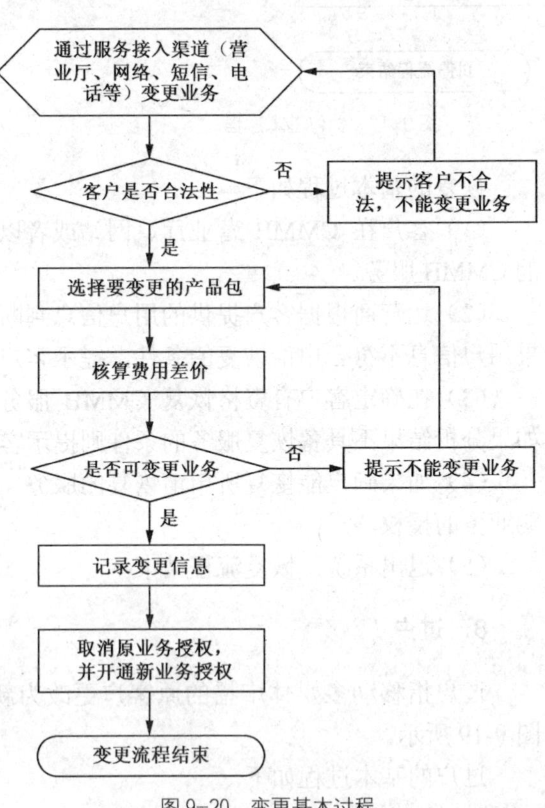

图 9-20　变更基本过程

变更的基本过程如下。

（1）客户通过营业厅、网站、短信及电话等服务接入渠道，输入自己的客户信息，进入产品包变更流程。

（2）系统验证客户身份是否合法。如客户身份合法，进入变更产品包选择；如客户身份不合法，系统显示“重新进入”，请客户重新进入。

（3）客户选择要变更的产品包，系统核

算费用差价。

（4）系统判断产品包是否可变更。可变更，进入后续过程；不可变更，提示“不可变更业务，请重新选择”，请客户重新选择变更产品包。

（5）记录变更信息；取消原业务授权，并开通新业务授权。

（6）结束操作。

9.4 业务运营支撑系统功能要求

移动多媒体广播业务运营支撑系统功能要求，主要指CMMB BOSS需实现的管理功能。根据CMMB业务运营支撑系统的系统架构体系，CMMB BOSS需要实现的管理功能要求主要分为两个方面，一方面是中央平台BOSS系统功能要求，另一方面是卫星平台和地方平台BOSS系统功能要求。

9.4.1 中央平台业务运营支撑系统功能要求

中央平台BOSS系统主要实现对全国移动多媒体广播业务的运营管理及平台管理。中央平台BOSS系统的管理功能主要包括客户资源管理、业务与产品管理、结算管理、合作伙伴管理、统计分析、设备资源管理等，如图9-21所示。

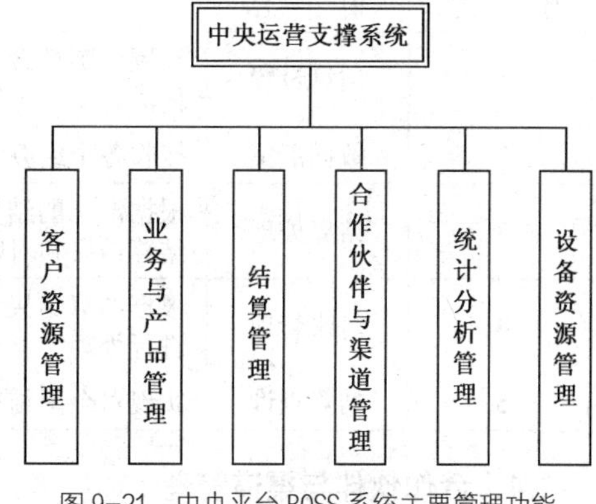

图9-21 中央平台BOSS系统主要管理功能

1. 客户资源管理

客户资源管理是对移动多媒体广播系统全国客户资源情况进行统筹管理的系统，主要包括客户总量管理、客户分布管理、特殊客户管理、不良信用管理等。客户资源管理的主要功能要求如表9-3所示。

表9-3 客户资源管理功能要求

序号	内容	描述
1	客户总量管理	对卫星平台和地方平台用户总量、产品包定购总量进行统计与查询
2	客户分布管理	实现从类型、平台、信用级别、经营性分布等多个维度对全国客户分布情况进行综合统计与查询
3	特殊客户管理	由于某种原因由中央平台BOSS直接管理，卫星平台及各地方平台执行管理的特殊客户
4	不良信用管理	对需要进行全国统筹管理的某些信用级别客户（如不良记录客户等）信息进行全国范围内的汇总、更新、转发等管理

2. 业务与产品管理

业务与产品管理是对移动多媒体广播系统的全国业务发展及产品设置进行统筹管理，并实现卫星平台与地方平台之间枢纽管理的系统，主要包括业务管理、产品管理、枢纽管理等。业务与产品管理的主要功能要求如表9-4所示。

表 9-4　　业务与产品管理功能要求

序　号	内　容	描　述
1	业务管理	对卫星平台和各地方平台的整体运营以及平台间统筹运营进行管理，包括业务发展、服务质量、财务表现、资源配置与流转等
2	产品管理	对卫星平台及各地方平台产品、产品包、资费、策略等产品设置信息的汇总备案，实现多种维度的产品设置查询，并可根据需要进行产品设置审批管理等
3	枢纽管理	需要依靠中央平台中转办理的业务，主要包括客服枢纽、信用枢纽、账务枢纽、授权枢纽等流程管理

3．结算管理

结算管理是中央平台与全国性合作伙伴及渠道、卫星平台和各地方平台进行结算管理的系统，主要包括结算设置、数据汇集、结算处理、对账管理、结算查询等。结算管理的主要功能要求如表 9-5 所示。

表 9-5　　结算管理功能要求

序　号	内　容	描　述
1	结算设置	设置全国性合作伙伴及渠道、卫星平台运营商、地方平台运营商等结算实体，定义与各结算实体间的结算类型、结算周期、结算方式等结算规则
2	数据汇集	接收各个结算实体的结算数据进行汇总和处理，产生终结算数据
3	结算处理	根据汇集的结算数据及结算规则，完成与各个结算实体的费用结算，生成结算结果和对账清单，提供给各个结算实体进行对账
4	对账管理	根据结算结果和对账清单与全国性合作伙伴及渠道进行对账，对结算数据进行处理
5	结算查询	实现对全国结算数据及历史记录的查询

4．合作伙伴与渠道管理

合作伙伴与渠道管理是从中央统筹规划的角度，对全国范围内合作伙伴及渠道进行管理，主要包括规划管理、标准制定及资料管理等。合作伙伴与渠道管理的主要功能要求如表 9-6 所示。

表 9-6　　合作伙伴与渠道管理功能要求

序　号	内　容	描　述
1	全国性合作伙伴与渠道管理	对全国性合作伙伴与渠道进行设置，实现全国性合作伙伴与渠道的资料、合作方式等方面的管理，实现全国性合作伙伴与渠道在各平台执行情况的数据汇总及查询
2	二级平台合作伙伴与渠道信息管理	对二级平台合作伙伴与渠道的资料进行汇总、更新、查询等方面的管理
3	全国性合作伙伴与渠道信息发布	将全国性合作伙伴与渠道的信息发布到地方平台

5．运营统计分析

运营统计分析是对卫星和各地方平台按规定上报的各种运营报表进行管理，根据各种运营指标进行统计与基础性分析的系统。主要包括报表管理、运营数据统计、决策分析等。运营统计分析的主要功能要求如表 9-7 所示。

表 9-7 运营统计分析功能要求

序　号	内　容	描　述
1	报表管理	对卫星和各地方平台按规定上报的各种运营报表进行分类汇总、合并处理等操作
2	运营数据统计	根据各种统计指标对运营数据进行汇总、统计，实现年度、半年度、季度、月度等周期性的统计报告，并对统计结果的发布进行管理
3	决策分析	对全国移动多媒体业务运营数据进行深层次的挖掘和分析，为运营决策提供数据支持

6. 设备资源管理

设备资源管理是对终端、卡、卡号等各类有形和无形的重要设备资源进行全国性统筹管理的系统，主要包括资源总量管理、资源配置管理等。设备资源管理的主要功能要求如表 9-8 所示。

表 9-8 设备资源管理功能要求

序　号	内　容	描　述
1	资源信息管理	对全国性设备资源的实际情况进行信息汇总、信息更新等管理，实现对全国设备资源分布及使用情况的查询
2	资源库存管理	对于需要进行全国统一分配的资源和库存情况实现管理
3	资源分配管理	实现全国性设备资源的统一分配或调拨等流程管理，保证全国性设备资源在卫星平台与地方平台运营商之间、各地方平台运营商之间的有效流转

9.4.2 卫星平台/地方平台业务运营支撑系统功能要求

卫星平台/地方平台 BOSS 系统实现对卫星/地方平台移动多媒体广播业务的运营管理。卫星/地方平台 BOSS 系统的功能主要包括客户管理、产品管理、授权控制管理、计费与账务管理、资源与系统管理、渠道与合作伙伴管理、结算管理、报表管理、客户服务管理等，如图 9-22 所示。

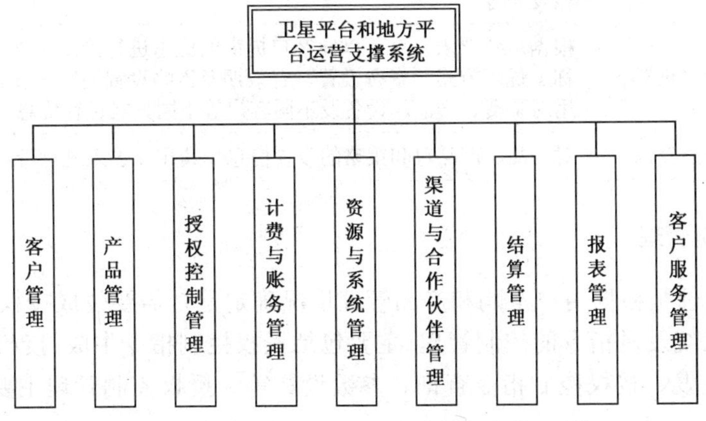

图 9-22 卫星平台/地方平台 BOSS 系统主要管理功能

1. 客户管理

客户管理是对客户信息进行维护和管理，主要包括客户信息管理、客户业务管理、账户管理、客户信用管理等，客户管理的主要内容如表9-9所示。

表9-9 客户管理功能要求

序号	内容	描述
1	客户信息管理	实现对各类客户基本资料进行管理和查询，主要包括客户名称、客户类型、证件号码、联系方式、信用等级等
2	客户业务管理	实现各种客户业务的受理和查询，主要包括客户入网、过户、报停、罚停、恢复、退网、注销，以及业务定购、业务退定、资料变更、设备变更、数据转发等，同时还需实现缴费管理、滞纳金管理、催费管理等
3	账户管理	实现对客户账户的管理和查询，主要包括账户类型、账户金额、账户状态、账户历史信息等
4	维护管理	针对客户要求所提供的维护服务，包括维护受理、工单生成复核、工单流转、维修派工、工单回复反馈、重大故障处理等
5	客户信用管理	实现客户信用情况的管理和查询，主要包括信用评定、信用控制、信用查询、信用调整、不良记录管理等

2. 产品管理

产品管理是对构成产品的服务、资费进行配置，并根据服务、资费要素对产品进行定义、组合形成客户可以定购的产品包和策略的配置管理。产品管理包括产品设置、产品包设置、策略设置、产品查询等，如表9-10所示。

表9-10 产品管理功能要求

序号	内容	描述
1	产品设置	与授权控制系统的产品设置相对应的产品设置，主要包括产品编号、名称、类型、有效期等
2	产品包设置	根据运营要求基于产品设置形成的可向客户提供服务的产品包，主要包括产品包编号、名称、类型、资费、有效期、包含的产品及产品包设置的审核发布等
3	策略设置	根据运营要求，对可以向客户提供的优惠进行策略设置，主要包括策略名称、优惠方式、资费设置、有效期及策略设置的审核发布等，策略可以采用对资费、产品、设备及不同客户等不同方式进行优惠
4	产品查询	对产品、产品包和策略的设置信息及其相互关系进行查询

3. 授权控制管理

授权控制管理是根据用户定购和产品管理情况确定是否需要生成授权控制指令，并向授权控制管理系统发送指令的控制管理。主要包括授权控制指令生成、授权控制指令发送、授权控制指令重发、授权控制指令查询、参数设置等。授权控制管理主要内容如表9-11所示。

表 9-11　　授权控制管理功能要求

序号	内容	描述
1	授权控制指令生成	根据用户定购情况及业务管理策略设置情况生成授权控制指令
2	授权控制指令发送	根据终端类型和发送策略向条件接收系统及电子钱包系统发送授权控制指令
3	授权控制指令重发	对发送失败或由于某种原因需要重新发送的授权指令进行指令重新发送
4	授权控制指令查询	按照时间、对象、发送状态等条件查询各种授权控制指令生成及发送情况
5	参数设置	设置授权控制指令生成和发送参数，包括与授权加密系统连接的参数、指令优先级、指令生成规则、指令发送速度等

4．计费与账务管理

计费与账务管理是根据用户定购和产品管理情况，实现对用户的消费数据采集、预处理和核算，提供实时和月结出账的计费与账务管理控制。主要包括计费管理、批价管理、账单管理、付费管理等。计费与账务管理的主要内容如表 9-12 所示。

表 9-12　　计费与账务管理功能要求

序号	内容	描述
1	计费管理	根据用户信息、账户信息、产品定价、定购记录等，对客户应付费用进行的基本费用计算
2	批价管理	根据资源信息、资费政策、用户信息、账户信息等，对计费处理后的费用进行优惠、合并账单等批价处理
3	账单管理	根据计费及批价记录，生成客户实时或月结明细账单；并根据出账时发生的各种错误或异常进行处理，分离错误数据。可向客户提供凭单及历史账单
4	付费管理	通过营业厅或其他收费渠道收取用户费用。用户付费主要包括柜台付费、银行付费、购款付费和预存款等方式。根据营业厅和其他收费渠道的付费数据，对用户费用情况进行处理

5．资源与系统管理

资源与系统管理是对各类资源进行管理以及对业务运营支撑系统运行的管理和维护，包括资源管理、组织管理、权限管理、运行参数管理、接口管理、系统维护等。资源与系统管理的主要内容如表 9-13 所示。

表 9-13　　资源与系统管理功能要求

序号	内容	描述
1	资源管理	对市场营销、客户服务过程中涉及的终端、卡、卡号等各类有形和无形资源进行管理，包括资源入库、出库、盘点、调拨、告警、查询等
2	组织管理	对运营商组织机构进行管理，包括分支机构、营业厅等

续表

序　　号	内　　容	描　　述
3	权限管理	定义、管理操作员工号及权限，实现各类操作人员按权限、角色的操作管理，包括权限定义、角色设置、工号管理、权限分配、角色赋予以及权限查询等
4	运行参数管理	对可能发生变化的数据，采用参数形式进行管理，并对系统内各种参数的维护提供日志查询
5	接口管理	对业务运营支撑系统与其他系统接口的管理，包括授权加密系统接口、电子支付系统接口、银行接口、呼叫中心接口、门户网站接口、中央平台 BOSS 接口、监管平台接口等的管理
6	系统维护	系统数据库配置参数、备份参数等，提供系统运行日志信息
7	日志管理	对系统运行产生的各项日志进行管理，包括操作员操作日志、授权指令生成与发送日志、计费管理操作日志、资源管理操作日志等

6．合作伙伴与渠道管理

合作伙伴与渠道管理是对与 CMMB 运营商合作的、CMMB 产业价值链上除运营商与用户之外的第三方合作组织的管理。管理内容主要包括对合作伙伴的资质、资料、考核、业务、服务等管理，如表 9-14 所示。

表 9-14　　　　合作伙伴与渠道管理功能要求

序　　号	内　　容	描　　述
1	资质管理	根据 CMMB 运营商对各类渠道及合作伙伴的资质要求，对其进行资质申请管理、资质审查、资质认定、评定级别、业务授权、资质证明颁发\更改\废止、资质核查以及资质取消等管理行为
2	资料管理	对每个通过资质认定的渠道及第三方合作伙伴，进行基本资料、合同协议、合作模式、法人信息等信息资料管理
3	考核管理	对不同渠道及合作伙伴的经营业绩、服务质量、合作表现等方面进行考核。考核对象包括渠道实体和渠道人员等
4	业务管理	对渠道及合作伙伴的业务申请、设立、变更进行审核管理
5	服务管理	运营商为其渠道及合作伙伴提供的查询、咨询、培训、建议及投诉管理等服务

7．结算管理

结算管理是指 CMMB 运营商与第三方以及 CMMB 运营体系内其他运营商之间，根据结算规则完成收入分摊、核对和监管的过程，主要包括结算设置、结算数据生成、结算数据交换、对账管理、结算查询等功能。结算管理的主要内容如表 9-15 所示。

表 9-15　　　　结算管理功能要求

序　　号	内　　容	描　　述
1	结算设置	设置合作伙伴、中央和其他运营商等结算实体，定义与各结算实体间的结算类型、结算周期、结算方式等结算规则
2	结算数据生成	按照不同的结算对象和结算类型对业务数据进行分类汇总，生成结算数据

续表

序　　号	内　　容	描　　述
3	结算数据交换	将结算数据发送给结算系统进行费用结算，接收结算处理结果
4	对账管理	根据结算规则对结算数据进行处理，生成结算和对账清单，以便于与中央平台结算系统结算结果进行对账，同时实现与其他合作伙伴及渠道方的结算对账。根据对账结果对结算数据进行处理
5	结算查询	实现对结算数据及历史记录的查询

8．报表管理

报表管理是指对各类业务进行统计分析，从而形成各类报表，主要包括服务变更报表、客户报表、产品报表、财务报表、预付费报表、资源报表、代缴代扣报表、结算报表等。报表管理的主要内容如表9-16所示。

表9-16　　报表管理功能要求

序　　号	内　　容	描　　述
1	服务变更报表	统计过户、换卡、报停、恢复、注销等服务变更数据
2	客户报表	统计客户数量、状态等
3	产品报表	统计产品包销售状态、数量、客户群等，统计产品情况等
4	账务报表	统计财务所需的账务报表，包括应收报表、实收报表、预付费报表、欠费报表、调账报表、呆坏账报表、对账报表等
5	资源报表	统计各种资源的使用情况、库存情况等
6	代缴代扣报表	统计由第三方代缴代扣的客户数量、金额等
7	结算报表	统计各结算实体之间的结算数据

9．客户服务管理

（1）呼叫中心

呼叫中心是用户通过电话拨号接入，实现业务咨询、业务受理、业务查询和服务的客户服务方式。用户接入呼叫中心后，能够收听到呼叫中心任务提示音，按照呼叫中心的语音提示，获得所需的服务内容，也可以通过呼叫中心的话务员人工受理用户的服务请求。呼叫中心主要内容如表9-17所示。

表9-17　　呼叫中心功能要求

序　　号	内　　容	描　　述
1	工作流程管理	根据运营要求，对业务受理、业务咨询和客户服务实现工作流程的完整设置。工作流程包括自动语音应答流程、坐席服务流程，以及提供技术和服务支持的流程等
2	知识库管理	知识库是支撑对用户完成的大量咨询、查询以及业务推介工作的信息积累和管理体系。主要功能包括逐层检索、定制搜索、个性化管理、权限管理、知识库维护和分类留言板等
3	主动服务管理	主动服务管理呼叫中心外拨时间计划、数据准备，保证服务速度和效率。主动服务包括外拨宣传、催缴和通知等

续表

序 号	内 容	描 述
4	统计管理	实现客户服务统计、话务统计和工作量统计等功能
5	质量管理	实现话务员考核、客户服务质量抽查、客户满意度分析和黑名单管理
6	接口管理	实现与BOSS的相关功能数据联接，实现与通信系统的联接进行交互

（2）门户网站

门户网站是以互联网形式向客户提供业务介绍、业务办理、业务销售等客户自助式服务的系统，门户网站管理的主要内容如表9-18所示。

表9-18　　门户网站功能要求

序 号	内 容	描 述
1	用户认证及授权	用户登录网站时，系统对用户的用户名及密码进行认证，并对用户进行授权
2	信息发布与内容展示	发布通过审核的公司信息、动态信息、业务介绍、专题等信息；创建、管理栏目；实现内容管理及展现设计等功能的管理
3	网上营业厅	通过互联网为用户提供的自助式虚拟营业厅，主要实现业务受理、信息查询、网上付费、投诉建议等功能
4	网站设置与管理	维护并管理用户基本信息及操作信息、记录并维护运行中的数据、实时监控关键性能指标、统计分析各类数据，实现数据传输加密、身份认证防伪、防火墙等系统安全管理功能

9.5 本章小结

移动多媒体广播BOSS系统融合了业务支撑系统与运营支撑系统，是一个综合的业务运营和管理平台。BOSS系统主要由计费、结算、营业、账务和客户服务等部分组成，对各种业务功能进行集中、统一的规划和整合，使之成为一体化的、信息资源充分共享的支撑系统。

本章主要介绍了CMMB业务运营支撑系统技术方案、业务处理过程及功能要求。

CMMB业务运营支撑系统主要由中央平台BOSS系统、卫星/地方平台BOSS系统构成。中央平台BOSS系统是CMMB业务运营支撑系统两级架构体系的一级平台，具有枢纽和管理功能，主要由服务接入系统、业务处理系统、业务网关系统三部分构成。卫星平台BOSS系统与地方平台BOSS系统是CMMB业务运营支撑系统两级架构体系的二级平台，卫星平台BOSS系统主要实现卫星业务运营管理，地方平台BOSS系统主要实现全国性移动多媒体广播业务在本地的运营服务以及本地节目的运营服务。从技术系统构成上，卫星平台BOSS系统与地方平台BOSS系统的基本系统构成均主要由营业处理、计费账务、授权控制、业务网关及服务接入等五个主要系统构成。

9.6 习题

1．什么是BOSS？

2．CMMB 业务运营支撑系统的技术要求有哪些？

3．CMMB 业务运营支撑系统采用几级架构体系？请阐述 CMMB 业务运营支撑系统的构成？

4．中央平台 BOSS 系统、卫星平台 BOSS 系统、地方平台 BOSS 系统的主要功能分别是什么？

5．请阐述中央平台服务接入的基本过程。

第10章 移动多媒体广播信号覆盖

本章学习要点

- 了解 CMMB 系统卫星传输链路架构。
- 熟悉 CMMB 系统 S 频段地面增补网络架构。
- 熟悉 CMMB 地面覆盖网络的构建方式以及阴影区解决方案。
- 了解 S 频段地面增补网与 S 频段卫星系统之间的同步方式。
- 了解 UHF 频段单频网覆盖及系统同步实现方案。
- 了解 CMMB 信号覆盖规划的原则。

CMMB 系统采用“天地一体”的技术体系，利用大功率 S 频段卫星覆盖全国 100%国土、利用地面覆盖网络进行城市人口密集区域有效覆盖、利用双向回传通道实现交互，形成单向广播和双向互动相结合、中央和地方相结合的无缝覆盖的系统。

在卫星覆盖方面，采用 S 频段卫星通过广播信道和分发信道实现全国范围的移动多媒体广播信号覆盖；在地面覆盖方面，采用 S 频段地面增补网络进行 S 频段卫星覆盖阴影区信号转发覆盖，采用 UHF 频段地面覆盖网络在城市人口密集区实现移动多媒体广播信号覆盖；同时，在实现广播方式开展移动多媒体业务的基础上，利用地面双向移动通信网络逐步开展双向交互业务。

10.1 卫星传输系统

10.1.1 CMMB 系统卫星传输链路

CMMB 系统使用两颗 S 频段卫星通过广播信道和分发信道实现全国范围的移动多媒体广播信号的有效覆盖。广播信道采用 OFDM（Orthogonal Frequency Division Multiplexing，正交频分复用）调制方式的 Ku 频段（13.75GHz～14.00GHz）上行/S 频段（2.635GHz～2.660GHz）下行卫星传输信道，分发信道采用 TDM（Time Division Modulation，时分调制）方式的 Ku 频段（13.75GHz～14.00GHz）上行/Ku 频段（12.20GHz～12.25GHz）下行卫星传输信道。CMMB

系统卫星传输链路架构如图 10-1 所示。

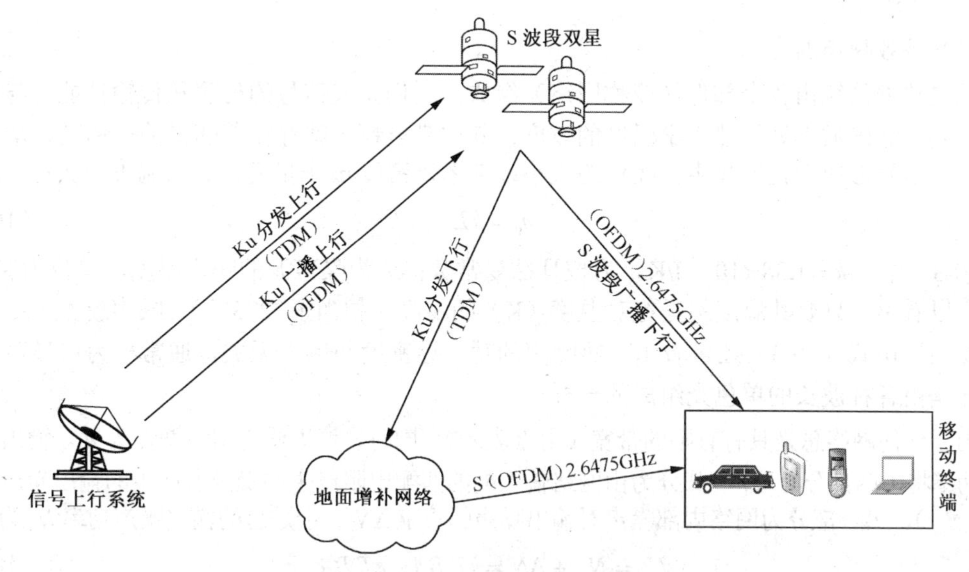

图 10-1　CMMB 系统卫星传输链路架构

在图 10-1 所示的 CMMB 系统卫星链路架构中，广播信道直接提供全国大部分范围移动终端的 S 频段 CMMB 信号接收，分发信道提供 S 频段地面增补覆盖网的 CMMB 信号，实现卫星阴影区 S 频段 CMMB 信号的增补转发。

10.1.2　卫星传输链路参数

卫星传输链路由上行链路和下行链路组成。上行链路的信号质量取决于地球站发出的信号功率大小和卫星收到的信号功率大小，下行链路的信号质量取决于卫星转发信号功率的大小和地球站接收到的信号功率的大小。卫星传输链路的性能用接收机输入端的载波功率与噪声功率的比值（简称载噪比）来衡量，习惯上，该比值记为 C/N（Carrier/Noise）或 CNR（Carrier Noise Ratio）。卫星传输链路预算主要是根据链路环境、收/发端系统参数等，计算链路信号的载噪比（C/N）。发端的主要参数为等效全向辐射功率（Effective Isotropic Radiated Power，EIRP）值，收端则常用天线口处的系统品质因数 G/T 值描述其性能。信号从发端到收端还要经历各种损耗、衰减和噪声。

1．等效全向辐射功率（EIRP）

等效全向辐射功率（EIRP）定义为地球站或卫星的天线馈源处的发射功率 P_T 与该发送天线的增益 G_T 的乘积。EIRP 表明了定向天线在最大辐射方向实际所辐射的功率，可表示为：

$$EIRP = P_T G_T \tag{10-1}$$

链路预算过程中，通常采用分贝或十进制对数来表示。本书中用方括号表示使用基本功率定义的分贝值，EIRP 常常以相对 1W 的分贝值来表示，缩写为 dBW。令 P_T 的单位为 W，则：

$$[EIRP](\text{dBW}) = [P_T](\text{dBW}) + [G_T](\text{dB}) \tag{10-2}$$

式（10-2）中，$[P_T]$ 是以 dBW 为单位，而 $[G_T]$ 是以 dB 为单位。

2．系统热噪声

（1）等效噪声温度

卫星传输系统由各个部件（或称网络）组成，它们完成信号的处理和传输功能。与此同时，只要传导媒质不处于热力学温度的零度，其中带电粒子就存在着随机的热运动，从而产生对有用信号形成干扰的噪声。噪声的大小以功率谱密度 n_0 来量度，它与温度有关：

$$n_0 = kT \tag{10-3}$$

式（10-3）中，$k = 1.38\times 10^{-23}$ J/K，为玻耳兹曼常数；T 为噪声源的噪声温度，单位为 K。

可以看出，只要其温度不是绝对温度（K）的零度（相当于−273℃），噪声就不为零，称为热噪声。由式（10-3）还可看出，热噪声的功率谱密度与频率无关，通常称为白噪声，就像白光是由各种波长的单色光组成的一样。

由于任何网络总是具有有限的带宽（用 B 表示），同时，这里假定网络增益为 A。输出端的噪声功率将由两部分组成：一部分为由网络输入端的匹配电阻产生的噪声所产生的输出噪声功率（记为 N_{io}），另一部分为网络内部噪声对输出噪声的贡献 ΔN。于是总的输出噪声功率 N_{o} 为：

$$N_{\mathrm{o}} = N_{io} + \Delta N = kT_0BA + kT_{\mathrm{e}}BA \tag{10-4}$$

式（10-4）中，T_0 是输入匹配电阻的噪声温度，第一项是输入匹配电阻所产生噪声在输出端的数值；T_{e} 称为网络的等效噪声温度，第二项为网络内部噪声在其输出端的贡献。显然，它表示将一个噪声温度为 T_{e} 的噪声源接至理想的无噪声网络输入端时所产生的噪声功率输出。

（2）噪声系数

卫星传输系统的信号传播距离远，损耗大。弱的接收信号需要对接收系统的内部噪声进行较精确的估算，不恰当地提高对系统的要求，会付出较大的代价（如增加发射功率或天线尺寸）。因此，通常采用较精细的等效噪声温度来估算系统噪声性能。然而，在另外一些传输系统中，习惯于用噪声系数来评价接收机的内部噪声。

噪声系数 N_{F} 定义为输入信噪比与输出信噪比之比，即：

$$N_{\mathrm{F}} = \frac{S_{\mathrm{i}}/N_{\mathrm{i}}}{S_{\mathrm{o}}/N_{\mathrm{o}}} = \frac{S_{\mathrm{i}}/kBT_0}{S_{\mathrm{i}}/kB(T_0+T_{\mathrm{e}})} = 1 + \frac{T_{\mathrm{e}}}{T_0} \tag{10-5}$$

或者

$$T_{\mathrm{e}} = (N_{\mathrm{F}} - 1)T_0 \tag{10-6}$$

（3）有耗无源网络（馈线等）的等效噪声温度

假设有耗无源网络（馈线）的损耗为 L_{F}，环境温度为 T_0。在输入、输出端匹配的情况下，输出端负载得到的噪声功率 N_{o} 为：

$$N_{\mathrm{o}} = kT_0B \tag{10-7}$$

另一方面，输出噪声功率可表示为输入噪声功率（它也等于 kT_0B）对输出的贡献与网络内部噪声（用等效噪声温度 T_{e} 表示）对输出的贡献之和。参照式（10-4），式中 $A = \dfrac{1}{L_{\mathrm{F}}}$，于是 N_{o} 可表示为：

$$N_{\mathrm{o}} = \frac{kT_0B}{L_{\mathrm{F}}} + \frac{kT_{\mathrm{e}}B}{L_{\mathrm{F}}} \tag{10-8}$$

于是可得其等效噪声温度（由于特指损耗线 L_F 的温度，T_e 改用 T_F 表示）为：

$$T_F = (L_F - 1)T_0 \tag{10-9}$$

可见，馈线损耗越大，则等效噪声温度越高。将式（10-9）与式（10-6）对比，可得无源有耗网络的噪声系数 N_F 为：

$$N_F = L_F \tag{10-10}$$

3．大气吸收损耗（噪声）、雨衰和降雨噪声

在电波穿过电离层、对流层时，大气中的水蒸气和氧分子的谐振会吸收电波能量而带来附加损耗，同时产生电磁辐射形成噪声，即大气噪声。大气噪声与用户对卫星的仰角有关，仰角越高，电波穿过大气层的传播路径越短，噪声干扰越小。

降雨引起的电波传播损耗的增加称为雨衰，雨衰是由于雨滴和雾对微波能量的吸收和散射产生的，并随着频率的增大而加大。通常在 Ku 频段及其以上的频段，雨衰的影响不容忽视。对于更高的频段，雨滴对电波的散射产生的传播损耗更为严重。雨衰的大小与雨量和电波穿过雨区的有效传输距离有关。同时，对于特定的雨区，电波在雨区内传播路径上不同地点受到的降雨衰减的影响是不同的（即雨区内不同地点的降雨衰减系数是不同的），为了便于计算，工程上用特定仰角时总的雨衰值来表示。

降雨噪声是雨、雾等吸收电波能量引起雨衰的同时所产生的电波辐射噪声，暴雨时特别严重。降雨噪声与雨衰一样，在较高频段上（如 10 GHz 以上）影响较大。

大气噪声或降雨噪声的大小可以根据晴天大气的吸收损耗或降雨时雨衰的数值进行计算，就像利用式（10-9）计算有损耗馈线的噪声温度一样。

4．天线指向误差损耗

建立了卫星传输链路以后，理想情况是地球站天线和卫星天线都指向对方的最大增益方向。但实际上可能存在两种天线波瓣离轴损耗的情况，一种在卫星端，另一种在地球站端。卫星端的离轴损耗是通过对工作在实际卫星天线波瓣上的指向来计算的。地球站端的天线离轴损耗也叫天线指向损耗，天线指向损耗通常只有零点几分贝。

除天线指向损耗外，天线极化方向的指向误差也会产生损耗。极化误差损耗通常很小，通常和天线指向损耗统称为天线指向误差损耗。需要指出的是，天线指向误差损耗必须要根据统计数据来估计，这些数据是基于对大量地球站进行实际观察后得到的。天线指向误差损耗应该对上行链路和下行链路分别考虑。

5．接收机输入端的载噪比 C/N 与品质因数 G/T

如果某系统中的发射天线和接收天线之间的距离为 d，当发信机的发射功率为 P_T，发射天线的功率增益为 G_T，接收天线的增益为 G_R，自由空间传播损耗为 L_s 时，根据 3.1.2 节自由空间电波传播的知识，从式（3-9）和式（3-11）可以求得电波经自由空间传播后到达接收机输入端的信号功率 P_R 为：

$$P_R = P_T G_T G_R \left(\frac{\lambda}{4\pi d}\right)^2 = \frac{P_T G_T G_R}{L_s} \tag{10-11}$$

考虑发射机到发射天线的馈线（波导）损耗 L_t，和接收天线到接收机的波导传播损耗 L_r，可得到接收信号功率为：

$$P_R = \frac{P_T G_T G_R}{L_t L_s L_r} \tag{10-12}$$

为了简化起见，令 $L = L_t L_s L_r$，于是式（10-12）可改写成：

$$P_R = \frac{P_T G_T G_R}{L} \tag{10-13}$$

衡量卫星传输链路的性能指标是载噪比。而在整个卫星传输链路上，信号经长距离传输后到达接收机的输入端时信号最弱，因此要关注接收机输入端的载噪比。根据前面关于热噪声的分析，接收机的输入噪声功率 N_i 可表示为：

$$N_i = kTB \tag{10-14}$$

式（10-14）中，T 为接收系统的等效噪声温度，包括天线等效噪声温度和接收机内部噪声的等效噪声温度。

接收机输入端的载噪比（载波功率与噪声功率之比值）为：

$$C/N = \frac{P_R}{N_i} = \frac{P_T G_T G_R}{LkBT} = \frac{EIRP}{LkB} \cdot \frac{G_R}{T} \tag{10-15}$$

可以看出，当一个卫星转发器设计好之后，卫星转发器的 EIRP 值就是确定的。如果地球站的工作频率及接收系统带宽 B 一定的话，损耗 L 一般来说也是确定的。由此可见，此时接收机输入端的载噪比将由 G_R/T 所决定，因此这个值通常被称为接收系统的品质因数，简写为 G/T，其单位为 dB/K。接收系统的品质因数对于地球站尤其重要。其值越大，则载噪比越高，表明系统的接收性能越好。

在进行链路预算分析时，为了避免涉及接收机的带宽，通常用到载波功率与噪声功率谱密度 n_0 之比值，即：

$$C/n_0 = \frac{P_R}{n_0} = \frac{EIRP}{Lk} \cdot \frac{G_R}{T} \tag{10-16}$$

或者

$$\left[C/n_0\right] = \left[C/N\right] + [B] \tag{10-17}$$

式（10-17）中，$\left[C/N\right]$ 是以 dB 为单位的实际功率比，$[B]$ 是相对于 1Hz 的分贝值，或表示为 dBHz。因此，$\left[C/n_0\right]$ 的单位是 dBHz。

对于数字传输系统来说，还关心系统的平均比特功率 E_b 与噪声功率谱密度 n_0 之比值。由于 $E_b = P_R/R_b$，则：

$$\left[E_b/n_0\right] = \left[C/n_0\right] - [R_b] \tag{10-18}$$

式（10-18）中，R_b 为比特速率，$\left[E_b/n_0\right]$ 的单位是 dB。

CMMB 系统广播信道直接提供移动终端小型接收天线 S 频段信号，系统中接收天线补偿的载噪比（C/N）裕量很小。为满足 S 频段信号穿透、绕射能力弱和上行站雨衰等因素产生的裕量要求，通过大功率的广播信道转发器补偿系统裕量。并针对东、西部地区人口密度和环境区别对信号赋形进行等效全向辐射功率（EIRP）补偿。采用 4K OFDM 调制、QPSK 或 BPSK 映射方式的广播信道链路参数如表 10-1 所示。

表 10-1　CMMB 广播信道卫星链路参数

传输方案		
调制	4K OFDM	4K OFDM
星座映射	QPSK	BPSK
编码	LDPC 1/2	LDPC 1/2
带宽/MHz	2×8	3×8
有效载荷/Mbit/s	2×5.460	3×2.764
载频/GHz	2.6	2.6
卫星		
输出功率回退/dB	2.0	2.0
EIRP/dBW	67	67
传输		
仰角/°	40~60	40～60
卫星高度/km	35860	35860
自由空间损耗/dB	192.2	192.2
天线指向误差损耗/dB	0.0	0.0
大气损耗/dB	0.1	0.1
传输总损耗/dB	192.3	192.3
射频接收		
极化损耗/dB	0.5	0.5
天线增益/dB	2.5	2.5
噪声系数/dB	1.5	1.5
品质因数 G/T /dB/K	−21.8	−21.8
接收 C/n_0 /dBHz	81	81
解调门限		
E_b/n_0 /dB	1.6 e^{-6}	1.6 e^{-6}
信号带宽/MHz	7.5	7.5
8MHz 带宽下 C/n_0 /dBHz	70.3	67.3
总 C/n_0 /dBHz	73.3	72.1
连接损失/dB	0.3	0.3
链路裕量/dB	7.4	8.6

考虑终端用户的储运损耗水平、天线尺寸以及卫星转发器的输出功率，分发信道接收采用相对较大直径的碟形接收天线，可以使用低功率的分发信道转发器。根据 Ku 频段受雨衰影响较大的特点，针对降雨频繁地区（东部地区）进行 EIRP 补偿，增加这些地区的链路裕量和保持储运损耗在可接收的水平。

10.1.3 CMMB 卫星技术参数

CMMB 卫星是位于 115.5° E 的大功率广播同步卫星。卫星系统由卫星平台、有效载荷和地面测控等分系统组成。卫星的有效载荷分系统由用于广播信道的 S 频段大功率转发器和用于分发信道的 Ku 频段中功率转发器构成。

1．广播信道转发器

广播信道转发器采用 Ku 频段点波束上行、S 频段广播下行，转发器功率 17000W 以上。

- 上行频率：13.75GHz～14.00GHz（双线极化）。
- 下行频率：2.635GHz～2.660GHz（双圆极化）。

S 频段广播信道发射覆盖如图 10-2 所示，分为两个区域：东部人口密集区和西部地区。东部地区的 EIRP 大于等于 67dBW，西部地区的 EIRP 大于等于 64dBW。

2．分发信道转发器

分发信道转发器采用 Ku 频段点波束上行、Ku 频段广播下行。

- 上行频率：13.75GHz～14.00GHz（双线极化）。
- 下行频率：12.20GHz～12.25GHz（双圆极化）。

Ku 频段分发信道发射覆盖如图 10-3 所示，考虑到东部地区降雨的影响，东部地区的 EIRP 大于等于 54dBW，西部地区的 EIRP 大于等于 50dBW。

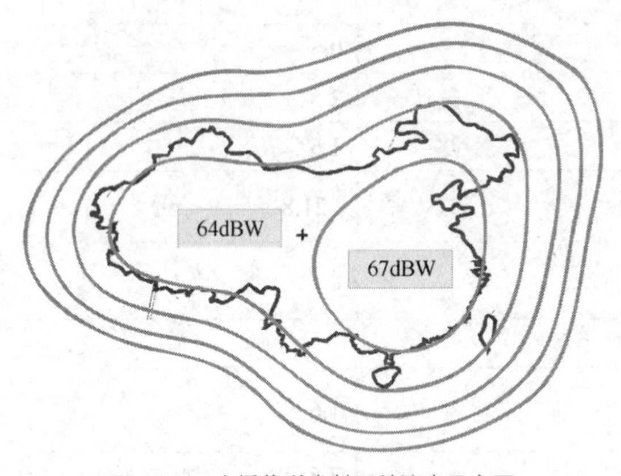

图 10-2　广播信道发射覆盖波束示意图

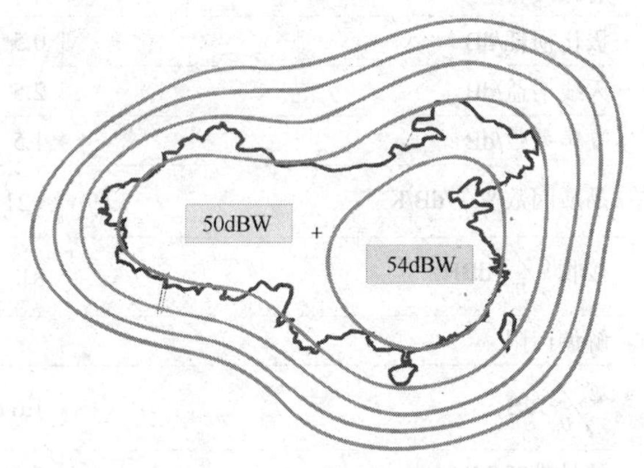

图 10-3　分发信道发射覆盖波束图

10.1.4 卫星上行站系统

1．上行站系统构成

卫星上行站系统将节目中心传送来的 CMMB 前端节目信号调制、变频和放大处理后发送到卫星，同时监测卫星上、下行信号的质量。上行站系统传输能力（如G/T值、收发增益和天线旁瓣特性等）和传输信号的质量（如频响、时延、互调、信噪比和误码率等）应能满足CMMB系统需求。上行站系统主要由信源系统、射频系统、监测系统等构成，如图10-4所示。

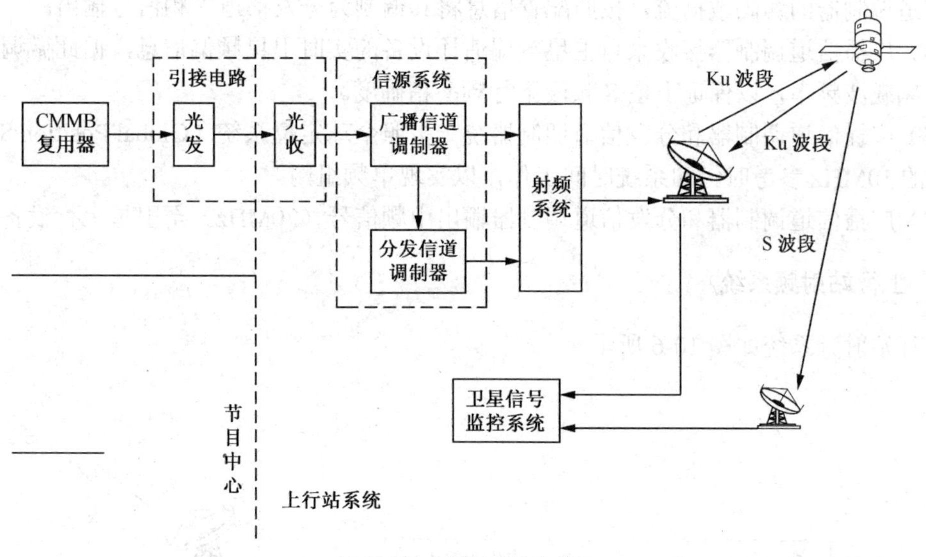

图10-4 上行站系统结构图

2. 信源传输调制系统

节目中心输出的CMMB复用信号流通过地面引接电路（光缆或微波）传送到卫星上行站，上行站分别对CMMB码流进行OFDM调制（用于广播信道的信号传输）和TDM调制（用于分发信道的信号传输），输出70MHz中频信号到射频系统。传输调制系统方案如图10-5所示。

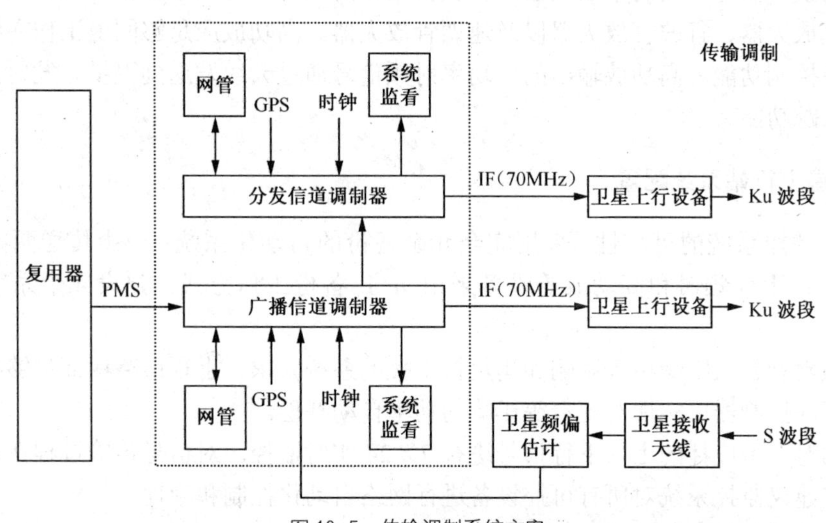

图10-5 传输调制系统方案

根据图10-5所示传输调制系统方案，CMMB系统传输调制的基本实现方案如下。

（1）CMMB 系统的广播信道调制功能由广播信道调制器实现。广播信道调制器输入来自复用器的复用流，按照复用流的配置信息将其中的复用帧数据调制为广播信道中频信号输出，同时输出调制过程中比特交织后的数据流至分发信道调制器。

（2）CMMB 系统的分发信道调制功能由分发信道调制器实现。分发信道调制器输入来自广播信道调制器的编码数据流，按照配置信息将其调制为分发信道中频信号输出。

（3）广播信道调制器接收来自卫星频偏估计设备的实时卫星频偏信息，据此微调调制器输出中频载波频率，以保证卫星 S 频段下行频率精确度。

（4）广播信道调制器和分发信道调制器统一按照全球定位系统（Global Position System，GPS）的 10MHz 参考时钟和系统时间工作，以实现单频组网。

（5）广播信道调制器和分发信道调制器输出中频信号（70MHz）至卫星上行设备。

3．上行站射频系统

上行站射频系统如图 10-6 所示。

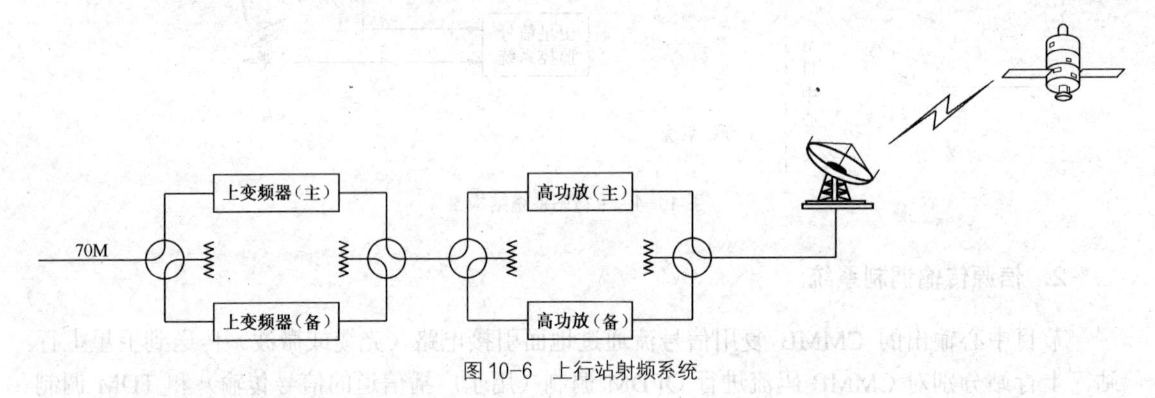

图 10-6 上行站射频系统

调制器输出的两路中频信号经过上变频器变频为 Ku 频段射频信号。上变频器输出射频信号经过切换开关进入高功率放大器，以获得足够的上行发射功率。根据系统要求可选择使用固态功率放大器、行波管放大器以及速调管放大器。高功放应足够回退工作在线性区，具有自动功率控制功能。高功放输出的大功率射频信号通过天线发送到卫星。发射天线伺服系统有自动跟踪功能。

4．卫星上行站系统配置

为保证播控系统的可靠性，采用完全冗余备份的自动化系统：至少传送两路不同路由节目源信号；上变频器和高功放等设备采用 n+1 备份工作方式；建设冗余系统如备份上行站。

为克服雨衰、太阳噪声等影响和满足抗干扰的系统要求，上行链路保证足够裕量。选择加装上行功率控制器以实现对雨衰等影响的功率自动补偿。

上行站对卫星广播的上、下行信号进行 7×24 实时监控。对信号传输过程在相关监测点进行监测，建议监控系统对所有可控设备进行网络自动化控制和管理。

上行站的设备供电采用不间断电源系统（Uninterruptible Power System，UPS），保证上行站设备稳定和不间断工作的同时提高电源纯净度，避免电源干扰。

10.1.5 卫星下行接收系统

1. 广播信道下行接收

终端直接接收广播信道S频段卫星信号，解调出CMMB节目。广播信道下行接收系统结构如图10-7所示。

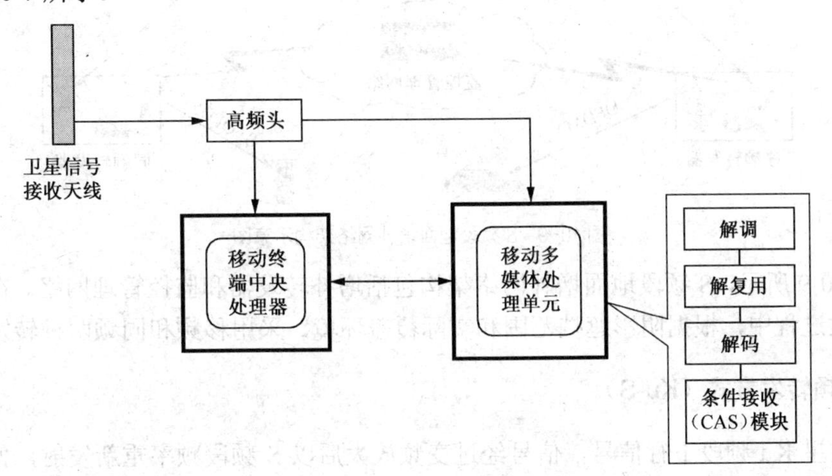

图10-7 广播信道下行接收系统

2. 分发信道下行接收

碟形天线接收到的分发信道卫星信号通过低噪声放大、下变频后输出到解调/解复用器，解调出CMMB复用信号流通过地面覆盖广播网络进行分发处理。分发信道下行接收系统结构如图10-8所示。

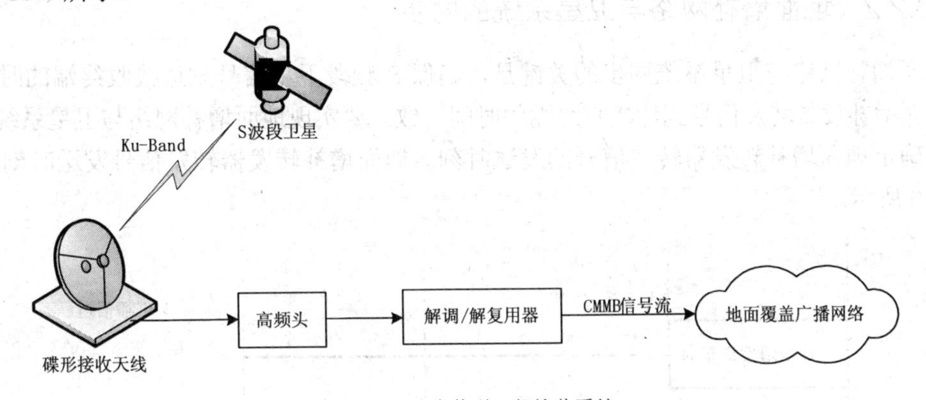

图10-8 分发信道下行接收系统

10.2 S频段地面增补网络

10.2.1 地面增补网络的架构

S频段地面增补网络是为解决S频段卫星信号阴影区而建立的地面增补覆盖网络。S频段地面增补网络架构如图10-9所示。

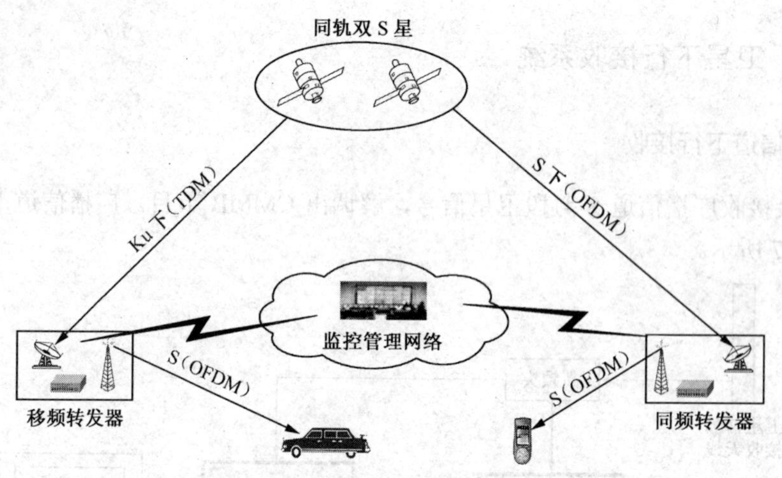

图 10-9 S 频段地面增补网络架构示意图

如图 10-9 所示，S 频段地面增补网络架构包括增补转发器和监控管理网络。在 S 频段地面增补转发过程中，根据阴影遮挡范围和实际覆盖环境，采用移频和同频两种转发方式。

1．移频转发方式（Ku-S）

接收卫星 Ku 频段下行信号，信号经过变频放大后以 S 频段频率重新发射，使覆盖范围内的 S 频段 OFDM 信号强度达到接收要求。

2．同频转发方式（S-S）

接收卫星 S 频段 OFDM 下行信号，信号经过放大之后以 S 频段频率重新发射，使覆盖范围内的 S 频段 OFDM 信号强度达到接收要求。

10.2.2 地面增补网络与卫星系统的同步

地面增补网络与卫星系统同步的关键是，确保 S 频段卫星信号到达接收终端的时间与 S 频段地面增补设备转发信号到达接收终端的时间一致。要实现地面增补网络与卫星系统同步，关键是确定地面增补转发器转发信号的发送时刻。地面增补转发器转发信号发送时刻关系如图 10-10 所示。

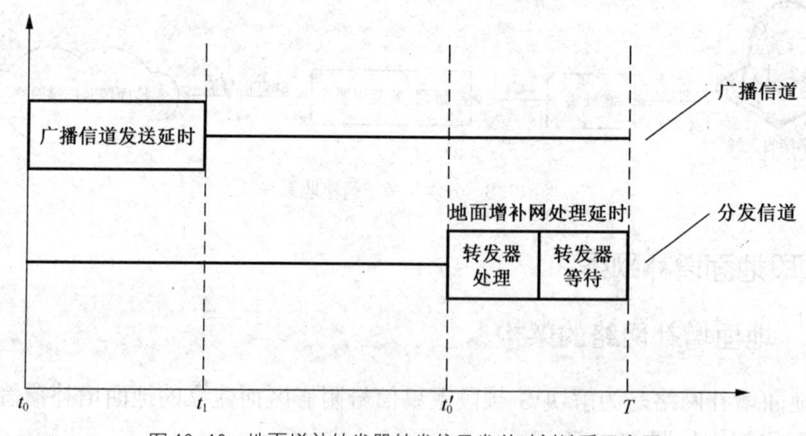

图 10-10 地面增补转发器转发信号发送时刻关系示意图

在图 10-10 所示中，一定区域内广播信道与分发信道卫星传输链路时间相同；考虑到地面信号在其覆盖范围内到达接收终端的时间可以忽略不计，因此广播信道发送延时与地面增补处理延时时间相同时，即可保证地面增补网络转发信号的发送时刻与广播信道信号到达地面的时刻一致。地面增补转发器转发信号的发送时刻为：

$$T = t_1 + (t_0' - t_0) \tag{10-19}$$

式（10-19）中：

T——地面增补网络转发发送时刻/广播信道接收时刻；

t_1——广播信道发送时刻；

t_0——分发信道发送时刻；

t_0'——分发信道接收时刻。

在具体实现中：

（1）分发信道发送时刻必须早于广播信道发送时刻，分发信道发送时刻提前广播信道发送时刻不大于 250ms；

（2）分发信道将广播信道发送时刻、分发信道发送时刻、地面增补网络转发发送时刻等系统同步信息填充至分发信道数据流中发射到地面增补网络；

（3）地面增补转发器接收并提取同步信息，控制地面增补信号发送。

10.2.3 增补转发器实现过程

S 频段地面增补网络采用移频转发器和同频转发器两种转发器类型实现地面增补。

1. 移频转发器

移频转发器接收卫星下行 Ku 频段信号，经解调、调制、变频转换成 S 频段 OFDM 信号发射。移频转发器有两次变频，指标要求低，但不同频率的收发信号使得隔离度高，不会形成自激，可用于大功率覆盖。移频转发器工作原理如图 10-11 所示。

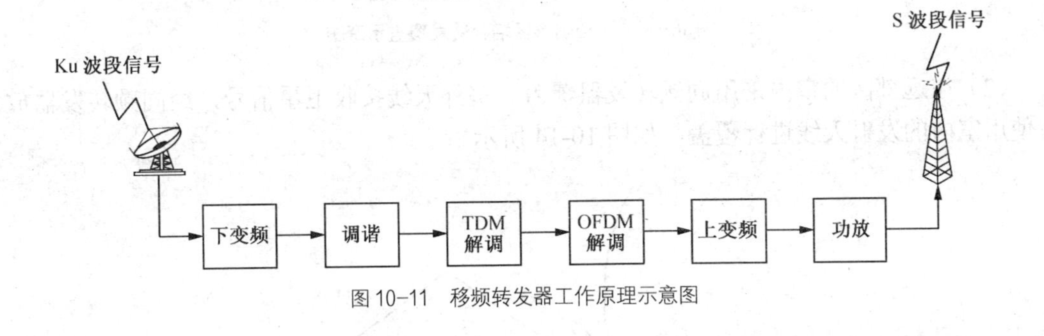

图 10-11 移频转发器工作原理示意图

2. 同频转发器

同频转发器接收卫星 S 频段信号，信号经过放大之后，以相同的频率发射。由于同频转发器收发使用同一频率，两个天线之间的隔离度必须大于 70dB 以避免转发器出现自激，为此同频转发器只用于小功率覆盖。同频转发器工作原理如图 10-12 所示。

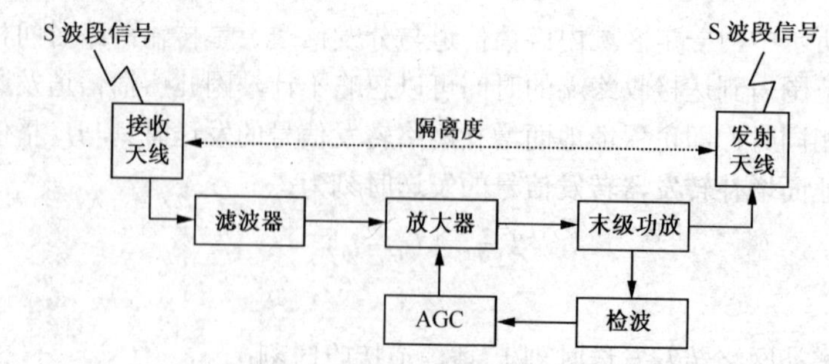

图 10-12　同频转发器工作原理示意图

10.2.4　转发器的设置

在 S 频段卫星信号强度较弱的室外接收区域，依据该区域遮挡物三维矢量分布图和卫星仰角计算卫星信号阴影的拓扑结构图，根据阴影数量和范围设置转发器的类型、安装位置、功率等级和天线角度。

（1）针对卫星信号无法覆盖的高山、高楼遮挡阴影区，采用在山顶或楼顶架设移频转发器增补覆盖，如图 10-13 所示。

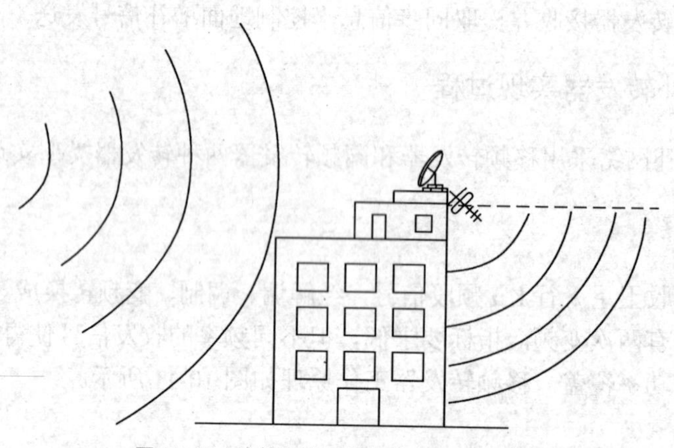

图 10-13　遮挡阴影区增补转发覆盖示意图

（2）在远郊区的室内采用同频转发器覆盖。室外天线接收卫星信号，经同频转发器放大后使用室内的发射天线进行覆盖，如图 10-14 所示。

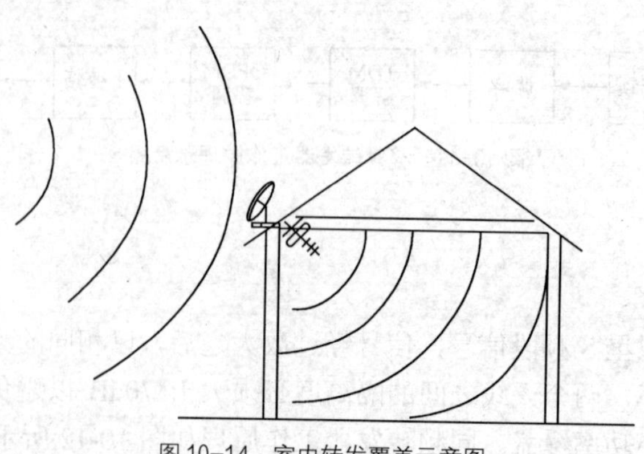

图 10-14　室内转发覆盖示意图

（3）公路隧道和火车隧道根据实际情况采用移频转发器或同频转发器。当隧道长度在500～2500m 的范围时，采用移频转发器；隧道长度小于 500m 范围时，采用同频转发器，如图 10-15 所示。

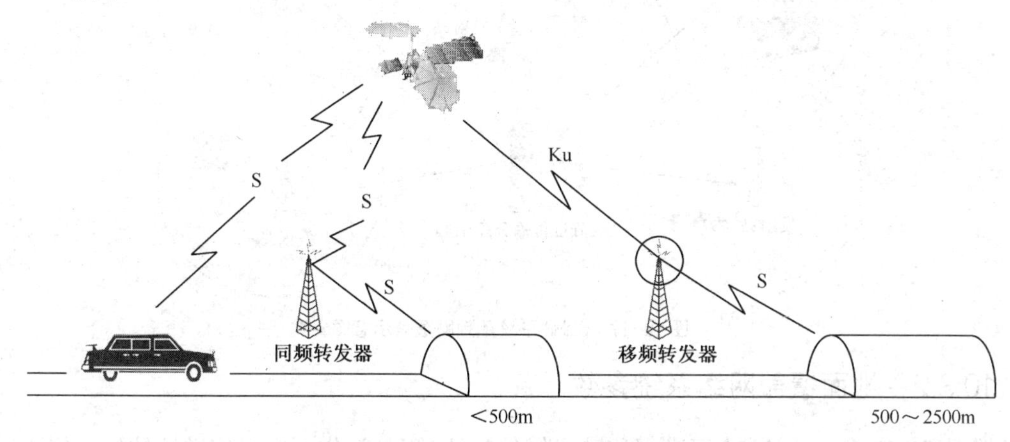

图 10-15 隧道增补转发网示意图

10.3 UHF 频段地面覆盖网络

10.3.1 地面覆盖网络构建方式

CMMB 系统的 UHF 频段地面覆盖网络采用单发射台站覆盖或单频网覆盖两种覆盖方式实现中央节目和地方节目的集成播出。

1．单发射台站

对于城区面积较小、楼宇密度较低、地势较平坦的地区，单个发射台站可完成基本覆盖要求的，采用单发射台站以及同频转发器补充覆盖的建设方式，技术方案如图 10-16 所示。

在单发射台站覆盖方式中，主发射塔发射 UHF 频段移动多媒体广播信号完成覆盖地区的基本覆盖，各个同频转发器接收到主发射塔的信号放大后以同样的频率发射，完成主发射台阴影区的补充覆盖。

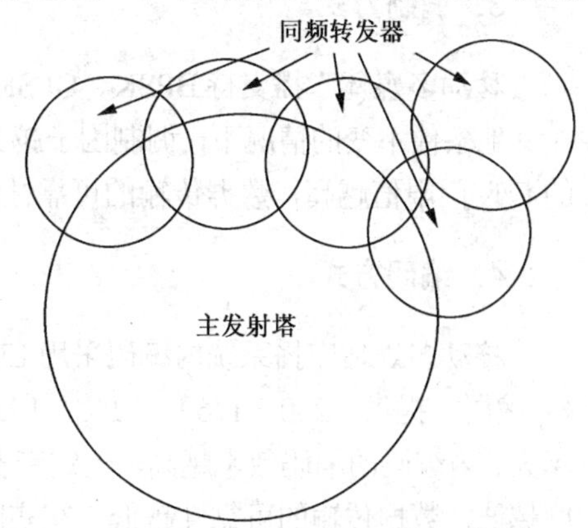

图 10-16 CMMB 系统单发射塔覆盖示意图

2．单频网

对于城区面积较大、单发射台站覆盖方式无法满足基本覆盖要求的地区，采用单频网（SFN）覆盖方式，即基于若干发射台站建成本地区单频网实现基本覆盖，覆盖阴影地区由同频转发器补充覆盖解决，技术方案如图 10-17 所示。

在单频网覆盖方式中，节目传输分配中心通过光缆、微波等传输链路将移动多媒体广播信号传输分配到各个发射站，各发射站的发射机采用同一频率同步地发射同一节目，完成单频网的基本覆盖。

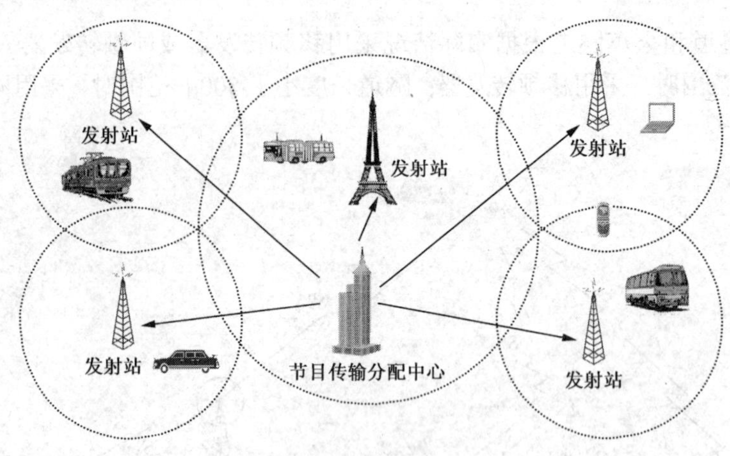

图 10-17 CMMB 系统单频网覆盖示意图

10.3.2 地面覆盖网络系统参数

根据 GY/T 220.1—2006 标准《移动多媒体广播 第 1 部分：广播信道帧结构、信道编码和调制》，UHF 频段地面覆盖网络选择以下系统参数。

1. 子载波数目

UHF 频段地面覆盖网络采用 8MHz 带宽，OFDM 调制子载波数 4096。

2. 循环前缀

循环前缀是位于 OFDM 数据体前的一段数据，其内容是 OFDM 数据体尾部数据的拷贝，长度为 51.2μs，多径反射信号间的时延差不能超过循环前缀长度。

3. 调制方式

移动多媒体广播支持 BPSK、QPSK、16QAM 三种调制方式，其调制因子分别是 1、2、4，在其他条件不变的情况下，调制因子越大，系统可传输的净码率越大，传输效率越高，但可接收的 C/N 门限值越高，数据传输的可靠性越低。在实际组网过程中，根据实际情况确定调制方式。

4. 编码方式

移动多媒体广播系统内编码采用 LDPC 编码，编码效率为 1/2 或 3/4；外编码采用 RS（240，*k*）编码，提供（240，176）、（240，192）、（240，224）、（240，240）四种模式。外编码的 *k* 值越大、内编码的编码效率越高，一定带宽内可传输的有效比特率越大，但纠错能力越弱，保护程度越低，数据传输的可靠性越低。在实际组网过程中，根据实际情况确定外编码和内编码方式。

10.3.3 地面覆盖网络阴影区解决方案

无论是单发射台站覆盖方式还是单频网覆盖方式，均会存在一定的覆盖阴影区。为了解决阴影区的覆盖，采用 UHF 频段同频转发器进行补充覆盖。

同频转发器通过方向性接收天线，接收发射站的信号，经信号过滤、放大处理后以相同的频率发射，放大增益应小于接收天线和发射天线之间的隔离度，以避免设备自激。

1．小范围阴影区覆盖

在立交桥底下、低洼地带、楼宇遮挡区、地下停车场、短距离隧道等小范围阴影区，采用同频转发器输出与发射天线相连接的方式消除阴影区。如地下停车场的覆盖示意图如图 10-18 所示。

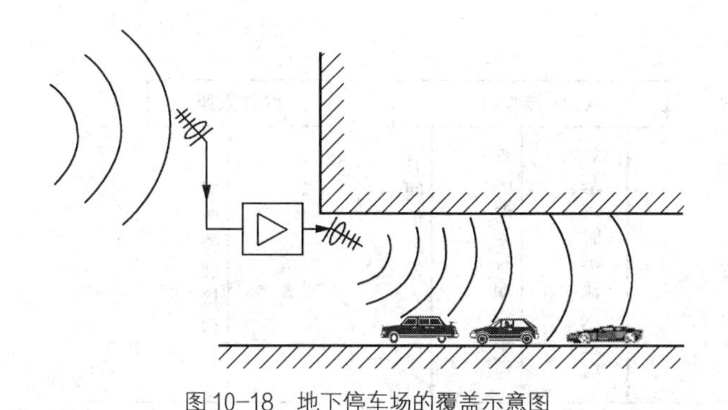

图 10-18　地下停车场的覆盖示意图

2．长距离隧道覆盖

在地铁等距离长、弯道多的隧道覆盖中，采用同频转发器输出与电缆相连接的覆盖方式消除阴影区。如地铁的覆盖示意图如图 10-19 所示。

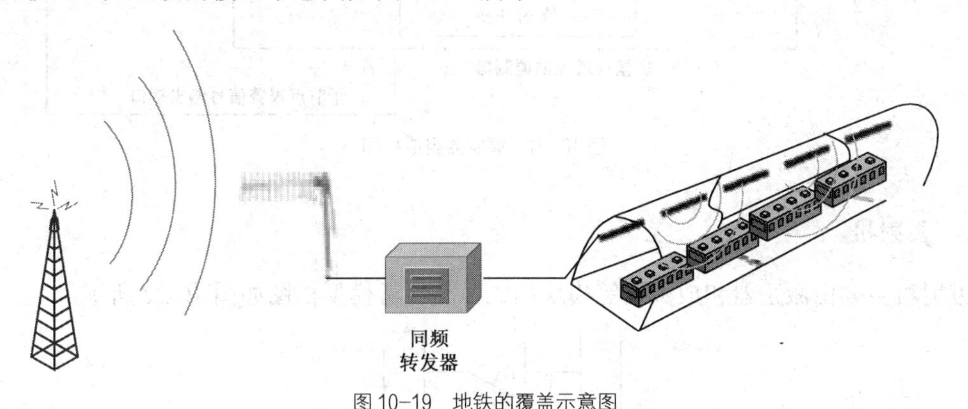

图 10-19　地铁的覆盖示意图

10.3.4　地面覆盖网络发射系统

1．系统构成

UHF 频段地面覆盖网络发射系统由调制器、发射机和馈线三部分组成，如图 10-20 所示。

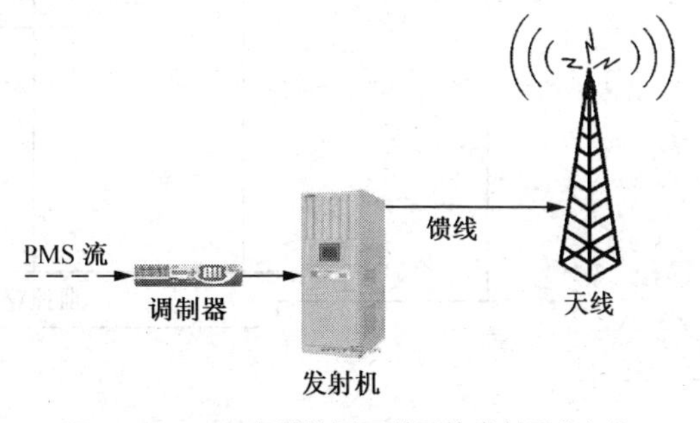

图 10-20　UHF 频段地面覆盖网络发射系统架构

在图 10-20 所示发射系统架构中，调制器对复用器输出的 PMS 流进行信道编码和同步调制，发射机对调制器输出的中频已调信号进行频率变换和功率放大，馈线将发射机产生的高频能量信号传送给发射天线，发射天线将其以电磁波的形式发射出去。

2．调制器

调制器技术规范遵循 GY/T 220.1—2006《移动多媒体广播 第 1 部分：广播信道帧结构、信道编码和调制》标准，其组成框图如图 10-21 所示。

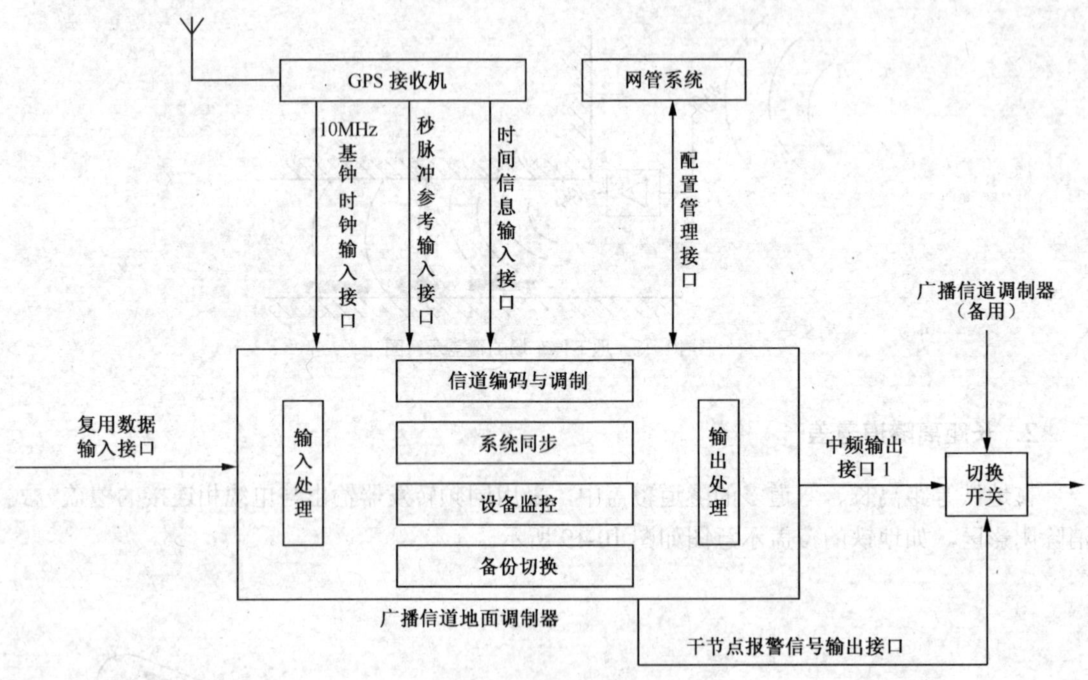

图 10-21　调制器组成框图

3．发射机

发射机主要由激励器和放大器等模块构成，其参考模型框图如图 10-22 所示。

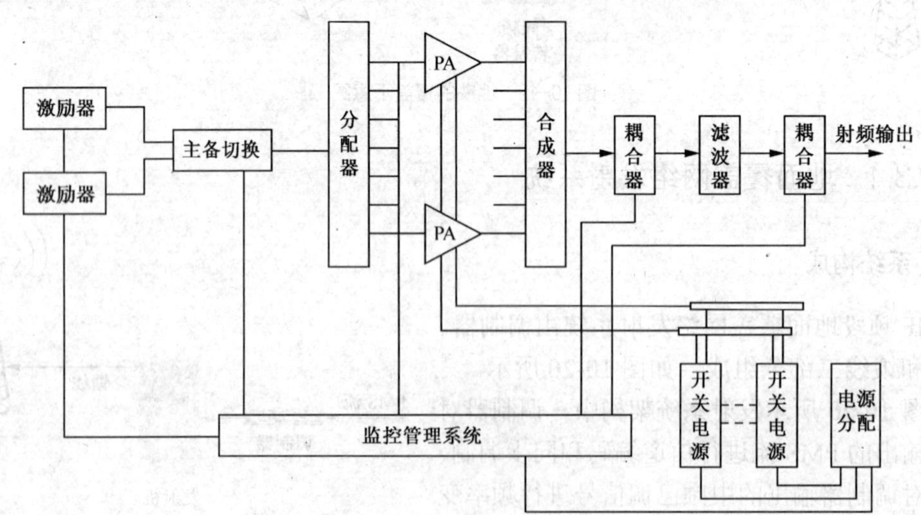

图 10-22　发射机参考模型框图

4．天馈线

天馈线由馈线和发射天线构成，其技术指标应符合 GY/T 5051—94 标准《电视和调频广播发射天线馈线系统技术指标》的规定。

10.4　UHF 频段单频网覆盖方案

10.4.1　单频网系统方案

UHF 频段地面单频网主要由 CMMB 前端系统、传输分配网络和发射系统组成，如图 10-23 所示。

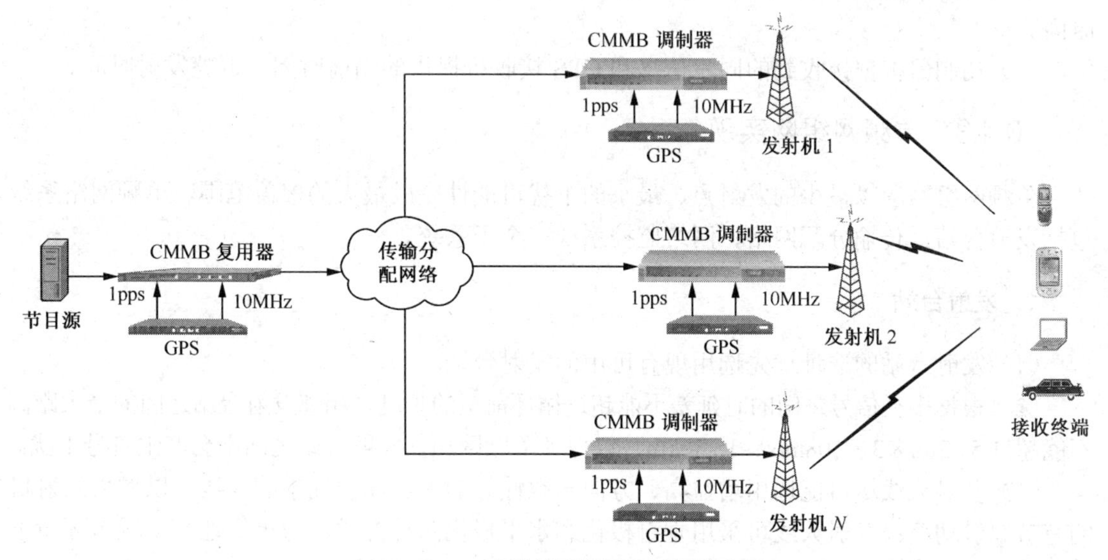

图 10-23　UHF 频段地面单频网覆盖系统方案

CMMB 前端主要由音视频编码器、条件接收系统、ESG 服务器、紧急广播服务器、数据广播服务器和复用器组成，主要完成音视频编码、数据协议转换、节目加扰授权等处理，最后由 CMMB 复用器输出具有同步信息的多路节目 PMS 信号。

CMMB 前端一般与发射台不在同一处，在单频网组网方式下，发射台站可能有多个。传输分配网络负责把具有同步的多路节目 PMS 信号从前端传送到各个发射台，便于同步调制发射，并完成监控信号的回传。

发射台的调制器将多路节目 PMS 信号进行信道编码并调制成中频信号，发射机将中频信号上变频为 UHF 频段射频信号并进行功率放大，通过发射天线将射频信号变成电磁波向周围空间辐射。

复用器、调制器和 GPS 接收机相互配合，保证网络中的发射机同步工作。

10.4.2　单频网系统同步

移动多媒体广播单频网络采用 GPS 接收机、复用器以及调制器实现系统同步。

在同步实现过程中，调制器根据复用器提供的广播信道帧的起始发送时间、单频网的最大延时以及 GPS 接收机为调制器提供的当前时间确定时间同步关系。当满足以下关系时，进行同步调制发射。

$$T_g = T_m + D_{\max} \quad (10\text{-}20)$$

式（10-20）中：

T_g——表示 GPS 接收机为调制器提供的当前时间；

T_m——表示复用器提供的广播信道帧的起始发送时间；

$D_{\max}$——表示复用器提供的单频网最大发射延时。

在具体实现过程中，各设备相互配合实现系统同步，各设备的功能如下。

（1）GPS 接收机提供 10MHz 频率基准、1PPS（1 秒钟一个脉冲）时间基准和时间日期（Time of Day，TOD）消息。

（2）复用器提供每个广播信道帧的起始发送时间、单频网的最大延时和广播信道帧发射时间。

（3）调制器根据接收到的同步信息和 GPS 接收机提供的当前时间，调整发射时间。

10.4.3 单频网组网实现

单频网组网应以最少的发射点、最小的干扰可能性完成最大的覆盖范围。单频网络系统包括发射台站、传输分配网络、网络监控系统三个子系统。

1．发射台站

（1）发射台站的选址优先选用现有可用的发射台址。

（2）根据多径信号之间的时延差不能超过循环前缀的长度，相邻发射台站之间的最大距离不能超过 51.2μs×3×108m/s＝15.36km，以保证单频网相邻发射台站之间不会产生符号干扰。

（3）发射天线尽可能选用增益高、方向一致性好的天线和损耗小的馈线，以增大发射机的有效辐射功率；发射天线可采用垂直极化和水平极化两种方式，为更好地实现城市环境下的便携接收，在城市环境下优先考虑垂直极化方式。

（4）发射功率等级以满足覆盖要求、不干扰邻近区域接收为原则，根据覆盖区域地形、地貌、台站选址、经济发展状况等因素，合理规划每个台站的有效辐射功率 EIRP，平衡各个发射台站的覆盖区域和覆盖场强。

2．传输分配网络

单频网系统通过传输分配网络把前端播出机房 CMMB 复用信号传送到各个发射台站，并完成监控信号的回传。传输分配网络主要采用光缆、微波等方式，工程中根据实际情况加以选用。一种使用 SDH（Synchronous Digital Hierarchy，同步数字体系）的光缆传输分配网络方案如图 10-24 所示。

图 10-24 SDH 传输分配网络方案

3. 网络监控系统

在单频网系统中，通过网络监控系统实时收集各个发射机房及其设备监测结果并进行数据处理、报警、生成监测日志，实现所有站点无人值守、远程监控和系统管理，保障系统的可靠运行。

10.5 CMMB 组网覆盖规划方法

10.5.1 组网覆盖规划原则

CMMB 系统的组网覆盖规划原则如下。

（1）S 频段频率使用 2.635GHz～2.660GHz，UHF 频段频率使用 470MHz～566MHz 和 606MHz～798MHz。

（2）UHF 频段频率指配时，有规划频率的，启用规划频率；没有规划频率的，有效挖掘频率资源寻找可用频率。在没有频率资源的地方，调整现有频率资源。

（3）发射台站的选址优先选用现有可用发射台址；无可用发射台址的，选用规划广播台址；如确有必要，考虑启用新台址。

（4）规划计算使用的信道模型，需根据不同区域、不同地形选择合适的传播模型，并结合实测数据进行相关修正。

（5）需在保护间隔要求的距离内设置移动多媒体广播发射站，避免产生网内同频干扰；合理规划每个发射台站的发射功率等级，避免产生邻近区信号干扰。

10.5.2 组网覆盖规划参数

CMMB 系统在进行网络规划和频率规划时，需要考虑多方面的因素，其中规划参数方面主要为最低可用场强和射频保护率。

1. 最低可用场强

最低可用场强是在特定条件下（有自然及人工噪声但无其他发射干扰时），确保清晰接收所需的场强之最小值，是地面覆盖网规划的基本技术参数。

CMMB 系统最低可用场强测试，S 频段在 2650MHz 进行，UHF 频段在 600MHz 进行。CMMB 系统在 S 频段和 UHF 频段的最低可用场强描述如表 10-2 所示。

表 10-2 最低可用场强

频段	规划参数	测试频率	描述
S	最低可用场强	2650	该指标描述了 S 频段、UHF 频段移动多媒体广播系统在外编码、内编码、映射方式等不同技术参数的多种组合配置下的移动、室内便携、室外便携不同接收方式下，清晰接收时所需的最小场强
UHF		600	

2. 射频保护率

射频保护率是为保证欲收信号的质量达到一定的水平，欲收信号的场强与干扰场强之比必须达到的数值。射频保护率是进行规划、覆盖干扰分析的重要技术参数。CMMB 系统射频保护率测试需考虑的内容如表 10-3 所示。

表 10-3　　射频保护率

频　段	规 划 参 数	描　述
S	CMMB 与 CMMB 之间射频保护率	该指标描述了 S 频段两个移动多媒体广播系统在同频、上下邻频配置时不同技术参数下为避免相互干扰而需要的保护率
	CMMB 与其他无线电业务之间射频保护率	该指标描述了移动多媒体广播系统在 S 频段与射电天文、移动通信、MMDS、宽带无线接入等其他无线电业务之间不同技术参数下的射频兼容
UHF	CMMB 与 CMMB 之间射频保护率	该指标描述了 UHF 频段两个移动多媒体广播系统在同频、上下邻频配置时不同技术参数下为避免相互干扰而需要的保护率
	CMMB 与地面模拟电视之间射频保护率	该指标描述了 PAL-D 制式地面模拟电视与移动多媒体广播系统在同频、上下邻频配置时不同技术参数下为避免相互干扰而需要的保护率
	CMMB 与地面数字电视之间射频保护率	该指标描述了我国国标制式地面数字电视与移动多媒体广播系统在同频、上下邻频配置时不同技术参数下为避免相互干扰而需要的保护率
	CMMB 与其他无线电业务之间射频保护率	该指标描述了移动多媒体广播系统在 UHF 频段与射电天文、移动通信等其他无线电业务之间不同技术参数下的射频兼容

10.5.3　传播预测模型

1．S 频段传播预测模型

传播预测模型是组网覆盖规划中的场强预测方法。目前 S 频段 ITU 推荐的传播预测模型主要有 ITU-R P.1546、ITU-R P.526、ITU-R P.1146 和 ITU-R P.525 等。S 频段常用电波传播预测模型的主要特点及适用范围如表 10-4 所示。

表 10-4　　S 频段常用电波传播模型的主要特点及适用范围

基本情况 / 预测模型	频 率 范 围	距 离 范 围	适用场景描述
ITU-R P.1546	30MHz～3000 MHz	1km～1000 km	开阔和低起伏的丘陵地区
ITU-R P.526	<10GHz	<1800 km	低矮山区
ITU-R P.1146	1GHz～3GHz	<500km	发射台与接收机之间是否有障碍物区分预测曲线
ITU-R P.525	全频段	没有距离限制	自由空间传播

根据 S 频段常用电波传播预测模型的主要特点及适用范围，移动多媒体广播在组网覆盖规划中，需根据 ITU 各传播模型的特点应用到相应的区域。

（1）根据国际电联 ITU-R P.1546-2 建议书，1546 传播曲线适用频率范围为 30MHz～3000MHz，但只适用于传播距离在 1km 以上的情况。对于传播距离不足 1km 的情况按照 ITU-R P.525 自由空间传播模型计算。

（2）根据国际电联 ITU-R P.1146 建议书，1146 传播曲线适用频率范围为 1GHz～3GHz，适用的传播距离小于500km的情况。根据建议书，主要依据发射台与接收机之间是否有遮挡物以及不同的时间概率应用该模型对应的场强预测曲线。

（3）根据国际电联ITU-R P.526建议书，526传播曲线适用频率范围为10GHz以下的所有频段，适用的传播距离小于1800km的情况。根据建议书，主要用于预测。

（4）除了以上传播模型之外，可以考虑采用使用频段范围接近2.6GHz的HATA231等电波传播模型，通过根据实测数据对模型进行适当修正来提高预测精度。

2. UHF频段传播预测模型

UHF 频段常用的传播预测模型主要有 ITU-R P.370、ITU-R P.1546、ITU-R P.526、Okumura-Hata等。UHF频段常用电波传播预测模型的主要特点及适用范围如表10-5所示。

表10-5　UHF频段常用电波传播模型的主要特点及适用范围

基本情况 / 预测模型	频率范围	距离范围	适用范围
ITU-R P.370	30MHz～1000 MHz	10km～1000 km	开阔和低起伏的丘陵地区
ITU-R P.1546	30MHz～3000 MHz	1km～1000 km	开阔和低起伏的丘陵地区
ITU-R P.526	<10GHz	<1800 km	山区
Okumura-Hata	150MHz～1500 MHz	<100 km	大中城市和人口密集区

根据UHF频段常用电波传播预测模型的主要特点及适用范围，移动多媒体广播在组网覆盖规划中，需根据不同区域、不同地形选择合适的传播模型。针对平原和丘陵地区，主要选择ITU-R P.370或ITU-R P.1546传播模型，同时根据具体情况综合考虑；针对山区等地形复杂地区，主要选择ITU-R P.526传播模型，同时根据具体情况综合考虑；针对大中城市和人口密集区，主要选择Okumura-Hata传播模型，同时根据具体情况综合考虑。

10.5.4 信号合成方法

信号合成方法是多个相关的无线电信号在指定接收点相遇后评价综合效果的方法。目前常用的信号合成方法如表10-6所示。

表10-6　常用的信号合成方法

序号	方法	特征	适用范围
1	数值积分法	在知道场强分布特征的情况下，采用传统的多重积分的数据算法进行信号合成。该方法精度可达最高，但计算量最大	适合于需要很高精度，合成场强较少的情况
2	蒙特卡罗模拟法	在知道场强分布特征的情况下，采用统计数学的抽样方法进行信号合成的估算。该方法精度较高，计算量较大	适合于需要较高精度，合成场强较多的情况
3	功率和法	按接收点接收到电平进行简单的功率合成，不考虑地点概率分布。该方法精度较低，计算量最小	适合于区域网络或全国网络频率规划
4	简化相乘法	在已知场强为对数正态分布，并假设信号合成后仍为对数正态分布时，采用逐渐逼近的迭代方法进行概率估算。该方法精度较低，计算量较小	仅适合进行有害场信号合成

续表

序号	方法	特征	适用范围
5	对数正态法	在已知场强为对数正态分布，并假设信号合成后仍为对数正态分布时，采用数值近似算法进行概率估算。该方法精度适中，计算量适中	适合在精度要求中等的情况下使用
6	*k* 因子对数正态法	对数正态法的一种改进方法，主要是地点概率在 50%～99%的范围内有较好改进。该方法精度适中，计算量适中	适合在精度要求中等的情况下使用
7	*t* 因子对数正态法	对数正态法的另一种改进方法，主要是地点概率在 90%～99%的范围内有较好改进。该方法精度适中，计算量适中	适合在精度要求中等的情况下使用

根据目前常用的信号合成方法，在 CMMB 的具体应用中根据不同情况选用。主要采用功率和法、蒙特卡罗模拟法、k 因子对数正态法等。当对覆盖质量有特殊要求时，可以采用其他方法。

10.6 本章小结

针对我国幅员辽阔及东部地区城市密集、用户众多、业务需求多样化的国情，CMMB 充分吸收国内外成熟技术和先进经验，采用“天地一体、星网结合”的技术体系，实现全程全网的无缝覆盖。CMMB 系统主要由 CMMB 卫星、S 频段网络和地面协同覆盖网络实现移动多媒体广播信号覆盖。其中 S 频段广播信道用于多媒体信号的直接广播，上行采用 Ku 频段，下行采用 S 频段。增补分发信道采用 S 频段地面增补网，对卫星覆盖阴影区信号转发覆盖，上行、下行均采用 Ku 频段。为使城市人口密集区域有效覆盖移动多媒体广播信号，CMMB 系统采用 UHF 频段地面无线发射点构建城市 UHF 频段地面覆盖网络。UHF 频段地面覆盖网络采用单发射台站覆盖或单频网覆盖两种覆盖方式实现中央节目和地方节目的集成播出。对于城区面积较小、楼宇密度较低、地势较平坦的地区，单个发射台站可完成基本覆盖要求的，采用单个发射台站以及同频转发器补充覆盖的建设方式。对于城区面积较大、单发射台站覆盖方式无法满足基本覆盖要求的地区，采用单频网覆盖方式，即基于若干发射台站建成本地区单频网实现基本覆盖，覆盖阴影地区由同频转发器补充覆盖解决。

10.7 习题

1．什么是 S 频段，什么是 UHF 频段？CMMB 的 S 频段和 UHF 频段节目一样吗？

2．S 频段卫星传输覆盖是如何实现的？

3．CMMB 终端在使用中可接收几种信号？

4．CMMB 终端可以同时接收卫星与地面传输的 CMMB 信号吗？

5．CMMB 的 S 频段和 UHF 频段怎么切换？

6．什么是 S 频段地面增补网络？在 S 频段地面增补转发过程中，通常采用哪两种转发方式？

7．什么是同频转发器？什么是移频转发器？

8．S 频段地面增补网与 S 频段卫星系统是如何同步的？

9．UHF 频段地面覆盖网络采用什么方式实现覆盖？

10．什么是单频网？什么是多频网？CMMB 采用单频网组网还是多频网组网？

11．UHF 频段单频网是如何实现系统同步的？

12．CMMB 信号覆盖规划的原则是什么？

第11章 移动多媒体广播系统技术要求和测量方法

本章学习要点

- 熟悉音视频编码器的功能要求、接口要求、性能要求，以及对相关指标的测量方法。
- 了解紧急广播发生器的功能要求、接口要求、性能要求，以及对相关指标的测量方法。
- 了解数据广播发生器的功能要求、接口要求、性能要求，以及对相关指标的测量方法。
- 理解ESG发生器的功能要求、接口要求、性能要求，以及对相关指标的测量方法。
- 熟悉复用器的功能模块、接口要求、性能要求，以及对相关指标的测量方法。
- 了解UHF频段发射机技术要求和测量方法。
- 熟悉移动多媒体广播接收终端的功能要求、性能要求、用户界面要求和测量方法。

11.1 音视频编码器技术要求和测量方法

11.1.1 功能要求

CMMB音视频编码器对输入的音视频数据进行压缩编码，分为用于电视节目压缩的编码器（简称电视广播编码器）和用于声音广播压缩的编码器（简称声音广播编码器）。

电视广播编码器具备格式转换、视频压缩、音频压缩、RTP封装、网管、本地配置等功能，如图11-1所示。

声音广播编码器具备音频压缩、RTP封装、网管、本地配置等功能，如图11-2所示。

1．输入格式

图像输入格式应符合标准GB/T 14857—93，声音输入格式应符合标准GY/T 156—2000。

2．视频压缩

电视广播编码器的视频压缩应支持以下标准之一：

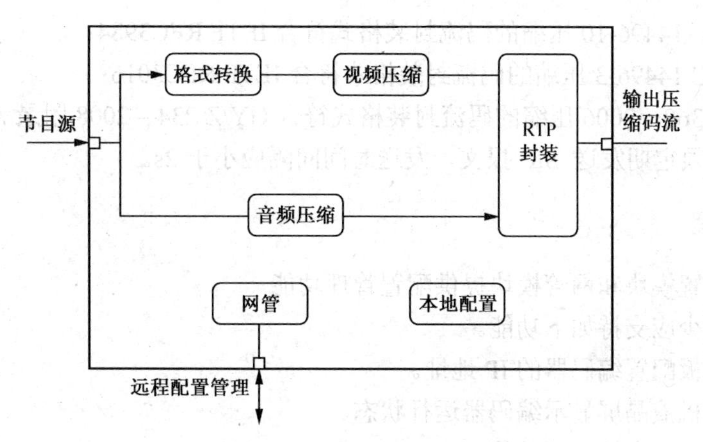

图 11-1　CMMB 电视广播编码器功能框图

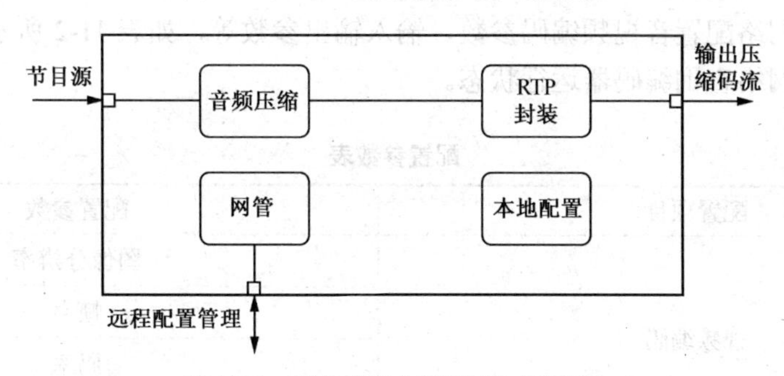

图 11-2　CMMB 声音广播编码器功能框图

（1）GB/T20090.2，限定为级 2.0；

（2）ISO/IEC14496-10，限定为基本类（Baseline Profile），支持的级见表 11-1。

表 11-1　　　　视频编码器支持的类/级

类（Profile）	级（Level）
基本（Baseline）	1
基本（Baseline）	1b
基本（Baseline）	1.1
基本（Baseline）	1.2
基本（Baseline）	1.3
基本（Baseline）	2（可选）

3．音频压缩

电视广播编码器的音频压缩应支持以下两种标准：

（1）ISO/IEC 14496-3，支持的类包括 AAC、HE-AAC，HE-AAC v2 为可选；

（2）SJ/T 11368—2006（可选）。

4．RTP 封装/RTCP

压缩的音/视频码流采用 RTP 格式封装：

（1）ISO/IEC 14496-10 压缩的码流封装格式符合 IETF RFC3984；
（2）ISO/IEC 14496-3 压缩的码流封装格式符合 IETF RFC3016；
（3）SJ/T 11368—2006 压缩的码流封装格式符合 GY/Z 234—2008 附录 A。
RTCP 包必须定期发送 SR 报文，发送时间间隔应小于 2s。

5. 配置管理

通过本地配置模块和网管模块提供配置管理功能。
本地配置至少应支持如下功能。
（1）通过面板配置编码器的 IP 地址。
（2）通过本机液晶屏显示编码器运行状态。
网管系统至少应支持如下功能。
（1）可通过网络配置音视频编码参数、输入输出参数等，如表 11-2 所示。
（2）可通过网络查询编码器运行状态。

表 11-2　配置参数表

配置项目	配置参数
视频编码	图像分辨率
	帧率
	码率
	I 帧间隔
音频编码	采样率
	声道数
	码率
输出	目的 IP 地址（支持单播与组播）
	目的端口

11.1.2 接口要求

1. 输入接口

（1）图像：串行数据接口（Serial Data Interface，SDI），BNC 头，阴性，输入阻抗为 75Ω。
（2）声音：AES/EBU 接口，卡侬头（XLR），阴性，输入阻抗为 110Ω。

2. 输出接口

压缩码流输出：采用 100Mbit/s 或 1000Mbit/s 以太网口，物理接口为 RJ45。

3. 远程配置管理接口

网络控制：采用 100Mbit/s 或 1000Mbit/s 以太网口，物理接口为 RJ45。

11.1.3 性能要求

1．视频压缩

（1）帧率

支持 25 帧/秒，其他帧率可选。

（2）图像分辨率

支持 CIF（352×288）、QVGA（320×240）、QCIF（176×144），其他分辨率可选。

（3）帧内预测

支持全部帧内预测。

（4）帧间预测

① 支持 16×16、16×8、8×16、8×8 块的帧间预测。

② 支持 1/4 像素精度。

③ 支持多参考帧预测。

（5）其他视频压缩参数

要求编码输出的 ISO/IEC 14496-10 码流中，每个 I 帧前必须带有序列参数集（Sequence Parameter Set，SPS）与图像参数集（Picture Parameter Set，PPS）字段。

（6）码率

支持 128kbit/s～768kbit/s 的固定比特率（Constant Bit Rate，CBR）。

（7）图像主观质量

编码后的图像（被评价对象）主观评价为 80 分（100 分制）以上，采用 ITU-R BT.1788 规定的视频质量主观评价方法（Subjective Assessment Methodology for Video Quality，SAMVIQ）测试。

2．音频压缩

（1）声道

支持单声道、立体声。

（2）采样率

支持 48kHz、44.1kHz、32kHz，其他采样率可选。

（3）码率

① ISO/IEC 14496-3 音频压缩码率支持 32kbit/s～128kbit/s；

② SJ/T 11368—2006 音频压缩码率支持 64kbit/s～128kbit/s。

（4）声音质量

编码后的声音（被评价对象）主观评价为 80 分（100 分制）以上，采用 ITU-R BS.1534-1 中规定的隐藏参考和基准的多刺激法（Multi Stimulus test with Hidden Reference and Anchor，MUSHRA）测试。

3．延时与码率波动

（1）电视广播输出音视频压缩码流的码率波动在±5%以内。

（2）电视广播编码器的编码延时不大于 2s。

（3）声音广播编码器的编码延时不大于 200ms。

（4）声音广播编码器的延时长度可设置（可选）。

11.1.4 测量方法

1. 标准符合性测试

CMMB 电视/声音广播编码器标准符合性测试步骤如下：

（1）如图 11-3 所示连接测量系统；

（2）配置音视频源输出的视频和音频参数，将音视频数据输入到电视/声音广播编码器；

（3）配置电视/声音广播编码器的编码参数、输入与输出参数，开始进行压缩编码；

（4）用码流分析仪对输出的 RTP 码流进行逐位分析，测量输出码流是否符合 11.1.1 节描述的 RTP 封装规定、视频压缩规定、音频压缩规定。

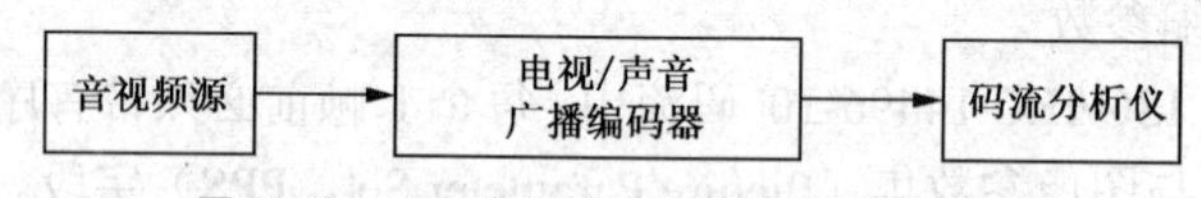

图 11-3 CMMB 电视/声音广播编码器测量框图

2. 配置管理功能测试

CMMB 电视/声音广播编码器配置管理功能测试步骤如下：

（1）如图 11-3 所示连接测量系统；

（2）配置音视频源输出的视频和音频参数，将音视频数据输入到电视广播编码器；

（3）按照表 11-2 给出的配置项对电视/声音广播编码器进行逐项配置；

（4）用码流分析仪对输出的 RTP 码流进行逐位分析，测量输出码流是否配置成功；

（5）选择不同的配置参数，重复第（3）步骤～第（4）步骤。

3. 性能要求测试

CMMB 电视/声音广播编码器性能要求测试步骤如下：

（1）如图 11-3 所示连接测量系统；

（2）配置音视频源输出的视频和音频参数，将音视频数据输入到电视/声音广播编码器；

（3）按照 11.1.3 节的要求配置电视/声音广播编码器的帧率、图像分辨率、视频码率、音频采样率、声道、音频码率；

（4）用码流分析仪对输出的 RTP 码流进行逐位分析，测量输出码流是否符合 11.1.3 节规定的帧率、图像分辨率、视频码率、帧内预测、帧间预测及其他视频压缩参数，是否符合 11.1.3 节规定的音频采样率、声道、音频码率；

（5）选择不同的图像分辨率、视频码率，选择不同的音频采样率、声道、音频码率，重复第（3）步骤～第（4）步骤。

4．码率波动测试

CMMB 电视/声音广播编码器码率波动测试步骤如下：

（1）如图 11-3 所示连接测量系统；

（2）配置音视频源输出的视频和音频参数，将音视频数据输入到电视/声音广播编码器；

（3）配置电视/声音广播编码器的编码参数、输入与输出参数，开始进行压缩编码；

（4）用码流分析仪对输出的 RTP 码流进行采集，解析出音视频压缩数据，统计每秒钟收到的音视频数据量，与设定的速率进行比较，计算出每秒钟的波动，取一定时间内的最大值，即为码率波动。

5．编码器延时测试

CMMB 电视/声音广播编码器延时测试步骤如下：

（1）如图 11-4 所示连接测量系统；

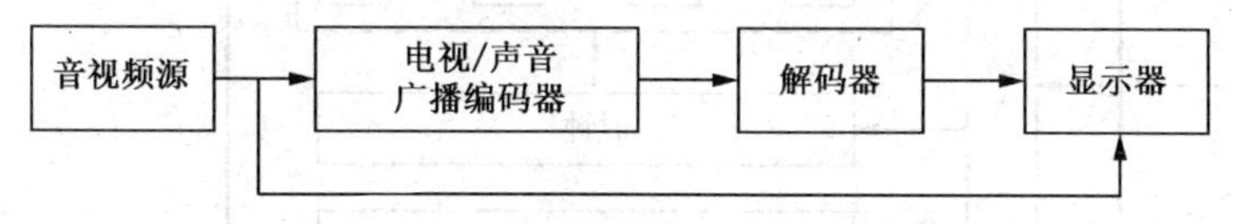

图 11-4　CMMB 电视/声音广播编码器延时测量框图

（2）配置音视频源输出的视频和音频参数，将音视频数据输入到电视/声音广播编码器；

（3）配置电视/声音广播编码器的编码参数、输入与输出参数，开始进行压缩编码；

（4）配置解码器参数，正确进行解码与显示；

（5）校正解码器延时；

（6）解码显示的图像/音频波形与音视频源输出的原始图像/音频波形之间的时间差值为 t_1，解码延时为 t_2，则电视/声音广播编码器的延时为 $t = t_1 - t_2$。

7．图像质量主观评价

CMMB 图像质量主观评价步骤如下：

（1）录制编码器输出的数据；

（2）按照 ITU-R BT.1788 的 SAMVIQ 规定：制作测试序列，进行主观评价，打分，打分范围 0～100；

（3）计算图像质量主观评价的结果。

8．声音质量主观评价

CMMB 声音质量主观评价步骤如下：

（1）录制编码器输出的数据；

（2）按照 ITU-R BS.1534-1 的 MUSHRA 规定：制作测试序列，进行主观评价，打分，打分范围 0～100；

（3）计算声音质量主观评价的结果。

11.2 紧急广播发生器技术要求和测量方法

11.2.1 功能要求

紧急广播发生器是 CMMB 系统的重要组成部分，负责将通过审核、在时效范围内的紧急广播消息封装生成紧急广播码流，按照设定的发送间隔发送给复用器进行播出。

CMMB 紧急广播发生器的主要功能包括：编辑、审核、数据存储、封装和输出，逻辑框图如图 11-5 所示。其中编辑和审核可以作为紧急广播发生器的内部功能模块，也可以由专用编辑设备和专用审核设备完成。

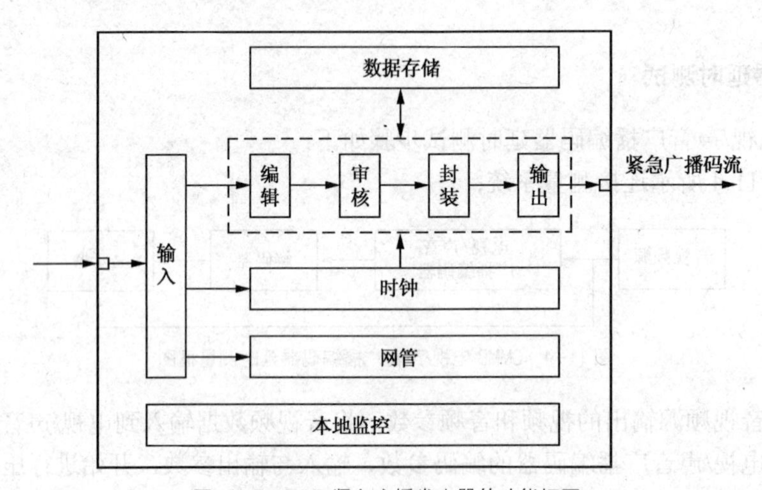

图 11-5 CMMB 紧急广播发生器的功能框图

1．编辑

编辑功能要求包括以下几方面。

（1）具有人机交互界面，以直观的方式便于对紧急广播消息进行编辑。

（2）可对紧急广播消息进行添加、修改、删除、查询和存储等操作。

（3）可对紧急广播消息各字段进行编辑，包括：类型、级别、编码字符集、发送时间、持续时间，语种、文本内容、发布机构名称、参考业务标识，辅助数据。

（4）可从 XML 或其他格式的数据文件导入紧急广播消息。

（5）可导出紧急广播消息，并保存为 XML 或其他格式的数据文件。

2．审核

审核功能要求如下。

（1）具有人机交互界面，以直观的方式便于对紧急广播消息进行审核。

（2）可对紧急广播消息进行审核、查询和存储等操作。

（3）审核通过的紧急广播消息不能进行再次编辑。

（4）提供紧急广播消息的预览功能。

3. 封装

封装功能要求如下。

（1）将审核通过的消息内容封装为紧急广播消息，封装应遵循GY/T 220.4—2007标准中表3（请参见本书的表6-3）的规定。

（2）将紧急广播消息拆分、封装成紧急广播数据段，封装应遵循GY/T 220.4—2007标准中表2（请参见本书的表6-2）的规定。

（3）将紧急广播数据段封装成紧急广播表，封装应遵循GY/T 220.4—2007标准中表1（请参见本书的表6-1）的规定。

4. 输出

输出功能要求如下。

（1）将紧急广播表打包，应遵循GY/Z 234—2008标准第7.1条（请参见本书的第4.5.5节）的规定。

（2）未经过审核的紧急广播消息不能发送。

（3）审核未通过的紧急广播消息不能发送。

（4）应能按照时效自动发送或停止发送紧急广播码流。

（5）应能提供手动发送、暂停发送和停止发送功能。

（6）紧急广播码流输出的网络目的地址和端口号可配置，要求支持组播。

（7）可对紧急广播表的发送间隔进行配置。

5. 配置管理

通过本地监控或网管实现配置管理，配置管理功能分为设备配置、操作员管理。

（1）设备配置主要为封装配置和输出配置，包括：网络级别、网络号、协议版本号、协议最低版本号、紧急广播表的长度、网络目的地址和端口号、紧急广播表发送间隔。

（2）操作员管理，包括：提供操作员资料管理功能，包括注册、修改、删除等；提供操作员权限管理功能。

6. 状态指示

通过本地监控或网管实现紧急广播发生器的工作状态指示，发生异常情况时应能通过图、文、声音等方式及时报警。

7. 数据存储

数据存储功能要求如下。

（1）存储紧急广播消息的内容信息。

（2）存储紧急广播数据段的参数信息，包括协议版本号、协议最低版本号、网络级别、网络号等。

（3）存储紧急广播消息的状态信息，包括审核状态、发送状态等。

（4）存储紧急广播消息的输出控制信息。

（5）存储紧急广播发生器的日志信息。

（6）具有可控的手动或自动数据清理功能。

8．时钟

通过网络时间协议（Network Time Protocol，NTP），与网络时钟服务器建立通信连接，获取时钟信息，并同步调整本机的时钟，使紧急广播发生器的各模块参照网络时钟协同工作。时钟功能为可选项。

11.2.2 接口要求

CMMB 紧急广播发生器至少应具备以下接口。

1．输入接口

采用 100Mbit/s 或 1000Mbit/s 以太网口，物理接口为 RJ45。主要用于：紧急广播消息的输入、获取网络时钟信息、与配置管理平台的远程通信。

2．输出接口

采用 100Mbit/s 或 1000Mbit/s 以太网口，物理接口为 RJ45，用于输出紧急广播码流。

3．辅助接口

采用 USB 2.0 接口。

11.2.3 性能要求

1．发送间隔

CMMB 紧急广播发生器的发送间隔应为秒的整数倍，可容许的发送间隔偏差为±20ms。

2．存储容量

CMMB 紧急广播发生器的存储容量至少 100GB。

11.2.4 测量方法

1．紧急广播符合性

CMMB 紧急广播符合性测量步骤如下。

（1）按照图 11-6 所示连接测量系统。

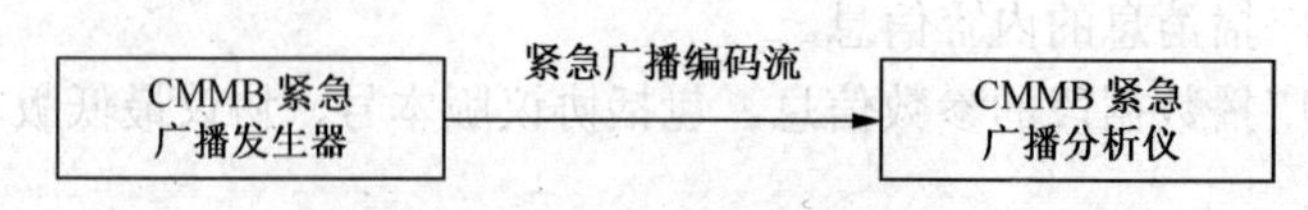

图 11-6 CMMB 紧急广播测量框图

（2）编辑紧急广播消息测试用例，并审核通过。

（3）启动紧急广播发生器，发送紧急广播消息。

（4）使用紧急广播分析仪接收紧急广播消息，检验是否符合 GY/T 220.4—2007 标准中表 1（请参见本书的表 6-1）、表 2（请参见本书的表 6-2）和表 3（请参见本书的表 6-3）的规定，以及 GY/Z 234—2008 第 7.1 条（请参见本书的第 4.5.5 节）的规定。

2. 紧急广播组播

CMMB 紧急广播组播测量步骤如下。

（1）按照图 11-6 所示连接测量系统。

（2）编辑紧急广播消息测试用例，并审核通过。

（3）将紧急广播发生器的输出配置成组播地址和端口号。

（4）将紧急广播分析仪的输入配置成相应的组播地址和端口号。

（5）启动紧急广播发生器的发送功能，使用紧急广播分析仪接收紧急广播消息，检验是否接收到该消息。

3. 紧急广播输出

CMMB 紧急广播输出测量步骤如下。

（1）按照图 11-6 所示连接测量系统。

（2）编辑紧急广播消息测试用例，并审核通过。

（3）在紧急广播消息开始发送时刻之前，启动发送功能，使用紧急广播分析仪接收紧急广播消息，检验是否接收不到该消息。

（4）当到达紧急广播消息开始发送时刻时，使用紧急广播分析仪接收紧急广播消息，检验是否接收到该消息。

（5）手动停止发送，使用紧急广播分析仪接收紧急广播消息，检验是否接收不到该消息。

（6）再次启动发送功能，使用紧急广播分析仪接收紧急广播消息，检验是否能重新接收到该消息。

（7）当到达紧急广播消息停止发送时刻时，使用紧急广播分析仪接收紧急广播消息，检验是否接收不到该消息。

4. 紧急广播发送间隔

CMMB 紧急广播发送间隔测量步骤如下。

（1）按照图 11-6 所示连接测量系统。

（2）编辑紧急广播消息测试用例，并审核通过。

（3）设定紧急广播发生器的发送间隔为 1s。

（4）使用紧急广播分析仪测量紧急广播表的接收时刻，计算连续两个紧急广播表的接收时间间隔，记录该间隔与所设定的发送间隔之差，至少记录 100 个数据，取平均值作为发送间隔偏差。

（5）设定紧急广播发生器的发送间隔分别为 2s，重复步骤（4）。

（6）设定紧急广播发生器的发送间隔分别为 5s，重复步骤（4）。

（7）3 次测量取绝对值最大的发送间隔偏差作为测量结果。

11.3 数据广播文件发生器技术要求和测量方法

11.3.1 功能要求

CMMB 数据广播文件发生器主要功能包括输入、文件分割封装、输出等，逻辑框图如图 11-7 所示。

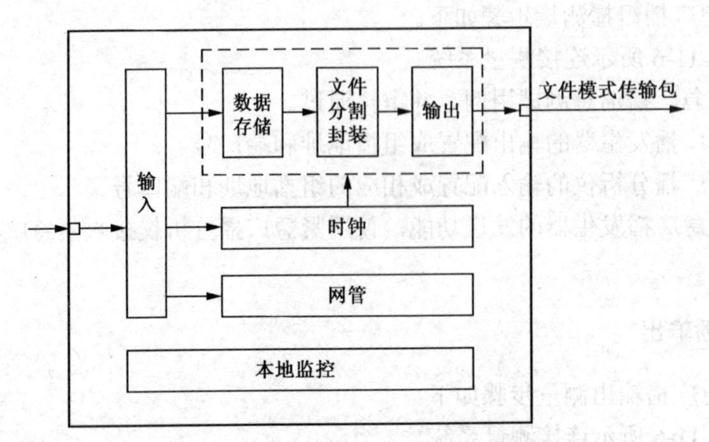

图 11-7 数据广播文件发生器的功能框图

1．文件管理

文件管理功能要求如下。

（1）应能添加、删除单个或多个数据文件。

（2）应能添加、删除单个或多个文件目录及其中所有数据文件。

（3）可显示数据文件的相关信息，包括：文件名、文件路径、文件大小和文件类型等。

2．压缩编码

压缩编码功能要求如下。

（1）支持对 FAT 文件和数据文件进行压缩编码传输，文件是否压缩以及文件压缩算法应可设置。

（2）压缩编码算法至少应支持 GZIP。

（3）若 FAT 文件未设置成压缩传输，当生成的 FAT 文件超出 FAT 文件片传输包所能承载的最大容量时，应提示 FAT 文件需要压缩或自动进行压缩编码处理。

3．纠删编码

纠删编码功能要求如下。

（1）支持对数据文件进行纠删编码，是否进行纠删编码以及纠删编码算法可设置。

（2）纠删编码算法至少应支持低密度生成矩阵码（Low Density Generator-matrix Code，LDGC）算法。

（3）纠删编码校验数据的冗余度可设置。

4. FAT 文件生成

FAT 文件生成功能要求如下。

（1）应能自动生成 FAT 文件。

（2）FAT 文件应遵循 GY/T 220.5—2008 标准第 6 章（参见本书第 7.2 节）的规定。

（3）FAT 文件中的部分元素可进行设置，包括：文件片的大小、数据文件编码、纠删编码算法等。

（4）当文件模式数据广播业务进行添加、删除或修改数据文件操作时，FAT 文件应能重新自动生成，FAT 文件的大版本号属性、小版本号属性和更新序号属性应相应变更。

5. 文件分割

文件分割功能要求如下。

（1）数据文件或压缩后的数据文件应按照 GY/T 220.5—2008 标准附录 A 中的规定分割为文件片。

（2）文件的分割参数可设置，包括：文件片长度、纠删编码所允许的最大码长（不应超过 8192 字节）。

（3）FAT 文件或压缩后的 FAT 文件应按照 GY/T 220.5—2008 标准第 6.2 条（参见本书第 7.2.3 节）的规定分割为 FAT 片。

（4）FAT 片的长度可设置。

6. 数据封装

数据封装功能要求如下。

（1）文件片封装成文件片传输包，纠删校验片封装成纠删校验片传输包，封装语法遵循 GY/T 220.5—2008 标准第 6 章（参见本书第 7.2 节）的规定。

（2）FAT 片封装成 FAT 片传输包，封装语法遵循 GY/T 220.5—2008 标准第 6 章（参见本书第 7.2 节）的规定。

7. 输出

输出功能要求如下。

（1）数据广播文件发生器向后级设备发送文件模式传输包，通信协议采用 UDP，文件模式传输包为 UDP 包的净荷。

（2）提供对文件发送的控制功能，包括开始发送和停止发送。

（3）网络目的地址和端口号可配置，支持组播。

（4）发送码率可配置。

（5）FAT 文件发送周期可配置。

8. 状态指示

可通过本地监控或网管实现数据广播文件发生器的工作状态指示，发生异常情况时应能通过图、文、声音等方式及时报警。

9．数据存储

数据存储功能要求如下。

（1）存储数据文件和 FAT 文件。

（2）存储数据广播文件发生器的配置信息。

（3）存储数据广播文件发生器的日志信息。

10．时钟

通过网络时间协议（NTP），与网络时钟服务器建立通信连接，获取时钟信息，并同步调整本机的时钟，使数据广播文件发生器的各模块参照网络时钟协同工作。时钟功能为可选项。

11.3.2 接口要求

CMMB 数据广播文件发生器至少应具备以下接口。

1．输入接口

采用 100Mbit/s 或 1000Mbit/s 以太网口，物理接口为 RJ45。主要用于以下功能。

（1）数据文件输入。

（2）获取网络时钟信息。

（3）与配置管理平台的远程通信。

2．输出接口

采用 100Mbit/s 或 1000Mbit/s 以太网口，物理接口为 RJ45，用于输出文件模式传输包。

3．辅助接口

采用 USB 2.0 接口。

11.3.3 性能要求

1．最大码率

CMMB 数据广播文件发生器输出的最大码率要求不低于 500kbit/s。

2．码率波动

CMMB 数据广播文件发生器实际输出码率应不大于设定的输出码率，最大可容许的码率波动值为 20kbit/s。

11.3.4 测量方法

1．标准符合性

CMMB 数据广播文件发生器标准符合性测量步骤如下。

（1）按照图 11-8 所示连接测量系统。

（2）在数据广播文件发生器中编辑文件发送用例，文件数量在 3 个以上。

（3）配置数据广播文件发生器的输出地址和端口号，启动数据广播文件发生器的发送功能。

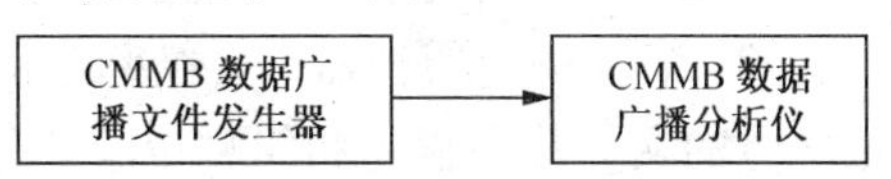

图 11-8　CMMB 数据广播文件发生器标准符合性、组播和码率波动测量框图

（4）使用数据广播分析仪，接收数据广播文件发生器输出的文件模式传输包，检验是否符合 GY/T 220.5—2008 标准第 6 章（参见本书第 7.2 节）中的规定。

（5）拼接 FAT 片生成 FAT 文件，检验 FAT 文件的内容和格式是否符合 GY/T 220.5—2008 标准第 6 章（参见本书第 7.2 节）中的规定，与发送端的 FAT 文件进行比较，检验是否一致。

（6）根据 FAT 文件，拼接文件片生成数据文件，与发端的数据文件进行比较，检验是否一致。

（7）设置 FAT 文件以 GZIP 压缩格式发送。

（8）拼接接收到的 FAT 片，生成压缩后的 FAT 文件，对该文件进行 GZIP 解压，检验解压后的 FAT 文件是否与发送端生成的 FAT 文件一致。

2．组播

CMMB 数据广播文件发生器组播功能测量测量步骤如下。

（1）按照图 11-8 所示连接测量系统。

（2）在数据广播文件发生器中编辑文件发送用例。

（3）配置数据广播文件发生器的输出组播地址和端口号，启动数据广播文件发生器的发送功能。

（4）使用数据广播分析仪，配置输入组播地址和端口号，接收数据广播文件发生器发送的文件。

（5）拼接、生成 FAT 文件和数据文件，检验 FAT 文件和数据文件，是否与发送端生成的 FAT 文件和原始数据文件一致。

3．码率波动

CMMB 数据广播文件发生器码率波动测量步骤如下。

（1）按照图 11-8 所示连接测量系统。

（2）启动数据广播文件发生器，分别以 100kbit/s、300kbit/s 和 500kbit/s 码率发送测试用例。

（3）使用数据广播分析仪，以 1s 为单位测量数据广播文件发生器输出的码率，计算并记录测量的码率与设定码率的差值，每种码率至少记录 100 个数据，取最大值作为测量结果。

4．纠删编码

CMMB 数据广播文件发生器纠删编码测量步骤如下。

（1）按照图 11-9 所示连接测量系统。

图 11-9　CMMB 数据广播文件发生器纠删编码测量框图

（2）启动数据广播文件发生器，启用低密度生成矩阵码（Low Density Generator-matrix

Code，LDGC）纠删编码并设置冗余度为40%，发送测试用例。

（3）启动丢包模拟器，丢包率分别设置为5%、10%和20%，每种丢包率条件下均丢失固定序号的文件片传输包和纠删校验片传输包。

（4）使用数据广播分析仪，接收文件模式传输包，每种丢包率条件下均应能正确恢复出数据文件。

11.4 数据广播XPE封装机技术要求和测量方法

11.4.1 功能要求

CMMB 数据广播 XPE 封装机主要功能包括输入、封装、输出等，逻辑框图如图 11-10 所示。

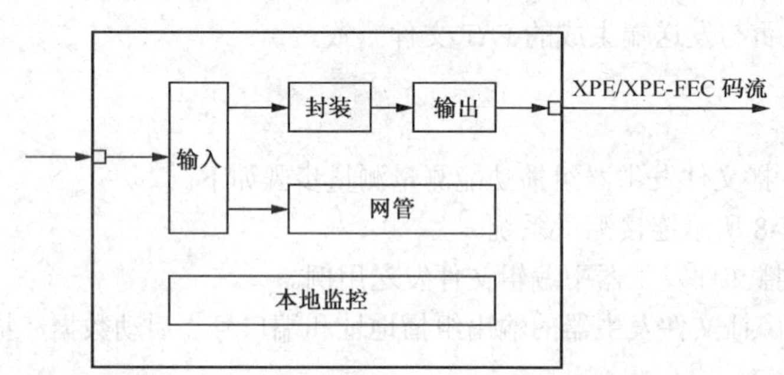

图 11-10 CMMB 数据广播 XPE 封装机的功能框图

1. 输入

输入功能要求如下。

（1）支持 GY/T 220.5—2008 标准规定的文件模式和流模式的数据业务的输入。

（2）文件模式数据业务的输入接口采用 UDP 通信协议，文件模式传输包为 UDP 的净荷。

（3）支持对流模式数据业务的 IP 包数据、UDP 净荷（可选）的输入。

（4）支持对数据业务源网络地址和端口号的配置，支持组播。

（5）支持多路数据业务同时输入。

2. 纠错编码

纠错编码功能要求如下。

（1）提供是否发送纠错校验数据（即 XPE-FEC 数据包）的设置，以及纠错校验算法的设置，纠错校验编码至少能实现 RS（255，207）编码。

（2）RS（255，207）编码应符合 GY/T 220.5—2008 标准附录 B 中的规定。

3. 封装

封装功能要求如下。

（1）数据流直接进行 XPE 封装，生成 XPE 包，数据流的纠错校验数据经过 XPE-FEC 语法封装，生成XPE-FEC包，封装应遵循GY/T 220.5—2008标准第7章（参见本书第7.3节）的规定。

（2）文件模式传输包进行XPE语法封装，生成XPE包，文件模式传输包的纠错校验数据经过XPE-FEC语法封装，生成XPE-FEC包，封装应遵循GY/T 220.5—2008标准第7章（参见本书第7.3节）的规定。

（3）提供对XPE/XPE-FEC包中各字段的设置，可设置的字段包括：业务模式指示、CRC指示、纠错指示、FEC算法标识。

4．输出

输出功能要求如下。

（1）XPE/XPE-FEC码流符合GY/Z 234—2008标准第7.1条（请参见本书的第4.5.5节）的规定。

（2）网络目的地址和端口号可配置，支持组播。

（3）数据广播业务的ServiceID可设置。

（4）至少支持10路数据广播业务的XPE/XPE-FEC封装。

（5）能对全部和单个数据广播业务进行播出控制，包括启动、停止等。

5．状态指示

可通过本地监控或网管实现数据广播XPE封装机的工作状态指示，发生异常情况时应能通过图、文、声音等方式及时报警。

6．数据存储

数据存储功能要求如下。

（1）存储数据广播XPE封装机数据业务输入的相关配置和设置信息。

（2）存储数据广播XPE封装机对XPE/XPE-FEC包的设置信息。

（3）存储数据广播XPE封装机的播控信息，包括播控配置、日志信息等。

11.4.2　接口要求

CMMB数据广播XPE封装机至少应具备以下接口。

1．输入接口

采用100Mbit/s或1000Mbit/s以太网口，物理接口为RJ45。主要用于以下功能。

（1）文件模式和流模式数据广播业务数据输入。

（2）与配置管理平台的远程通信。

2．输出接口

采用100Mbit/s或1000Mbit/s以太网口，物理接口为RJ45，用于输出XPE/XPE-FEC码流。

3．辅助接口

采用USB 2.0接口。

11.4.3 性能要求

1. 数据包延时

CMMB 数据广播 XPE 封装机的数据包延时应小于 20ms。

2. 输入码率

CMMB 数据广播 XPE 封装机支持的最大输入码率不低于 10Mbit/s。

11.4.4 测量项目和方法

1. 数据广播符合性

数据广播符合性测量步骤如下。

（1）按照图 11-11 所示连接测量系统。

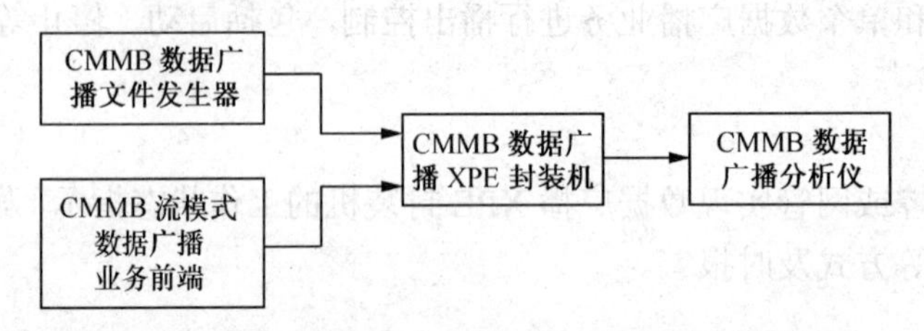

图 11-11 数据广播符合性、组播输入、组播输出测量框图

（2）启动数据广播文件发生器，发送数据文件测试用例。

（3）配置 XPE 封装机的业务封装模式为文件模式，启动 XPE 封装机。

（4）使用数据广播分析仪，对数据广播 XPE 封装机输出的数据包进行分析，检验是否符合 GY/T 220.5—2008 标准第 7 章（参见本书第 7.3 节）中的规定和 GY/Z 234—2008 标准第 7.1 条（请参见本书的第 4.5.5 节）的规定，并能正确恢复出数据文件。

（5）启动流模式数据广播业务前端，发送音视频测试用例。

（6）配置 XPE 封装机的业务封装模式为流模式，启动 XPE 封装机。

（7）使用数据广播分析仪，对数据广播 XPE 封装机输出的数据包进行分析，检验是否符合 GY/T 220.5—2008 标准第 7 章（参见本书第 7.3 节）中的规定和 GY/Z 234—2008 标准第 7.1 条（请参见本书的第 4.5.5 节）的规定，并能正确解析音视频流。

2. 组播输入功能

组播输入功能测量步骤如下。

（1）按照图 11-11 所示连接测量系统。

（2）将数据广播文件发生器输出设置成组播模式，启动数据广播文件发生器，发送业务数据。

（3）将 XPE 封装机设置成组播地址接收模式，启动 XPE 封装机，接收业务数据。

（4）使用数据广播分析仪，检验 XPE 封装机是否正确输出 XPE/XPE-FEC 包。

3．组播输出功能

组播输出功能测量步骤如下。

（1）按照图 11-11 所示连接测量系统。

（2）启动数据广播文件发生器，发送业务数据。

（3）将 XPE 封装机的输出设置成组播输出模式。

（4）启动 XPE 封装机，接收业务数据。

（5）将数据广播分析仪设置成组播接收模式，启动数据广播分析仪，检验 XPE 封装机是否正确输出 XPE/XPE-FEC 包。

4．数据包延时

数据包延时测量步骤如下。

（1）按照图 11-12 所示连接测量系统。

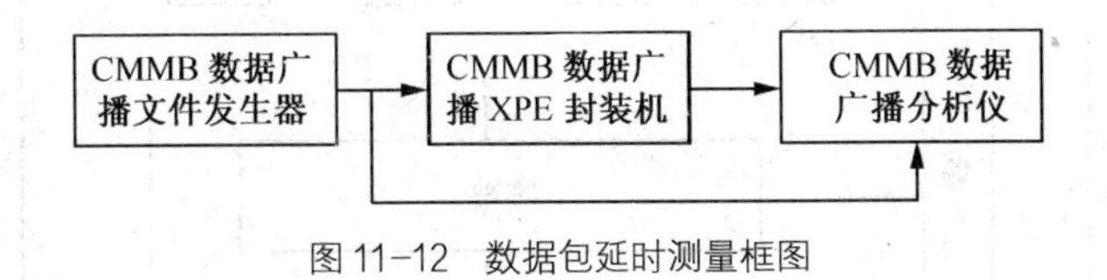

图 11-12 数据包延时测量框图

（2）启动数据广播文件发生器，设定输出码率为 500kbit/s，发送测试用例。

（3）数据广播文件发生器采用组播方式发送业务数据包，数据广播 XPE 封装机和数据广播分析仪采用组播接收方式以便可以同时收到业务数据包，数据广播分析仪自动记录业务数据包到达的时间。

（4）数据广播分析仪同时接收数据广播 XPE 封装机输出的 XPE/XPE-FEC 包，当收到业务数据包所对应的最后一个 XPE/XPE-FEC 包，记录此 XPE/XPE-FEC 包到达的时间，与源业务数据包到达时间进行比较，计算差值，至少记录 100 个数据，取最大值作为测量结果。

5．输入码率

输入码率测量框图如图 11-13 所示。

图 11-13 输入码率测量框图

测量步骤如下。

（1）按照图 11-13 所示连接测量系统。

（2）发送数据广播业务样本给数据广播 XPE 封装机。

（3）数据广播分析仪接收数据广播 XPE 封装机输出的 XPE/XPE-FEC 包，并解析。

（4）数据广播分析仪可根据 XPE/XPE-FEC 语法和特殊构造的业务数据包，判断数据广播 XPE 封装机是否丢包。

（5）增加数据广播业务测试源的输出码率，重复步骤（2）～步骤（3），直到数据广播分析仪检测出丢包。记录最大不丢包码率作为数据广播数据广播 XPE 封装机最大输入码率的测量值。

11.5 ESG 发生器技术要求和测量方法

11.5.1 功能要求

移动多媒体广播 ESG 发生器应具备对 ESG 数据进行编辑、审核、封装和输出功能，并提供时钟、参数配置、用户管理、日志管理、网络管理和数据存储功能，功能框图如图 11-14 所示。

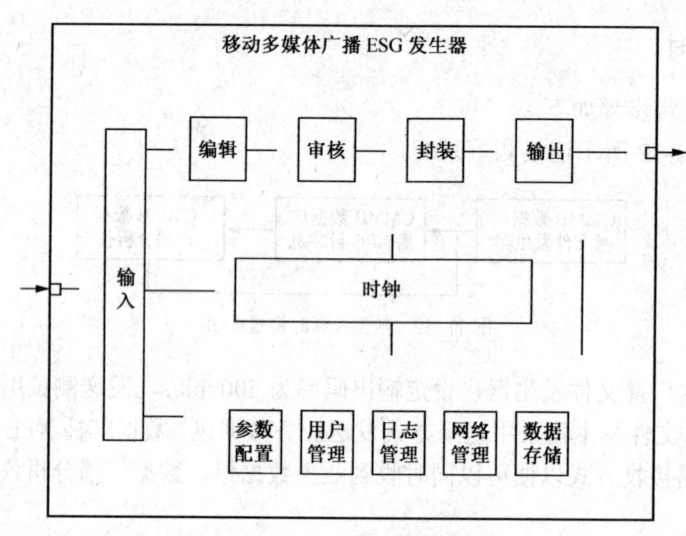

图 11-14 ESG 发生器的功能框图

1. 编辑功能

提供对 ESG 数据的编辑，具体如下。

（1）提供编辑界面，对 ESG 数据（业务信息、业务扩展信息、编排信息、内容信息、业务参数信息）进行添加、修改、删除、查询和存储，生成符合 GY/T 220.3—2007 标准的 ESG XML 数据。

（2）支持对经过审核的 ESG 数据以 XML 格式导出，符合 GY/T 220.3—2007 标准。

（3）支持对符合 GY/T 220.3—2007 标准的 XML 格式的 ESG 数据导入。

2. 审核功能

审核功能如下。

（1）提供审核界面，对已编辑提交的 ESG 数据进行审核，决定该 ESG 数据是否发送。

（2）将审核结果进行数据存储。

（3）未经过审核或审核未通过的 ESG 数据不能发送。

（4）审核通过的 ESG 数据不能进行再次编辑。

（5）提供 ESG 数据的预览功能。

3．封装功能

审核通过的ESG数据进行编码、封装，生成基本描述信息、节目提示信息、数据信息。封装功能如下。

（1）按照第5.1.1节介绍的基本描述表语法封装、生成基本描述表。

（2）按照第5.1.4节介绍的数据信息语法对ESG XML数据进行封装。

（3）按照第5.1.5节介绍的节目提示信息语法对节目提示数据进行封装。

4．输出功能

移动多媒体广播ESG发生器输出接口的通信协议应符合GY/Z 234—2008标准第7.1条（请参见本书的第4.5.5节）的规定。

5．播出控制功能

移动多媒体广播ESG发生器根据设定的播控参数配置对ESG播出进行控制。播出控制功能如下。

（1）基本描述表、节目提示信息按设置的发送间隔进行发送。

（2）数据信息按设置的发送配置（ESG数据发送天数、数据信息编码方式和数据信息发送选择）进行发送。

（3）数据发送码率控制在设定的输出码率范围内。

相应的播控参数配置如下。

（1）基本描述表发送间隔。

（2）节目提示信息发送间隔。

（3）ESG数据发送天数，缺省为7天。

（4）数据信息编码方式，缺省为GZIP压缩编码方式。

（5）数据信息发送选择：业务信息、编排信息和业务参数信息必须发送；业务扩展信息和内容信息可选择是否发送。

（6）输出码率。

6．参数配置

参数配置包括目标复用器地址和端口参数配置、基本描述表参数配置和XML根元素参数配置。

（1）目标复用器地址和端口参数配置

移动多媒体广播ESG发生器应具有目标复用器地址和端口参数配置功能，参数配置如下。

① 基本描述信息的目标复用器组播地址和端口。

② 节目提示信息的目标复用器单播地址。

③ 数据信息的目标复用器单播地址。

（2）基本描述表参数配置

移动多媒体广播ESG发生器应具有基本描述表参数配置功能，具体如下。

① 对物理网络信息的管理，包括网络级别、网络号和本地时间偏移。

② 对基本描述信息的配置，包括字符编码类型和 ESG 业务标识。

（3）XML 根元素参数配置

移动多媒体广播 ESG 发生器应具有对 XML 根元素中数据信息发布者和数据信息版权所有者进行参数配置的功能。

7．日志管理功能

日志管理包括日志产生和日志维护。

日志产生是对 ESG 发生器发生的重要事件进行记录、保存，便于系统维护，记录的事件信息。

（1）系统操作事件，如 ESG 编辑、用户资料修改、ESG 审核发布等。

（2）用户登录事件，如用户登录时间、登出时间等。

（3）告警事件，如网络通信失效告警、网络同步时钟丢失告警、磁盘空间告警等。

系统日志维护包括对日志信息的查看、备份和删除。

8．用户管理功能

提供用户管理功能，通过系统操作管理员对用户资料进行管理（注册、修改和删除）；系统操作管理员授予用户不同的角色，每个角色有不同的 ESG 发生模块操作权限。

9．状态指示

可指示移动多媒体广播 ESG 发生器的工作状态，发生异常情况时应能通过图、文、声音等方式及时报警。

10．数据存储功能

数据存储功能如下。

（1）存储物理网络信息和 ESG 基本描述信息。

（2）存储原始 ESG 数据和经过审核的 ESG 数据。

（3）存储用户资料信息和用户权限。

（4）存储系统参数配置信息。

（5）存储日志信息。

（6）具有可控的手动或自动数据清理功能。

11．时钟

通过 NTP 协议，与网络时钟服务器建立通信连接，获取时钟信息，并同步调整本机的时钟，使移动多媒体广播 ESG 发生器的各模块能参照网络同步时钟协同工作。

11.5.2 接口要求

移动多媒体广播 ESG 发生器至少应具备以下接口。

1．输入接口

采用 100Mbit/s 或 1000Mbit/s 以太网口，物理接口为 RJ45。

（1）用于 ESG 数据的输入。
（2）用于获取 NTP 信息。
（3）用于与配置管理平台的远程通信。

2．输出接口

采用 100Mbit/s 或 1000Mbit/s 以太网口，物理接口为 RJ45，用于输出生成的基本描述信息、节目提示信息和数据信息。

3．辅助接口

采用 USB 2.0 接口。

11.5.3 性能要求

1．发送间隔

移动多媒体广播 ESG 发生器输出基本描述表和节目提示信息的发送间隔至少满足表 11-3 所示的要求。

表 11-3 发送间隔

序号	项目	指标
1	基本描述表	1s/2s
2	节目提示信息	1s/2s/3s/4s

2．发送间隔偏差

移动多媒体广播 ESG 发生器在发送基本描述表时，可容许的发送间隔偏差为±20ms。

3．存储容量

移动多媒体广播 ESG 发生器的存储容量至少 100GB。

4．最大码率

移动多媒体广播 ESG 发生器输出单路 ESG 数据最大码率不低于 500kbit/s。

5．码率波动

移动多媒体广播 ESG 发生器实际输出码率应不大于设定的输出码率，最大可容许的码率偏差值为 20kbit/s。

11.5.4 测量项目和方法

1．ESG 符合性

ESG 符合性测量框图如图 11-15 所示。

ESG 符合性测量步骤如下。

（1）按照图 11-15 所示连接测量系统。

（2）启动 ESG 发生器发送基本描述信息、节目提示信息、数据信息。

（3）使用 ESG 分析仪，对 ESG 发生器输出的数据包逐位进行分析，检验基本描述信息、节目提示信息、数据信息、ESG XML 语法和输出接口通信协议是否符合标准。

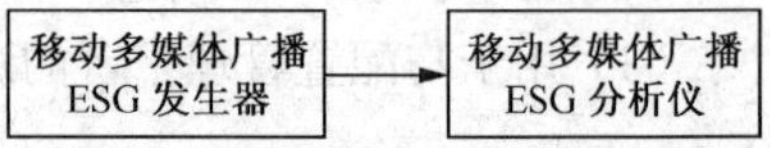

图 11-15　ESG 符合性、播出控制、发送间隔偏差、码率波动测量框图

2．编辑和审核

按照第 11.5.1 节描述的编辑和审核功能要求进行逐项检查。

3．播出控制

播出控制测量框图如图 11-15 所示，测量步骤如下。

（1）按照图 11-15 所示连接测量系统。

（2）编辑 ESG 数据测试用例，并审核通过。

（3）分别配置基本描述表和节目提示信息的发送间隔，启动 ESG 发生器的发送功能。

（4）使用 ESG 分析仪，测量 ESG 发生器输出基本描述表和节目提示信息的发送间隔。

（5）配置数据信息发送选项，启动 ESG 发生器的发送功能。

（6）使用 ESG 分析仪，检查业务扩展信息、内容信息是否按照数据信息发送配置进行发送。

4．发送间隔偏差

发送间隔偏差测量框图如图 11-15 所示，测量步骤如下。

（1）按照图 11-15 所示连接测量系统。

（2）编辑 ESG 数据测试用例，并审核通过。

（3）配置基本描述表的发送间隔，启动 ESG 发生器的发送功能。

（4）使用 ESG 分析仪测量基本描述表的接收时刻，计算连续两个基本描述表的接收时间间隔，记录该间隔与所设定的发送间隔之差，至少记录 100 个数据，取平均值作为发送间隔偏差。

（5）改变发送间隔配置，重复步骤（1）～步骤（4），取绝对值最大的发送间隔偏差作为测量结果。

5．码率波动

码率波动测量框图如图 11-15 所示，测量步骤如下。

（1）按照图 11-15 所示连接测量系统。

（2）启动 ESG 发生器，以 100kbit/s、300kbit/s 和 500kbit/s 码率发送测试用例。

（3）使用 ESG 分析仪，以 1 秒为单位测量 ESG 发生器输出的码率，计算并记录测量的码率与设定码率的差值，每种码率至少记录 100 个数据，取最大值作为测量结果。

11.6 复用器技术要求和测量方法

11.6.1 复用器功能模块

移动多媒体广播复用器主要功能模块包括业务数据处理模块、控制信息表发生模块、复用模块、时钟模块、网管模块和本地监控模块。复用器的功能框图如图 11-16 所示。

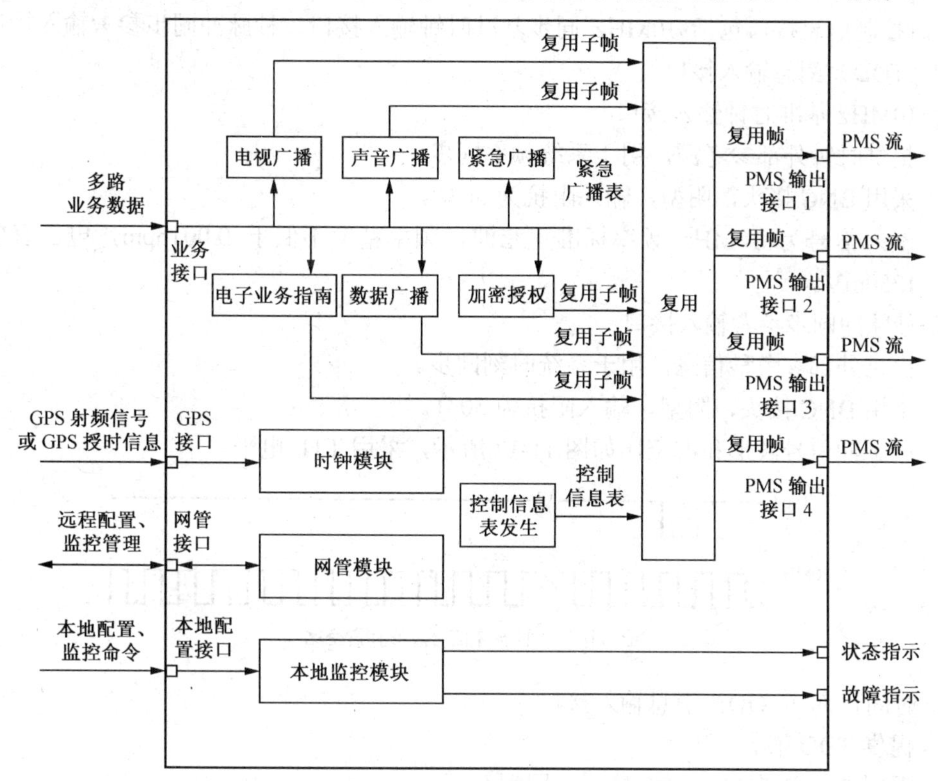

图 11-16 移动多媒体广播复用器功能框图

业务数据处理模块用于将电视广播、声音广播、数据广播等业务数据封装为复用子帧，紧急广播业务数据封装为紧急广播表。

控制信息表发生模块用于生成网络信息表、业务复用配置表、加密授权描述表等控制信息表。

复用模块将复用子帧及控制信息表复用成复用帧，最终形成 PMS 流输出。

时钟模块获取 GPS 时钟作为参考时钟。

网管模块和本地监控模块提供设备配置、运行状态监视和设备报警等配置管理功能。

11.6.2 接口要求

移动多媒体广播复用器应具备业务接口、GPS 接口、PMS 输出接口、配置管理接口。

1. 业务接口

业务接口用于提供业务数据输入，采用 100Mbit/s 或 1000Mbit/s 以太网口，物理接口为 RJ45。

2. GPS 接口

复用器所需的定时信息可以通过内置 GPS 模块或外接 GPS 定时控制信息提供。

（1）内置 GPS 模块的天线接口

提供 GPS 天线接口，采用 N 型接头，阴型，输入阻抗为 50Ω。

（2）外接 GPS 的定时控制信息接口

定时控制信息接口包括 10MHz 同步基准时钟输入接口、秒脉冲同步参考输入接口、时间日期（TOD）消息输入接口。

① 10MHz 基准时钟输入接口

- 提供时钟外部参考源，用于系统频率同步。
- 采用 BNC 接头，阴型，输入阻抗为 50Ω。
- 输入信号为 10MHz 频率标准正弦波，频率精度不低于 0.001ppm，电压有效值为 800mV~1250mV。

② 秒脉冲同步参考输入接口

- 提供外部参考秒信息，用于系统时刻同步。
- 采用 BNC 接头，阴型，输入阻抗为 50Ω。
- 秒脉冲信号波形和占空比如图 11-17 所示，采用 TTL 电平。

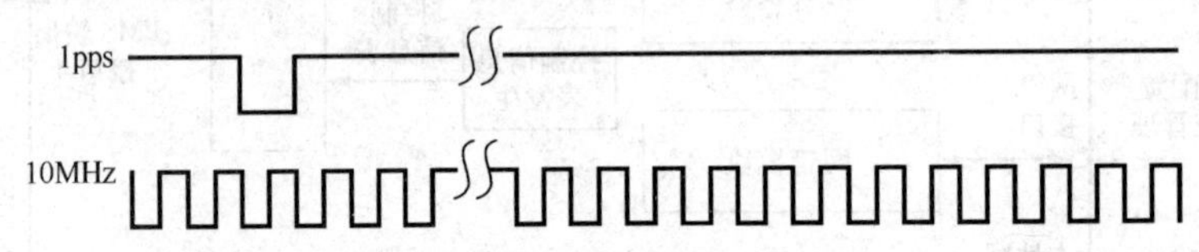

图 11–17 秒脉冲信号波形和占空比

③ 时间日期（TOD）消息输入接口

- 提供 TOD 消息。
- 采用 RS232 串口，DB9 接头，阴型。
- 接口参数：波特率 9600、数据位 8 位、停止位 1 位、无奇偶校验位。
- 接口协议：TOD 数据封装格式如表 11-4 所示，采用 BCD 码。

表 11-4 TOD 数据封装格式

字节顺序	内容
1	年十位（Tens of Years）
2	年个位（Units of Years）
3	日期百位（Hundreds of Days）
4	日期十位（Tens of Days）
5	日期个位（Units of Days）
6	小时十位（Tens of Hours）
7	小时个位（Units of Hours）
8	分钟十位（Tens of Minutes）
9	分钟个位（Units of Minutes）

续表

字节顺序	内容
10	秒十位（Tens of Seconds）
11	秒个位（Units of Seconds）
12	闰秒十位 Leaps of Seconds（Tens）
13	闰秒个位 Leaps of Seconds（Units）

3．PMS 输出接口

打包复用流（PMS）输出接口提供打包复用数据输出。

（1）采用异步串行接口（Asynchronous Serial Interface，ASI），BNC 接头，阴型，输出阻抗为 75Ω。

（2）单路 ASI 输出接口的最大支持有效码率不小于 22Mbit/s。

（3）单路 ASI 输出接口的输出有效码率动态变化范围不大于所配置有效码率的 5%（统计时间 100ms）。

（4）ASI 输出接口的电气特性技术指标如表 11-5 所示。

（5）PMS 包的内容和格式应遵循 GY/Z 234—2008 第 7 章 7.2 条的规定（请见第 4.5.6 节）。

（6）复用器至少提供 4 路 PMS 输出。

表 11-5　ASI 输出接口电气特性技术指标

序号	项目	单位	技术指标
1	输出幅度	mV	800±80
2	上升时间（20%～80%）	ps	≤1200
3	下降时间（20%～80%）	ps	≤1200
4	确定性抖动（峰－峰值）	%	≤10
5	随机性抖动（峰－峰值）	%	≤8
6	反射损耗	dB	≥20

4．配置管理接口

配置管理接口提供复用器与配置管理平台的通信接口。

（1）本地配置接口可采用 RS232 串口、RS485 串口或液晶面板，RS232 串口或 RS485 串口采用 DB9 接头，阳型。

（2）网络管理接口采用 100Mbit/s 或 1000Mbit/s 以太网口，物理接口为 RJ45。

11.6.3 端口和参数配置要求

1．本地 IP 端口配置

移动多媒体广播复用器应具有网络管理和业务接口的 IP 地址本地配置功能。

2．业务输入端口配置

移动多媒体广播复用器应具有业务输入端口配置功能，配置说明如表 11-6 所示。

表 11-6　　业务输入端口配置说明

名　称	说　明
音视频业务数据的 IP 地址和端口号	单播时配置音视频业务数据的端口号 组播时配置音视频业务数据的组播地址和端口号
紧急广播业务数据的 IP 地址和端口号	单播时配置紧急广播业务数据的端口号 组播时配置紧急广播业务数据的组播地址和端口号
ESG 业务数据的 IP 地址和端口号	单播时配置 ESG 业务数据的端口号 组播时配置 ESG 业务数据的组播地址和端口号
数据广播业务数据的 IP 地址和端口号	单播时配置数据广播业务数据的端口号 组播时配置数据广播业务数据的组播地址和端口号
EMM 业务数据的 IP 地址和端口号	单播时配置 EMM 业务数据的端口号 组播时配置 EMM 业务数据的组播地址和端口号
加扰器输出数据的 IP 地址和端口号	支持单播和组播地址配置 加扰器输出加扰业务数据的端口号 加扰器输出 ECM 数据的端口号

3. 业务输入净荷类型配置

移动多媒体广播复用器应具有音视频业务输入净荷类型和加扰音视频业务数据净荷类型配置功能。

4. 复用帧/复用子帧/PMS 参数配置

移动多媒体广播复用器应支持以下复用帧、复用子帧、PMS 的参数配置。

（1）复用帧字段的参数配置

① 支持对下一帧参数指示进行配置。

② 支持对控制表更新序号提前量指示进行配置。

（2）复用子帧字段的参数配置

① 支持对复用子帧业务标识进行配置。

② 支持对封装模式进行配置。

③ 对于视音频业务，支持对编码类型、视频帧率、音频采样率进行配置。

④ 对于 EMM 业务、ECM 数据段，支持对数据单元类型进行配置。

（3）PMS 包字段的参数配置

① 支持对 PID（Packet Identifier，包标识符）进行配置。

② 支持对设备号进行配置。

③ 支持对时间标签指示进行配置。

④ 支持对单频网发射延时进行配置。

5. 控制信息表参数配置

移动多媒体广播复用器应支持以下控制信息表的参数配置。

（1）网络信息表，参数配置如下。

① 国家码。

② 网络级别、网络号、网络名称、频点编号、中心频率、带宽。

③ 其他频点（频点编号、中心频率、频点带宽）。

④ 邻区网络（网络级别、网络号、频点编号、中心频率、带宽）。

（2）持续业务/短时间业务复用配置表，参数配置如下。

① 物理层逻辑信道参数（RS 码率、字节交织模式、LDPC 码率、调制方式、扰码方式、时隙数量、时隙号）。

② 复用子帧/业务标识。

（3）持续业务/短时间业务配置表，参数配置包括频点编号和业务标识。

（4）加密授权描述表，参数配置如下。

① CA 系统 ID。

② 业务标识。

③ EMM 数据单元类型。

④ ECM 数据单元类型。

⑤ ECM 传送方式。

6. 配置管理

通过本地监控和网络管理系统提供配置管理功能。

本地监控将本地报警信息以声、光等易于察觉的形式表现出来，并提供复用器基本配置信息。

① 设备前面板应具有电源指示和报警指示灯。

② 通过 RS232 串口、RS485 串口或液晶面板对复用器的网络管理端口 IP 地址等参数进行配置。

③ 通过 RS232 串口、RS485 串口或液晶面板输出设备运行状态。

网络管理系统通过网络管理接口提供配置管理功能，应提供图形化操作界面和操作权限管理功能。网络管理接口的访问协议基于简单网络管理协议（Simple Network Management Protocol，SNMP）（必选）和基于 TCP/IP 的网页方式（可选）。

配置管理功能细分为设备配置、运行状态监视和设备报警。

（1）设备配置包括端口配置管理、复用帧/复用子帧/PMS 参数配置、控制信息表参数配置等。

（2）运行状态监视

① 提供复用器的部件工作状态、业务配置情况、接口工作状态、各路业务数据输入速率、PMS 流输出速率等信息显示。

② 在设备工作状态显示项目中，提供在线、离线、错误三种类别。

③ 提供设备历史工作状态的记录和查询。

（3）报警

① 监控系统检测复用器各部件的工作状态，发生异常情况时，提供设备工作状态报警并分项显示。

② 用户可设置报警级别：严重报警和一般报警。

③ 报警情况根据报警级别通过指示灯、扬声器及网络管理软件进行指示。

④ 网络管理软件提供状态监看界面，在此界面下，提供显著的报警信息，能够给系统维护人员提供快速确认故障和解决的信息。

⑤ 至少应包括的监控内容和报警条件如表 11-7 所示。

表 11-7 监控内容和报警条件

监控内容		报警条件
设备模块		故障
各路业务数据输入		溢出或失效
内置 GPS 模块	GPS 模块	故障
	GPS 射频信号	失效
外接 GPS	10MHz 外参考源输入	失效
	秒脉冲同步参考输入	失效
	TOD 消息输入	失效

7. 配置持续性

移动多媒体广播复用器应具有配置持续性，断电、重新启动后复用器能够自动加载断电前的配置参数。

8. 配置参数导入导出

移动多媒体广播复用器应能够导入、导出复用器的配置参数。

11.6.4 性能要求

1. 控制信息表发送间隔

无紧急广播播出条件下，控制信息表发送间隔应满足以下要求。

（1）NIT、CMCT/SMCT、CSCT/SSCT、BDT 表应每秒钟发送一次。

（2）如果存在加密授权描述表，加密授权描述表应每秒钟发送一次。

有紧急广播播出条件下，控制信息表发送间隔应满足以下要求。

（1）NIT 表应每秒钟发送一次。

（2）CMCT/SMCT、CSCT/SSCT、BDT 表至少每 3 秒钟发送一次。

（3）如果存在加密授权描述表，加密授权描述表应每秒钟发送一次。

2. 业务码率

移动多媒体广播复用器所支持各种业务的码率应满足以下要求。

（1）单个电视广播业务支持的码率范围 128kbit/s～500kbit/s。

（2）单个声音广播业务支持的码率范围 32kbit/s～128kbit/s。

（3）单个 ESG 业务支持的最大码率不低于 500kbit/s。

（4）紧急广播支持的最大码率不低于 56kbit/s。

（5）单个数据广播业务支持的最大码率不低于500kbit/s。

3. 业务延时

移动多媒体广播复用器对各种业务码流造成的最大延时应小于4s。

4. 视音频延时差

移动多媒体广播复用器进行视音频复用时，输出PMS流中同一个复用子帧中第一个视频单元和相应伴音第一个音频单元的相对播放时间字段对应的时间差值不大于100ms。

11.6.5 测量项目和方法

1. ASI输出接口特性

ASI输出接口特性测量框图如图11-18所示。

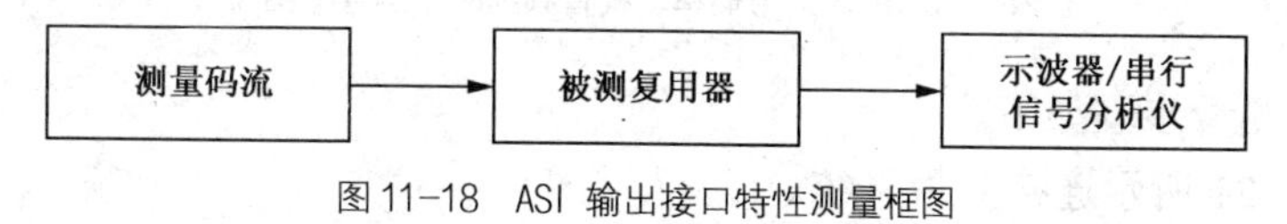

图11-18 ASI 输出接口特性测量框图

ASI输出接口特性测量步骤如下。

（1）如图11-18所示连接测量系统。

（2）用示波器读取信号幅度、接口输出上升/下降时间。

（3）用具备抖动分析功能的示波器或串行信号分析仪测量确定性抖动和随机抖动。

2. ASI输出反射损耗

ASI输出反射损耗测量框图如图11-19所示。

ASI输出反射损耗测量步骤如下。

（1）如图11-19所示连接测量系统。

（2）用网络分析仪测量反射损耗。

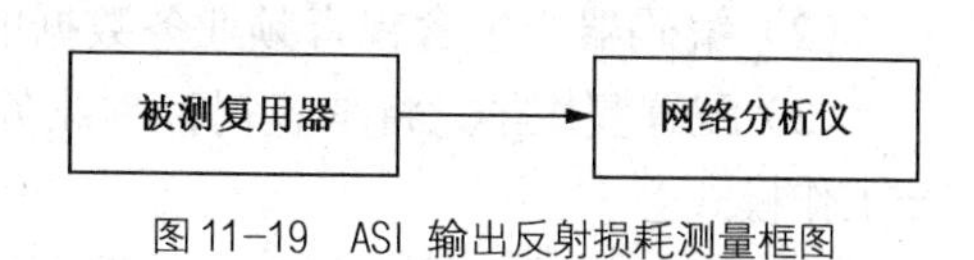

图11-19 ASI 输出反射损耗测量框图

3. ASI输出有效码率

ASI输出有效码率测量框图如图11-20所示。

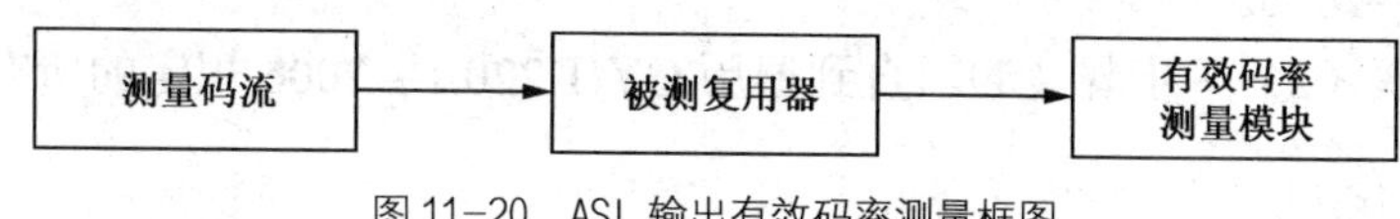

图11-20 ASI 输出有效码率测量框图

ASI输出有效码率测量步骤如下。

（1）如图11-20所示连接测量系统。

（2）配置复用器，将各业务逻辑信道参数设置为16QAM调制方式、RS（240，240）编码、LDPC 3/4编码速率，使复用器输出有效码率最大。

（3）每秒统计一次ASI接口输出数据，计算有效数据码率，检查输出有效码率是否符合要求，测试持续5分钟。

（4）每100ms统计一次ASI接口输出数据，计算有效数据码率，检查输出有效码率动态变化范围是否符合要求，测试持续5分钟。

4．接口符合性

接口符合性测量框图如图11-21所示。

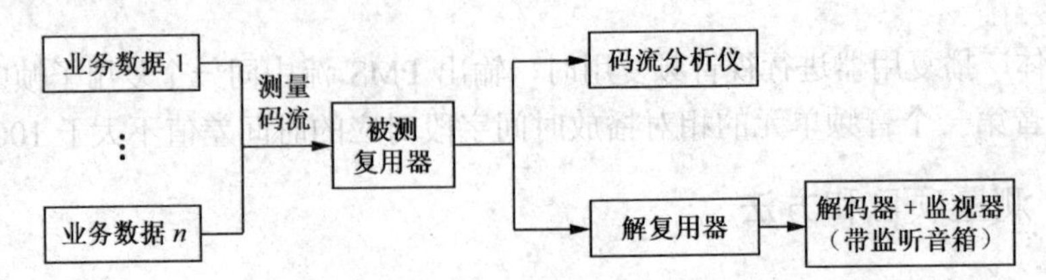

图11-21　接口符合性、标准符合性、视音频复用、ESG复用、紧急广播复用、数据广播复用、加密授权数据复用、复用帧/复用子帧/PMS参数配置、控制信息表参数配置、配置持续性、配置参数导入导出、故障通道隔离、控制信息表发送间隔、业务码率、视音频延时差测量框图

接口符合性测量步骤如下。

（1）如图11-21所示连接测量系统。

（2）编码器产生含视音频业务数据的测量码流输入复用器。

（3）用码流分析仪对复用器输出的PMS码流逐位分析，检查PMS包的内容和格式是否符合GY/Z 234—2008第7章7.2条的规定。

5．标准符合性

标准符合性测量步骤如下。

（1）如图11-21所示连接测量系统。

（2）编码器产生含视音频业务数据的测量码流输入复用器。

（3）配置复用器，将承载视音频业务的业务逻辑信道配置为GY/T 220.1—2006规定的任一工作模式。

（4）调整编码器输出码率，使编码输出速率、业务逻辑信道工作模式净荷和业务逻辑信道时隙数相互匹配。

（5）用码流分析仪对复用器输出的PMS码流按遵循标准逐位分析，检查PMS码流是否符合GY/T 220.2—2006。

（6）重复步骤（2）～步骤（5），直到遍历GY/T 220.1—2006规定的所有工作模式。

6．视音频复用

视音频复用测量步骤如下。

（1）如图11-21所示连接测量系统。

（2）编码器产生含视音频业务数据的测量码流输入复用器。

（3）用码流分析仪对复用器输出的PMS码流按遵循标准逐位分析，检查PMS码流中视音频数据封装是否符合GY/T 220.2—2006的要求。

（4）改变视音频编码标准，重复步骤（2）～步骤（3），直到遍历GY/T 220.7—2008中规定支持的所有视音频编码标准。

7. ESG复用

ESG复用测量步骤如下。

（1）如图11-21所示连接测量系统。

（2）ESG发生器产生含ESG基本描述表、ESG数据信息和节目提示信息的测量码流输入复用器。

（3）用码流分析仪对复用器输出的PMS码流按遵循标准逐位分析，检查PMS码流中ESG数据封装是否符合GY/T 220.2—2006的要求。

8. 紧急广播复用

紧急广播复用测量步骤如下。

（1）如图11-21所示连接测量系统、

（2）紧急广播发生器产生含紧急广播表的测量码流输入复用器。

（3）用码流分析仪对复用器输出的PMS码流按遵循标准逐位分析，检查PMS码流中紧急广播数据封装是否符合GY/T 220.2—2006的要求。

9. 数据广播复用

数据广播复用测量步骤如下。

（1）如图11-21所示连接测量系统。

（2）用数据广播文件发生器和XPE封装机产生含数据广播业务数据的测量码流输入复用器。

（3）用码流分析仪对复用器输出的PMS码流按遵循标准逐位分析，检查PMS码流中数据广播数据封装是否符合GY/T 220.2—2006的要求。

10. 加密授权数据复用

加密授权数据复用测量步骤如下。

（1）如图11-21所示连接测量系统。

（2）用加密授权前端模块、加扰器、编码器产生含EMM、ECM信息和加扰视音频业务数据的测量码流输入复用器。

（3）用码流分析仪对复用器输出的PMS码流按遵循标准逐位分析，检查PMS码流中加密授权数据封装是否符合GY/T 220.2—2006的要求。

11. 复用帧/复用子帧/PMS 参数配置

复用帧/复用子帧/PMS参数配置测量步骤如下。

（1）如图11-21所示连接测量系统。

（2）编码器产生含视音频业务数据的测量码流输入复用器。

（3）依据第4.6.3节复用帧/复用子帧/PMS 参数配置要求所规定的复用帧中各字段对复用器进行修改配置，用码流分析仪对复用器输出的PMS码流逐位分析，检查相应字段是否与配置一致。

（4）依据第 4.6.3 节复用帧/复用子帧/PMS 参数配置要求所规定的复用子帧中各字段对复用器进行修改配置，用码流分析仪对复用器输出的 PMS 码流逐位分析，检查相应字段是否与配置一致。

（5）依据第 4.6.3 节复用帧/复用子帧/PMS 参数配置要求所规定的 PMS 中各字段对复用器进行修改配置，用码流分析仪对复用器输出的 PMS 码流逐位分析，检查相应字段是否与配置一致。

12．控制信息表参数配置

控制信息表参数配置测量步骤如下。

（1）如图 11-21 所示连接测量系统。

（2）编码器产生含视音频业务数据的测量码流输入复用器。

（3）依据第 4.6.3 节控制信息表参数配置要求所规定的网络信息表中各字段对复用器进行修改配置，用码流分析仪对复用器输出的 PMS 码流逐位分析，检查相应字段是否与配置一致。

（4）依据第 4.6.3 节控制信息表参数配置要求所规定的持续业务/短时间业务复用配置表中各字段对复用器进行修改配置，用码流分析仪对复用器输出的 PMS 码流逐位分析，检查相应字段是否与配置一致。

（5）依据第 4.6.3 节控制信息表参数配置要求所规定的持续业务/短时间业务配置表中各字段对复用器进行修改配置，用码流分析仪对复用器输出的 PMS 码流逐位分析，检查相应字段是否与配置一致。

（6）依据第 4.6.3 节控制信息表参数配置要求所规定的加密授权描述表中各字段对复用器进行修改配置，用码流分析仪对复用器输出的 PMS 码流逐位分析，检查相应字段是否与配置一致。

13．配置持续性

配置持续性测量步骤如下。

（1）按照图 11-21 连接测量系统。

（2）编码器产生含视音频业务数据的测量码流输入复用器。

（3）配置复用器，使其能够正确复用输入的业务数据，并将复用器配置导出至配置文件。

（4）关闭电源。

（5）开机，检查配置是否和关机前相同，并且能按照此配置正确进行复用。

14．配置参数导入导出

置参数导入导出测量步骤如下。

（1）按照图 11-21 连接测量系统。

（2）编码器产生含视音频业务数据的测量码流输入复用器。

（3）配置复用器，使其能够正确复用输入的业务数据，并将复用器配置导出至配置文件。

（4）修改复用器配置，用码流分析仪对复用器输出的 PMS 码流逐位分析，确认配置项发生变化。

（5）关机。

（6）开机，导入配置文件。

（7）检查复用器配置是否与步骤（3）中复用器的配置相同，并用码流分析仪对复用器输出的PMS码流逐位分析，检查是否与步骤（3）中复用器的输出相同。

15．故障通道隔离

故障通道隔离测量步骤如下。

（1）如图11-21所示连接测量系统。

（2）多路编码器产生含多路视音频业务数据的测量码流输入复用器。

（3）使用解复用器、解码器和监视器（带监听音箱）确认输入的各路视音频业务正确复用。

（4）断开其中一路视音频业务数据，使用解复用器、解码器和监视器（带监听音箱）验证其余的视音频业务是否被正确复用。

（5）恢复步骤（4）中断开的视音频业务数据，使用解复用器、解码器和监视器（带监听音箱）确认输入的各路视音频业务正确复用。

（6）调整恢复业务中的视音频数据码率，使其超出所承载业务逻辑信道的净荷容量，使用解复用器、解码器和监视器（带监听音箱）验证其余的视音频业务是否被正确复用。

16．控制信息表发送间隔

控制信息表发送间隔测量步骤如下。

（1）如图11-21所示连接测量系统。

（2）用编码器、紧急广播发生器、ESG发生器产生含视音频业务数据、紧急广播表、ESG基本描述表、ESG数据信息和节目提示信息的测量码流输入复用器，复用器同时发送加密授权描述表。

（3）用码流分析仪对复用器输出的PMS码流逐位分析，检查复用帧0，验证NIT表是否每秒钟发送一次，CMCT/SMCT、CSCT/SSCT、BDT、加密授权描述表是否至少每3秒钟发送一次。

（4）在紧急广播发生器上停止紧急广播发送，确认复用流中无紧急广播信息。

（5）用码流分析仪对复用器输出的 PMS 码流逐位分析，检查复用帧0，验证 NIT、CMCT/SMCT、CSCT/SSCT、BDT、加密授权描述表是否每秒钟发送一次。

17．业务码率

业务码率测量步骤如下。

（1）如图11-21所示连接测量系统。

（2）编码器产生一个码率为128kbit/s的电视广播业务测量码流输入复用器，用码流分析仪对复用器输出的PMS码流逐位分析，并使用解复用器、解码器和监视器（带监听音箱）验证业务是否被正确复用。

（3）编码器产生一个电视广播业务测量码流（其中视频码率 384kbit/s，伴音码率32/64kbit/s）输入复用器，用码流分析仪对复用器输出的PMS码流逐位分析，并使用解复用器、解码器和监视器（带监听音箱）验证业务是否被正确复用。

（4）编码器产生一个码率为 500kbit/s 的电视广播业务测量码流输入复用器，用码流分析仪对复用器输出的 PMS 码流逐位分析，并使用解复用器、解码器和监视器（带监听音箱）验证业务是否被正确复用。

（5）编码器产生一个码率为 32kbit/s 的声音广播业务测量码流输入复用器，用码流分析仪对复用器输出的 PMS 码流逐位分析，并使用解复用器、解码器和监听音箱验证业务是否被正确复用。

（6）编码器产生一个码率为 64kbit/s 的声音广播业务测量码流输入复用器，用码流分析仪对复用器输出的 PMS 码流逐位分析，并使用解复用器、解码器和监听音箱验证业务是否被正确复用。

（7）编码器产生一个码率为 128kbit/s 的声音广播业务测量码流输入复用器，用码流分析仪对复用器输出的 PMS 码流逐位分析，并使用解复用器、解码器和监听音箱验证业务是否被正确复用。

（8）ESG 发生器产生一个码率为 500kbit/s 的 ESG 业务测量码流输入复用器，用码流分析仪对复用器输出的 PMS 码流逐位分析，验证业务是否被正确复用。

（9）紧急广播发生器产生一个码率为 56kbit/s 的紧急广播业务测量码流输入复用器，用码流分析仪对复用器输出的 PMS 码流逐位分析，验证业务是否被正确复用。

（10）用数据广播文件发生器和 XPE 封装机产生一个码率为 500kbit/s 的数据广播业务测量码流输入复用器，用码流分析仪对复用器输出的 PMS 码流逐位分析，验证业务是否被正确复用。

18. 视音频延时差

视音频延时差测量步骤如下。

（1）如图 11-21 所示连接测量系统。

（2）编码器产生含视音频业务数据的测量码流输入复用器。

（3）用码流分析仪对复用器输出的 PMS 码流按遵循标准逐位分析，记录 PMS 码流中同一个复用子帧中第一个视频单元和相应伴音第一个音频单元的相对播放时间字段值，并计算对应时间差值。

19. 业务延时

业务延时测量框图如图 11-22 所示。

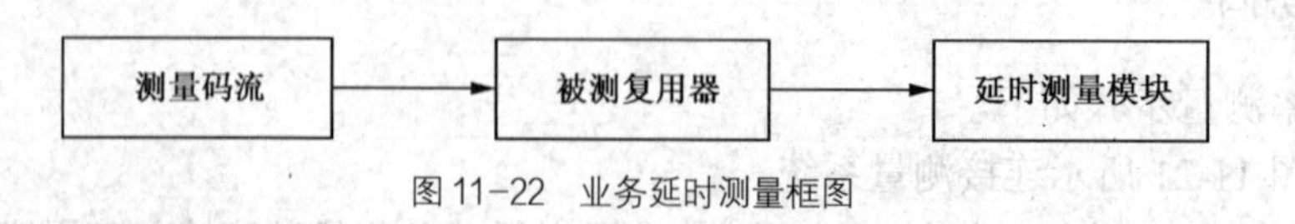

图 11-22　业务延时测量框图

业务延时测量步骤如下。

（1）如图 11-22 所示连接测量系统。

（2）码流发生器实时产生含延时测试序列的测量码流输入复用器，延时测试序列中携有实时发送时间信息。

（3）用码流分析仪对复用器输出的PMS码流按遵循标准逐位分析，记录PMS包中延时测试序列携带的发送时间信息和该PMS包之前相邻TOD包中的时间信息，并计算对应时间差值。

11.7 UHF频段发射机技术要求和测量方法

11.7.1 功能要求

移动多媒体广播发射机是移动多媒体广播网络的末端设备，直接影响移动多媒体广播网络的覆盖效果和覆盖质量。移动多媒体广播发射机主要由激励器、功率放大器和监控系统组成，其组成框图如图11-23所示。

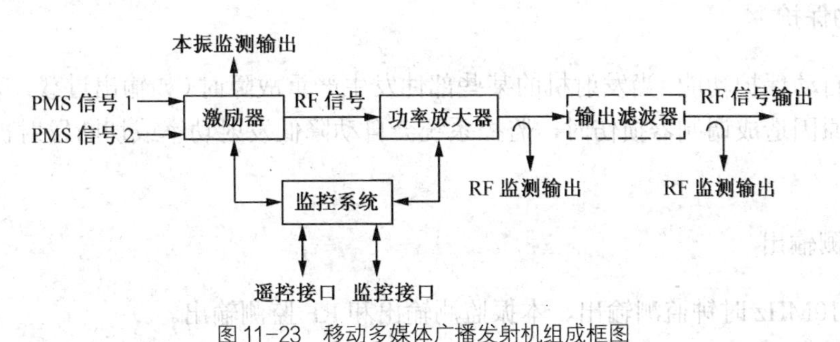

图11-23 移动多媒体广播发射机组成框图

1. 工作模式

支持GY/T 220.1—2006规定的全部工作模式（8MHz带宽）。各种工作模式下，系统每时隙净荷和系统最大净荷数据率参见表3-9。

2. 码流备份和切换

至少提供两路PMS输入互为备份，并具有手动和自动切换功能。

3. 预校正

具有线性和非线性预校正功能。

4. 工作频率范围

应符合GB/T 14433—1993的有关UHF频段的规定，参见附录A。

5. 频率参考源

有外参考源时，发射机优先使用外部参考源；无外参考源时，发射机应启用内部参考源。内外参考源可手动或自动切换。

6. 功率控制

提供手动电平控制（MLC）和自动电平控制（ALC）的功率控制方式。

7. 监控和报警

提供实时监控和报警功能。监控内容包括：设备工作状态、参数配置和接口工作状态等。报警内容包括：输入数据异常、10MHz 时钟输入信号异常、1pps 时钟输入信号异常、TOD 输入信号异常和设备故障等，发生异常情况时，给出报警指示。监控和报警可以远程进行控制和查询。

8. 管理配置

通过远程监控接口或控制面板设置发射机工作参数和接口配置等。

9. 自动保护

应提供自动保护功能。当发射机的某些部件发生严重故障时（如输出过载，功放过热等），或由于外部原因造成调制器损伤时，监控系统会自动降低发射功率或切断发射机的射频输出或关机。

10. 监测输出

应提供 10MHz 时钟监测输出、本振监测输出和 RF 监测输出。

11. 组网方式

支持多频网（MFN）或单频网（SFN）组网方式，其中 SFN 模式要求应符合 GY/Z 234—2008 的有关规定。

11.7.2 接口要求

（1）数据输入采用 ASI 接口，BNC 接头，阴性，输入阻抗为 75Ω，数据格式应符合 GY/Z 234—2008 的有关 PMS 规定（请参见本书的第 4.5.6 节）。

（2）10MHz 时钟输入采用 BNC 接头，阴性，输入阻抗为 50Ω（10MHz 时钟信号的频率精度为10^{-9}，正弦波，电平-5dBm～12dBm）。

（3）1pps 时钟输入采用 BNC 接头，阴性，TTL 电平，输入阻抗为 50Ω，接口信号波形如图 11-24 所示。

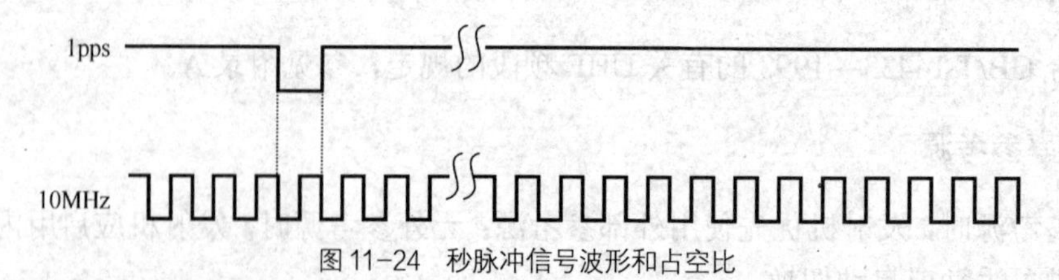

图 11-24 秒脉冲信号波形和占空比

（4）TOD 输入采用 RS232 接口，DB9 接头，阴性，符号率为 9600 波特，数据位 8 位，停止位 1 位，无奇偶校验位，数据格式应符合 GY/Z 234—2008 的有关 TOD 规定（请参见本书的 4.5.6 节）。

（5）监测输出采用 SMA 或 BNC 接头，阴性，输出阻抗为 50Ω。

（6）应具有远程监控接口。

（7）射频输出阻抗为 50Ω。

11.7.3 性能要求

移动多媒体广播发射机性能要求如表 11-8 所示。

表 11-8　　移动多媒体广播发射机性能要求

序　号	项　目		指　标
1	工作频率		应符合 GB/T 14433—1993 有关 UHF 频段规定，参见附录 A
2	频率调整步长	多频网模式	≤1kHz
		单频网模式	≤1Hz
3	频率稳定度（3 个月）	采用内部参考源	≤1×10^{-7}
		采用外接参考源	≤1×10^{-10}
4	频率准确度	多频网模式	±100Hz
		单频网模式	±1Hz
5	本振相位噪声		≤−85dBc/Hz　@1kHz ≤−95dBc/Hz　@10kHz ≤−110dBc/Hz　@100kHz
6	射频输出功率稳定度（24 小时）		±0.3dB
7	射频有效带宽		7.512MHz
8	输出负载的反射损耗		正常工作：≥26dB 允许工作：≥20dB
9	频谱模板		应符合 GY/T 220.1—2006 规定，如图 11-25 和表 11-9 所示
10	带肩（在偏离中心频率±4.2MHz 处）		≤−36dBc
11	带内不平坦度（f_c±3.756MHz）		±0.5dB
12	调制误差率（MER）		≥32dB
13	峰值平均功率比		满足 CCDF（Complementary Cumulative Distribution Function，互补累积分布函数）曲线模板要求，如图 11-26 所示
14	带外杂散	邻频道内	≤−45dB（相对于带内发射功率），并且≤13mW
		邻频道外	≤−60dB（相对于带内发射功率），并且≤13mW
15	单频网时延调整范围		0s～4s
16	单频网时延调整步进		100ns

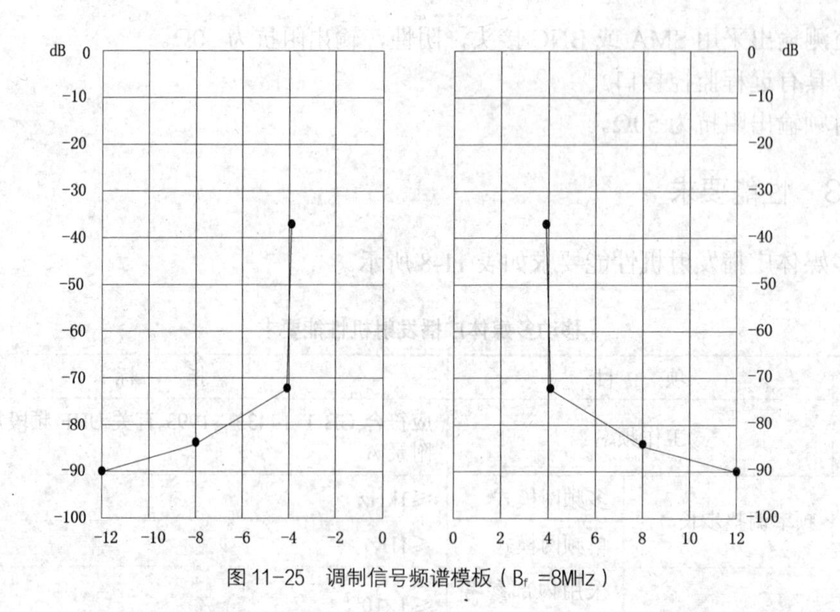

图 11-25 调制信号频谱模板（B_f =8MHz）

表 11-9 带内功率定义为 0dB 时频谱模板中各点相对功率值（B_f =8MHz）

相对频率/MHz	相对功率等级/dB
−12	−90
−8	−84
−4.2	−72
−3.8	−37
3.8	−37
4.2	−72
8	−84
12	−90

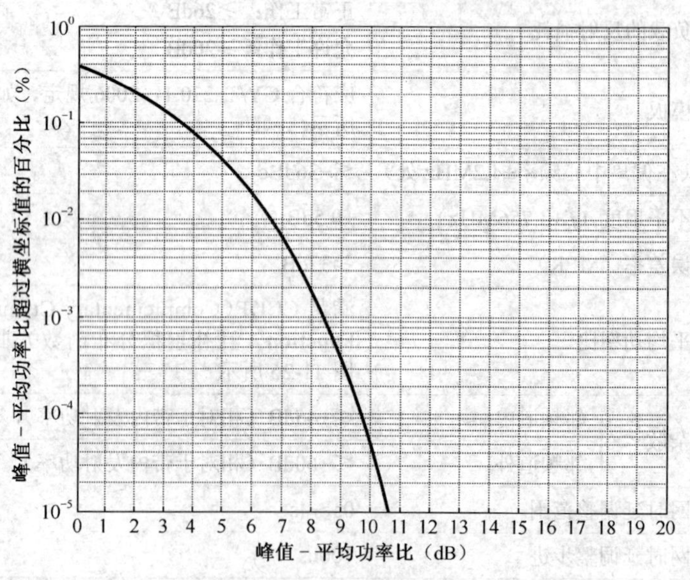

图 11-26 CCDF 曲线模板

11.7.4　测量项目和方法

1．工作模式测量

测量框图如图 11-27 所示。

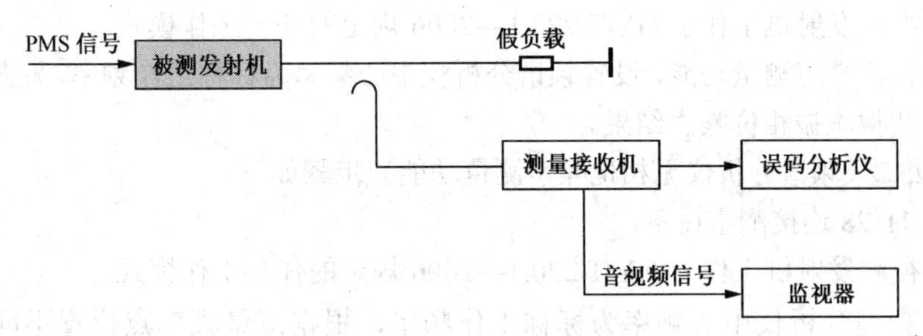

图 11-27　工作模式测量框图

测量步骤如下。

（1）按图 11-27 所示连接测量设备。

（2）设置被测发射机工作于 GY/T 220.1—2006 规定的工作模式之一。

（3）PMS 输入信号或测试图像信号。

（4）设置测量接收机的工作频率和模式与被测发射机一致。

（5）要求在所有的工作模式下，误码分析仪的误码率在 1 分钟内读数为 0。

（6）采用测试图像序列，监视器显示图像无损伤。

（7）改变被测发射机工作模式，重复步骤（3）～步骤（4），直至遍历 GY/T 220.1—2006 规定的所有工作模式。

2．本振性能测量

（1）频率调节步长

测量框图如图 11-28 所示。

测量步骤如下。

① 按图 11-28 连接测量设备。

② 将被测发射机的本振监测口连接到频率计或频谱分析仪。

③ 测量并记录本振信号的频率。

④ 按照最小调节步长调节一次本振信号频率。

⑤ 测量并记录本振信号的频率。

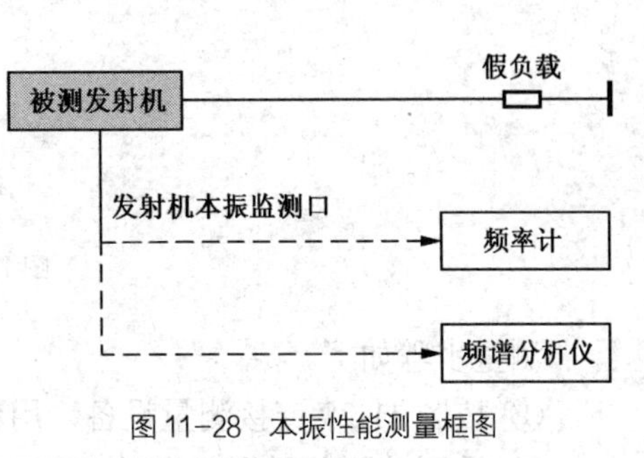

图 11-28　本振性能测量框图

⑥ 两次测量的本振信号频率之差即为频率调节步长。

（2）本振频率的准确度

测量步骤如下。

① 按图 11-28 连接测量设备。

② 将发射机的本振监测口连接到频率计或者频谱分析仪。

③ 测量并记录本振信号的频率。

④ 标称频率与测量频率之差的绝对值即为本振频率的准确度。

（3）本振相位噪声

测量方法一（频谱分析仪带相位噪声测量功能）步骤如下。

① 按图 11-28 连接测量设备。

② 设置被测发射机工作于 GY/T 220.1—2006 规定的任一工作模式。

③ 选择相位噪声测量功能，设置频谱分析仪中心频率为标称工作频率，测量带宽设置为 2MHz，即可测得本振相位噪声结果。

测量方法二（频谱分析仪无相位噪声测量功能）步骤如下。

① 按图 11-28 连接测量设备。

② 设置被测发射机工作于 GY/T 220.1—2006 规定的任一工作模式。

③ 设置频谱分析仪中心频率为标称工作频率，根据测量频率点位置不同，适当设置分辨率带宽（Resolution Bandwith，RBW），分别测量 1kHz、10kHz 和 100kHz 频率处幅度相对标称工作频率处幅度的差值，记为 A_p，并根据式（11-1）换算得到各频率点相位噪声。

$$N_p = A_p - 10\log(1.2RBW/1\text{Hz}) + 2.5 \qquad (11\text{-}1)$$

3. 频谱特性测量

（1）频谱模板

测量框图如图 11-29 所示。

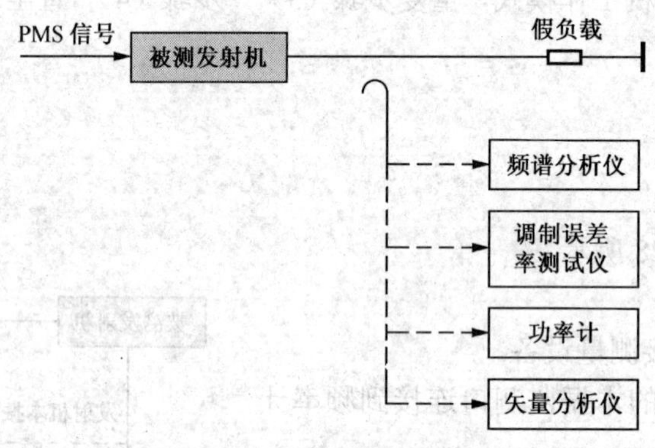

图 11-29 频谱特性测量框图

测量步骤如下。

① 按图 11-29 连接测量设备，用频谱分析仪进行测量。

② 设置被测发射机工作于 GY/T 220.1—2006 规定的任一工作模式。

③ PMS 输入信号不大于工作模式载荷速率的测试码流。

④ 设置频谱分析仪中心频率为发射机工作频率，RBW 设置为 4kHz。

⑤ 测量并记录输出信号的频谱，判断是否满足图 11-25 和表 11-9 中频谱模板的要求。

（2）射频有效带宽

测量步骤如下。

① 如图 11-29 所示连接测量系统。

② 设置发射机工作于 GY/T 220.1—2006 规定的任一工作模式。

③ PMS 输入信号不大于工作模式载荷速率的测量码流。

④ 设置频谱分析仪中心频率为发射机工作频率，RBW 设置为 1kHz，视频带宽（Video Bandwith，VBW）设置为 1kHz。

⑤ 分别读取最高端、最低端子载波频率，射频有效带宽为两者之差。

（3）带内频谱不平坦度

测量步骤如下。

① 按图 11-29 连接测量设备，用频谱分析仪进行测量。

② 设置被测发射机工作于 GY/T 220.1—2006 规定的任一工作模式。

③ PMS 输入信号不大于工作模式载荷速率的测量码流。

④ 测量带内最大和最小幅度值分别记为 A_{max} 和 A_{min}，分别计算 A_{min} 与 AC 的差和 A_{max} 与 AC 的差，即为带内不平坦度。

（4）带肩

测量步骤如下。

① 按图 11-31 连接测量设备，用频谱分析仪进行测量。

② 应在发射机输出滤波器之前进行取样。

③ 设置被测发射机工作于 GY/T 220.1—2006 规定的任一工作模式。

④ PMS 输入信号不大于工作模式载荷速率的测试码流。

⑤ 设置频谱分析仪中心频率为输出射频信号的中心频率，RBW 设置为 3kHz，VBW 设置为 3kHz，测量信号中心频率信号幅度测量信号中心频率 f_C 处信号幅度。

⑥ 分别测量 $f_C \pm 4.2$MHz 处信号幅度，f_C 处信号幅度与 $f_C \pm 4.2$MHz 处信号幅度的差值即为信号带肩。

4．调制误差率测量

测量步骤如下。

（1）按图 11-29 连接测量设备，用调制误差率测试仪进行测量。

（2）设置被测发射机工作于 GY/T 220.1—2006 规定的任一工作模式。

（3）PMS 输入信号不大于工作模式载荷速率的测试码流。

（4）测量并记录输出信号的星座图和调制误差率（Modulation Error Ratio，MER）。

5．输出功率测量

测量步骤如下。

（1）按图 11-29 连接测量设备，用功率计进行测量。

（2）将发射机的输出耦合信号连接功率计，设置功率计的工作频率为测量信号的中心频率，设置带宽为 8MHz，耦合器的耦合量应预先测知。

（3）设置被测发射机工作于 GY/T 220.1—2006 规定的任一工作模式。

（4）PMS 输入信号不大于工作模式载荷速率的测试码流。

（5）等待发射机稳定工作 10 分钟后记录读数，根据耦合量计算信号的输出功率。

6．峰值平均功率比

测量步骤如下。

（1）按图 11-29 所示连接测量设备，用矢量分析仪进行测量。

（2）设置发射机工作于 GY/T 220.1—2006 规定的任一工作模式。

（3）PMS 输入信号不大于工作模式载荷速率的测试码流。

（4）设置矢量分析仪中心频率为发射机工作频率，分析带宽为 8MHz。

（5）选择矢量分析仪的 CCDF（Complementary Cumulative Distribution Function，互补累积分布函数）测量功能，统计样本设置为 100000，在显示的 CCDF 曲线稳定后，保存并打印 CCDF 曲线，读取峰值平均功率比。

7．带外杂散测量

（1）邻频道内杂散

测量步骤如下。

① 按图 11-29 连接测量设备，用频谱分析仪进行测量。

② 设置发射机工作于 GY/T 220.1—2006 规定的任一工作模式。

③ PMS 输入信号不大于工作模式载荷速率的测试码流。

④ 将频谱分析仪中心频率设置为发射机工作频率，测量带宽为 8MHz，测量带内发射功率。

⑤ 设置频谱分析仪中心频率为发射机工作频率的上、下邻频道中心，测量带宽为 8MHz，分别测量上、下邻频道功率，邻频道内杂散为上、下邻频道功率两者较大值与带内发射功率的差，或根据式（11-2）计算出邻频道内杂散（以 dB 表示）。

$$P_i = 10\lg\frac{P_b}{P_n} \tag{11-2}$$

式（11-2）中，P_i 表示邻频道内的发射功率；P_b 表示上、下邻频道内功率的较大值；P_n 表示带内发射功率。

（2）邻频道外杂散

测量步骤如下。

① 按图 11-29 连接测量设备。

② 设置发射机工作于 GY/T 220.1—2006 规定的任一工作模式。

③ PMS 输入信号不大于工作模式载荷速率的测试码流。

④ 设置频谱分析仪中心频率为发射机工作频率，测量带宽为 8MHz，测量带内发射功率。

⑤ 频谱分析仪中心频率分别设置为二、三次谐波频道和镜像频道中心频率，测量带宽为 8MHz，分别测量二、三次谐波频道和镜像频道的发射功率，邻频道带外无用发射功率为二、三次谐波频道和镜像频道的发射功率三者最大值与带内发射功率的差，或按式（11-2）计算出邻频道外的无用发射功率（以 dB 表示），式中 P_b 为邻频道外功率的最大值。

8．单频网延时调整范围测量

测量框图如图 11-30 所示。

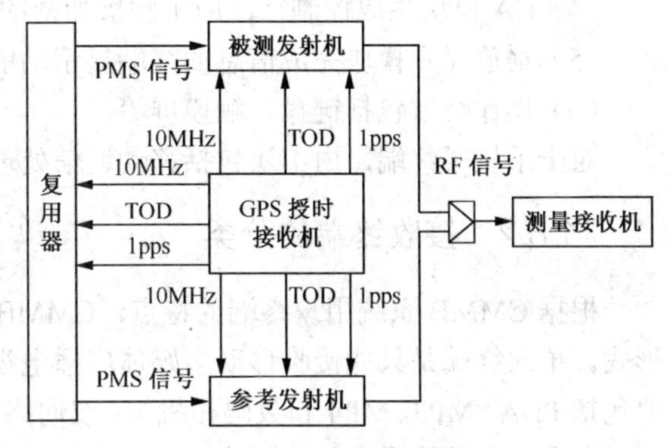

图 11-30　单频网延时调整范围测量框图

测量步骤如下。

（1）如图 11-30 所示连接测量设备。

（2）PMS 输入信号不大于工作模式载荷速率的测试码流。

（3）检查被测发射机是否能够自动正确设置工作模式。

（4）改变被测发射机延时设置，在保证接收机正常工作情况下，测试并记录单频网延时调整范围。

11.8　接收终端解码技术要求和测量方法

11.8.1　接收终端的功能模块

CMMB 接收终端是指具备接收、处理和/或显示 CMMB 信号的设备。CMMB 接收终端可实现的主要业务包括数字电视广播、数字音频广播、电子业务指南、紧急广播、数据广播等。CMMB 接收终端主要完成信号的解调、解码、用户授权、信号处理和播放显示功能。对于一个基本的 CMMB 系统接收终端，终端架构的基本构成如图 11-31 所示。

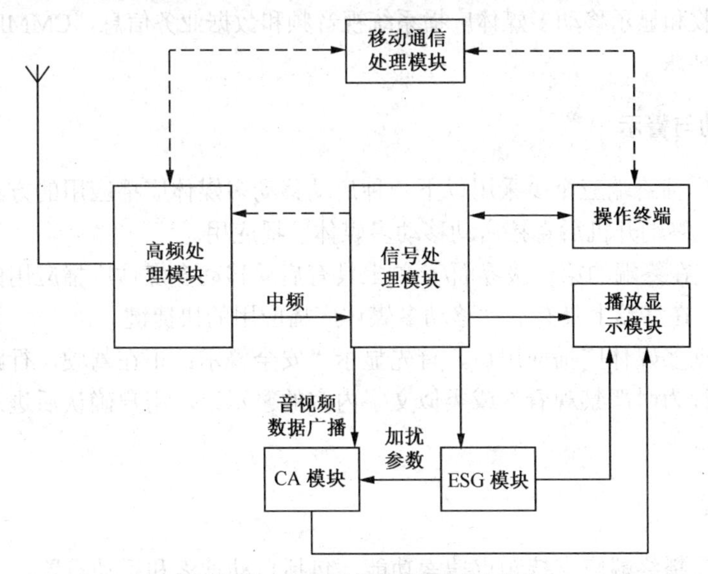

图 11-31　CMMB 系统用户终端基本架构

根据图 11-31 所示 CMMB 系统用户终端的基本架构，移动多媒体用户终端主要包括高频处理模块、信号处理模块、ESG 模块、CA 模块、播放显示模块、操作终端等。

（1）高频处理模块主要完成射频信号的接收和下变频，对于具备上行回传通道的终端，该模块还具备信号的上变频和发送功能。

（2）信号处理模块主要完成信号的解调、解码和解复用功能。

（3）ESG 模块主要解析处理 ESG 信息，同时将携带的加扰参数送给 CA 模块。

（4）CA 模块生成控制字，用于解析加密的音视频流和数据流。

（5）播放显示模块完成信息的终端显示功能，包括音视频输出端口和数据输出端口。

（6）操作终端包括键盘、触摸屏等。

对于手机类终端，内部还包括移动通信处理模块，用于处理双向话音业务。

11.8.2 接收终端的分类

根据 CMMB 系统用户终端的特点，CMMB 接收终端主要分为单向终端和双向终端两种形式。单向终端是只能接收移动多媒体广播电视业务而不具备上行传输通道的接收终端，主要包括 PDA、MP3、MP4 和数码相机等；双向终端是除了能接收移动多媒体广播电视业务外，同时具备上行传输通道的接收终端，主要包括手机、笔记本电脑等。由于手机类终端除可完成移动多媒体广播业务的双向接收功能外，还可实现电信话音业务，因此手机终端是移动多媒体广播系统接收终端中最具代表性的双向接收终端。

根据不同的应用场景，终端物理实现形式又可包括一体机和外接模块式两种形态。一体机是将移动多媒体广播电视射频信号的解调、解复用、解密、解码和显示通过单一的终端来实现，外接模块式终端则需要通过 SD 或 USB 接口实现移动多媒体广播电视业务的接收和展现。

11.8.3 功能要求

为高质量接收和显示移动多媒体广播系统视音频和数据业务信息，CMMB 接收终端应具备以下基本功能要求。

1. 应用启动与警示

移动多媒体广播终端应至少采用以下一种启动移动多媒体广播应用的方式。

（1）方式 1：终端开机后直接启动移动多媒体广播应用。

（2）方式 2：在终端的第一级界面/菜单上具有启动移动多媒体广播应用的选项。

（3）方式 3：在终端上具有启动移动多媒体广播应用的快捷键。

终端启动移动多媒体广播应用后，首先显示“安全警示：正在驾驶、行路或进行其他不适于观看内容的行为时严禁观看”或类似文字内容的警示语，用户确认后进入移动多媒体广播业务界面。

2. 频点搜索

移动多媒体广播终端应支持频点搜索功能，包括自动搜索和手动设置。

（1）自动搜索：终端应能自动搜索 470MHz～798MHz 频段中的全部频点（请参见本书附录 A），并能自动搜索预置的 2635MHz～2660MHz 频段中的全部频点。

（2）手动设置：终端应能提供频点选择列表，用户可在频点列表中手动选择某个频点进行搜索，也可手动输入某个频点进行搜索。

终端应支持显示移动多媒体广播的网络列表，显示当前搜索到的各个网络（电视广播、声音广播等业务的数量或其他信息由电子业务指南指示）。

3. 信道解调解码

移动多媒体广播终端应具有信道解调解码的功能，应能处理符合 GY/T220.1—2006 的信号。

4. 解复用

移动多媒体广播终端应具有解复用的功能，应能处理符合 GY/T220.2—2006 的码流。

5. 音视频解码

移动多媒体广播终端应提供音视频解码功能，该功能应支持以下格式的码流。

（1）视频

移动多媒体广播终端应至少支持以下视频压缩编码规范之一。

① GB/T20090.2，限定为级 2.0。

② ISO/IEC14496-10，限定为基本类（Baseline Profile），支持的级见表 11-1。

视频参数如下。

① 帧率：支持 25 帧/秒，其他帧率可选。

② 图像分辨率：支持 QVGA（320×240）、QCIF（176×144），其他分辨率可选。

③ 码率：解码支持的最大码率不低于 384kbit/s。

（2）音频

移动多媒体广播终端应支持以下两种音频压缩编码规范。

① SJ/T11368—2006。

② ISO/IEC14496-3，支持的类包括 AAC、HE-AAC。

音频参数如下。

① 声道：支持单声道、立体声。

② 采样率：支持 48kHz、44.1kHz、32kHz，其他采样率可选。

③ 码率：解码支持的最大码率不低于 128kbit/s。

6. 电子业务指南

移动多媒体广播终端应提供电子业务指南的功能，应能处理符合 GY/T220.3—2007 的码流。

终端应具有电子业务指南自动或手动更新功能。

电子业务指南功能应包括以下内容。

① 业务列表（当前网络的业务列表显示）。

② 当前节目显示（每个业务当前播放的节目名称显示）。

③ 节目提示信息显示（在业务观看时，显示节目提示信息）。

④ 加密业务标识显示（当前业务有无加密）。

⑤ 节目列表（将某个业务某个时间段内的节目按日期分类显示）。

⑥ 本地保存功能（在本地保存上次更新的电子业务指南）。

⑦ 其他网络的业务列表（可选）。
⑧ 节目搜索（可选）。
⑨节目分类（可选）。
⑩ 节目介绍（可选）。
⑪ 业务介绍（可选）。
⑫ 收藏（可选）。
⑬ 预约（可选）。

7. 紧急广播

移动多媒体广播终端应提供紧急广播功能，应能处理符合 GY/T220.4—2007 的码流。

在启动移动多媒体广播应用后，当收到紧急广播消息时，终端应能根据紧急广播消息级别的要求进行处理，见表 11-10。

表 11-10　　CMMB 接收终端对紧急广播消息的处理方式

消 息 级 别	终端处理方式
1 级（特别重大）	自动弹出紧急广播消息，同时中断当前的业务
2 级（重大）	自动弹出紧急广播消息，同时中断当前的业务
3 级（较大）	采用文字或图形标识进行提示并闪烁，经用户确认后显示紧急广播消息
4 级（一般）	采用文字或图形标识进行提示并闪烁，经用户确认后显示紧急广播消息

紧急广播消息展现完毕并经用户确认后，应能恢复当前被中断的业务。

紧急广播功能应包括以下内容。

① 紧急广播消息提示。
② 紧急广播消息显示。
③ 紧急广播消息存储。

8. 数据广播

移动多媒体广播终端应提供数据广播功能，应能处理符合 GY/T220.5—2008 的码流。

终端应支持文件模式和流模式数据广播业务的解析，流模式可包括音视频流和数据流等。

终端应能将解析后的数据提供给相应的数据广播业务处理模块，从而实现数据广播业务的展现。

9. 条件接收

移动多媒体广播终端应提供条件接收功能，应能处理符合 GY/T220.6—2008 的码流。

条件接收功能可采用安全芯片、SD/microSD/miniSD 或 SIM 卡等物理承载方式实现。

以 SD/microSD/miniSD 的物理形式实现条件接收功能的移动多媒体广播终端，其接口应遵循 SDIO（Secure Digital Input/Output，安全数字输入/输出）规范 1.00 版本或 SDIO 规范 2.00 版本。

10. 业务切换

移动多媒体广播终端应至少支持通过以下方式之一进行业务切换。

（1）方式1：通过电子业务指南的业务列表进行业务切换。

（2）方式2：通过基于HTML（Hyper Text Markup Language，超文本标记语言）网页的门户导航进行业务切换，参见GY/T 220.7—2008附录A。

（3）方式3：通过按键、旋钮、软件按键等方式进行业务切换。

11．显示功能

本节所描述的显示功能主要针对带有显示屏幕的移动多媒体广播终端，对于不带有显示屏幕的移动多媒体广播终端，其外接的显示设备应能具备本节所描述的显示功能要求。

（1）视频

① 完整显示：终端应能将前端广播的视频画面完整地显示给用户，针对不同的屏幕大小进行自适应调整以实现完整显示。

② 全屏显示：用户可通过按键（可选）和选项菜单直接进入/退出全屏。

③ 参数调节：终端应支持视频显示亮度等关键参数的调节。

④ 旋转屏幕（可选）：终端应支持在横向和纵向显示间切换。

（2）文字

移动多媒体广播终端应支持简体中文显示。

字库应支持GB2312或GB13000的编码字符集。

（3）业务切换间隙

移动多媒体广播终端应能在业务切换间隙通过文字和/或图像等方式提示正在切换频道，或者保留切换前的最后一帧图像。

（4）CMMB标识及显示

在图形化界面和菜单中，CMMB应用功能项应使用CMMB标识。在文字菜单中，CMMB应用功能项应使用CMMB文字标识。

（5）信号强度显示

移动多媒体广播终端应提供移动多媒体广播接收信号的强度指示。

（6）版本显示

移动多媒体广播终端应提供与移动多媒体广播有关的硬件/软件的版本显示。

12．音量调节功能

移动多媒体广播终端应支持在业务播放过程中的音量调节和静音功能。此类调节功能应能够通过按键、旋钮或软件按键等快捷方式提供。

（1）音量调整：终端应支持在播放过程中通过按键或菜单选项方式调整音量，并将调整信息显示在屏幕上，2秒钟～4秒钟之内自动消失。

（2）静音：终端应具备静音及恢复声音功能。在业务播放前或播放过程中，可通过按键或菜单选项的方式实现静音/恢复声音。

13．菜单和帮助

移动多媒体广播终端应提供菜单和帮助（可选）功能。

（1）菜单中的文字内容应使用简体中文显示。

（2）帮助中的文字内容应使用简体中文显示。

14．测试点要求

移动多媒体广播终端的测试点应位于高频头入口处，便于射频测试。

11.8.4 性能要求

1．信道参数

移动多媒体广播终端的信道参数应遵循 GY/T220.1—2006 的规定。

（1）频率范围：2.635GHz～2.660GHz（S 频段）；470GHz～798MHz（UHF 频段）。

（2）信号带宽：8MHz。

（3）星座映射：BPSK、QPSK、16QAM。

（4）子载波数：4K。

（5）RS 编码：RS（240，176）、RS（240，192）、RS（240，224）、RS（240，240）。

（6）LDPC 编码码率：1/2、3/4。

（7）外交织：必须支持模式 1、模式 2 和模式 3。

（8）扰码方式：支持所有模式。

2．接收灵敏度

随着用户数增加，运营商及用户进一步提高了对 CMMB 网络覆盖质量的重视和敏感程度。然而，即使在同一网络覆盖条件下，不同接收灵敏度的终端给用户带来的感受也是不同的：灵敏度高的终端将偏向于支持更远的覆盖距离和更好的体验效果，这就需要对 CMMB 终端的灵敏度等性能指标有具体的要求。

移动多媒体广播终端 UHF 频段接收灵敏度的性能要求包括在 BPSK、QPSK 和 16QAM 调制时的性能指标，见表 11-11。

表 11-11　终端接收灵敏度性能指标参考（BER≤3×10^{-6}）

信道配置		灵敏度/dBm
星座映射	LDPC 编码码率	UHF 频段
BPSK	1/2	−98
	3/4	−96
QPSK	1/2	−95
	3/4	−92
16QAM	1/2	−90
	3/4	−86

3．载噪比门限

移动多媒体广播终端 UHF 频段载噪比门限的性能要求包括分别在加性高斯白噪声信道、静态多径信道、静态等强两径信道和动态多径信道下的性能指标。

（1）在加性高斯白噪声信道下的 UHF 频段载噪比门限的性能指标的参考值如表 11-12 所示。

表 11-12　终端载噪比门限性能指标参考（加性高斯白噪声信道，BER≤3×10^{-6}）

信道配置		(C/N) /dB
星座映射	LDPC 编码码率	
BPSK	1/2	–
	3/4	–
QPSK	1/2	2.7
	3/4	5.1
16QAM	1/2	8.6
	3/4	12

（2）静态多径信道在瑞利模型（见附录 B）下的载噪比门限的性能指标参考值如表 11-13 所示。

表 11-13　终端载噪比门限性能指标参考（瑞利模型信道，LDPC 编码码率为 1/2，BER≤3×10^{-6}）

星座映射	(C/N) /dB
BPSK	–
QPSK	4.9
16QAM	11.3

（3）在等强两径信道下的载噪比门限的性能指标在 0dB 衰减时的参考值如表 11-14 所示。

表 11-14　终端载噪比门限性能指标参考（等强两径信道，LDPC 编码码率为 1/2，BER≤3×10^{-6}）

信道配置		(C/N) /dB
星座映射	延时/μs	
QPSK	40	7
16QAM	50	11

（4）动态多径信道在 TU-6 模型（见附录 B）下的载噪比门限的性能指标参考值如表 11-15 所示。

表 11-15　终端载噪比门限性能指标参考（TU-6 模型信道，LDPC 编码码率为 1/2，BER≤3×10^{-6}）

信道配置		(C/N) /dB
星座映射	多普勒频移/Hz	
QPSK	20	7.7
	100	7.0
	300	7.8
16QAM	20	14.3
	100	13.7
	250	13.8

4．抗干扰能力

移动多媒体广播终端 UHF 频段抗干扰能力的性能要求包括同频数字干扰、邻频数字干扰、同频模拟干扰和邻频模拟干扰的性能指标，如表 11-16 所示。

表 11-16　　终端抗干扰能力性能指标参考（LDPC 编码码率为 1/2）

干扰类型	星座映射	（*C*/*N*）/dB
同频数字干扰	QPSK	–
上邻频数字干扰	QPSK	−37
下邻频数字干扰	QPSK	−37
同频模拟干扰	QPSK	−9.2
	16QAM	−4
上邻频模拟干扰	QPSK	−42
下邻频模拟干扰	QPSK	−43

5．接收性能指标

移动多媒体广播终端应具备内置或外置天线，支持 S 频段和 UHF 频段接收。

（1）移动多媒体广播终端 UHF 频段接收天线的性能指标如下。

① 接收频率：470MHz～798MHz。

② 电压驻波比（Voltage Standing Wave Ratio，VSWR）：≤2.5。

③ 阻抗：50Ω。

④ 天线增益：≥−7dBi。

（2）移动多媒体广播终端 UHF 频段 RF 调谐器的性能指标如下。

① 最小输入电平：−95dBm。

② 最大输入电平：−10dBm。

③ 噪声指数：≤5.0dB。

（3）移动多媒体广播终端 S 频段接收天线的性能指标如下。

① 接收频率：2635MHz～2660MHz。

② 电压驻波比（VSWR）：≤1.5。

③ 极化方式：左旋圆极化。

④ 阻抗：50Ω。

⑤ 轴比：<3dB。

⑥ 天线增益：2.5dBi。

（4）移动多媒体广播终端 S 频段 RF 调谐器的性能指标如下。

① 最小输入电平：−100dBm。

② 最大输入电平：−20dBm。

③ 噪声指数：<2.0dB。

6．连续播放时间

在独立电池供电、正常接收的条件下，终端连续接收、解扰并播放的时间为。

① 电视广播业务：≥3h。
② 声音广播业务：≥5h。

7. 音视频业务切换时间

① 切换到非加扰业务：≤4s。
② 切换到加扰业务：≤7s。

8. 启动时间

终端从启动移动多媒体广播功能至显示业务界面的时间应小于5s。

11.8.5 用户界面要求

1. 业务导航界面

移动多媒体广播终端应在用户界面中提供业务导航信息。

在业务导航界面首页中应提供如下功能选项。

（1）电视广播：观看电视广播业务。

（2）声音广播：收听声音广播业务。

（3）电子业务指南：显示电子业务指南相关的信息，如业务名称、节目列表、节目内容等。

（4）紧急广播：显示已接收过的紧急广播消息的历史内容。

（5）数据广播：显示终端支持的数据广播业务内容。

（6）设置：终端可提供频点搜索、版本显示、声音设置等功能。

终端应采用如下两种方式之一对上述功能选项进行展现。

（1）按照运营商统一广播的门户导航信息进行显示，参见GY/T 220.7—2008附录A。

（2）由终端生产厂家定制。

2. 电视、声音广播信息显示

移动多媒体广播终端在接收电视、声音广播业务时，根据需要应能提供当前业务名称、节目名称、频点等相关信息的显示。

3. 条件接收信息显示

移动多媒体广播终端应按照运营商要求提供相关显示信息。

4. 终端状态显示

移动多媒体广播终端应能够直观地显示信号的强弱。终端处于无信号状态时，应能指示无信号。

11.8.6 外接模块式终端技术要求

外接模块式终端是一种提供移动多媒体广播接收功能的附件式终端，这种终端作为一种辅助接收设备需要与相应的主设备（如电脑、PDA、手机等）共同完成对移动多媒体广播业务的接收和展现。外接模块式终端应能满足上述 CMMB 接收终端功能要求、性能要求和用户界面要求（明显不适用于外接模块式终端的技术要求除外）。

外接模块式终端应支持的接口速率≥2Mbit/s，如 SD 或 USB 等接口。

1．SD 接口

使用 SD 接口的外接模块式终端应满足如下要求。

（1）符合 SDIO 规范 1.00 版本或 SDIO 规范 2.00 版本。

（2）符合 SDMemory 规范。

（3）接口外形尺寸符合 SD 卡、microSD 卡或 miniSD 卡标准。

（4）接收性能不低于手机类终端性能。

2．USB 接口

使用 USB 接口的外接模块式终端应满足如下要求。

（1）符合 USB2.0 规范。

（2）接收性能不低于手机类终端性能。

11.8.7 测量条件

1．测量频段

（1）S 频段

在 2635MHz～2660MHz 中进行测量。

（2）UHF 频段

频点搜索、整机最低接收场强至少选取 3 个 UHF 8MHz 频道进行测量，这 3 个频道应分别为 UHF 频段低、中、高端频道。

业务切换选取 2 个 UHF 8MHz 频道进行测量。

其他项目在相同的 1 个 UHF 8MHz 频道上进行测量。

UHF 频段可用频道见附录 A。

2．终端接入测量系统方式

测量整机最低接收场强时，终端置于电波暗室通过自带天线接收射频测试信号。

其他项目中移动多媒体广播终端应通过位于高频头入口处的测试点接入测量系统进行测试。对于暂时无法通过测试点接入测量系统进行测试的移动多媒体广播终端，进行整机测试，此时终端通过自带天线接收射频测试信号。

3．标准测试信号

本标准测试信号用于除灵敏度、最大输入电平、整机最低接收场强测试外其他测试项目。

（1）CMMB 射频测试信号

加到移动多媒体广播终端测试点的标准射频输入有用信号电平应用频道内的功率表示

为-60dBm。

整机性能测试时，移动多媒体广播终端所处位置CMMB信号场强为80dBμV/m。

（2）干扰测试用模拟电视信号

同频、邻频模拟干扰测试时模拟电视信号采用PAL-D射频信号，其所调制视频信号为75%彩条信号，音频信号为1kHz信号。模拟电视信号电平以图像载波同步顶功率表示。

（3）高斯噪声

高斯噪声带宽应大于被测信道带宽。高斯噪声的电平以被测频道内的功率表示。

（4）多径信号

多径信号依照多径信道模型产生，多径信道的模型见附录B。

4．测试判决条件

测试判决时采用主观或客观判据作为失败判据，判断终端是否正常工作。

（1）主观判据

① 性能测试：前端发送测试图像序列，在各项测试中，终端在1分钟观测周期内观察图像损伤（动态多径信道性能测试观测周期为5分钟），平均误秒率（Erroneous Second Ratio，ESR）不大于5%。

② 功能测试：对于可用视音频表征的功能测试，终端在1分钟观测周期内应不出现图像和声音损伤。

③ 测试图像序列应包括以下测试图像内容，测试图像序列长度为1分钟：

- 75%和100%的数字彩条；
- 数字电视综合测试图；
- 包含有丰富亮度细节的测试图像；
- 包含有丰富色彩细节的测试图像；
- 包含快速水平/垂直运动的测试图像；
- 包含旋转/随机运动的测试图像；
- 肤色测试图；
- 包含台标、参赛队名称、比分数字的测试图像；
- 包含硬切换的测试图像；
- 包含横飞字幕、滚屏字幕的测试图像。

（2）客观判据

前端发送伪随机序列，终端接收解调输出的比特在1分钟观测周期（动态多径信道性能测试观测周期为5分钟）内测得平均比特误码率（Bit Error Rate，BER）应不大于3×10^{-6}。

11.8.8 测量项目和方法

1．用户界面

用户界面测量框图如图11-32所示。

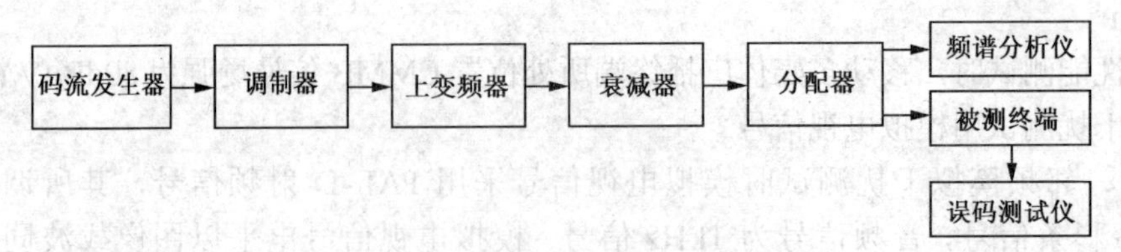

图 11-32 用户界面测量框图

用户界面测量步骤如下。

（1）如图 11-32 所示连接测量系统，将终端测试点接入到测量系统中。

（2）码流发生器发送包含综合业务的 PMS 测试流，该测试流中承载着电视广播、声音广播、加密电视广播、加密声音广播、电子业务指南、紧急广播、数据广播业务。

（3）根据 PMS 测试流中的配置信息，正确设置调制器。

（4）设置上变频器的工作频率，调整上变频器输出电平和衰减器设置，使被测终端输入电平为标准输入电平。

（5）使用终端进行频点搜索。

（6）检查终端业务导航界面是否符合 GY/T 220.7—2008 中 8.1 条（参见本书第 11.8.5 节）的规定，并检查通过该界面是否可正确导航到相应的业务。

（7）接收电视、声音广播业务，检查信息显示是否符合 GY/T 220.7—2008 中 8.2 条（参见本书第 11.8.5 节）的规定。

（8）接收加密电视广播、加密声音广播业务，检查条件接收信息显示是否符合 GY/T 220.7—2008 中 8.3 条（参见本书第 11.8.5 节）的规定。

（9）在业务接收过程中，改变终端输入电平，检查终端状态显示是否符合 GY/T 220.7—2008 中 8.4 条（参见本书第 11.8.5 节）的规定。

2．频点搜索

频点搜索测量框图如图 11-33 所示。

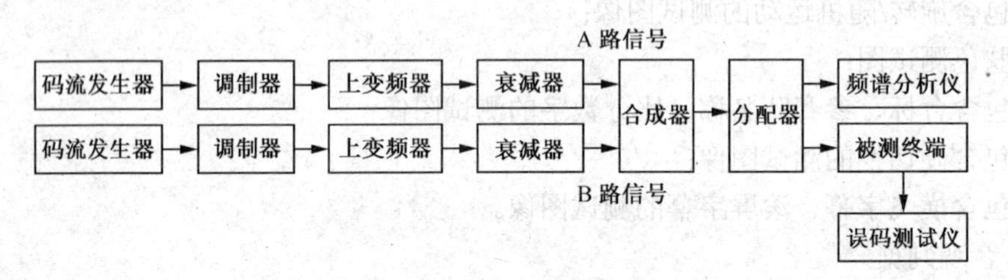

图 11-33 频点搜索、业务切换测量框图

频点搜索测量步骤如下。

（1）如图 11-33 所示连接测量系统，将终端测试点接入到测量系统中。

（2）码流发生器产生的 PMS 测试流经过调制、变频产生 A 路信号，上变频器的工作频率设置为 f_A，A 路信号承载着 A 网络所属的电视广播、声音广播、加密电视广播、加密声音广播业务。

（3）码流发生器产生的 PMS 测试流经过调制、变频产生 B 路信号，上变频器的工作频率设置为f_B（$f_B \neq f_A$），B路信号承载着B网络所属的电视广播、声音广播、加密电视广播、加密声音广播业务。

（4）调整两路信号上变频器输出电平和衰减器设置，使被测终端输入电平为标准输入电平。

（5）使用终端进行频点自动搜索，记录是否正确搜索并显示网络和业务。

（6）使用终端进行频点手动搜索，记录是否正确搜索并显示网络和业务。

（7）对于UHF频段测量，修改f_B，重复步骤（3）～步骤（6）。

3．信道解调解码

信道解调解码测量步骤如下。

（1）如图11-32所示连接测量系统，将终端测试点接入到测量系统中。

（2）码流发生器发送PMS测试流，该测试流承载测试序列（伪随机序列或测试图像序列），含有NIT表、CMCT/SMCT表、CSCT/SSCT表等控制信息表，并将承载测试序列的业务逻辑信道配置为GY/T 220.1—2006规定的任一工作模式，所承载测试序列码率与该工作模式匹配。

（3）根据PMS测试流中的配置信息，正确设置调制器。

（4）设置上变频器的工作频率，调整上变频器输出电平和衰减器设置，使被测终端输入电平为标准输入电平。

（5）使用终端进行频点搜索，接收测试序列承载业务，判断终端工作是否正常。

（6）改变工作模式，重复步骤（2）～步骤（5），直至遍历GY/T 220.1—2006规定的所有工作模式。

4．视音频解码

视音频解码测量步骤如下。

（1）如图11-32所示连接测量系统，将终端测试点接入到测量系统中。

（2）码流发生器发送PMS测试流，该测试流中承载电视广播、声音广播业务。

（3）根据PMS测试流中的配置信息，正确设置调制器。

（4）设置上变频器的工作频率，调整上变频器输出电平和衰减器设置，使被测终端输入电平为标准输入电平。

（5）使用终端进行频点搜索，接收电视广播、声音广播业务，使用主观判据判断终端工作是否正常。

（6）改变电视广播、声音广播业务中视音频编码参数，重复步骤（2）～步骤（5），直至遍历GY/T 220.7—2008中6.5条（参见本书第11.8.3节）规定的所有视音频参数。

5．业务支持

业务支持测量步骤如下。

（1）如图11-32所示连接测量系统，将终端测试点接入到测量系统中。

（2）码流发生器发送包含综合业务的PMS测试流，该测试流中承载着电视广播、声音广播、加密电视广播、加密声音广播、电子业务指南、紧急广播、数据广播业务。

（3）根据 PMS 测试流中的配置信息，正确设置调制器。

（4）设置上变频器的工作频率，调整上变频器输出电平和衰减器设置，使被测终端输入电平为标准输入电平。

（5）使用终端进行频点搜索。

（6）接收电视、声音广播业务，观察在业务观看、收听时电子业务指南功能是否符合 GY/T 220.7—2008 中 6.6 条（参见本书第 11.8.3 节）的规定。

（7）接收紧急广播业务，观察业务接收是否符合 GY/T 220.7—2008 中 6.7 条（参见本书第 11.8.3 节）的规定。

（8）接收数据广播业务，观察业务接收是否符合 GY/T 220.7—2008 中 6.8 条（参见本书第 11.8.3 节）的规定。

（9）接收加密电视、加密声音广播业务，观察业务接收是否符合 GY/T 220.7—2008 中 6.9 条（参见本书第 11.8.3 节）的规定。

6．业务切换

业务切换测量步骤如下。

（1）如图 11-33 所示连接测量系统，将终端测试点接入到测量系统中。

（2）码流发生器产生的 PMS 测试流经过调制、变频产生 A 路信号，上变频器的工作频率设置为 f_A，A 路信号承载着 A 网络所属的电视广播、声音广播、加密电视广播、加密声音广播业务。

（3）码流发生器产生的 PMS 测试流经过调制、变频产生 B 路信号，上变频器的工作频率设置为 f_B（$f_B \neq f_A$），B 路信号承载着 B 网络所属的电视广播、声音广播、加密电视广播、加密声音广播业务。

（4）调整两路信号上变频器输出电平和衰减器设置，使被测终端输入电平为标准输入电平。

（5）使用终端进行频点搜索。

（6）通过业务导航界面在分属于 A、B 两路信号的电视广播业务之间进行切换，记录切换时间，重复测试多次，取平均值。

（7）通过业务导航界面在分属于 A、B 两路信号的加密电视广播业务之间进行切换，记录切换时间，重复测试多次，取平均值。

（8）观察业务切换方式是否符合 GY/T 220.7—2008 中 6.10 条（参见本书第 11.8.3 节）的规定。

（9）在业务切换间隙，观察终端显示是否符合 GY/T 220.7—2008 中 6.11.3 条（参见本书第 11.8.3 节）的规定。

7．应用启动与警示/显示功能/菜单和帮助

应用启动与警示/显示功能/菜单和帮助测量步骤如下。

（1）如图 11-32 所示连接测量系统，将终端测试点接入到测量系统中。

（2）码流发生器发送 PMS 测试流，该测试流中承载着电视广播业务。

（3）根据 PMS 测试流中的配置信息，正确设置调制器。

（4）设置上变频器的工作频率，调整上变频器输出电平和衰减器设置，使被测终端输入电平为标准输入电平。

（5）检查应用启动与警示是否符合 GY/T 220.7—2008 中 6.1 条（参见本书第 11.8.3 节）的规定。

（6）使用终端进行频点搜索，接收电视广播业务，检查视频显示功能是否符合 GY/T 220.7—2008 中 6.11.1 条（参见本书第 11.8.3 节）的规定。

（7）检查文字、CMMB 标识及显示、信号强度显示、版本显示等显示功能是否符合 GY/T 220.7—2008 中 6.11.2、6.11.4、6.11.5 和 6.11.6 条（参见本书第 11.8.3 节）的规定。

（8）检查菜单和帮助是否符合 GY/T 220.7—2008 中 6.13 条（参见本书第 11.8.3 节）的规定。

8. 音量调节

音量调节测量步骤如下。

（1）如图 11-32 所示连接测量系统，将终端测试点接入到测量系统中。

（2）码流发生器发送 PMS 测试流，该测试流中承载着电视广播、声音广播业务。

（3）根据 PMS 测试流中的配置信息，正确设置调制器。

（4）设置上变频器的工作频率，调整上变频器输出电平和衰减器设置，使被测终端输入电平为标准输入电平。

（5）使用终端进行频点搜索，接收电视广播、声音广播业务，确认终端正常工作。

（6）进行音量调节和静音/恢复声音操作，检查音量调节功能是否符合 GY/T 220.7—2008 中 6.12 条（参见本书第 11.8.3 节）的规定。

9. 启动移动多媒体广播功能所需时间和连续播放时间

启动移动多媒体广播功能所需时间和连续播放时间测量步骤如下。

（1）如图 11-32 所示连接测量系统，将终端测试点接入到测量系统中。

（2）码流发生器发送包含综合业务的 PMS 测试流，该测试流中承载着加密电视广播、加密声音广播业务。

（3）根据 PMS 测试流中的配置信息，正确设置调制器。

（4）设置上变频器的工作频率，调整上变频器输出电平和衰减器设置，使被测终端输入电平为标准输入电平。

（5）启动终端多媒体广播功能，记录终端从启动移动多媒体广播功能至显示业务界面的时间，重复多次，取平均值作为启动移动多媒体广播功能所需时间。

（6）使用终端进行频点搜索。

（7）使用已完全充电的独立电池对终端供电，接收加密电视广播业务，记录终端连续接收、解扰并播放的时间，直至电池电量耗尽。

（8）更换电池，使用已完全充电的独立电池对终端供电，接收加密声音广播业务，记录终端连续接收、解扰并播放的时间，直至电池电量耗尽。

10. 灵敏度

灵敏度测量步骤如下。

（1）如图 11-32 所示连接测量系统，将终端测试点接入到测量系统中。

（2）码流发生器发送 PMS 测试流，该测试流承载测试序列（伪随机序列或测试图像序列），含有 NIT 表、CMCT/SMCT 表、CSCT/SSCT 表等控制信息表，并将承载测试序列的业务逻辑信道配置为符合 GY/T 220.1—2006 规定的工作模式。

（3）根据 PMS 测试流中的配置信息，正确设置调制器。

（4）设置上变频器的工作频率，调整上变频器输出电平和衰减器设置，使被测终端输入电平为标准输入电平。

（5）使用终端进行频点搜索，接收测试序列承载业务，确认终端正常工作。

（6）增加衰减器的衰减量，直至终端接收失败。

（7）以 0.1dB 步进减小衰减器衰减量，直至终端达到失败判据。

（8）测量并记录射频中心频率 $f_C \pm 4$MHz 频带内的平均功率（平均次数 50），记为 C（dBm）。

（9）改变工作模式，重复步骤（2）～步骤（8），直至遍历 GY/T 220.1—2006 规定的所有工作模式。

11. 最大输入电平

最大输入电平测量步骤如下。

（1）如图 11-32 所示连接测量系统，将终端测试点接入到测量系统中。

（2）码流发生器发送 PMS 测试流，该测试流承载测试序列（伪随机序列或测试图像序列），含有 NIT 表、CMCT/SMCT 表、CSCT/SSCT 表等控制信息表，并将承载测试序列的业务逻辑信道配置为符合 GY/T 220.1—2006 规定的工作模式。

（3）根据 PMS 测试流中的配置信息，正确设置调制器。

（4）设置上变频器的工作频率，调整上变频器输出电平和衰减器设置，使被测终端输入电平为标准输入电平。

（5）使用终端进行频点搜索，接收测试序列承载业务，确认终端正常工作。

（6）以适当步进增加被测终端输入电平，直至终端接收失败，如调整过程中终端输入电平达到 GY/T 220.7—2008 附录 C（参见本书第 11.8.4 节）规定的 RF 调谐器最大输入电平，则转步骤 7）。

（7）测量并记录射频中心频率 $f_C \pm 4$MHz 频带内的功率（平均次数 50），即为最大输入电平。

12. 加性高斯白噪声信道下的载噪比门限

加性高斯白噪声信道下的载噪比门限测量框图如图 11-34 所示。

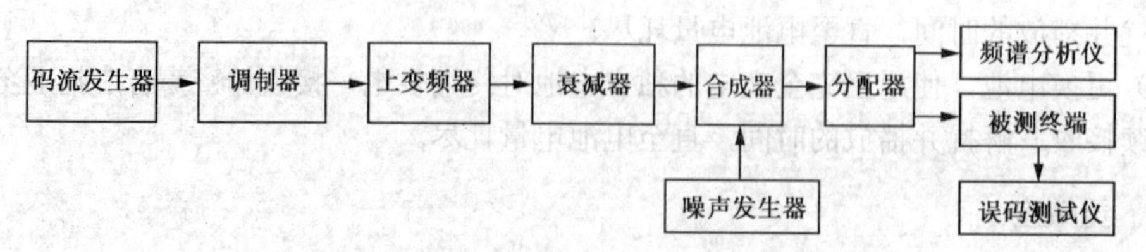

图 11-34 加性高斯白噪声信道下的载噪比门限测量框图

加性高斯白噪声信道下的载噪比门限测量步骤如下。

（1）如图 11-34 所示连接测量系统，将终端测试点接入到测量系统中，关闭噪声发生器输出。

（2）码流发生器发送 PMS 测试流，该测试流承载测试序列（伪随机序列或测试图像序列），含有 NIT 表、CMCT/SMCT 表、CSCT/SSCT 表等控制信息表，并将承载测试序列的业务逻辑信道配置为符合 GY/T 220.1—2006 规定的工作模式。

（3）根据 PMS 测试流中的配置信息，正确设置调制器。

（4）正确设置上变频器输出频率和电平，调整衰减器输出端信号电平，使用终端进行频点搜索，确认终端正常工作。

（5）调整衰减器，使得在频谱分析仪上测得的射频中心频率 $f_C \pm 4$MHz 频带内的平均功率（平均次数 50）为标准输入电平，记为 C（dBm）。

（6）开启噪声发生器，增加噪声信号电平使终端接收失败。

（7）以 0.1dB 步进降低噪声信号电平，直至终端达到失败判据。

（8）将衰减器衰减量设为最大，在频谱分析仪上测量噪声信号电平（$f_C \pm 4$MHz 频带内的平均功率，平均次数 50），记为 N（dBm）。

（9）计算 C/N 门限。

（10）改变工作模式，重复步骤（2）～步骤（9），直至遍历 GY/T 220.1—2006 规定的所有工作模式。

13．静态多径信道下的载噪比门限

静态多径信道下的载噪比门限测量框图如图 11-35 所示。

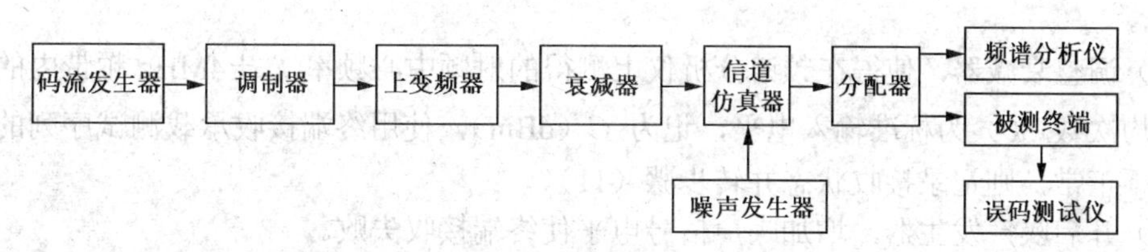

图 11-35 静态多径信道下的载噪比门限测量框图

静态多径信道下的载噪比门限测量步骤如下。

（1）如图 11-35 所示连接测量系统，将终端测试点接入到测量系统中，关闭噪声发生器输出，并使信道仿真器仿真功能失效。

（2）码流发生器发送 PMS 测试流，该测试流承载测试序列（伪随机序列或测试图像序列），含有 NIT 表、CMCT/SMCT 表、CSCT/SSCT 表等控制信息表，并将承载测试序列的业务逻辑信道配置为符合 GY/T 220.1—2006 规定的工作模式。

（3）根据 PMS 测试流中的配置信息，正确设置调制器。

（4）正确设置上变频器输出频率和电平，调整衰减器输出端信号电平，使用终端进行频点搜索，确认终端正常工作。

（5）启用信道仿真功能，将信道仿真器信道模型设置为瑞利信道模型。

（6）调整衰减器，使得在频谱分析仪上测得的射频中心频率 $f_C \pm 4$MHz 频带内的平均功

率（平均次数 50）为标准输入电平，记为 C（dBm），使用终端接收承载测试序列的业务，如接收不正常，则记录接收状态并转步骤（11）。

（7）开启噪声发生器，增加噪声信号电平使终端接收失败。

（8）以 0.1dB 步进降低噪声信号电平，直至终端达到失败判据。

（9）将衰减器衰减量设为最大，在频谱分析仪上测量噪声信号电平（$f_C \pm 4$MHz 频带内的平均功率，平均次数 50），记为 N（dBm）。

（10）计算 C/N 门限。

（11）改变工作模式，重复步骤（2）～步骤（10），直至遍历 GY/T 220.1—2006 规定的所有工作模式。

14．静态等强两径信道下的载噪比门限

静态等强两径信道下的载噪比门限测量步骤如下。

（1）如图 11-35 所示连接测量系统，将终端测试点接入到测量系统中，关闭噪声发生器输出，并使信道仿真器仿真功能失效。

（2）码流发生器发送 PMS 测试流，该测试流承载测试序列（伪随机序列或测试图像序列），含有 NIT 表、CMCT/SMCT 表、CSCT/SSCT 表等控制信息表，并将承载测试序列的业务逻辑信道配置为符合 GY/T 220.1—2006 规定的工作模式。

（3）根据 PMS 测试流中的配置信息，正确设置调制器。

（4）正确设置上变频器输出频率和电平，调整衰减器输出端信号电平，使用终端进行频点搜索，确认终端正常工作。

（5）启用信道仿真功能，将信道仿真器信道模型设置为等强两径模型，两径间延时为 50μs。

（6）调整衰减器，使得在频谱分析仪上测得的射频中心频率 $f_C \pm 4$MHz 频带内的平均功率（平均次数 50）为标准输入电平，记为 C（dBm），使用终端接收承载测试序列的业务，如接收不正常，则记录接收状态并转步骤（11）。

（7）开启噪声发生器，增加噪声信号电平使终端接收失败。

（8）以 0.1dB 步进降低噪声信号电平，直至终端达到失败判据。

（9）将衰减器衰减量设为最大，在频谱分析仪上测量噪声信号电平（$f_C \pm 4$MHz 频带内的平均功率，平均次数 50），记为 N（dBm）。

（10）计算 C/N 门限。

（11）改变工作模式，重复步骤（2）～步骤（10），直至遍历 GY/T 220.1—2006 规定的所有工作模式。

（12）将等强两径延时设置为 40μs，重复步骤（2）～步骤（11）。

15．动态多径信道下的载噪比门限

动态多径信道下的载噪比门限测量步骤如下。

（1）如图 11-35 所示连接测量系统，将终端测试点接入到测量系统中，关闭噪声发生器输出，并使信道仿真器仿真功能失效。

（2）码流发生器发送 PMS 测试流，该测试流承载测试序列（伪随机序列或测试图像序列），

含有 NIT 表、CMCT/SMCT 表、CSCT/SSCT 表等控制信息表，并将承载测试序列的业务逻辑信道配置为符合 GY/T 220.1—2006 规定的工作模式。

（3）根据 PMS 测试流中的配置信息，正确设置调制器。

（4）正确设置上变频器输出频率和电平，调整衰减器输出端信号电平，使用终端进行频点搜索，确认终端正常工作。

（5）启用信道仿真功能，将信道仿真器信道模型设置为 TU-6 模型，多普勒频偏设为 20Hz。

（6）调整衰减器，使得在频谱分析仪上测得的射频中心频率 f_C ±4MHz 频带内的平均功率（平均次数 50）为标准输入电平，记为 C（dBm），使用终端接收承载测试序列的业务，如接收不正常，则记录接收状态并转步骤（11）。

（7）开启噪声发生器，增加噪声信号电平使终端接收失败。

（8）以 0.1dB 步进降低噪声信号电平，直至终端达到失败判据。

（9）将衰减器衰减量设为最大，在频谱分析仪上测量噪声信号电平（f_C ±4MHz 频带内的平均功率，平均次数 50），记为 N（dBm）。

（10）计算 C/N 门限。

（11）改变工作模式，重复步骤（2）～步骤（10），直至遍历 GY/T 220.1—2006 规定的所有工作模式。

（12）将多普勒频偏分别设置为 100Hz、250Hz、300Hz，重复步骤（2）～步骤（11）。

16．抗同、邻频 CMMB 数字干扰

抗同、邻频 CMMB 数字干扰测量框图如图 11-36 所示。

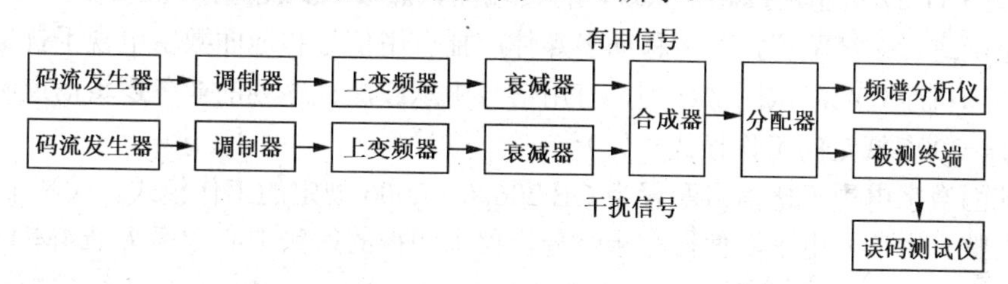

图 11-36　抗同、邻频 CMMB 数字干扰测量框图

抗同、邻频 CMMB 数字干扰测量步骤如下。

（1）如图 11-36 所示连接测量系统，将终端测试点接入到测量系统中。

（2）正确进行系统配置，产生移动多媒体广播有用信号和移动多媒体广播干扰信号，有用信号和干扰信号承载不同的测试序列（伪随机序列或测试图像序列），有用信号和干扰信号中承载测试序列的业务逻辑信道配置为符合 GY/T 220.1—2006 规定的工作模式。

（3）关断干扰信号。

（4）调整有用信号电平，使得在频谱分析仪上测得的射频中心频率 f_C ±4MHz 频带内的平均功率（平均次数 50）为标准输入电平，记为 C（dBm），使用终端进行频点搜索，确认终端正常工作。

（5）设置干扰信号为有用信号的同频信号。

（6）开启干扰信号，增大干扰信号电平使终端接收失败。

（7）以 0.1dB 步进增加干扰信号路径中衰减器衰减量，直至终端达到失败判据。

（8）关断有用信号，在频谱分析仪上测量干扰信号电平（f_I±4MHz 频带内的平均功率，平均次数 50），记为 I（dBm）。

（9）计算 C/I 门限。

（10）分别设置干扰信号为有用信号的上邻频信号、下邻频信号，重复步骤（6）～步骤（9）。

（11）改变有用信号中承载测试序列的业务逻辑信道的工作模式，重复步骤（2）～步骤（10）。

17．抗同、邻频地面数字电视干扰

抗同、邻频地面数字电视干扰测量框图如图 11-37 所示。

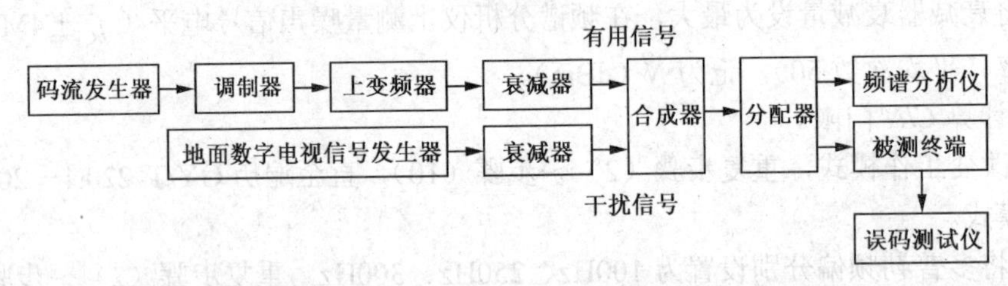

图 11-37　抗同、邻频地面数字电视干扰测量框图

抗同、邻频地面数字电视干扰测量步骤如下。

（1）如图 11-37 所示连接测量系统，将终端测试点接入到测量系统中。

（2）正确进行系统配置，产生移动多媒体广播有用信号和地面数字电视干扰信号，有用信号承载伪随机序列或测试图像序列，有用信号中承载测试序列的业务逻辑信道配置为符合 GY/T 220.1—2006 规定的工作模式。

（3）地面数字电视干扰信号配置为 GB 20600—2006 规定的工作模式，关断干扰信号。

（4）调整有用信号电平，使得在频谱分析仪上测得的射频中心频率 f_C±4MHz 频带内的平均功率（平均次数 50）为标准输入电平，记为 C（dBm），使用终端进行频点搜索，确认终端正常工作。

（5）设置干扰信号为有用信号的同频信号。

（6）开启干扰信号，增大干扰信号电平使终端接收失败。

（7）以 0.1dB 步进增加干扰信号路径中衰减器衰减量，直至终端达到失败判据。

（8）关断有用信号，在频谱分析仪上测量干扰信号电平（f_I±4MHz 频带内的平均功率，平均次数 50），记为 I（dBm）。

（9）计算 C/I 门限。

（10）分别设置干扰信号为有用信号的上邻频信号、下邻频信号，重复步骤（6）～步骤（9）。

（11）改变地面数字电视干扰信号的工作模式，重复步骤（3）～步骤（10）。

（12）改变有用信号中承载测试序列的业务逻辑信道的工作模式，重复步骤（2）～步骤（11）。

18. 抗同、邻频模拟干扰

抗同、邻频模拟干扰测量框图如图 11-38 所示。

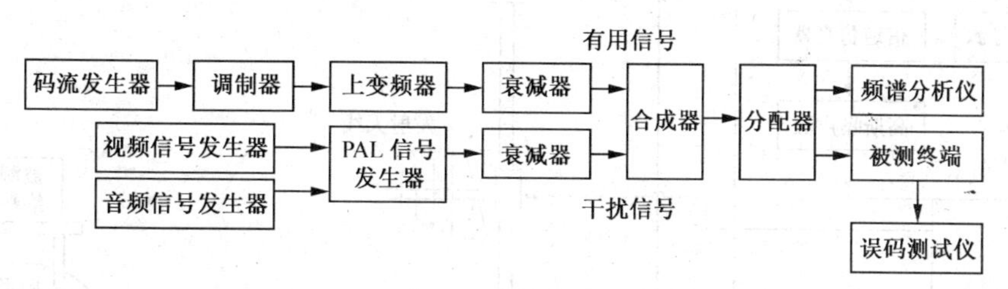

图 11-38 抗同、邻频模拟干扰测量框图

抗同、邻频模拟干扰测量步骤如下。

（1）如图 11-38 所示连接测量系统，将终端测试点接入到测量系统中。

（2）正确进行系统配置，产生移动多媒体广播有用信号和模拟电视干扰信号，有用信号承载伪随机序列或测试图像序列，有用信号中承载测试序列的业务逻辑信道配置为符合 GY/T 220.1—2006 规定的工作模式。

（3）关断干扰信号。

（4）调整有用信号电平，使得在频谱分析仪上测得的射频中心频率 $f_C \pm 4$MHz 频带内的平均功率（平均次数 50）为标准输入电平，记为 C（dBm），使用终端进行频点搜索，确认终端正常工作。

（5）设置干扰信号为有用信号的同频信号（干扰信号视频载波频率 $f_V = f_C - 2.75$MHz）。

（6）开启干扰信号，增大干扰信号电平使终端接收失败。

（7）以 0.1dB 步进增加干扰信号路径中衰减器衰减量，直至终端达到失败判据。

（8）关断有用信号，干扰信号视频采用黑场信号，在频谱分析仪上测量干扰信号图像载波功率（$[f_V - 1.25\text{MHz}, f_V + 5.75\text{MHz}]$频带内的平均功率，平均次数 50），记为 I_1（dBm），干扰信号电平 $I = I_1 + 2.4$（dBm）。

（9）计算 C/I 门限。

（10）分别设置干扰信号为有用信号的上邻频信号、下邻频信号，重复步骤（6）～步骤（9）。

（11）改变有用信号中承载测试序列的业务逻辑信道的工作模式，重复步骤（2）～步骤（10）。

19. 整机性能

终端整机性能测试在电波暗室中进行，整机性能包括整机最低接收场强、整机在加性高斯白噪声信道下的载噪比门限、整机在静态多径信道下的载噪比门限、整机在静态等强两径信道下的载噪比门限、整机在动态多径信道下的载噪比门限、整机抗同/邻频 CMMB 数字干扰、整机抗同/邻频地面数字电视干扰、整机抗同/邻频模拟干扰。

（1）测量框图

整机性能测量框图如图 11-39 所示。

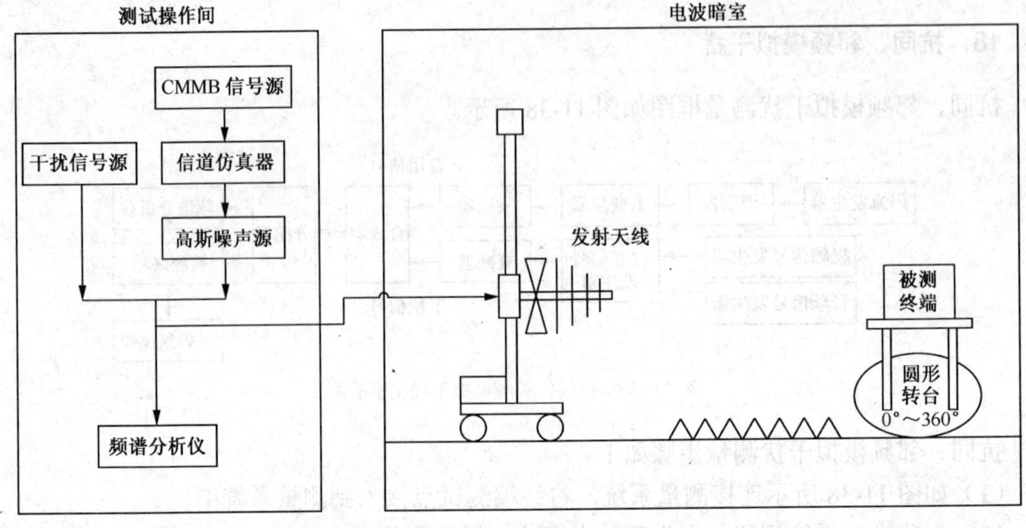

图 11-39 整机性能测量框图

（2）整机最低接收场强

整机最低接收场强测量步骤如下。

① 如图 11-39 所示连接测量系统。

② CMMB 信号源发送 CMMB 射频信号，承载测试图像序列的业务逻辑信道配置为符合 GY/T 220.1—2006 规定的工作模式。

③ 关闭干扰信号源，旁通高斯噪声源和信道仿真器，使用终端进行频点搜索并接收承载测试序列的业务，确认终端正常工作。

④ 以适当步进调整 CMMB 信号源输出 RF 信号电平，直至终端达到失败判据。

⑤ 使用频谱分析仪测量并记录 RF 中心频率±4MHz 频带内的接收信号电平（平均次数 50），记为 C（dBm），根据电波暗室场强校准曲线换算得到最低接收场强 E（dBμV/m）。

⑥ 改变 CMMB 信号源射频输出频率，重复步骤（2）～步骤（5）。

⑦ 改变工作模式，重复步骤（2）～步骤（6），直至遍历 GY/T 220.1—2006 规定的所有工作模式。

（3）整机在加性高斯白噪声信道下的载噪比门限

整机在加性高斯白噪声信道下的载噪比门限测量步骤如下。

① 如图 11-39 所示连接测量系统。

② CMMB 信号源发送 CMMB 射频信号，承载测试图像序列的业务逻辑信道配置为符合 GY/T 220.1—2006 规定的工作模式。

③ 关闭干扰信号源，旁通高斯噪声源和信道仿真器，调整 CMMB 信号源输出电平使得终端接收场强为 80dBμv/m，使用终端进行频点搜索并接收承载测试序列的业务，确认终端正常工作。

④ 在频谱分析仪上测试并记录射频中心频率 f_C±4MHz 频带内的平均功率（平均次数 50），记为 C（dBm）。

⑤ 开启噪声发生器，以适当步进调整噪声信号电平，直至终端达到失败判据。

⑥ 关闭 CMMB 信号源射频输出，在频谱分析仪上测量噪声信号电平（f_C±4MHz 频带

内的平均功率，平均次数 50），记为 N（dBm）。

⑦ 计算 C/N 门限。

⑧ 改变工作模式，重复步骤（2）～步骤（7），直至遍历 GY/T 220.1—2006 规定的所有工作模式。

（4）整机在静态多径信道下的载噪比门限

整机在静态多径信道下的载噪比门限测量步骤如下。

① 如图 11-39 所示连接测量系统。

② CMMB 信号源发送 CMMB 射频信号，承载测试图像序列的业务逻辑信道配置为符合 GY/T 220.1—2006 规定的工作模式。

③ 关闭干扰信号源，旁通高斯噪声源和信道仿真器，使用终端进行频点搜索并接收承载测试序列的业务，确认终端正常工作。

④ 启用信道仿真功能，将信道仿真器信道模型设置为瑞利信道模型。

⑤ 调整 CMMB 信号源输出电平使得终端接收场强为 80dBμV/m，在频谱分析仪上测试并记录射频中心频率 f_C±4MHz 频带内的平均功率（平均次数 50），记为 C（dBm）。

⑥ 开启噪声发生器，以适当步进调整噪声信号电平，直至终端达到失败判据。

⑦ 关闭 CMMB 信号源射频输出，在频谱分析仪上测量噪声信号电平（f_C±4MHz 频带内的平均功率，平均次数 50），记为 N（dBm）。

⑧ 计算 C/N 门限。

⑨ 改变工作模式，重复步骤（2）～步骤（8），直至遍历 GY/T 220.1—2006 规定的所有工作模式。

（5）整机在静态等强两径信道下的载噪比门限

整机在静态等强两径信道下的载噪比门限测量步骤如下。

① 如图 11-39 所示连接测量系统。

② CMMB 信号源发送 CMMB 射频信号，承载测试图像序列的业务逻辑信道配置为符合 GY/T 220.1—2006 规定的工作模式。

③ 关闭干扰信号源，旁通高斯噪声源和信道仿真器，使用终端进行频点搜索并接收承载测试序列的业务，确认终端正常工作。

④ 启用信道仿真功能，将信道仿真器信道模型设置为等强两径模型，两径间延时为 50μs。

⑤ 调整 CMMB 信号源输出电平使得终端接收场强为 80dBμV/m，在频谱分析仪上测试并记录射频中心频率 f_C±4MHz 频带内的平均功率（平均次数 50），记为 C（dBm）。

⑥ 开启噪声发生器，以适当步进调整噪声信号电平，直至终端达到失败判据。

⑦ 关闭 CMMB 信号源射频输出，在频谱分析仪上测量噪声信号电平（f_C±4MHz 频带内的平均功率，平均次数 50），记为 N（dBm）。

⑧ 计算 C/N 门限。

⑨ 改变工作模式，重复步骤（2）～步骤（8），直至遍历 GY/T 220.1—2006 规定的所有工作模式。

⑩ 将等强两径延时设置为 40μs，重复步骤（2）～步骤（9）。

（6）整机在动态多径信道下的载噪比门限

整机在动态多径信道下的载噪比门限测量步骤如下。

① 如图 11-39 所示连接测量系统。

② CMMB 信号源发送 CMMB 射频信号，承载测试图像序列的业务逻辑信道配置为符合 GY/T 220.1—2006 规定的工作模式。

③ 关闭干扰信号源，旁通高斯噪声源和信道仿真器，使用终端进行频点搜索并接收承载测试序列的业务，确认终端正常工作。

④ 启用信道仿真功能，将信道仿真器信道模型设置为 TU-6 模型，多普勒频偏设为 20Hz。

⑤ 调整 CMMB 信号源输出电平使得终端接收场强为 80dBμv/m，在频谱分析仪上测试并记录射频中心频率 f_C ±4MHz 频带内的平均功率（平均次数 50），记为 C（dBm）。

⑥ 开启噪声发生器，以适当步进调整噪声信号电平，直至终端达到失败判据。

⑦ 关闭 CMMB 信号源射频输出，在频谱分析仪上测量噪声信号电平（ f_C ±4MHz 频带内的平均功率，平均次数 50），记为 N（dBm）。

⑧ 计算 C/N 门限。

⑨ 改变工作模式，重复步骤（2）～步骤（8），直至遍历 GY/T 220.1—2006 规定的所有工作模式。

⑩ 将多普勒频偏分别设置为 100Hz、250Hz、300Hz，重复步骤（2）～步骤（9）。

（7）整机抗同、邻频 CMMB 数字干扰

整机抗同、邻频 CMMB 数字干扰测量步骤如下。

① 如图 11-39 所示连接测量系统。

② CMMB 信号源发送 CMMB 射频信号作为有用信号，承载测试图像序列的业务逻辑信道配置为符合 GY/T 220.1—2006 规定的工作模式。

③ 关闭干扰信号源，旁通高斯噪声源和信道仿真器，调整 CMMB 信号源输出电平使得终端接收场强为 80dBμv/m，使用终端进行频点搜索并接收承载测试序列的业务，确认终端正常工作。

④ 在频谱分析仪上测试并记录射频中心频率 f_C ±4MHz 频带内的平均功率（平均次数 50），记为 C（dBm）。

⑤ 接入 CMMB 射频信号作为干扰信号，设置干扰信号为有用信号的同频信号。

⑥ 以适当步进调整干扰信号电平，直至终端达到失败判据。

⑦ 关断有用信号，在频谱分析仪上测量干扰信号电平（ f_I ±4MHz 频带内的平均功率，平均次数 50），记为 I（dBm）。

⑧ 计算 C/I 门限。

⑨ 分别设置干扰信号为有用信号的上邻频信号、下邻频信号，重复步骤（6）～步骤（8）。

⑩ 改变有用信号中承载测试序列的业务逻辑信道的工作模式，重复步骤（2）～步骤（9）。

（8）整机抗同、邻频地面数字电视干扰

整机抗同、邻频地面数字电视干扰测量步骤如下。

① 如图 11-39 所示连接测量系统。

② CMMB 信号源发送 CMMB 射频信号作为有用信号，承载测试图像序列的业务逻辑信道配置为符合 GY/T 220.1—2006 规定的工作模式。

③ 关闭干扰信号源，旁通高斯噪声源和信道仿真器，调整 CMMB 信号源输出电平使得终端接收场强为 80dBμV/m，使用终端进行频点搜索并接收承载测试序列的业务，确认终端

正常工作。

④ 在频谱分析仪上测试并记录射频中心频率 f_C ±4MHz 频带内的平均功率（平均次数 50），记为 C（dBm）。

⑤ 接入地面数字电视射频信号作为干扰信号，地面数字电视信号配置为 GB 20600—2006 规定的工作模式，并设置为有用信号的同频信号。

⑥ 以适当步进调整干扰信号电平，直至终端达到失败判据。

⑦ 关断有用信号，在频谱分析仪上测量干扰信号电平（ f_I±4MHz 频带内的平均功率，平均次数 50），记为 I（dBm）。

⑧ 计算 C/I 门限。

⑨ 分别设置干扰信号为有用信号的上邻频信号、下邻频信号，重复步骤（6）～步骤（8）。

⑩ 改变地面数字电视干扰信号的工作模式，重复步骤（5）～步骤（9）。

⑪ 改变有用信号中承载测试序列的业务逻辑信道的工作模式，重复步骤（2）～步骤（10）。

（9）整机抗同、邻频模拟干扰

整机抗同、邻频模拟干扰测量步骤如下。

① 如图 11-39 所示连接测量系统。

② CMMB 信号源发送 CMMB 射频信号作为有用信号，承载测试图像序列的业务逻辑信道配置为符合 GY/T 220.1—2006 规定的工作模式。

③ 关闭干扰信号源，旁通高斯噪声源和信道仿真器，调整 CMMB 信号源输出电平使得终端接收场强为 80dBμV/m，使用终端进行频点搜索并接收承载测试序列的业务，确认终端正常工作。

④ 在频谱分析仪上测试并记录射频中心频率 f_C ±4MHz 频带内的平均功率（平均次数 50），记为 C（dBm）。

⑤ 接入模拟电视干扰信号，设置干扰信号为有用信号的同频信号（干扰信号视频载波频率 $f_V = f_C - 2.75\,\text{MHz}$）。

⑥ 以适当步进调整干扰信号电平，直至终端达到失败判据。

⑦ 关断有用信号，干扰信号视频采用黑场信号，在频谱分析仪上测量干扰信号图像载波功率（$[f_V - 1.25\,\text{MHz},\ f_V + 5.75\,\text{MHz}]$频带内的平均功率，平均次数 50），记为 I_1（dBm），干扰信号电平 $I = I_1 + 2.4$（dBm）。

⑧ 计算 C/I 门限。

⑨ 分别设置干扰信号为有用信号的上邻频信号、下邻频信号，重复步骤（6）～步骤（8）。

⑩ 改变有用信号中承载测试序列的业务逻辑信道的工作模式，重复步骤（2）～步骤（9）。

11.9 小结

CMMB 核心设备的一致性、互通性和入网认证是产业发展的重要环节。各项核心设备技术要求和测量方法的行业标准的编写制定，有利于 CMMB 系统内核心设备的互联互通，对于推动 CMMB 产业发展具有重要的意义。

从 2008 年起，国家广播电影电视总局开始组织编写一系列核心设备的技术要求和测量方法的行业标准。这些标准涉及了 CMMB 技术实施和设备实现等方面。以《GY/T

220.8—2008 移动多媒体广播第 8 部分：复用器技术要求和测量方法》为例，标准对复用器的功能接口、标准符合性、复用功能、复用性能（控制信息表发送间隔、业务码率、业务延时、视音频延时差等）做出了技术规定，并对相关指标的测量方法进行了规范。再以《GY/T 220.7—2008 移动多媒体广播 第 7 部分：接收解码终端技术要求》为例，标准规定了移动多媒体广播接收解码终端（简称移动多媒体广播终端）可实现的业务、功能要求、性能要求、用户界面要求等。移动多媒体广播终端功能要求包括：应用启动与警示、频点搜索、信道解调解码、解复用、音视频解码、电子业务指南、紧急广播、数据广播、条件接收、业务切换、显示功能、音量调节功能、菜单和帮助、测试点要求。移动多媒体广播终端性能要求包括：信道参数、接收灵敏度、载噪比门限、抗干扰能力、天线性能、连续播放时间、音视频业务切换时间、启动移动多媒体广播功能的时间。移动多媒体广播用户界面要求对业务导航界面、电视、声音广播信息显示、条件接收信息显示、终端状态显示做出了具体规定。

11.10 习题

1．CMMB 的主要系统参数和指标是什么？

2．CMMB 紧急广播发生器的主要功能是什么？

3．CMMB 紧急广播发生器的发送间隔是多少？可容许的发送间隔偏差是多少？

4．CMMB 数据广播文件发生器输出的最大码率是多少？最大可容许的码率波动值是多少？

5．CMMB 数据广播 XPE 封装机的数据包延时应为多少？支持的最大输入码率是多少？

6．移动多媒体广播 ESG 发生器应具备哪些功能？

7．移动多媒体广播复用器包括哪些主要功能模块？应具备哪些接口？有哪些性能要求？

8．CMMB 接收终端应具备的主要功能要求是什么？支持哪些图像分辨率，视频解码支持的最大码率是多少？

附录  频点列表

本附录给出了 CMMB 系统 UHF 频段工作频点列表，中心频率是以 8MHz 模式发射时对应的频点，见表 A-1。

表 A-1　　UHF 频段工作频点列表

频道号	中心频率/MHz	频道号	中心频率/MHz
13	474	31	658
14	482	32	666
15	490	33	674
16	498	34	682
17	506	35	690
18	514	36	698
19	522	37	706
20	530	38	714
21	538	39	722
22	546	40	730
23	554	41	738
24	562	42	746
25	610	43	754
26	618	44	762
27	626	45	770
28	634	46	778
29	642	47	786
30	650	48	794

附录 B 信道模型

瑞利信道模型，见表 B-1。

表 B-1　瑞利信道模型

路径号	幅度/dB	延时/μs	相位/º
1	−7.8	0.518650	336.0
2	−24.8	1.003019	278.2
3	−15.0	5.422091	195.9
4	−10.4	2.751772	127.0
5	−11.7	0.602895	215.3
6	−24.2	1.016585	311.1
7	−16.5	0.143556	226.4
8	−25.8	0.153832	62.7
9	−14.7	3.324886	330.9
10	−7.9	1.935570	8.8
11	−10.6	0.429948	339.7
12	−9.1	3.228872	174.9
13	−11.6	0.848831	36.0
14	−12.9	0.073883	122.0
15	−15.3	0.203952	63.0
16	−16.5	0.194207	198.4
17	−12.4	0.924450	210.0
18	−18.7	1.381320	162.4
19	−13.1	0.640512	191.0
20	−11.7	1.368671	22.6

TU-6 信道模型，见表 B-2。

表 B-2 TU-6 信道模型

路径号	多普勒频谱	延时/μs	幅度/dB
1	瑞利	0.0	-3
2	瑞利	0.2	0
3	瑞利	0.5	-2
4	瑞利	1.6	-6
5	瑞利	2.3	-8
6	瑞利	5.0	-10

全国 CMMB 已开通城市频道及频点信息表

全国 CMMB 已开通城市频道及频点信息表，见表 C-1。

表 C-1　　全国 CMMB 已开通城市频道及频点信息表

序号	省、自治区、直辖市	城市（县）	频道号	频率范围/MHz	中心频率/MHz
1	北京	北京	DS-20	526-534	530
2		密云县	DS-20	526-534	530
3		平谷县	DS-20	526-534	530
4		延庆县	DS-20	526-534	530
5	上海	上海	DS-43	750-758	754
6		上海市崇明县	DS-43	750-758	754
7	天津	天津	DS-35	686-694	690
8		宁河县	DS-35	686-694	690
9		宝坻县	DS-35	686-694	690
10		静海县	DS-35	686-694	690
11		武清县	DS-35	686-694	690
12	重庆	重庆	DS-20	526-534	530
13	辽宁	沈阳	DS-32	662-670	666
14		沈阳市法库县	DS-32	662-670	666
15		沈阳市辽中县	DS-32	662-670	666
16		大连	DS-40	726-734	730
17		丹东	DS-40	726-734	730
18		营口	DS-44	758-766	762
19		营口市大石桥	DS-44	758-766	762
20		鞍山	DS-29	638-646	642
21		鞍山市海城县	DS-29	638-646	642
22		鞍山市岫岩县	DS-29	638-646	642

续表

序号	省、自治区、直辖市	城市（县）	频道号	频率范围/MHz	中心频率/MHz
23	辽宁	锦州	DS-34	678-686	682
24		铁岭	DS-39	718-726	722
25		抚顺	DS-37	702-710	706
26		葫芦岛	DS-22	542-550	546
27		葫芦岛市兴城县	DS-22	542-550	546
28		葫芦岛市绥中县	DS-22	542-550	546
29		朝阳	DS-41	734-742	738
30		阜新	DS-38	710-718	714
31		阜新市阜蒙县	DS-38	710-718	714
32		盘锦	DS-45	766-774	770
33		辽阳	DS-19	518-526	522
34		辽阳市辽阳县	DS-19	518-526	522
35		本溪	DS-35	686-694	690
36	河南	郑州	DS-23	550-558	554
37		新乡	DS-42	742-750	746
38		洛阳	DS-44	758-766	762
39		焦作	DS-13	470-478	474
40		鹤壁	DS-23	550-558	554
41		商丘	DS-45	766-774	770
42		驻马店	DS-38	710-718	714
43		南阳	DS-39	718-726	722
44		平顶山	DS-40	726-734	730
45		三门峡	DS-30	646-654	650
46		安阳	DS-41	734-742	738
47		漯河	DS-45	766-774	770
48		开封	DS-35	686-694	690
49		许昌	DS-31	654-662	658
50		信阳	DS-31	654-662	658
51		濮阳	DS-38	710-718	714
52		周口	DS-38	710-718	714
53	内蒙古	呼和浩特	DS-28	630-638	634
54		赤峰	DS-42	742-750	746
55		包头	DS-42	742-750	746
56		鄂尔多斯	DS-35	686-694	690
57		乌兰察布	DS-44	758-766	762
58		巴彦淖尔	DS-26	614-622	618

续表

序号	省、自治区、直辖市	城市（县）	频道号	频率范围/MHz	中心频率/MHz
59	内蒙古	呼伦贝尔	DS-20	526-534	530
60		兴安盟（乌兰浩特）	DS-44	758-766	762
61		通辽	DS-42	742-750	746
62		锡林郭勒市	DS-42	742-750	746
63		乌海	DS-38	710-718	714
64		阿拉善盟	DS-26	614-622	618
65	新疆	乌鲁木齐	DS-31	654-662	658
66		伊犁自治州（伊宁）	DS-34	678-686	682
67		伊犁自治州伊犁县	DS-34	678-686	682
68		伊犁自治州奎屯县	DS-34	678-686	682
69		克拉玛依	DS-31	654-662	658
70		克拉玛依独山子县	DS-34	678-686	682
71		喀什地区（喀什）	DS-26	614-622	618
72		阿克苏地区（阿克苏）	DS-40	726-734	730
73		和田地区（和田）	DS-25	606-614	610
74		吐鲁番地区（吐鲁番）	DS-28	630-638	634
75		哈密地区（哈密市）	DS-25	606-614	610
76		克孜勒苏柯尔克孜自治州（阿图什）	DS-22	542-550	546
77		博尔塔拉蒙古自治州（博乐）	DS-14	478-486	482
78		昌吉回族自治州（昌吉）	DS-31	654-662	658
79		巴音郭楞蒙古自治州（库尔勒）	DS-31	654-662	658
80		塔城地区（塔城）	DS-15	486-494	490
81		阿勒泰地区（阿勒泰）	DS-28	630-638	634
82		石河子市	DS-31	654-662	658
83		石河子市石河子县	DS-31	654-662	658
84	山西	太原	DS-24	558-566	562
85		太原市清徐县	DS-18	510-518	514
86		大同	DS-48	790-798	794
87		运城	DS-30	646-654	650
88		运城市河津县	DS-30	646-654	650
89		运城市永济县	DS-30	646-654	650
90		运城市闻喜县	DS-30	646-654	650
91		临汾	DS-38	710-718	714
92		忻州	DS-45	766-774	770

续表

序号	省、自治区、直辖市	城市（县）	频道号	频率范围/MHz	中心频率/MHz
93	山西	忻州原平县	DS-45	766-774	770
94		忻州定襄县	DS-45	766-774	770
95		晋中	DS-41	734-742	738
96		阳泉	DS-33	670-678	674
97		长治	DS-26	614-622	618
98		吕梁	DS-26	614-622	618
99		朔州	DS-42	742-750	746
100		晋城	DS-39	718-726	722
101	福建	福州	DS-19	518-526	522
102		厦门	DS-29	638-646	642
103		龙岩	DS-17	502-510	506
104		漳州	DS-45	766-774	770
105		漳州漳平县	DS-45	766-774	770
106		泉州	DS-37	702-710	706
107		莆田	DS-30	646-654	650
108		三明	DS-33	670-678	674
109		三明市沙县	DS-23	550-558	554
110		宁德	DS-15	486-494	490
111		宁德霞浦县	DS-15	486-494	490
112		宁德福鼎县	DS-15	486-494	490
113		宁德福安	DS-15	486-494	490
114		南平	DS-13	470-478	474
115	吉林	长春	DS-32	662-670	666
116		通化	DS-35	686-694	690
117		吉林	DS-38	710-718	714
118		四平	DS-37	702-710	706
119		松原	DS-36	694-702	698
120		延吉	DS-24	558-566	562
121		长白山	DS-36	694-702	698
122		辽源	DS-33	670-678	674
123		白城	DS-18	510-518	514
124	黑龙江	哈尔滨	DS-13	470-478	474
125		双鸭山	DS-27	622-630	626
126		绥化	DS-13	470-478	474
127		齐齐哈尔	DS-46	774-782	778
128		鸡西	DS-48	790-798	794

续表

序号	省、自治区、直辖市	城市（县）	频道号	频率范围/MHz	中心频率/MHz
129	黑龙江	亚布力	DS-27	622-630	626
130		大庆	DS-47	782-790	786
131		黑河	DS-38	710-718	714
132		牡丹江	DS-41	734-742	738
133		七台河	DS-25	606-614	610
134		鹤岗	DS-38	710-718	714
135		伊春	DS-42	742-750	746
136		佳木斯	DS-32	662-670	666
137		大兴安岭地区（加格达奇区）	DS-29	638-646	642
138	山　东	济南	DS-36	694-702	698
139		济南平阴县	DS-36	694-702	698
140		济南商河县	DS-36	694-702	698
141		青岛	DS-21	534-542	538
142		青岛即墨	DS-21	534-542	538
143		青岛胶南	DS-21	534-542	538
144		青岛莱西	DS-21	534-542	538
145		青岛平度	DS-21	534-542	538
146		临沂	DS-25	606-614	610
147		临沂罗庄	DS-25	606-614	610
148		临沂费县	DS-25	606-614	610
149		东营	DS-16	494-502	498
150		聊城	DS-22	542-550	546
151		菏泽	DS-35	686-694	690
152		日照	DS-20	526-534	530
153		济宁	DS-35	686-694	690
154		济宁曲阜	DS-35	686-694	690
155		济宁金乡	DS-35	686-694	690
156		济宁泗水县	DS-35	686-694	690
157		济宁兖州	DS-35	686-694	690
158		济宁汶山县	DS-35	686-694	690
159		济宁微山县	DS-35	686-694	690
160		济宁嘉祥县	DS-35	686-694	690
161		济宁梁山县	DS-35	686-694	690
162		威海	DS-15	486-494	490
163		烟台	DS-21	534-542	538
164		泰安	DS-34	678-686	682

续表

序号	省、自治区、直辖市	城市（县）	频道号	频率范围/MHz	中心频率/MHz
165	山　东	莱芜	DS-29	638-646	642
166		淄博	DS-31	654-662	658
167		潍坊	DS-23	550-558	554
168		德州	DS-41	734-742	738
169		滨州	DS-43	750-758	754
170		滨州邹平县	DS-43	750-758	754
171		枣庄	DS-25	606-614	610
172	安徽	合肥	DS-30	646-654	650
173		芜湖	DS-48	790-798	794
174		马鞍山	DS-42	742-750	746
175		马鞍山当涂县	DS-42	742-750	746
176		淮南	DS-47	782-790	786
177		宣城	DS-43	750-758	754
178		铜陵	DS-46	774-782	778
179		安庆	DS-37	702-710	706
180		滁州	DS-37	702-710	706
181		池州	DS-19	518-526	522
182		六安	DS-36	694-702	698
183		宿州	DS-25	606-614	610
184		黄山	DS-38	710-718	714
185		蚌埠	DS-46	774-782	778
186		淮北	DS-47	782-790	786
187		阜阳	DS-24	558-566	562
188		阜阳太和县	DS-24	558-566	562
189		巢湖	DS-46	774-782	778
190		亳州	DS-27	622-630	626
191	湖北	武汉	DS-31	654-662	658
192		黄石	DS-27	622-630	626
193		襄阳	DS-46	774-782	778
194		宜昌	DS-17	502-510	506
195		十堰	DS-26	614-622	618
196		随州	DS-39	718-726	722
197		荆门	DS-45	766-774	770
198		荆州	DS-15	486-494	490
199		黄冈	DS-14	478-486	482
200		咸宁	DS-29	638-646	642

续表

序号	省、自治区、直辖市	城市（县）	频道号	频率范围/MHz	中心频率/MHz
201	湖北	孝感	DS-37	702-710	706
202		鄂州	DS-15	486-494	490
203		恩施土家族苗族自治州（恩施）	DS-27	622-630	626
204	广西	南宁	DS-16	494-502	498
205		桂林	DS-21	534-542	538
206		桂林灵川县	DS-21	534-542	538
207		北海	DS-31	654-662	658
208		梧州	DS-37	702-710	706
209		柳州	DS-33	670-678	674
210		来宾	DS-45	766-774	770
211		河池	DS-33	670-678	674
212		玉林	DS-14	478-486	482
213		贵港	DS-28	630-638	634
214		钦州	DS-22	542-550	546
215		防城港	DS-14	478-486	482
216		崇左	DS-43	750-758	754
217		百色	DS-16	494-502	498
218		贺州	DS-40	726-734	730
219	湖南	长沙	DS-29	638-646	642
220		岳阳	DS-37	702-710	706
221		常德	DS-15	486-494	490
222		益阳	DS-30	646-654	650
223		益阳桃江县	DS-30	646-654	650
224		株洲	DS-29	638-646	642
225		湘潭	DS-29	638-646	642
226		娄底	DS-48	790-798	794
227		邵阳	DS-27	622-630	626
228		邵阳隆回县	DS-27	622-630	626
229		郴州	DS-30	646-654	650
230		张家界	DS-33	670-678	674
231		衡阳	DS-15	486-494	490
232		永州	DS-46	774-782	778
233		怀化	DS-29	638-646	642
234		湘西土家族苗族自治州（吉首）	DS-46	774-782	778

续表

序号	省、自治区、直辖市	城市（县）	频道号	频率范围/MHz	中心频率/MHz
235	浙江	杭州	DS-20	526-534	530
236		宁波	DS-15	486-494	490
237		舟山	DS-43	750-758	754
238		丽水	DS-27	622-630	626
239		衢州	DS-46	774-782	778
240		衢州开化县	DS-46	774-782	778
241		衢州龙游县	DS-46	774-782	778
242		江山市	DS-46	774-782	778
243		义乌	DS-44	758-766	762
244		温州	DS-43	750-758	754
245		湖州	DS-39	718-726	722
246		台州	DS-44	758-766	762
247		台州温岭	DS-44	758-766	762
248		台州临海	DS-44	758-766	762
249		台州玉环	DS-44	758-766	762
250		绍兴	DS-31	654-662	658
251		嘉兴	DS-46	774-782	778
252		金华	DS-45	766-774	770
253		金华市永康县	DS-45	766-774	770
254		金华市东阳县	DS-45	766-774	770
255		金华市浦江县	DS-45	766-774	770
256		金华市武义县	DS-45	766-774	770
257		金华市兰溪县	DS-45	766-774	770
258		金华市磐安县	DS-45	766-774	770
259	河北	磐安	DS-31	654-662	658
260		秦皇岛	DS-31	654-662	658
261		承德	DS-31	654-662	658
262		唐山	DS-31	654-662	658
263		廊坊	DS-24	558-566	562
264		张家口	DS-27	622-630	626
265		保定	DS-20	526-534	530
266		保定市清苑县	DS-20	526-534	530
267		沧州	DS-39	718-726	722
268		衡水	DS-37	702-710	706
269		邢台	DS-29	638-646	642
270		邯郸	DS-38	710-718	714

续表

序号	省、自治区、直辖市	城市（县）	频道号	频率范围/MHz	中心频率/MHz
271	甘肃	兰州	DS-21	534-542	538
272		天水	DS-27	622-630	626
273		酒泉	DS-18	510-518	514
274		酒泉敦煌	DS-18	510-518	514
275		武威	DS-30	646-654	650
276		庆阳	DS-43	750-758	754
277		庆阳庆城	DS-43	750-758	754
278		陇南	DS-26	614-622	618
279		定西	DS-27	622-630	626
280		平凉	DS-15	486-494	490
281		平凉华亭县	DS-15	486-494	490
282		甘南	DS-21	534-542	538
283		金昌	DS-26	614-622	618
284		张掖	DS-26	614-622	618
285		白银	DS-43	750-758	754
286		临夏	DS-39	718-726	722
287		嘉峪关	DS-16	494-502	498
288	宁夏	银川	DS-30	646-654	650
289		吴忠	DS-34	678-686	682
290		吴忠同心县	DS-34	678-686	682
291		中卫	DS-28	630-638	634
292		中卫市中卫县	DS-28	630-638	634
293		固原	DS-34	678-686	682
294		石嘴山	DS-29	638-646	642
295	陕西	西安	DS-16	494-502	498
296		延安	DS-38	710-718	714
297		延安志丹县	DS-38	710-718	714
298		榆林	DS-41	734-742	738
299		榆林靖边县	DS-16	494-502	498
300		宝鸡	DS-29	638-646	642
301		汉中	DS-45	766-774	770
302		渭南	DS-25	606-614	610
303		安康	DS-43	750-758	754
304		商洛	DS-42	742-750	746
305		铜川	DS-38	710-718	714
306		咸阳	DS-41	734-742	738
307		韩城	DS-13	470-478	474
308		靖边	DS-16	494-502	498

续表

序号	省、自治区、直辖市	城市（县）	频道号	频率范围/MHz	中心频率/MHz
309	海南	海口	DS-25	606-614	610
310		三亚	DS-25	606-614	610
311		儋州	DS-25	606-614	610
312		琼海	DS-25	606-614	610
313	云南	昆明	DS-18	510-518	514
314		昆明嵩明县	DS-18	510-518	514
315		玉溪	DS-14	478-486	482
316		玉溪江川县	DS-14	478-486	482
317		丽江	DS-36	694-702	698
318		香格里拉	DS-40	726-734	730
319		大理	DS-29	638-646	642
320		大理祥云县	DS-29	638-646	642
321		曲靖	DS-20	526-534	530
322		曲靖陆良县	DS-20	526-534	530
323		曲靖宣威	DS-20	526-534	530
324		保山	DS-28	630-638	634
325		昭通	DS-26	614-622	618
326		邵通镇雄县	DS-26	614-622	618
327		临沧	DS-35	686-694	690
328		西双版纳傣族自治州（景洪）	DS-34	678-686	682
329		德宏	DS-22	542-550	546
330		怒江傈僳族自治州（泸水县）	DS-40	726-734	730
331		楚雄彝族自治州（楚雄）	DS-33	670-678	674
332		红河哈尼族彝族自治州	DS-19	518-526	522
333		红河个旧	DS-36	694-702	698
334		红河开远	DS-36	694-702	698
335		红河建水县	DS-36	694-702	698
336		文山壮族苗族自治州（文山县）	DS-27	622-630	626
337		普洱	DS-23	550-558	554
338	江西	南昌	DS-38	710-718	714
339		南昌市南昌县	DS-38	710-718	714
340		景德镇	DS-32	662-670	666
341		景德镇乐平县	DS-32	662-670	666
342		新余	DS-46	774-782	778
343		九江	DS-41	734-742	738

续表

序号	省、自治区、直辖市	城市（县）	频道号	频率范围/MHz	中心频率/MHz
344	江西	宜春	DS-23	550-558	554
345		宜春樟树县	DS-23	550-558	554
346		宜春丰城县	DS-23	550-558	554
347		抚州	DS-26	614-622	618
348		上饶	DS-43	750-758	754
349		上饶市广丰县	DS-43	750-758	754
350		上饶市德兴县	DS-43	750-758	754
351		吉安	DS-21	534-542	538
352		吉安井冈山	DS-21	534-542	538
353		鹰潭	DS-40	726-734	730
354		鹰潭贵溪	DS-40	726-734	730
355		萍乡	DS-47	782-790	786
356		赣州	DS-23	550-558	554
357	江苏	南京	DS-39	718-726	722
358		徐州	DS-32	662-670	666
359		淮安	DS-38	710-718	714
360		宿迁	DS-30	646-754	650
361		无锡	DS-38	710-718	714
362		连云港	DS-36	694-702	698
363		苏州	DS-44	758-766	762
364		苏州市张家港	DS-44	758-766	762
365		苏州市太仓县	DS-44	758-766	762
366		苏州市昆山	DS-44	758-766	762
367		苏州市常熟县	DS-44	758-766	762
368		盐城	DS-20	526-534	530
369		扬州	DS-39	718-726	722
370		常州	DS-46	774-782	778
371		泰州	DS-44	758-766	762
372		镇江	DS-29	638-646	642
373		南通	DS-44	758-766	762
374	广东	广州	DS-37	702-710	706
375		广州增城	DS-37	702-710	706
376		广州从化	DS-37	702-710	706
377		深圳	DS-28	630-638	634
378		惠州	DS-17	502-510	506
379		潮州	DS-18	510-518	514

续表

序号	省、自治区、直辖市	城市（县）	频道号	频率范围/MHz	中心频率/MHz
380	广东	韶关	DS-30	646-654	650
381		湛江	DS-20	526-534	530
382		东莞	DS-15	486-494	490
383		汕头	DS-32	662-670	666
384		中山	DS-40	726-734	730
385		珠海	DS-28	630-638	634
386		江门	DS-17	502-510	506
387		梅州	DS-17	502-510	506
388		河源	DS-14	478-486	482
389		揭阳	DS-20	526-534	530
390		揭阳揭东	DS-20	526-534	530
391		汕尾	DS-42	742-750	746
392		佛山	DS-13	470-478	474
393		肇庆	DS-15	486-494	490
394		云浮	DS-34	678-686	682
395		阳江	DS-41	734-742	738
396		茂名	DS-30	646-654	650
397		清远	DS-26	614-622	618
398	四川	成都	DS-17	502-510	506
399		成都都江堰	DS-17	502-510	506
400		达州	DS-25	606-614	610
401		南充	DS-43	750-758	754
402		德阳	DS-26	614-622	618
403		攀枝花	DS-29	638-646	642
404		宜宾	DS-27	622-630	626
405		绵阳	DS-14	478-486	482
406		绵阳梓潼县	DS-14	478-486	482
407		绵阳江油	DS-14	478-486	482
408		乐山	DS-41	734-742	738
409		自贡	DS-17	502-510	506
410		都江堰	DS-17	502-510	506
411		泸州	DS-26	614-622	618
412		眉山	DS-19	518-526	522
413		遂宁	DS-46	774-782	778
414		内江	DS-42	742-750	746
415		雅安	DS-44	758-766	762

续表

序号	省、自治区、直辖市	城市（县）	频道号	频率范围/MHz	中心频率/MHz
416	四川	资阳	DS-27	622-630	626
417		广安	DS-35	686-694	690
418		阿坝藏族羌族自治州	DS-16	494-502	498
419		甘孜藏族自治州（康定县）	DS-34	678-686	682
420		凉山彝族自治州（西昌）	DS-33	670-678	674
421		广元	DS-42	742-750	746
422		巴中	DS-33	670-678	674
423	贵州	贵阳	DS-39	718-726	722
424		毕节	DS-18	510-518	514
425		安顺	DS-31	654-662	658
426		凯里	DS-14	470-478	474
427		遵义	DS-14	470-478	474
428		遵义市遵义县	DS-14	470-478	474
429		都匀	DS-14	470-478	474
430		都匀福泉	DS-14	470-478	474
431		六盘水	DS-34	678-686	682
432		六盘水盘县	DS-34	678-686	682
433		铜仁	DS-29	638-646	642
434		兴义	DS-34	678-686	682
435	青海	西宁	DS-33	670-678	674
436		海东地区（海东县）	DS-34	678-686	682
437		海南藏族自治州（恰卜恰镇）	DS-25	606-614	610
438		海西蒙古族藏族自治州	DS-22	542-550	546
439		海西州（德令哈）	DS-22	542-550	546
440		格尔木	DS-26	614-622	618
441		黄南	DS-41	734-742	738
442		果洛州	DS-26	614-622	618
443		玉树州	DS-19	518-526	522
444		海北州	DS-45	766-774	770
445	西藏	拉萨	DS-15	486-494	490
446		日喀则	DS-15	486-494	490
447		林芝	DS-15	486-494	490
448		山南	DS-15	486-494	490
449		阿里	DS-15	486-494	490
450		那曲	DS-15	486-494	490
451		昌都	DS-15	486-494	490

附录D 缩略语英汉对照

AAC　Advanced Audio Coding，先进音频编码
ABR　Average Bit Rate，平均比特率
AC　Alternating Current，交流
AES　Advanced Encryption Standard，高级加密标准
AES　Audio　Engineering Society，音频工程师协会
AH　Authentication Header，IPSec 认证头
ALC　Auto Level Control，自动电平控制
API　Application Programming Interface，应用编程接口
ASI　Asynchronous Serial Interface，异步串行接口
AU　Access Unit，访问单元
AVS　Audio and Video coding Standard，音视频编码标准
BCD　Binary Coded Decimal，用二进制表示的十进制编码
BDA　Blu-ray Disc Association，蓝光光盘协会
BDT　Basic Description Table，（ESG）基本描述表
BER　Bit Error Rate，误比特率
BIP　Bit Interleaved Transmission，比特交错传输
BNC　Bayonet Nut Connector，刺刀螺母连接器
BOSS　Business and Operation Support System，业务运营支撑系统
BPSK　Binary Phase Shift Keying，二进制相移键控
CA　Conditional Access，条件接收
CABAC　Context-based Adaptive Binary Arithmetic Coding，基于上下文的自适应二进制算术编码
CAM　Conditional Access Module，条件接收功能模块
CAM-S　Conditional Access Module － Server，条件接收前端模块
CAM-C　Conditional Access Module － Client，条件接收终端模块
CAS　Conditional Access System，条件接收系统
CBR　Constant Bit Rate，固定比特率
CCDF　Complementary Cumulative Distribution Function，互补累积分布函数

CI　Common Interface　公共接口
C/I　Carrier/Interference，载干比
CLCH　Control Logical Channel，控制逻辑信道
CMCT　Continual service Multiplex Configuration Table，持续业务复用配置表
CMMB　China Mobile Multimedia Broadcasting，中国移动多媒体广播
C/N　Carrier/Noise，载噪比
CP　Cyclic Prefix，循环前缀
CP　Crypto Period，加扰周期
CRC　Cyclic Redundancy Check，循环冗余校验
CSCT　Continual Service Configuration Table，持续业务配置表
CW　Continuous Wave，连续波
CW　Control Word，控制字
CWG　Control Word Generator，控制字发生器
DCC　Digital Compact Cassette，数字小型盒式磁带
DAB　Digital Audio Broadcasting，数字音频广播
DFT　Discrete Fourier Transform，离散傅立叶变换
DPK　Device Purchase Key，设备消费密钥
DRA　Specification for Multichannel Digital Audio Coding Technology，多声道数字音频编解码技术规范
EAM　Encryption and Authorization Module，加密授权模块
EAM-S　Encryption and Authorization Module – Server，加密授权前端模块
EAM-C　Encryption and Authorization Module – Client，加密授权终端模块
EB　Emergency Broadcasting，紧急广播
EBS　Emergency Broadcasting System，紧急广播系统
EBU　European Broadcast Union，欧洲广播联盟
ECM　Entitlement Control Message，授权控制信息
ECMG　Entitlement Control Message Generator，授权控制信息发生器
EIRP　Effective Isotropic Radiated Power，等效全向辐射功率
EMM　Entitlement Management Message，授权管理信息
EMMG　Entitlement Management Message Generator，授权管理信息发生器
EP　Electronic Purse，电子钱包
EPM　Electronic Purse Module，电子钱包模块
EPM-S　Electronic Purse Module – Server，电子钱包前端模块
EPM-C　Electronic Purse Module – Client，电子钱包终端模块
ES　Elementary Stream，基本流
ESG　Electronic Service Guide，电子业务指南
ESP　Encapsulating security payload，封装安全负载
ESR　Erroneous Second Ratio，误秒率
FAT　File Attribute Table，文件属性表

FEC Forward Error Correction，前向纠错
FFT Fast Fourier Transform，快速傅里叶变换
GI Guard Interval，保护间隔
GPS Global Position System，全球定位系统
GRPS General Packet Radio Service，通用无线分组业务
GSM Global System for Mobile Communications，全球移动通讯系统
HE-AAC High Efficiency Advanced Audio Coding，高效的先进音频编码
HTML Hyper Text Markup Language，超文本标记语言
HTTP Hyper Text Transfer Protocol 超文本传输协议
HTTPS Secure Hypertext Transfer Protocol，安全超文本传输协议
ICI Inter Carrier Interference，载波间串扰
ICT Integer Cosine Transform，整数余弦变换
ID Identifier，标识符
IEC International Electrotechnic Commission，国际电工委员会
IF Intermediate Frequency，中频
IFT Inverse Fourier Transform，逆傅里叶变换
IP Internet Protocol，互联网协议
IPPV Impulse Pay-Per-View，即时按次数付费
IPSec IP Security，IP 安全通信标准
ISI Inter Symbol Interference，符号码间串扰
ISMA Internet Streaming Media Alliance，互联网流媒体联盟
ISMACryp Internet Streaming Media Alliance Crypt，互联网流媒体联盟加扰标准
ISO International Standardization Organization，国际标准化组织
ITU-T International Telecommunication Union – Telecommunication sector，国际电信联盟电信标准部
JVT Joint Video Team，联合视频专家组
LATM Low-overhead MPEG-4 Audio Transport Multiplex，低开销音频传输复用
LDGC Low Density Generator-matrix Code，低密度生成矩阵码
LDPC Low Density Parity Check，低密度奇偶校验
LFE Low Frequency Enhancement，低频音效增强
LSB Least Significant Bit，最低有效位
LTP Long Term Prediction，长时预测
MAC Message Authentication Code，消息认证码
MDCT Modified Discrete Cosine Transform，改进的离散余弦变换
MER Modulation Error Ratio，调制误差率
MF_ID Multiplex Frame Identifier，复用帧标识
MFN Multi Frequency Network，多频网
MFS Multiplex Frame Structure，复用帧结构
MJD Modified Julian Date，修正的儒略日期

MLC Manual Level Control，手动电平控制
MKI Master Key Indicator，主密钥标识
MMB-CAS Mobile Multimedia Broadcasting – Conditional Access System，移动多媒体广播条件接收系统
MPEG Moving Pictures Expert Group，运动图像专家组
MSF Multiplex Sub Frame，复用子帧
MSF_ID Multiplex Sub Frame Identifier，复用子帧标识
MSB Most Significant Bit，最高有效位
MTU Maximum Transmission Unit，最大传输单元
MUSHRA Multi Stimulus test with Hidden Reference and Anchor，隐藏参考和基准的多刺激法
MUX Multiplex，复用
NAL Network Abstraction Layer，网络提取层
NIT Network Information Table，网络信息表
NTP Network Time Protocol，网络时间协议
OFDM Orthogonal Frequency Division Multiplexing，正交频分复用
OTA Over-the-Air Technology，空中下载技术
PAL Phase Alternating Line，逐行倒相
PAPR Peak to Average Power Ratio，峰值平均功率比
PBOC People's Bank of China，中国人民银行
PDA Personal Digital Assistant，个人数字助理
PID Packet Identifier，包标识符
PIT Pre-scaled Integer Transform，预缩放的整数变换
PLCH Physical Logical Channel，物理层逻辑信道
PMS Packetized Multiplexing Stream，打包的复用流
PN Pseudo-random Noise Sequence，伪随机噪声序列
PNS Perceptual Noise Substitution，感知噪声替代
PPS Picture Parameter Set，图像参数集
PPS Pulse Per Second，每秒脉冲数
PPT Pay-Per-Time，按时长付费
PPV Pay-Per-View，按次数付费
PQF Polyphase Quadrature Filter，多相正交滤波器
QAM Quadrature Amplitude Modulation，正交幅度调制
QMF Quadrature Mirror Filter，正交镜像滤波器
QPSK Quadrature Phase Shift Keying，正交相移键控
RBW Resolution Bandwith，分辨率带宽
RF Radio Frequency，射频
RFID Radio Frequency Identification，射频识别
RJ45 Registered Jack-Type 45，双绞线电缆连接的物理接口

ROC　Roll-over counter，循环计数器
RS　Reed-Solomon，里德－所罗门
RTCP　Real-time Transport Control Protocol，实时传输控制协议
RTP　Real-time Transport Protocol，实时传输协议
SA　Security Association，安全关联
SAC　Secure Authentication Channel，安全认证通道
SAMVIQ　Subjective Assessment Methodology for Video Quality，视频质量主观评价方法
SBR　Spectral Band Replication，谱带复制
SC　Smart Card，智能卡
SCR　Scrambler，加扰器
SCS　Simulcrypt Synchroniser，同密同步器
SD　Secure Digital，安全数字
SDH　Synchronous Digital Hierarchy，同步数字体系
SDI　Serial Data Interface，串行数据接口
SDIO　Secure Digital Input/Output，安全数字输入/输出
SDP　Session Description Protocol 会话描述协议
SEK　Service Encryption Key，业务密钥
SFN　Single Frequency Network　单频网
ServiceID　Service Identifier，业务标识
SIM　Subscriber Identity Model，用户识别模块
SLCH　Service Logical Channel，业务逻辑信道
SMCT　Short time service Multiplex Configuration Table，短时间业务复用配置表
SMD　Surface Mounted Device，表面贴装器件
SMS　Short Message System，短消息系统
SNHC　Synthetic/Natural Hybrid Coding，合成/自然混合编码
SNMP　Simple Network Management Protocol，简单网络管理协议
SPI　Security Paramater Index，安全参数索引
SPS　Sequence Parameter Set，序列参数集
SR　Sender Report，发送者报文
SRTP　Security RTP，安全实时传输协议
SSCT　Short time Service Configuration Table，短时间业务配置表
STiMi　Satellite-Terrestrial Interactive Multi-service Infrastructure，卫星地面交互式多业务体系
TCP　Transport Control Protocol，传输控制协议
TDAC　Time Domain Aliasing Cancellation，时间域混叠抵消
TDM　Time Division Modulation，时分调制
TLS　Transport Layer Security，传输层安全协议
TLV　Tag Length Value，标签、长度和载荷值
TNS　Temporal Noise Shaping，瞬时噪声整形

TOD Time of Day，时间日期

TS Time Slot，时隙

TxID Transmitter Identifier，发射机标识

UDP User Datagram Protocol，用户数据报协议

UHF Ultra High Frequency，特高频

UI User Interface，用户界面（接口）

UK User's Key，用户密钥

UPS Uninterruptible Power System，不间断电源系统

URI Universal Resource Identifier，统一资源标识符

URL Uniform Resource Locator，统一资源定位符

USB Universal Serial Bus，通用串行总线

USIM Universal Subscriber Identity Module，通用用户识别模块

UTC Universal Time，Co-ordinated，世界协调时

VCEG Video Coding Expert Group，视频编码专家组

VBR Variable Bit Rate，可变比特率

VBW Video Bandwith，视频带宽

VCL Video Coding Layer，视频编码层

VPN Virtual Private Network，虚拟专用网络

VSWR Voltage Standing Wave Ratio，电压驻波比

WML Wireless Markup Language，无线标记语言

XHTML Extensible Hyper Text Markup Language，可扩展超文本标记语言

XML Extensible Markup Language，可扩展标记语言

XPE Extensible Protocol Encapsulation，可扩展协议封装

XPE-FEC Extensible Protocol Encapsulation – Forward Error Correction，可扩展协议封装-前向纠错

bslbf bit string, left bit first 比特串，左位在先

rpchof remainder polynomial coefficients, highest order first 多项式余数，高阶在先

simsbf signed integer, most significant bit first 有符号整数，高位在先

uimsbf unsigned integer, most significant bit first 无符号整数，高位在先

参考文献

[1] 解伟. 移动多媒体广播（CMMB）技术与发展[J]. 电视技术，2008，32(4): 4-7.

[2] 解伟. 移动多媒体广播系统与标准[J]. 现代电信科技，2008，(6): 22-29.

[3] 解伟，李 嘉. 移动多媒体广播（CMMB）——复用[J].广播电视信息，2008，(8): 29-33.

[4] 郭明，刘固蒂. CMMB 技术的发展前景[J]. 广播电视信息，2008，(4): 30-32.

[5] 陈德林，张定京，王颖. 移动多媒体广播（CMMB）——数据广播[J]. 广播电视信息，2008，(6): 39-40.

[6] 张定京，陈德林，王颖，赵良福. 移动多媒体广播（CMMB）——紧急广播业务[J]. 广播电视信息，2008，(8): 44-46.

[7] GY/T 220.1—2006. 移动多媒体广播 第 1 部分：广播信道帧结构、信道编码和调制[S]. 北京：国家广播电影电视总局，2006.

[8] GY/T 220.2—2006. 移动多媒体广播 第 2 部分：复用[S]. 北京：国家广播电影电视总局，2007.

[9] GY/T 220.3—2007. 移动多媒体广播 第 3 部分：电子业务指南[S]. 北京：国家广播电影电视总局，2007.

[10] GY/T 220.4—2007. 移动多媒体广播 第 4 部分：紧急广播[S]. 北京：国家广播电影电视总局，2007.

[11] GY/T 220.5—2008. 移动多媒体广播 第 5 部分：数据广播[S]. 北京：国家广播电影电视总局，2008.

[12] GY/T 220.6—2008. 移动多媒体广播 第 6 部分：条件接收[S]. 北京：国家广播电影电视总局，2008.

[13] GY/T 220.7—2008. 移动多媒体广播 第 7 部分：接收解码终端技术要求[S]. 北京：国家广播电影电视总局，2008.

[14] GY/T 220.8—2008. 移动多媒体广播 第 8 部分：复用器技术要求和测量方法[S]. 北京：国家广播电影电视总局，2008.

[15] GY/T 220.9—2008. 移动多媒体广播 第 9 部分：卫星分发信道帧结构、信道编码和调制[S]. 北京：国家广播电影电视总局，2008.

[16] GY/T 220.10—2008. 移动多媒体广播 第 10 部分：安全广播[S]. 北京：国家广播电影电视总局，2008.

[17] GY/T 235—2008. 移动多媒体广播室内覆盖系统无源器件技术要求和测量方法[S]. 北京：国家广播电影电视总局，2008.

[18] GY/Z 233—2008. 移动多媒体广播室内覆盖系统实施指南[R]. 北京：国家广播电影电视总局，2008.

[19] GY/Z 234—2008. 移动多媒体广播复用实施指南[R]. 北京：国家广播电影电视总局，2008.

[20] GD/J019—2008. 移动多媒体广播接收解码终端测量方法（暂行）[R]. 北京：国家广播电影电视总局，2008.

[21] GD/J020—2008. 移动多媒体广播 UHF 频段发射机技术要求和测量方法（暂行）[R]. 北京：国家广播电影电视总局，2008.

[22] GD/J021—2008. 移动多媒体广播 UHF 频段直放站放大器技术要求和测量方法（暂行）[R]. 北京：国家广播电影电视总局，2008.

[23] GD/J022—2008. 移动多媒体广播音视频编码器技术要求和测量方法（暂行）[R]. 北京：国家广播电影电视总局，2008.

[24] GD/J023—2008. 移动多媒体广播紧急广播发生器技术要求和测量方法(暂行)[R]. 北京：国家广播电影电视总局，2008.

[25] GD/J024—2008. 移动多媒体广播数据广播文件发生器与 XPE 封装机技术要求和测量方法（暂行）[R]. 北京：国家广播电影电视总局，2008.

[26] GD/J025—2008. 移动多媒体广播电子业务指南发生器技术要求和测量方法（暂行）[R]. 北京：国家广播电影电视总局，2008.

[27] GB/T 20090.2—2006. 信息技术 先进音视频编码 第 2 部分：视频[S]. 北京：中国国家标准化管理委员会，2006.

[28] GB/T 22726—2008. 多声道数字音频编解码技术规范[S]. 北京：中国国家标准化管理委员会，2008.

[29] 啜钢，孙卓. 移动通信原理[M]. 北京：电子工业出版社，2011.

[30] 朱立东，吴廷勇，卓永宁. 卫星通信导论（第 3 版）[M]. 北京：电子工业出版社，2009.

[31] 数字电视国家工程实验室（北京）. 数字电视测试原理与方法[M]. 北京：科学出版社，2012.